スバラシク実力がつくと評判の

複素関数

キャンパス・ゼミ

大学の数学がこんなに分かる！ 単位なんて楽に取れる！

馬場敬之

マセマ出版社

はじめに

みなさん，こんにちは。マセマの**馬場敬之（ばばけいし）**です。これまで発刊した**「キャンパス・ゼミ」シリーズ**は多くの読者の方々の支持を頂いて，大学数学学習の新たなスタンダードとして定着してきているようです。そして今回，**「複素関数キャンパス・ゼミ 改訂 9」**を上梓することが出来て，心より嬉しく思っています。

ボクがこの**複素関数**を大学で初めて習ったとき，証明は大変だったのですが，その結果から得られる**定理や公式のシンプルな美しさに感激**した事を今でも忘れません。かつて，**哲人プラトン**は，我々の住むこの世界とは別に，**イデア界**という理想世界があり，その落とす影がこの世であると説きました。このことは，複素数の世界と実数の世界にも当てはまると思います。

日頃見慣れている実数の世界とは異なりますが，**複素数の世界**はイデア界と言ってもいい程の**不思議で美しい世界**を形成し，かつ実数の世界に影響を及ぼしています。さらに，複素関数は流体力学，電磁気学，量子力学など，様々な分野の理論を理解するうえでも欠かせないものなのです。

この**スバラシイ複素関数の世界**を，基本さえしっかりしていれば，どなたでも**数ヶ月程度でマスター**できるように，
この**「複素関数キャンパス・ゼミ 改訂 9」**を書き上げました。

高校数学の教育課程の度重なる変更によって，基礎的な複素数平面を習っていらっしゃらない方でも，スムーズに学習できるように**高校レベルの複素数平面の基本**から詳しく丁寧に解説しています。でも実はこの基本こそ，**多価関数**や**リーマン面**，**等角写像**などなど，本格的な複素関数を理解する上での重要な鍵となっていることが，本書で明らかとなります。

もちろん，複素関数を理解するためには、**微分積分の知識**は必要です。ですから，自信のない方は，本書を読む前に**「微分積分キャンパス・ゼミ」**

を一読されることをお勧めします。しかし，この微分積分の知識に関しても，本書の中で必要に応じて，その**基本事項を挿入**していますので，ある程度の基礎力のある方であれば，本書を楽に読みこなしていけるはずです。$\sqrt{4} = \pm 2$ や，$i^i = e^{-\frac{\pi}{2}}$（主値）などなど，複素関数の不思議な世界を十分に堪能して下さい。

この「**複素関数キャンパス・ゼミ 改訂 9**」は，全体が 5 章から構成されており，各章をさらにそれぞれ 10 数ページ程度のテーマに分けていますので，非常に読みやすいはずです。複素関数は難しいものだと思っておられる方も，まず 1 回この本を**流し読み**することをお勧めします。初めは難しい式の証明などは飛ばしても構いません。**1 次分数関数，コーシー・リーマンの方程式，コーシーの積分定理，コーシーの積分公式，グルサの定理，ベキ級数とテーラー展開，ローラン展開，留数と留数定理**などなど，次々と専門的な内容が目に飛び込んできますが，不思議と違和感なく読みこなしていけるはずです。この**通し読みだけなら，おそらく数日もあれば十分**だと思います。これで**複素関数の全体像**をつかむ事が大切なのです。

1 回通し読みが終わったら，後は各テーマの詳しい解説文を**精読**して，例題，演習問題，実践問題を**実際にご自分で解きながら**，勉強を進めて行けばいいのです。特に，実践問題は，演習問題と同型の問題を穴埋め形式にしたものですから，非常に学習しやすいはずです。

この精読が終わりましたら，後は納得がいくまで何度でも**繰り返し練習**することです。これにより本物の実践力が身につき，「**複素関数も自分自身の言葉で自由に語れる**」ようになるのです。こうなれば，「**数学の単位なんて楽勝のはずです！**」 この「**複素関数キャンパス・ゼミ 改訂 9**」が，皆さんの数学人生の良きパートナーとなることを願ってやみません。

マセマ代表　馬場 敬之（けいし）

この改訂 9 では，コーシーの積分定理，グルサの定理の演習問題を新たに加えました。

◆ 目 次 ◆

講義1 複素数と複素数平面の基本

講義2 さまざまな複素関数

講義3 複素関数の微分

講義4 複素関数の積分

講義5 複素関数の級数展開

複素数と複素数平面の基本

- 複素数と複素数平面
- 極形式 (オイラーの公式)
- 複素数と図形
(回転と相似の合成変換)

§1. 複素数と複素数平面

さァ，これから複素関数の講義を始めよう。複素関数とは，文字通り複素数の変数をもつ関数のことなので，ここではまず，複素数と複素数平面(ガウス平面)について，その基本を解説しようと思う。この講義が，これから解説する本格的な複素関数の基礎となるものだから，複素数に慣れていない人は特にここで基礎固めをしておくといいよ。

● 複素数には2つの性質がある！

“**複素数**”に初めて出会うのはおそらく2次方程式の解法のときだと思う。たとえば，2次方程式 $x^2-2x+5=0$ の解は公式通り求めると，

$x=1\pm\sqrt{(-1)^2-1\cdot5}=1\pm\sqrt{-4}=1\pm2i$

2次方程式の解の公式
$ax^2+2b'x+c=0$
$x=\dfrac{-b'\pm\sqrt{b'^2-ac}}{a}$

となる。つまり，2つの複素数 $1+2i$ と $1-2i$ が解であることが分かる。ここで，i は“**虚数単位**(きょすうたんい)”と呼ばれるもので，$i^2=-1$ で定義されるんだね。

複素数の定義

一般に**複素数**(*complex number*) α は次の形で表される。

$\alpha=a+bi$ 　(a, b：実数　i：虚数単位 $(i^2=-1)$)

（a：実部，b：虚部）

ここで，$\begin{cases} a\ は，\alpha\ の\textbf{実部}\ (\textit{real part}) \\ b\ は，\alpha\ の\textbf{虚部}\ (\textit{imaginary part}) \end{cases}$ と呼び

$a=\mathrm{Re}(\alpha)$　$b=\mathrm{Im}(\alpha)$　と表す。

また，複素数 $\alpha=a+bi$ に対して“**共役複素数**(きょうやく)”(*conjugate complex number*) $\overline{\alpha}$ は，

$\overline{\alpha}=a-bi$　で定義される。

だからさっきの2次方程式の解の1つを $\alpha=1+2i$ とおくと，実部 $\mathrm{Re}(\alpha)=1$，虚部 $\mathrm{Im}(\alpha)=2$ となり，またその共役複素数 $\overline{\alpha}=1-2i$ がもう1つの解になっていたんだね。

一般に，複素数$\alpha = a + bi$について

$$\begin{cases} (\text{i})\ b=0 \text{ のとき，} \alpha = a \text{ となって"実数"となる。} \\ (\text{ii})\ a=0\ (b \neq 0) \text{ のとき，} \alpha = bi \text{ となる。これを"純虚数"と呼ぶ。} \end{cases}$$

（純虚数：じゅんきょすう）

このように，複素数αは実数をその部分集合にもつ，新たな"**数**"ということになるんだね。ここで，虚数単位iについて，その図形的な意味を明らかにしておこう。

図1(i) $-1 \cdot b$，$(-1)^2 \cdot b$の図形的な意味

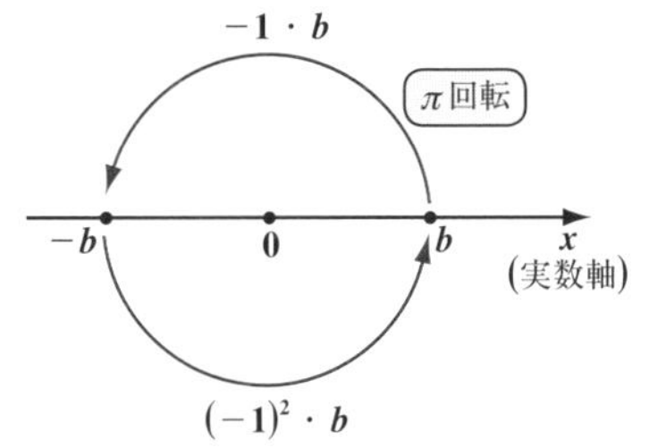

(ii) ib，i^2b，i^3b，i^4bの図形的な意味

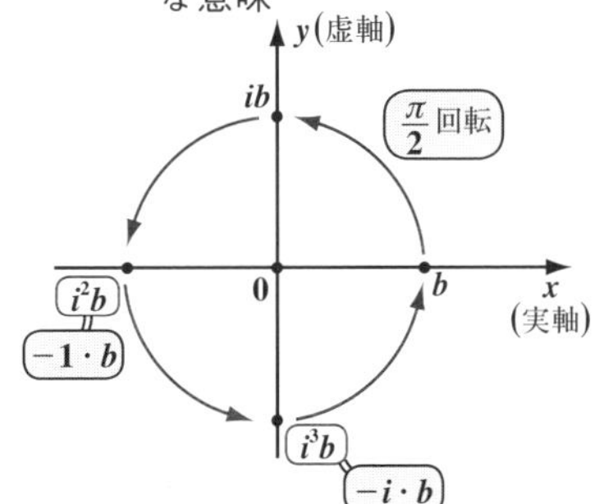

一般に，正の実数bに-1をかけると図1(i)に示すように，実数軸x上にとった点bが，反時計まわりにπ(＝180°)回転して点$-b$の位置にくると考えてみよう。すると，これにさらに-1をかけると，また同様にπ回転して$(-1)^2 \cdot b = b$となって元の点bに戻るんだね。

それでは今度は，正の実数bに何かある数γ(ガンマ)をかけて，反時計まわりに$\frac{\pi}{2}$(＝90°)だけ回転させることができるものとしよう。すると，bにこのγを2回かけると，π回転して$-b$になるはずだから，

$\gamma^2 \cdot b = -1 \cdot b$ ……①　となる。

①の両辺を正の数bで割ると，$\gamma^2 = -1$となるので，これはiの定義式$i^2 = -1$そのものになるんだね。これから，このγこそ虚数単位iであることが分かっただろう。

よって，図1(ii)に示すように，正の実数bにiを順次かけていくと，

$$b \xrightarrow{\frac{\pi}{2}\text{回転}} ib \xrightarrow{\frac{\pi}{2}\text{回転}} i^2b \xrightarrow{\frac{\pi}{2}\text{回転}} i^3b \xrightarrow{\frac{\pi}{2}\text{回転}} i^4b$$

i^2b ＝ $-1 \cdot b = -b$のこと

i^3b ＝ $i^2 \cdot ib = -ib$のこと

i^4b ＝ $(i^2)^2 \cdot b = (-1)^2 \cdot b = b$のこと

となって，点bが反時計まわりに$\frac{\pi}{2}$ずつ回転して，ib，$-b$，$-ib$となって最終的には，元のbに戻るんだね。このように，虚数(複素数)には，かけることにより，点を"**回転**"させる性質があることに注意しよう。

ここで，この正の実数 b の値を 1，2，3，…と変化させて，同様に，それぞれの値に順次 i をかけて $\frac{\pi}{2}$ ずつ回転させていってみよう。すると，

$$1 \longrightarrow i \longrightarrow -1 \longrightarrow -i \longrightarrow 1$$
$$2 \longrightarrow 2i \longrightarrow -2 \longrightarrow -2i \longrightarrow 2$$
$$3 \longrightarrow 3i \longrightarrow -3 \longrightarrow -3i \longrightarrow 3$$

……………………………………

図 2（ⅰ）1, 2, 3, 4, … の i による回転

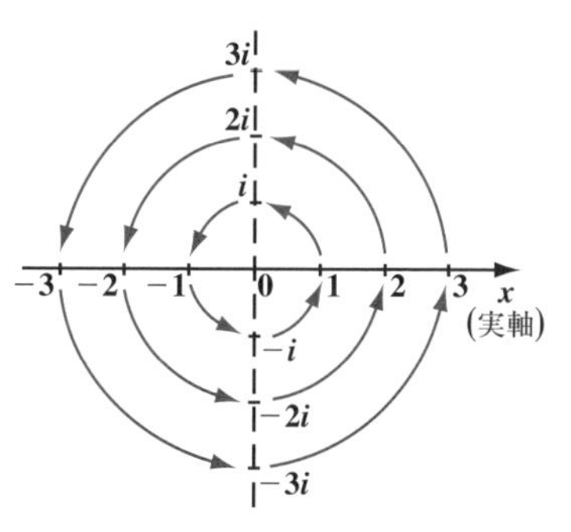

と回転して図 **2**（ⅰ）のような図が描ける。ここで,…, $-3i$, $-2i$, $-i$, 0, i, $2i$, $3i$, … の点を結んで **1** 本のたて軸を作ると，これが“**虚軸**（きょじく）”(***imaginary axis***) と呼ばれるものになるんだ。

一般に，図 **2**（ⅱ）に示すように横軸である実軸 (***real axis***)(x 軸) とたて軸である虚軸 (y 軸) から作られる平面を，“**複素数平面**”(***complex number plane***) または“**複素平面**”(***complex plane***) または“**ガウス平面**”(***Gaussian plane***) と呼ぶ。

（ⅱ）複素数平面

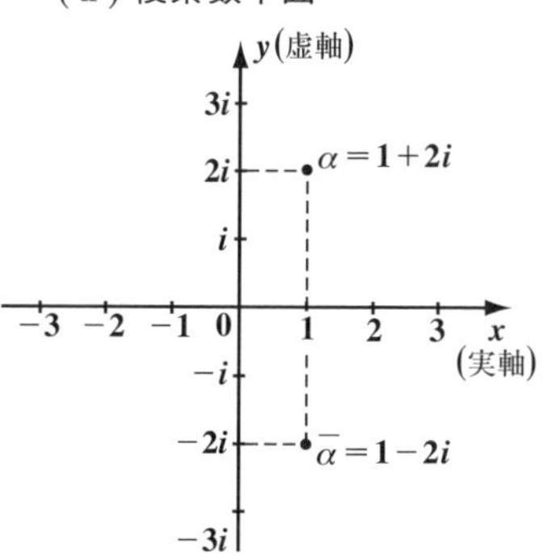

このように複素数平面が与えられると複素数 $a+bi$ は複素数平面上の点として表すことができる。図 **2**（ⅱ）では **2** 点 $\alpha = 1+2i$ と $\overline{\alpha} = 1-2i$ を示しておいた。

ここで，毎回“**実軸**”や“**虚軸**”と書いたり，また虚軸の座標を，…, $-2i$, $-i$, 0, i, $2i$, $3i$, …と記すのはメンドウなので，一般には図 **2**（ⅲ）に示すように，複素数平面を x 軸と y 軸で表し，また，虚軸の座標も，…, -3，-2，-1, 0, 1, 2, 3, …と表すことが多い。この講義でも，xy 座標面とは区別しづらいけれど，複素数平面を図 **2**（ⅲ）のように表記することにする。このようにしても点 $\alpha = 1+2i$ を記せば，それが複素数平面であることは明らかだからだ。

（ⅲ）複素数平面

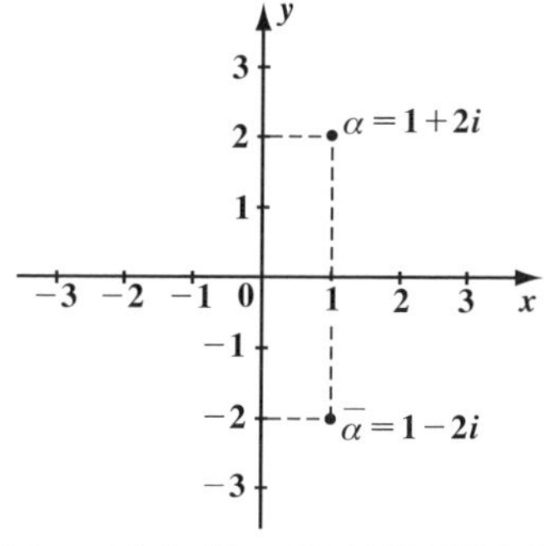

ここで，もう1つ疑問に思う人がいるかも知れないね。複素数$\alpha=1+2i$を，複素数平面上の点で表すときに何故，座標$(1,\ 2i)$ではなく，複素数$1+2i$の形のままなのかっていう疑問だ。これも複素数についての重要な性質の1つだからていねいに話しておこう。

xy座標平面上の点$(a,\ b)$を平面ベクトルの成分と考えると，これは2つの正規直交基底(せいきちょっこうきてい) $\boldsymbol{e}_1=\begin{bmatrix}1\\0\end{bmatrix}$，$\boldsymbol{e}_2=\begin{bmatrix}0\\1\end{bmatrix}$の1次結合として，

（正規："大きさ1"という意味）

$$\begin{bmatrix}a\\b\end{bmatrix}=\begin{bmatrix}a\\0\end{bmatrix}+\begin{bmatrix}0\\b\end{bmatrix}=a\begin{bmatrix}1\\0\end{bmatrix}+b\begin{bmatrix}0\\1\end{bmatrix}$$
$$=a\boldsymbol{e}_1+b\boldsymbol{e}_2$$

と表すことができた。

正規直交基底や1次結合について知識のない方には
「線形代数キャンパス・ゼミ」(マセマ)で勉強することを勧める。

実は，複素数$\alpha=a+bi$ $(a,\ b:$実数$)$も実軸(x軸)方向の単位ベクトルとして$\boldsymbol{e}_1=1$，虚軸(y軸)方向の単位ベクトルとして$\boldsymbol{e}_2=i$をとったとすると，$\boldsymbol{e}_1$と$\boldsymbol{e}_2$が正規直交基底となり複素数αは，

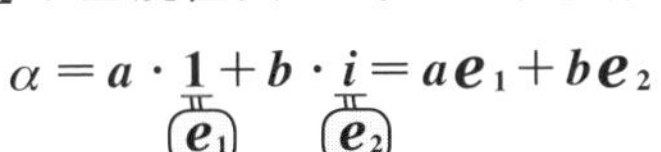

$$\alpha=a\cdot\underset{\boldsymbol{e}_1}{1}+b\cdot\underset{\boldsymbol{e}_2}{i}=a\boldsymbol{e}_1+b\boldsymbol{e}_2$$

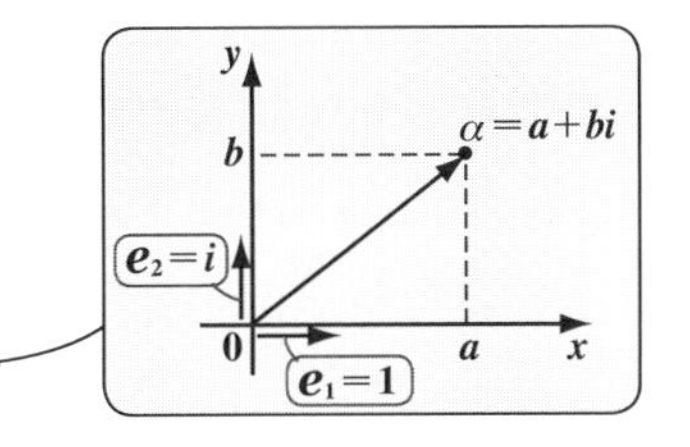

のように$\boldsymbol{e}_1$と$\boldsymbol{e}_2$の1次結合で表されていたんだね。これで，複素数$\alpha=a+bi$が"**ベクトル**"としての性質を持っていることが分かったと思う。

以上より，複素数についてもう一歩踏みこんで言うと，次のようになるんだよ。

(Ⅰ) 複素数同士の**積**や**商**では，"**回転**"の性質が現れ，
(Ⅱ) 複素数同士の**和**や**差**，それに**実数倍**については"**ベクトル**"の性質が現われる。

ここで，純虚数には実数のような大小関係は存在しないことも覚えておこう。よって，$i<2i$や，$0<i$などの不等式は一般には成り立たない。

（これは間違い）

だから，2つの複素数α，βについても$\alpha\leqq\beta$などの不等式は一般には成り立たないんだよ。気を付けよう！

● 複素数の計算公式を使いこなそう！

さァ，それでは，複素数の具体的な計算をするための準備をしよう。まず，2 つの複素数 α と β の相等，および四則演算 $(+,\ -,\ \times,\ \div)$ の定義を下に示そう。

複素数の計算公式

$\alpha = a+bi$, $\beta = c+di$ $(a,\ b,\ c,\ d$: 実数　i: 虚数単位$)$ のとき

α と β の相等と四則演算を次のように定義する。

(1) 相等 : $\alpha = \beta \iff a=c$ かつ $b=d$ ← 実部同士，虚部同士が等しい。

(2) 和　: $\alpha+\beta = (a+c)+(b+d)i$

(3) 差　: $\alpha-\beta = (a-c)+(b-d)i$

(4) 積　: $\alpha\cdot\beta = (ac-bd)+(ad+bc)i$

(5) 商　: $\dfrac{\alpha}{\beta} = \dfrac{ac+bd}{c^2+d^2}+\dfrac{bc-ad}{c^2+d^2}i$ （ただし，$\beta \neq 0$）

(1) の α と β の相等において，特に $\beta = 0$ $(=0+0i)$ のとき，$\alpha = 0+0i$，
すなわち，$a+bi=0+0i$ となるので，$a=0$ かつ $b=0$ となるんだね。

(4) の α と β の積は，

$$\alpha\cdot\beta = (a+bi)(c+di) = ac+adi+bci+bd\underbrace{i^2}_{(-1)}$$

$$=\underbrace{(ac-bd)}_{\text{実部 Re}(\alpha\beta)}+\underbrace{(ad+bc)}_{\text{虚部 Im}(\alpha\beta)}i$$ となるのもいいだろう。

(5) の α を β で割った商は，

$$\frac{\alpha}{\beta} = \frac{a+bi}{c+di} = \frac{(a+bi)(c-di)}{(c+di)(c-di)} = \frac{ac-adi+bci-bd\overbrace{i^2}^{(-1)}}{c^2-d^2\underbrace{i^2}_{(-1)}}$$

$$=\underbrace{\frac{ac+bd}{c^2+d^2}}_{\text{実部 Re}\left(\frac{\alpha}{\beta}\right)}+\underbrace{\frac{bc-ad}{c^2+d^2}}_{\text{虚部 Im}\left(\frac{\alpha}{\beta}\right)}i$$ となる。

このように，複素数の四則演算 $(+,\ -,\ \times,\ \div)$ においては，(ⅰ) $i^2=-1$ とすること，(ⅱ) 最終的には，(実部)+(虚部)i の形にまとめることの 2 点に注意すれば，後は実数の四則演算とまったく同様であることが分かったと思う。

次，図3に示すように，複素数平面における原点0 $(=0+0i)$ と複素数 $\alpha=a+bi$ $(a,\ b:$ 実数$)$ との間の距離を，α の“**絶対値**”(***absolute value***) と呼び，$|\alpha|$ で表す。三平方の定理より，$|\alpha|=\sqrt{a^2+b^2}$ となることは，大丈夫だね。

図3　α の絶対値 $|\alpha|$

ここで，$\alpha\cdot\overline{\alpha}=(a+bi)(a-bi)=a^2-b^2\underbrace{i^2}_{(-1)}=a^2+b^2$ より

$|\alpha|^2=\alpha\cdot\overline{\alpha}$ の公式が導ける。それでは $\alpha,\ \overline{\alpha},\ |\alpha|$ の公式を下に示そう。

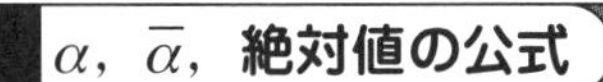

α，$\overline{\alpha}$，絶対値の公式

複素数 α について，次の公式が成り立つ。

(1) $|\alpha|=|\overline{\alpha}|=|-\alpha|=|-\overline{\alpha}|$

4点 $\alpha,\ \overline{\alpha},\ -\alpha,\ -\overline{\alpha}$ の原点からの距離はすべて等しい。

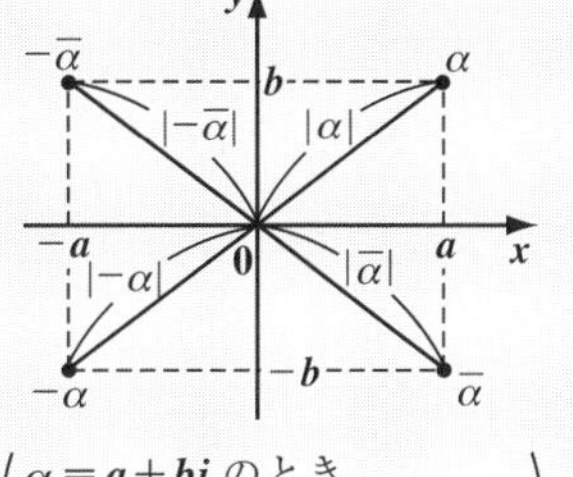

(2) $|\alpha|^2=\alpha\overline{\alpha}$

複素数の絶対値の2乗は，この公式を使って展開する。

$\left(\begin{array}{l}\alpha=a+bi\ \text{のとき，}\\ \overline{\alpha}=a-bi,\ -\alpha=-a-bi\\ -\overline{\alpha}=-a+bi\ \text{となる。}\end{array}\right)$

さらに，2つの複素数 $\alpha,\ \beta$ の共役複素数と絶対値の性質も重要だよ。

$\alpha,\ \beta$ の共役複素数と絶対値の性質

(Ⅰ) 共役複素数の性質

(1) $\overline{\alpha+\beta}=\overline{\alpha}+\overline{\beta}$　　(2) $\overline{\alpha-\beta}=\overline{\alpha}-\overline{\beta}$

(3) $\overline{\alpha\cdot\beta}=\overline{\alpha}\cdot\overline{\beta}$　　(4) $\overline{\left(\dfrac{\alpha}{\beta}\right)}=\dfrac{\overline{\alpha}}{\overline{\beta}}$　$(\beta\neq0)$

(Ⅱ) 絶対値の性質

(1) $|\alpha\cdot\beta|=|\alpha|\cdot|\beta|$　　(2) $\left|\dfrac{\alpha}{\beta}\right|=\dfrac{|\alpha|}{|\beta|}$　$(\beta\neq0)$

(3) $|\alpha|-|\beta|\leqq|\alpha+\beta|\leqq|\alpha|+|\beta|$ ← 絶対値は実数だから大小関係が存在する。

(Ⅱ) の絶対値の性質 (3) については，図形的に証明できるので，後で示そう。

他の公式については，興味のある人は，$\alpha = a + bi$，$\beta = c + di$ とおいて実際に証明してみるといいよ。いい計算練習になるからね。
公式が多くてウンザリだって？ でも高校で複素数平面を習っていない人は当然，ここで基礎力を養っておかないとね。頑張ろう！
それでは最後に，複素数 α の (i) 実数条件と (ii) 純虚数条件についても公式を示しておこう。

複素数の実数条件，純虚数条件

複素数 $\alpha = a + bi$ について

(i) α が実数 $\Leftrightarrow \alpha = \overline{\alpha}$

・$\alpha = a + 0i$ (実数) のとき
$\overline{\alpha} = a - 0i$ より，$\alpha = \overline{\alpha}$ となる。
・$\alpha = \overline{\alpha}$ のとき，$\cancel{a} + bi = \cancel{a} - bi$
より $2bi = 0$　　$b = 0$
$\therefore \alpha = a$ (実数) である。

(ii) α が純虚数 $\Leftrightarrow \alpha + \overline{\alpha} = 0$
かつ，$\alpha \neq 0$

・$\alpha = 0 + bi\ (b \neq 0)$ のとき，
$\alpha + \overline{\alpha} = 0 + bi + 0 - bi = 0$ となる。
・$\alpha + \overline{\alpha} = 0$ のとき，$a + bi + a - bi = 0$
より $2a = 0$　　$a = 0$
$\therefore \alpha = bi\ (b \neq 0)$ (純虚数) である。

さァ，それでは例題で実際に複素数の計算練習をやっておこう。

例題1　$\alpha = (2 + 3i)(1 - i)^2$ のとき，$\mathrm{Re}(\alpha)$，$\mathrm{Im}(\alpha)$，$\overline{\alpha}$，そして $|\alpha|$ を求めてみよう。

$$\alpha = (2 + 3i)\underline{(1 - i)^2} = -2i(2 + 3i) = -4i - 6\underset{(-1)}{i^2} = \underset{\mathrm{Re}(\alpha)}{6}\ \underset{\mathrm{Im}(\alpha)}{-4}i$$

$(1 - i)^2 = 1 - 2i + i^2 = \cancel{1} - 2i - \cancel{1} = -2i$

よって，α の実部 $\mathrm{Re}(\alpha) = 6$　虚部 $\mathrm{Im}(\alpha) = -4$　となり，
α の共役複素数 $\overline{\alpha} = 6 + 4i$　となる。 ← $\alpha = a + bi$ のとき $\overline{\alpha} = a - bi$
また，α の絶対値 $|\alpha| = \sqrt{6^2 + (-4)^2} = \sqrt{36 + 16}$ ← $\alpha = a + bi$ のとき $|\alpha| = \sqrt{a^2 + b^2}$
$= \sqrt{52} = 2\sqrt{13}$ となる。

例題2　$z = \dfrac{4 - 3i}{(2 + i)^2}$ のとき，$\overline{z}$ と $|z|$ を求めよう。

$$z = \frac{4 - 3i}{(2 + i)^2} = \frac{4 - 3i}{4 + 4i + \underset{(-1)}{i^2}} = \frac{4 - 3i}{3 + 4i} = \frac{(4 - 3i)(3 - 4i)}{(3 + 4i)(3 - 4i)}$$

$$z=\frac{(4-3i)(3-4i)}{(3+4i)(3-4i)}=\frac{12-16i-9i+12i^2}{25}=\frac{-25i}{25}=-i$$ となる。

（分母：$9-16i^2=9+16$，$i^2=(-1)$，$-i$：純虚数）

$z=0-i$ とおくと，共役複素数 $\overline{z}=0+i=i$ となる。

また，$z=0+(-1)\cdot i$ とおくと，絶対値 $|z|=\sqrt{0^2+(-1)^2}=\sqrt{1}=1$ となるんだね。

例題 3　$|z-2i|^2$ を展開してみよう。

$$|z-2i|^2=(z-2i)(\overline{z-2i})$$ ← 公式 $|\alpha|^2=\alpha\cdot\overline{\alpha}$

$\overline{z-2i}=\overline{z}-\overline{2}\cdot\overline{i}=\overline{z}+2i$ ← 公式 $\overline{\alpha-\beta}=\overline{\alpha}-\overline{\beta}$，$\overline{\alpha\cdot\beta}=\overline{\alpha}\cdot\overline{\beta}$

$\because\ \overline{2}=\overline{2+0i}=2-0i=2$，$\overline{i}=\overline{0+i}=0-i=-i$

$$=(z-2i)(\overline{z}+2i)$$
$$=z\cdot\overline{z}+2i\cdot z-2i\cdot\overline{z}-4i^2 \quad (i^2=-1)$$
$$=z\overline{z}+2zi-2\overline{z}i+4$$ となる。

（または，$|z|^2+2zi-2\overline{z}i+4$　としてもいいよ。）

どう？　複素数の基本計算にも慣れてきた？　複素数の (i) 実数条件と (ii) 純虚数条件については，次の演習問題と実践問題で練習しておこう。

最後に，複素数を表す文字についても少し解説しておこう。これは厳密なものではないんだけれど，

・α，β，γ，z_0，z_1，z_2，w_0，w_1，w_2 などは，複素定数を表し，

・z，w，ζ（ゼータ）などは，複素変数や方程式の未知数を表すことが多い。

このことも頭に入れておくといいよ。

そして，複素変数 z は，2 つの実数変数 x，y を使って $z=x+iy$（i：虚数単位）などと表す。z は x，y が変化することにより，複素数平面上を動きまわる変数になるんだね。そして，$w=f(z)$ とすると，w は複素変数 z の関数，つまり複素関数になるわけだ。少し先走り過ぎたかも知れないけれど，何となくこれから勉強していく複素関数の雰囲気はつかめたと思う。

演習問題 1　● 複素数の実数条件 ●

$z+\frac{4}{z}$ $(z \neq 0)$ が実数となるような，複素数 z の条件を求めよ。

ヒント！ $z+\frac{4}{z}=\alpha$ とおくと，α が実数となるための条件は，$\alpha=\overline{\alpha}$ だった。これから $z+\frac{4}{z}=\overline{z+\frac{4}{z}}$ を変形して，z の条件を求めていけばいいんだね。

解答＆解説

$z+\frac{4}{z}$ $(z \neq 0)$ が，実数となるための条件は，

$$z+\frac{4}{z}=\overline{z+\frac{4}{z}}$$

← 複素数 α の実数条件：$\alpha=\overline{\alpha}$

$\overline{z+\frac{4}{z}}=\overline{z}+\overline{\left(\frac{4}{z}\right)}=\overline{z}+\frac{\overline{4}}{\overline{z}}$　$\overline{4}=\overline{4+0i}=4-0i=4$

公式
・$\overline{\alpha+\beta}=\overline{\alpha}+\overline{\beta}$
・$\overline{\left(\frac{\alpha}{\beta}\right)}=\frac{\overline{\alpha}}{\overline{\beta}}$

$z+\frac{4}{z}=\overline{z}+\frac{4}{\overline{z}}$　この両辺に $z\overline{z}$ をかけて，

$z^2\cdot\overline{z}+4\overline{z}=z\cdot\overline{z}^2+4z$

$(z^2\overline{z}-z\overline{z}^2)-4(z-\overline{z})=0$

$z\overline{z}(z-\overline{z})-4(z-\overline{z})=0$

$(z\overline{z}-4)(z-\overline{z})=0$　（$z\overline{z}=|z|^2$）

$(|z|^2-4)(z-\overline{z})=0$

$\therefore |z|^2=4$　または　$z=\overline{z}$

ここで，$|z| \geqq 0$ より，求める z の条件は，

$|z|=2$ または $z=\overline{z}$ （ただし $z \neq 0$）である。

（$|z|=2$：これは中心 0 半径 2 の円を表す。(P32 参照)）

（$z=\overline{z}$：これは "z が実数である" ことを表す。）

実践問題 1　● 複素数の純虚数条件 ●

$z-\frac{1}{z}$ $(z \neq 0)$ が純虚数となるような，複素数 z の条件を求めよ。

ヒント！ $z-\frac{1}{z}=\alpha$ とおくと，α が純虚数となるための条件は，$\alpha+\overline{\alpha}=0$ かつ $\alpha \neq 0$ だね。これから $z-\frac{1}{z}+\overline{z-\frac{1}{z}}=0$ かつ $z-\frac{1}{z} \neq 0$ を変形していけばいい。

解答＆解説

$z-\frac{1}{z}$ $(z \neq 0)$ が純虚数となるための条件は，

$z-\frac{1}{z}+\overline{z-\frac{1}{z}}=0$ ……① かつ $z-\frac{1}{z} \neq 0$ ……② である。

$\left(\overline{z-\frac{1}{z}} = \overline{z}-\frac{1}{\overline{z}}\right)$

①より，$z-\frac{1}{z}+$ (ア) $=0$　この両辺に $z\overline{z}$ をかけて，

$z^2\overline{z}-\overline{z}+$ (イ) $=0$　$(z^2\overline{z}+z\overline{z}^2)-(z+\overline{z})=0$

$z\overline{z}(z+\overline{z})-(z+\overline{z})=0$　$(z\overline{z}-1)(z+\overline{z})=0$　$(z\overline{z} = |z|^2)$

$(|z|^2-1)(z+\overline{z})=0$　$\therefore |z|^2=1$ または (ウ)

ここで，$|z| \geqq 0$ より　(エ) または $z+\overline{z}=0$

②より $z-\frac{1}{z} \neq 0$　この両辺に z をかけて，

(オ) $\neq 0$　$(z+1)(z-1) \neq 0$　$\therefore z \neq \pm 1$

以上より，求める z の条件は

$|z|=1$ または $z+\overline{z}=0$ (ただし $z \neq 0$，± 1) である。

解答　(ア) $\overline{z}-\frac{1}{\overline{z}}$　(イ) $z\overline{z}^2-z$　(ウ) $z+\overline{z}=0$　(エ) $|z|=1$　(オ) z^2-1

§2. 複素数の極形式

複素数 $z=a+bi$ は，$z=0$ を除けば，すべて極形式 $z=r(\cos\theta+i\sin\theta)$ の形で表すことができる。これはさらに，オイラーの公式：$e^{i\theta}=\cos\theta+i\sin\theta$ を使うと，$z=re^{i\theta}$ と，よりシンプルに表現することもできる。

この極形式は，これから学習する複素関数の微分・積分や複素方程式で，非常によく利用するので，ここで，シッカリマスターしておこう。

● 複素数は極形式で表せる！

一般に，$z=0$ を除く複素数 $z=a+bi$ $(a,\ b:$ 実数$)$ はすべて"**極形式**(きょくけいしき)" (*polar form*) で表すことができる。ここでまず，その基本事項を示しておこう。

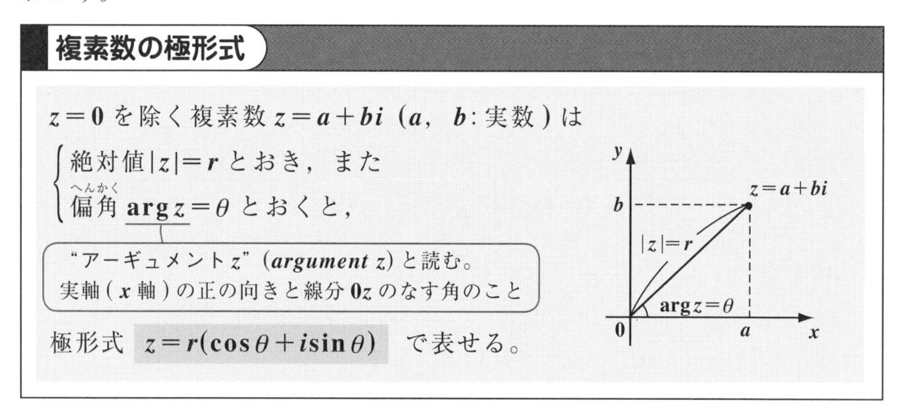

複素数の極形式

$z=0$ を除く複素数 $z=a+bi$ $(a,\ b:$ 実数$)$ は

$\begin{cases} \text{絶対値}\ |z|=r\ \text{とおき，また} \\ \text{偏角}\ \arg z=\theta\ \text{とおくと，} \end{cases}$

（偏角：へんかく）

"アーギュメント z" (*argument z*) と読む。
実軸 (x 軸) の正の向きと線分 $0z$ のなす角のこと

極形式 $z=r(\cos\theta+i\sin\theta)$ で表せる。

実際に，$z=a+bi$ を変形してみると

$$z=a+bi$$

まず，$r=\sqrt{a^2+b^2}$ をくくり出す！

$$=\sqrt{a^2+b^2}\left(\frac{a}{\sqrt{a^2+b^2}}+\frac{b}{\sqrt{a^2+b^2}}i\right)$$

（$\sqrt{a^2+b^2}=|z|=r$，$\frac{a}{\sqrt{a^2+b^2}}=\frac{a}{r}=\cos\theta$，$\frac{b}{\sqrt{a^2+b^2}}=\frac{b}{r}=\sin\theta$）

$$=r(\cos\theta+i\sin\theta)$$ と，極形式で表せることが分かるだろう。

$\left(\text{ただし，} r=\sqrt{a^2+b^2},\ \cos\theta=\frac{a}{\sqrt{a^2+b^2}},\ \sin\theta=\frac{b}{\sqrt{a^2+b^2}}\right)$

ここで，絶対値 $r=\sqrt{a^2+b^2}$ は一意に定まるけれど，"**偏角**(へんかく)" $\arg z$ は一般

（一意に："1通りに" という意味）

角 $\theta+2n\pi$ (n: 整数) で表すこともできるので一意には定まらない。よって，偏角を一意に定めるために，θ の範囲を $-\pi<\theta\leqq\pi$ と定めればいい。そして，$-\pi<\theta\leqq\pi$ の範囲にある θ を偏角の "**主値**(しゅち)" (***principal value***) と呼ぶことも覚えよう。

> θ は 1 周分取れればいいので，これを $0\leqq\theta<2\pi$ としてももちろんいいよ。
> でも本書で θ の主値を取る場合，主に $-\pi<\theta\leqq\pi$ の範囲のものを取ることにする。

ここで，$z=0$ $(=0+0i)$ の場合，絶対値 $r=0$ は定まるけれど，偏角 θ は不定となるので極形式では表せない。よって，$z=0$ は $z=0$ と表す以外ないんだね。

それでは，次の例題で実際に複素数を極形式になおしてみよう。

例題1　偏角 θ の範囲を $-\pi<\theta\leqq\pi$ として，次の複素数を極形式で表そう。 (1) $z_1=\sqrt{3}+3i$　　(2) $z_2=-3-3i$　　(3) $z_3=-2i$

(1) $z_1=\sqrt{3}+3i$ より，

絶対値 $r_1=|z_1|=\sqrt{(\sqrt{3})^2+3^2}=\sqrt{12}=2\sqrt{3}$

$$\therefore z_1=\underbrace{2\sqrt{3}}_{r_1}\Big(\underbrace{\frac{1}{2}}_{\cos\frac{\pi}{3}}+\underbrace{\frac{\sqrt{3}}{2}}_{\sin\frac{\pi}{3}}i\Big)$$

← $r_1=2\sqrt{3}$ をくくり出す

← 偏角 $\theta_1=\arg z_1=\dfrac{\pi}{3}$

$$=2\sqrt{3}\left(\cos\frac{\pi}{3}+i\sin\frac{\pi}{3}\right)$$ となる。

> θ_1 を一般角で表すと z_1 は，
> $z_1=2\sqrt{3}\left\{\cos\left(\dfrac{\pi}{3}+2n\pi\right)+i\sin\left(\dfrac{\pi}{3}+2n\pi\right)\right\}$
> (n: 整数) となる。

(2) $z_2=-3-3i$ より

絶対値 $r_2=|z_2|=\sqrt{(-3)^2+(-3)^2}=\sqrt{18}=3\sqrt{2}$

$$\therefore z_2=\underbrace{3\sqrt{2}}_{r_2}\Big(\underbrace{-\frac{1}{\sqrt{2}}}_{\cos\left(-\frac{3}{4}\pi\right)}\underbrace{-\frac{1}{\sqrt{2}}}_{\sin\left(-\frac{3}{4}\pi\right)}i\Big)$$

← $r_2=3\sqrt{2}$ をくくり出す

← 偏角 $\theta_2=\arg z_2=-\dfrac{3}{4}\pi$

$$=3\sqrt{2}\left\{\cos\left(-\frac{3}{4}\pi\right)+i\sin\left(-\frac{3}{4}\pi\right)\right\}$$ となる。

(3) $z_3 = -2i = 0 - 2i$ より

絶対値 $r_3 = |z_3| = \sqrt{0^2 + (-2)^2} = 2$

$\therefore z_3 = \underset{r_3}{\underline{2}} \cdot (\underset{\cos\left(-\frac{\pi}{2}\right)}{\underline{0}} \underset{\sin\left(-\frac{\pi}{2}\right)}{\underline{-1}} \cdot i) = 2\left\{\cos\left(-\frac{\pi}{2}\right) + i\sin\left(-\frac{\pi}{2}\right)\right\}$ となる。

それでは次，極形式で表された2つの複素数 z_1 と z_2 の積と商の公式も示そう。

極形式表示の複素数の積と商

$z_1 = r_1(\cos\theta_1 + i\sin\theta_1)$，$z_2 = r_2(\cos\theta_2 + i\sin\theta_2)$ のとき，

(1) $z_1 z_2 = r_1 r_2\{\cos(\theta_1 + \theta_2) + i\sin(\theta_1 + \theta_2)\}$ ← 複素数同士の "かけ算" では，偏角は "たし算" になる。

(2) $\dfrac{z_1}{z_2} = \dfrac{r_1}{r_2}\{\cos(\theta_1 - \theta_2) + i\sin(\theta_1 - \theta_2)\}$ ← 複素数同士の "わり算" では，偏角は "引き算" になる。

実際に (1)，(2) を計算してみると

(1) $z_1 \cdot z_2 = r_1(\cos\theta_1 + i\sin\theta_1) \cdot r_2(\cos\theta_2 + i\sin\theta_2)$

$= r_1 r_2(\cos\theta_1 + i\sin\theta_1)(\cos\theta_2 + i\sin\theta_2)$

$= r_1 r_2(\cos\theta_1\cos\theta_2 + i\cos\theta_1\sin\theta_2 + i\sin\theta_1\cos\theta_2 + \underset{-1}{i^2}\sin\theta_1\sin\theta_2)$

$= r_1 r_2\{(\underbrace{\cos\theta_1\cos\theta_2 - \sin\theta_1\sin\theta_2}_{\cos(\theta_1+\theta_2)}) + i(\underbrace{\sin\theta_1\cos\theta_2 + \cos\theta_1\sin\theta_2}_{\sin(\theta_1+\theta_2)})\}$

$= r_1 r_2\{\cos(\theta_1 + \theta_2) + i\sin(\theta_1 + \theta_2)\}$　と公式通りになる。

(2) $\dfrac{z_1}{z_2} = \dfrac{r_1(\cos\theta_1 + i\sin\theta_1)}{r_2(\cos\theta_2 + i\sin\theta_2)}$

$= \dfrac{r_1}{r_2} \dfrac{(\cos\theta_1 + i\sin\theta_1)(\cos\theta_2 - i\sin\theta_2)}{\underbrace{(\cos\theta_2 + i\sin\theta_2)(\cos\theta_2 - i\sin\theta_2)}_{\cos^2\theta_2 - i^2 \cdot \sin^2\theta_2 = \cos^2\theta_2 + \sin^2\theta_2 = 1}}$ ← 分子・分母に $(\cos\theta_2 - i\sin\theta_2)$ をかけた。

$= \dfrac{r_1}{r_2}(\cos\theta_1\cos\theta_2 - i\cos\theta_1\sin\theta_2 + i\sin\theta_1\cos\theta_2 - \underset{-1}{i^2}\sin\theta_1\sin\theta_2)$

$= \dfrac{r_1}{r_2}\{(\underbrace{\cos\theta_1\cos\theta_2 + \sin\theta_1\sin\theta_2}_{\cos(\theta_1-\theta_2)}) + i(\underbrace{\sin\theta_1\cos\theta_2 - \cos\theta_1\sin\theta_2}_{\sin(\theta_1-\theta_2)})\}$

$= \dfrac{r_1}{r_2}\{\cos(\theta_1 - \theta_2) + i\sin(\theta_1 - \theta_2)\}$　となって，これも公式通りだ！

さらに，ド・モアブルの定理についても示しておこう。

ド・モアブルの定理

整数 n に対して，次の公式が成り立つ。

$(\cos\theta+i\sin\theta)^n=\cos n\theta+i\sin n\theta$

$n=0$，1 のとき，

$(\cos\theta+i\sin\theta)^0=\cos 0+i\sin 0=1$ ←（複素数 z についても，$z^0=1$ となる。）

$(\cos\theta+i\sin\theta)^1=\cos\theta+i\sin\theta$　となって成り立つ。

$n=k$　$(k=1,\ 2,\ 3,\ \cdots)$ のとき

$(\cos\theta+i\sin\theta)^k=\cos k\theta+i\sin k\theta$ ……①　が成り立つと仮定して，

$n=k+1$ のときについて調べると，

$(\cos\theta+i\sin\theta)^{k+1}=\underline{(\cos\theta+i\sin\theta)^k}\cdot(\cos\theta+i\sin\theta)$

（$\cos k\theta+i\sin k\theta$ （①より））

$=(\cos k\theta+i\sin k\theta)(\cos\theta+i\sin\theta)$

$=\cos k\theta\cos\theta+i\cos k\theta\sin\theta+i\sin k\theta\cos\theta+i^2\sin k\theta\sin\theta$　（$i^2=(-1)$）

$=(\cos k\theta\cos\theta-\sin k\theta\sin\theta)+i(\sin k\theta\cos\theta+\cos k\theta\sin\theta)$

（$\cos(k\theta+\theta)$）　（$\sin(k\theta+\theta)$）

$=\cos(k+1)\theta+i\sin(k+1)\theta$　となって成り立つ。

よって，数学的帰納法より，$n=1,\ 2,\ 3,\ \cdots$ のとき，ド・モアブルの定理は成り立つ。次，$n=-1,\ -2,\ -3,\ \cdots$ のとき ←（n が負の整数のとき）

$n=-m$ $(m=1,\ 2,\ 3,\ \cdots)$ とおくと，

$(\cos\theta+i\sin\theta)^n=(\cos\theta+i\sin\theta)^{-m}=\left(\dfrac{1}{\cos\theta+i\sin\theta}\right)^m$ ←（複素数 z についても $z^{-1}=\dfrac{1}{z}$ となる。）　（$1=\cos 0+i\sin 0$）

$=\{\cos(-\theta)+i\sin(-\theta)\}^m=\cos(-m\theta)+i\sin(-m\theta)$　（$-\theta=(0-\theta)$，$-m=n$）

$=\cos n\theta+i\sin n\theta$　となって，n が負の整数のときも成り立つ。

以上より，n が整数，すなわち $n=0,\ \pm1,\ \pm2,\ \pm3,\ \cdots$　のとき，

ド・モアブルの定理 $(\cos\theta+i\sin\theta)^n=\cos n\theta+i\sin n\theta$ は成り立つんだね。

一般に複素数z，wに対して，m，nが整数のとき，次の指数法則が成り立つので，実数のときと同様に計算できる。

複素数の指数法則

(1) $z^0=1$　(2) $z^m\times z^n=z^{m+n}$　(3) $(z^m)^n=z^{m\times n}$

(4) $(z\times w)^m=z^m\times w^m$　(5) $\dfrac{z^m}{z^n}=z^{m-n}$　(6) $\left(\dfrac{z}{w}\right)^m=\dfrac{z^m}{w^m}$

(ただし，z，w：複素数((5)では$z\neq0$，(6)では$w\neq0$)，m，n：整数)

でも，指数部に有理数がきたり，複素数がきた場合，つまり，$4^{\frac{1}{2}}$やi^iなどの計算では，実数のときの指数法則が通用しなくなるので，注意しよう。

実数の計算では，$4^{\frac{1}{2}}=\sqrt{4}=2$だが，複素数の計算では，$4^{\frac{1}{2}}=\sqrt{4}=\pm2$となる。また，$i^i$については，$i^i=e^{-\left(\frac{\pi}{2}+2n\pi\right)}$ (n:整数)となるんだよ。
何故そうなるのかって？　これからすべて解説していくから楽しみにしてくれ！

● 極形式にオイラーの公式を利用しよう！

オイラーの公式：$e^{i\theta}=\cos\theta+i\sin\theta$ を利用すれば，極形式はさらにスッキリと表現できる。この公式は，「微分積分キャンパスゼミ」(マセマ)で詳しく解説しているけれど，簡単に復習しておこう。また，実関数$f(x)$の"**マクローリン展開**"の考え方は，これから解説する複素関数においても重要な役割を演じるので，これについても復習しておこう。

実関数$f(x)$のマクローリン展開

関数$f(x)$が，$x=0$を含むある区間で，何回でも微分可能であり，かつ，$\displaystyle\lim_{n\to\infty}R_{n+1}=0$のとき，$f(x)$は次のように表される。

$$f(x)=f(0)+\frac{f^{(1)}(0)}{1!}x+\frac{f^{(2)}(0)}{2!}x^2+\frac{f^{(3)}(0)}{3!}x^3+\cdots+\frac{f^{(n)}(0)}{n!}x^n+\cdots$$

(ただし，R_{n+1}はラグランジュの剰余項を，また$f^{(n)}(0)$は，$x=0$におけるn階の微分係数を表す。)

(i) ここで，$f(x)=e^x$とおくと，$f^{(1)}(0)=f^{(2)}(0)=f^{(3)}(0)=\cdots=e^0=1$
となるので，$f(x)=e^x$をマクローリン展開すると，

$$e^x = \underset{\boxed{e^0=1}}{f(0)} + \frac{\overset{\boxed{1}}{f^{(1)}(0)}}{1!}x + \frac{\overset{\boxed{1}}{f^{(2)}(0)}}{2!}x^2 + \frac{\overset{\boxed{1}}{f^{(3)}(0)}}{3!}x^3 + \frac{\overset{\boxed{1}}{f^{(4)}(0)}}{4!}x^4 + \frac{\overset{\boxed{1}}{f^{(5)}(0)}}{5!}x^5 + \frac{\overset{\boxed{1}}{f^{(6)}(0)}}{6!}x^6 + \cdots$$

$\therefore\ e^x = 1 + \dfrac{x}{1!} + \dfrac{x^2}{2!} + \dfrac{x^3}{3!} + \dfrac{x^4}{4!} + \dfrac{x^5}{5!} + \dfrac{x^6}{6!} + \cdots$ …① $(-\infty < x < \infty)$ となる。

これは“ダランベールの収束半径” $R=\infty$ から導ける。

(ii) 次，$f(x) = \sin x$ とおくと，

$f^{(1)}(x) = \cos x$，$f^{(2)}(x) = -\sin x$，$f^{(3)}(x) = -\cos x$，$f^{(4)}(x) = \sin x$，… より，

$f^{(1)}(0) = 1$，$f^{(2)}(0) = 0$，$f^{(3)}(0) = -1$，$f^{(4)}(0) = 0$，$f^{(5)}(0) = 1$，$f^{(6)}(0) = 0$，…

以下同様のくり返し

となるので，

$$\sin x = \underset{\boxed{\sin 0 = 0}}{\cancel{f(0)}} + \frac{\overset{\boxed{1}}{f^{(1)}(0)}}{1!}x + \frac{\overset{\boxed{-1}}{f^{(3)}(0)}}{3!}x^3 + \frac{\overset{\boxed{1}}{f^{(5)}(0)}}{5!}x^5 + \cdots$$

$\therefore\ \sin x = \dfrac{x}{1!} - \dfrac{x^3}{3!} + \dfrac{x^5}{5!} - \dfrac{x^7}{7!} + \cdots$ ……② $(-\infty < x < \infty)$ となる。

(iii) 最後に $f(x) = \cos x$ とおくと，

$f^{(1)}(x) = -\sin x$，$f^{(2)}(x) = -\cos x$，$f^{(3)}(x) = \sin x$，$f^{(4)}(x) = \cos x$，… より

$f^{(1)}(0) = 0$，$f^{(2)}(0) = -1$，$f^{(3)}(0) = 0$，$f^{(4)}(0) = 1$，$f^{(5)}(0) = 0$，$f^{(6)}(0) = -1$，…

以下同様のくり返し

となるので，

$$\cos x = \underset{\boxed{\cos 0 = 1}}{f(0)} + \frac{\overset{\boxed{-1}}{f^{(2)}(0)}}{2!}x^2 + \frac{\overset{\boxed{1}}{f^{(4)}(0)}}{4!}x^4 + \frac{\overset{\boxed{-1}}{f^{(6)}(0)}}{6!}x^6 + \cdots$$

$\therefore\ \cos x = 1 - \dfrac{x^2}{2!} + \dfrac{x^4}{4!} - \dfrac{x^6}{6!} + \dfrac{x^8}{8!} - \cdots$ ……③ $(-\infty < x < \infty)$ となる。

よって，①の両辺の x を形式的に $x = i\theta$ (i：虚数単位) とおくと，①は，

$$e^{i\theta} = 1 + \frac{i\theta}{1!} + \frac{\overset{\boxed{-\theta^2}}{(i\theta)^2}}{2!} + \frac{\overset{\boxed{-i\theta^3}}{(i\theta)^3}}{3!} + \frac{\overset{\boxed{\theta^4}}{(i\theta)^4}}{4!} + \frac{\overset{\boxed{i\theta^5}}{(i\theta)^5}}{5!} + \frac{\overset{\boxed{-\theta^6}}{(i\theta)^6}}{6!} + \frac{\overset{\boxed{-i\theta^7}}{(i\theta)^7}}{7!} + \frac{\overset{\boxed{\theta^8}}{(i\theta)^8}}{8!} + \cdots$$

$$= \underbrace{\left(1 - \frac{\theta^2}{2!} + \frac{\theta^4}{4!} - \frac{\theta^6}{6!} + \cdots\right)}_{\cos\theta\ (③より)} + i\underbrace{\left(\frac{\theta}{1!} - \frac{\theta^3}{3!} + \frac{\theta^5}{5!} - \frac{\theta^7}{7!} + \cdots\right)}_{\sin\theta\ (②より)}$$

となる。よって，これに②，③を代入すると，

オイラーの公式：$e^{i\theta}=\cos\theta+i\sin\theta$　が導けるんだね。納得いった？

そして，このオイラーの公式を用いれば，これまで解説した複素数の極形式をさらにシンプルに $z=r(\cos\theta+i\sin\theta)=re^{i\theta}$　と表すことができる。

また，$z_1=r_1e^{i\theta_1}$，$z_2=r_2e^{i\theta_2}$　(r_1，r_2：絶対値，θ_1，θ_2：偏角）のとき，

(1) $z_1\times z_2=\underline{r_1e^{i\theta_1}\cdot r_2e^{i\theta_2}}=r_1r_2e^{i\theta_1+i\theta_2}=\underline{r_1r_2e^{i(\theta_1+\theta_2)}}$

$r_1(\cos\theta_1+i\sin\theta_1)\cdot r_2(\cos\theta_2+i\sin\theta_2)$　　$r_1r_2\{\cos(\theta_1+\theta_2)+i\sin(\theta_1+\theta_2)\}$

(2) $\dfrac{z_1}{z_2}=\dfrac{r_1e^{i\theta_1}}{r_2e^{i\theta_2}}=\dfrac{r_1}{r_2}e^{i\theta_1-i\theta_2}=\dfrac{r_1}{r_2}e^{i(\theta_1-\theta_2)}$

$\dfrac{r_1(\cos\theta_1+i\sin\theta_1)}{r_2(\cos\theta_2+i\sin\theta_2)}$　　$\dfrac{r_1}{r_2}\{\cos(\theta_1-\theta_2)+i\sin(\theta_1-\theta_2)\}$

と，実数の指数法則と同様に計算すれば，2つの複素数 z_1 と z_2 の“**積と商**”が簡単に求まって便利だ。

さらに，ド・モアブルの定理 $(\cos\theta+i\sin\theta)^n=\cos n\theta+i\sin n\theta$　も $(e^{i\theta})^n=e^{in\theta}$ と表現できる。

また，$|\cos\theta+i\sin\theta|=\sqrt{\cos^2\theta+\sin^2\theta}=1$ より，

$|e^{i\theta}|=1$ も式変形の際によく利用する公式だ。これは，$|e^{i\times(\text{実数})}|=1$ と覚えておくといい。何故なら，$|e^{i\times(\text{実数})}|=\sqrt{\cos^2(\text{実数})+\sin^2(\text{実数})}=1$ となるからだ。だから例えば，$e^{i\pi R\cos\theta}$ の場合，$\pi R\cos\theta$ が1つの実数なので，

その絶対値は $|e^{i\pi R\cos\theta}|=1$ となるんだね。納得いった？（$\pi R\cos\theta$：実数）

次，$e^{i\theta}$ の共役複素数 $\overline{e^{i\theta}}$ についても調べてみよう。

$$\overline{e^{i\theta}}=\overline{\cos\theta+i\sin\theta}=\cos\theta-i\sin\theta$$

$$=\cos(-\theta)+i\sin(-\theta)=e^{i\cdot(-\theta)}=e^{-i\theta}$$

公式
- $\cos(-\theta)=\cos\theta$
- $\sin(-\theta)=-\sin\theta$
- $\tan(-\theta)=-\tan\theta$

よって，$\overline{e^{i\theta}}=e^{-i\theta}$ となる。

さらに，$\cos\theta$ も $\sin\theta$ も周期 2π の周期関数より，

$\cos(\theta+2n\pi)=\cos\theta$，$\sin(\theta+2n\pi)=\sin\theta$　(n：整数）だから，

$$e^{i(\theta+2n\pi)}=\underbrace{\cos(\theta+2n\pi)}_{\cos\theta}+i\underbrace{\sin(\theta+2n\pi)}_{\sin\theta}$$

$=\cos\theta+i\sin\theta=e^{i\theta}$　となるのもいいね。

よって，$e^{i(\theta+2n\pi)}=e^{i\theta}$ も公式として覚えておこう。つまり，$e^{i\theta}$ も周期 2π の周期関数になるんだね。
それでは，以上を公式としてまとめておこう。

オイラーの公式の利用

(1) オイラーの公式：$e^{i\theta}=\cos\theta+i\sin\theta$ を利用すると
複素数 z は極形式 $z=re^{i\theta}$ $(r=|z|,\ \theta=\arg z,\ -\pi<\theta\leqq\pi)$
で表される。

(2) $z_1=r_1e^{i\theta_1}$，$z_2=r_2e^{i\theta_2}$ のとき，
(i) $z_1z_2=r_1r_2e^{i(\theta_1+\theta_2)}$　(ii) $\dfrac{z_1}{z_2}=\dfrac{r_1}{r_2}e^{i(\theta_1-\theta_2)}$　となる。

(3) ド・モアブルの定理は $(e^{i\theta})^n=e^{in\theta}$ (n：整数) と表される。

(4) $e^{i\theta}$ の性質
(i) $|e^{i\theta}|=1$　(ii) $\overline{e^{i\theta}}=e^{-i\theta}$　(iii) $e^{i(\theta+2n\pi)}=e^{i\theta}$ (n：整数)

複素数 $z=x+iy$ (x, y：実数) の"**指数関数**" e^z については，複素関数のところでもう1度キチンと定義しなおさなければならないけど，これまで解説した"**オイラーの公式**"と $e^{i\theta}$ の各性質はすべてそのまま使えるから，今の内にシッカリ覚えておこう。

● 回転と相似の合成変換も押さえよう！

2つの複素数 w_1 と z_1 $(z_1\neq0)$ の商 $\dfrac{w_1}{z_1}$ も複素数となるので，これを $r_0e^{i\theta_0}$ とおくと，これは図形的には"**回転と相似の合成変換**"になる。
($r_0e^{i\theta_0}$ は $r_0(\cos\theta_0+i\sin\theta_0)$ のこと)
前に複素数同士の積や商で，"**回転**"の性質が現れると言ったけれど，その最も身近な例がこれなんだ。

回転と相似の合成変換（Ⅰ）

$\frac{w_1}{z_1}=r_0e^{i\theta_0}$ ……① $(z_1 \neq 0)$ のとき，
点 w_1 は点 z_1 を原点のまわりに θ_0 だけ回転して r_0 倍に拡大（または縮小）したものである。
これを"**相似変換**"と呼ぶ。

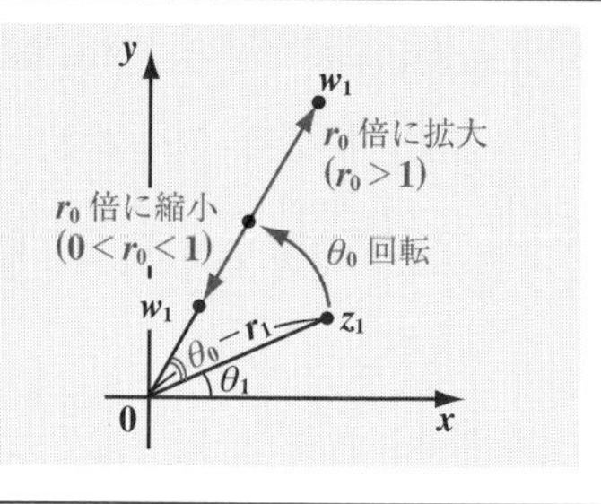

$z_1=r_1e^{i\theta_1}$ $(r_1 \neq 0)$ とおき，①の両辺に z_1 をかけると

$$w_1=z_1\cdot r_0e^{i\theta_0}=r_1e^{i\theta_1}\cdot r_0e^{i\theta_0}=\underbrace{r_0\cdot r_1}_{|w_1|}e^{i(\overbrace{\theta_0+\theta_1}^{\arg w_1})}$$ となる。

（ⅱ）z_1 の絶対値 r_1 に r_0 をかける。
（ⅰ）z_1 の偏角 θ_1 に θ_0 を加える。

よって，（ⅰ）z_1 の偏角 θ_1 に θ_0 を加え，（ⅱ）z_1 の絶対値 r_1 を r_0 倍したものが点 w_1 になると言ってるわけだから，図のように複素数平面上では，点 z_1 を原点のまわりに反時計まわりに θ_0 だけ回転して，r_0 倍に相似変換（拡大または縮小）したものが点 w_1 になるんだね。納得いった？

たとえば，$\frac{w_1}{z_1}=2i$，かつ $z_1=1+i$ のとき

$$2i = 0+1\cdot i=\cos\frac{\pi}{2}+i\sin\frac{\pi}{2}=e^{i\frac{\pi}{2}}$$

$\frac{w_1}{z_1}=2e^{i\frac{\pi}{2}}$ より，点 w_1 は点 $z_1=1+i$ を原点のまわりに $\frac{\pi}{2}$ だけ回転して，2 倍に拡大したものなので，点 w_1 は右図のような位置の点になるんだね。

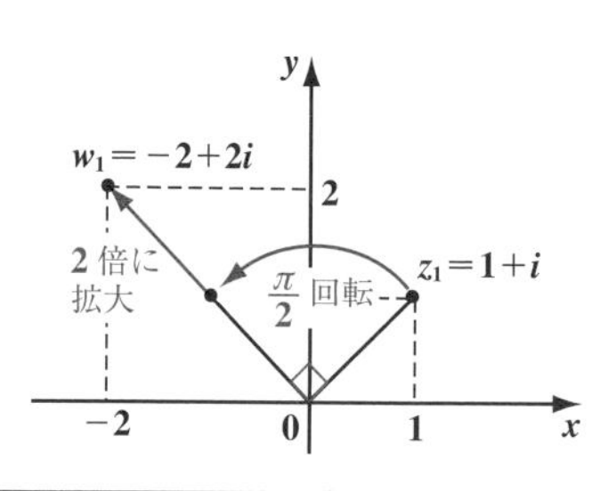

もちろん，$w_1=2i\cdot z_1=2i(1+i)=-2+2i$ と計算しても，点 w_1 の位置はすぐ分かる。

● 複素数の 2 乗根を求めてみよう！

α を複素定数とするとき，$\boxed{w^n=\alpha}$ （n:2 以上の自然数）をみたす w を α の n 乗根といい，$w=\alpha^{\frac{1}{n}}$ で表す。一般に α の n 乗根は n 個存在することが"**代数学の基本定理**"(P260) から分かっている。ここでは，$n=2$ の場合の方程式を解いてみよう。

例題2　方程式 $w^2=-i$ …① をみたす複素数 w をすべて求めてみよう！

$w=re^{i\theta}$ とおいて r と θ の値を求めればいい。

①の左辺 $=w^2=(re^{i\theta})^2=r^2e^{2i\theta}$

①の右辺 $=-i=0+(-1)\cdot i=\underline{1}\{\underline{0}+\underline{(-1)}i\}$

（$|-i|=\sqrt{0^2+(-1)^2}$）（$\cos\left(-\frac{\pi}{2}\right)$）（$\sin\left(-\frac{\pi}{2}\right)$）

$$=1\cdot\left\{\cos\left(-\frac{\pi}{2}\right)+i\sin\left(-\frac{\pi}{2}\right)\right\}=1\cdot e^{-\frac{\pi}{2}i}$$

$$=1\cdot e^{\left(-\frac{\pi}{2}+2n\pi\right)i}\quad(n=0,\ 1)$$

（$-i$ の2乗根は，2つ存在するので，$n=0,\ 1$ の2つで十分だ！）

以上より，①は

$\underline{r^2}\cdot e^{2i\theta}=\underline{1}\cdot e^{\left(-\frac{\pi}{2}+2n\pi\right)i}\quad(n=0,\ 1)$ となる。

$\therefore\ \underline{r^2=1}$ より $r=1$　（$\because$ r は正の実数）

$2\theta=-\frac{\pi}{2}+2n\pi$ より $\theta=-\frac{\pi}{4}+n\pi\ (n=0,\ 1)$ →

（さらに $n=2, 3, 4, 5, \cdots$ と変化させても，θ は $\theta=\frac{7}{4}\pi, \frac{11}{4}\pi, \frac{15}{4}\pi, \frac{19}{4}\pi$ ………… となって，実質的に $\theta=-\frac{\pi}{4}$ と $\frac{3}{4}\pi$ の値をくり返すだけだ！）

$\therefore\ \theta=-\frac{\pi}{4},\ \frac{3}{4}\pi$

よって，$w=\underline{1\cdot e^{-\frac{\pi}{4}i}}$ または $\underline{1\cdot e^{\frac{3}{4}\pi i}}$

（$\cos\left(-\frac{\pi}{4}\right)+i\sin\left(-\frac{\pi}{4}\right)$）（$\cos\frac{3}{4}\pi+i\sin\frac{3}{4}\pi$）

$$=\frac{1}{\sqrt{2}}-\frac{1}{\sqrt{2}}i\ \text{または}\ -\frac{1}{\sqrt{2}}+\frac{1}{\sqrt{2}}i\ \text{となる。}$$

同様に，$w^2=4$ を解くと，

$w^2=r^2\cdot e^{2i\theta}$，$4=4(1+0i)=4(\cos\underline{0}+i\sin\underline{0})=4e^{2n\pi i}$ $(n=0,\ 1)$ より
（$0+2n\pi$）（$0+2n\pi$）

$\underline{r^2}\cdot e^{2i\theta}=\underline{4}e^{2n\pi i}$ となる。

$\therefore\ \underline{r^2=4}$ より $r=2$，$2\theta=2n\pi$ より $\theta=n\pi=0,\ \pi$ （$\because$ $n=0,\ 1$）

よって，$w=\sqrt{4}\,(=4^{\frac{1}{2}})=2\cdot e^{0i}\,(=1)$ または $2\cdot e^{\pi i}\,(=-1)=2$ または -2 となる。(P84)

このように，複素数の世界では $\sqrt{4}=\pm2$ となるんだね。実はこの2乗根の問題が，複素関数における“**多価関数**（たかかんすう）”や“**リーマン面**（めん）”の問題へと発展していくことになるんだよ。これも，後で詳しく解説しよう。

演習問題 2	● -4 の 4 乗根 ●

$w^4 = -4$ ……① をみたす複素数 w をすべて求めよ。

ヒント！ $w = re^{i\theta}$ とおき，-4 も極形式で表して解けばいい。ポイントは 4 乗根なので，w は異なる 4 つの値をもつということだ。

解答＆解説

$w = re^{i\theta}$ $(0 \leqq \theta < 2\pi)$ とおいて，r と θ の値を求める。

①の左辺 $= w^4 = (re^{i\theta})^4 = r^4 \cdot e^{4i\theta}$ となる。

①の右辺 $= -4 = -4 + 0i = \underline{4}(-1 + 0i)$

$|-4| = \sqrt{(-4)^2 + 0^2}$

$= 4(\cos\underline{\pi} + i\sin\underline{\pi}) = 4\{\cos(2n+1)\pi + i\sin(2n+1)\pi\}$

$\pi + 2n\pi$　$\pi + 2n\pi$

$= 4e^{i(2n+1)\pi}$ $(\underline{n = 0,\ 1,\ 2,\ 3})$

4乗根なので，n はこの 4 通りですべての異なる θ，すなわち w の値を表せる。$n = 4,\ 5,\ 6,\ 7,\ \cdots$ の場合，同じ w の値がくり返し現れるだけだ。

以上より，①は

$\underline{r^4} e^{4i\theta} = \underline{4} e^{i(2n+1)\pi}$ $(n = 0,\ 1,\ 2,\ 3)$ となるので，

・$r^4 = 4$ より $r^2 = 2$　　$r = \sqrt{2}$ となる。(∵ r は正の実数)

・$4\theta = (2n+1)\pi$ $(n = 0,\ 1,\ 2,\ 3)$ より

$$\theta = \frac{2n+1}{4}\pi = \frac{\pi}{4},\ \frac{3}{4}\pi,\ \frac{5}{4}\pi,\ \frac{7}{4}\pi$$

以上より，求める w の値をそれぞれ w_1，w_2，w_3，w_4 とおくと，

$w_1 = \sqrt{2}\underline{e^{\frac{\pi}{4}i}} = 1 + i$

$\left(\cos\frac{\pi}{4} + i\sin\frac{\pi}{4}\right) = \left(\frac{1}{\sqrt{2}} + \frac{1}{\sqrt{2}}i\right)$

$w_2 = \sqrt{2}e^{\frac{3}{4}\pi i} = -1 + i$

$w_3 = \sqrt{2}e^{\frac{5}{4}\pi i} = -1 - i$

$w_4 = \sqrt{2}e^{\frac{7}{4}\pi i} = 1 - i$ となる。

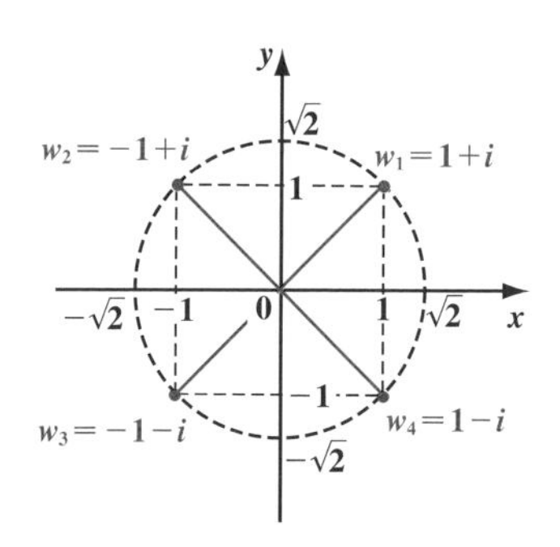

実践問題 2　●$8i$ の 3 乗根●

$w^3 = 8i$ ……①　をみたす複素数 w をすべて求めよ。

ヒント！ $w = re^{i\theta}$ とおき，$8i$ も極形式で表して解くんだね。今回は 3 乗根の問題なので，w は異なる 3 つの解 w_1，w_2，w_3 をもつはずだ。

解答＆解説

$w = re^{i\theta}$　$(0 \leqq \theta < 2\pi)$ とおいて，r と θ の値を求める。

①の左辺 $= w^3 = (re^{i\theta})^3 =$ (ア)

①の右辺 $= 8i = 0 + 8i =$ (イ) $(0 + 1 \cdot i)$

$=$ (イ) $\left(\cos\frac{\pi}{2} + i\sin\frac{\pi}{2}\right) =$ (イ) $\left(\cos\frac{4n+1}{2}\pi + i\sin\frac{4n+1}{2}\pi\right)$

（$\frac{\pi}{2} = \left(\frac{\pi}{2} + 2n\pi\right)$，$\frac{\pi}{2} = \left(\frac{\pi}{2} + 2n\pi\right)$）

$=$ (イ) $e^{\frac{4n+1}{2}\pi i}$　$(n =$ (ウ) $)$

3 乗根なので，n はこの 3 通りで，すべての異なる w の値を表せる。

以上より，①は

$r^3 \cdot e^{3i\theta} = 8 \cdot e^{\frac{4n+1}{2}\pi i}$　$(n =$ (ウ) $)$ となるので，

・$r^3 = 8$ より $r = 2$　（∵ r は正の実数）

・$3\theta = \frac{4n+1}{2}\pi$　$(n = 0, 1, 2)$ より　$\theta = \frac{4n+1}{6}\pi = \frac{\pi}{6}, \frac{5}{6}\pi, \frac{3}{2}\pi$

以上より，求める w の値を w_1，w_2，w_3 とおくと，

$w_1 = 2 \cdot e^{\frac{\pi}{6}i} = \sqrt{3} + i$

（$e^{\frac{\pi}{6}i} = \left(\cos\frac{\pi}{6} + i\sin\frac{\pi}{6}\right) = \left(\frac{\sqrt{3}}{2} + \frac{1}{2}i\right)$）

$w_2 = 2 \cdot e^{\frac{5}{6}\pi i} =$ (エ)

$w_3 = 2 \cdot e^{\frac{3}{2}\pi i} =$ (オ)　となる。

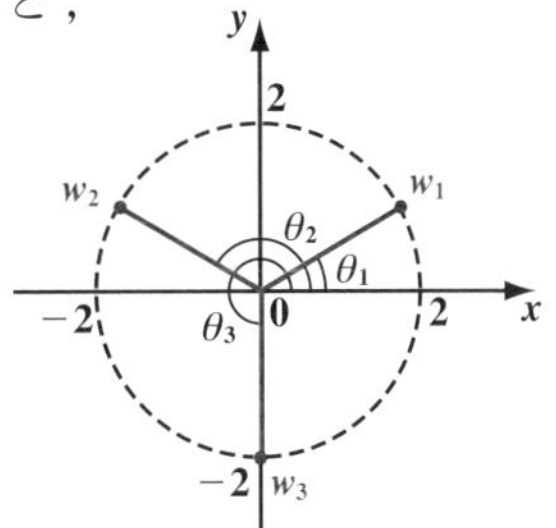

解答　(ア) $r^3e^{3i\theta}$　(イ) 8　(ウ) 0，1，2　(エ) $-\sqrt{3}+i$　(オ) $-2i$

§3. 複素数と図形

今回は，複素数平面上における図形を中心に解説しよう。まず，**2** つの複素数の和や差が，ベクトルと同様であることをマスターしよう。そして，これから，複素数の絶対値の不等式 $|\alpha|-|\beta| \leqq |\alpha+\beta| \leqq |\alpha|+|\beta|$ が成り立つことを図形的に示す。

また，複素数平面上では“**円**”と“**直線**”は統一して **1** つの方程式で表せることも教えよう。さらに“**回転と相似の合成変換**”の応用バージョンについても解説するつもりだ。

● 2 つの複素数の和と差は，ベクトルと同じ !?

2 つの複素数 α と β が，図 **1** に示すように与えられたとき，これらの和と差をそれぞれ γ，δ（デルタ）とおくと，

（i）$\gamma=\alpha+\beta$　　（ii）$\delta=\alpha-\beta$

（これは α と $-\beta$ の和と考えればいい。）

図 **1** 複素数の和と差

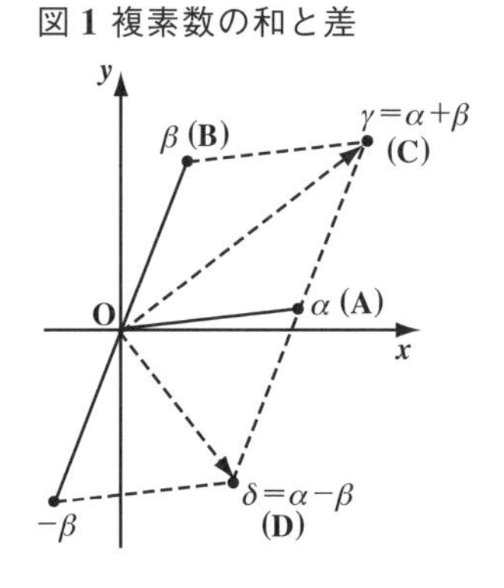

この和 γ は，図 **1** に示すように **2** 線分 $\mathbf{O}\alpha$ と $\mathbf{O}\beta$ を **2** 辺にもつ平行四辺形の対角線の頂点の位置にくる。また，差 δ は $\mathbf{O}\alpha$ と $\mathbf{O}(-\beta)$ を **2** 辺とする平行四辺形の頂点の位置にくる。

これは $\alpha, \beta, \gamma, \delta$ をそれぞれ $\overrightarrow{\mathbf{OA}}$，$\overrightarrow{\mathbf{OB}}$，$\overrightarrow{\mathbf{OC}}$，$\overrightarrow{\mathbf{OD}}$ と考えると，ベクトルの和と差，すなわち，

（i）$\overrightarrow{\mathbf{OC}}=\overrightarrow{\mathbf{OA}}+\overrightarrow{\mathbf{OB}}$　　（ii）$\overrightarrow{\mathbf{OD}}=\overrightarrow{\mathbf{OA}}-\overrightarrow{\mathbf{OB}}$

とまったく同じだね。

図 **2** $|\alpha|, |\beta|, |\alpha+\beta|$ の不等式

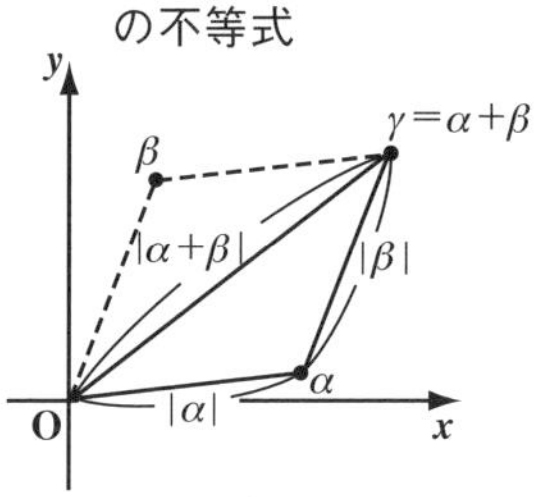

ここで，図 **2** に示すように **3** 点 **O**，α，γ $(=\alpha+\beta)$ でできる三角形の成立条件として，**3** 辺 $|\alpha|$，$|\beta|$，$|\alpha+\beta|$ の間に

$$\begin{cases} |\alpha+\beta| \leqq |\alpha|+|\beta| & \cdots\cdots ㋐ \\ |\alpha| \leqq |\alpha+\beta|+|\beta| & \cdots\cdots ㋑ \end{cases}$$

が成り立つことが分かるだろう。

（三角形の **2** 辺の和は，他の **1** 辺より大きい。等号は三角形が線分になるときだ。）

㋐, ㋑をまとめると，$|\alpha|$, $|\beta|$, $|\alpha+\beta|$ に関する不等式の公式：

$|\alpha|-|\beta| \leqq |\alpha+\beta| \leqq |\alpha|+|\beta|$ が導ける。

図3 $|\alpha|, |\beta|, |\alpha-\beta|$ の不等式

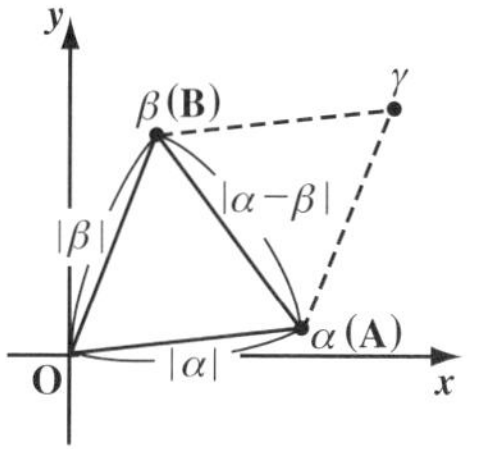

同様に，3点O，α，β でできる三角形の成立条件から，次の不等式が成り立つ。

$$\begin{cases} |\alpha-\beta| \leqq |\alpha|+|\beta| & \cdots\cdots ㋒ \\ |\alpha| \leqq |\alpha-\beta|+|\beta| & \cdots\cdots ㋓ \end{cases}$$

よって，㋒，㋓をまとめて

$|\alpha|-|\beta| \leqq |\alpha-\beta| \leqq |\alpha|+|\beta|$ の公式も導ける。

以上をまとめて公式として示しておこう。

（$\alpha-\beta$ は，$\overrightarrow{\mathbf{OA}}-\overrightarrow{\mathbf{OB}}=\overrightarrow{\mathbf{BA}}$ と同じだから，$|\alpha-\beta|=|\overrightarrow{\mathbf{BA}}|=\mathbf{AB}$ のことなんだね。）

$|\alpha+\beta|$, $|\alpha-\beta|$ の不等式

2つの複素数 α，β の絶対値について，次の不等式が成り立つ。

(i) $|\alpha|-|\beta| \leqq |\alpha+\beta| \leqq |\alpha|+|\beta|$

(ii) $|\alpha|-|\beta| \leqq |\alpha-\beta| \leqq |\alpha|+|\beta|$

これらの不等式は，複素関数の積分の際に，その絶対値の大きさを評価するために使われる。重要公式だから，頭に入れておこう。

● 直線と円を複素変数 z で表そう！

xy 座標平面と複素数平面は重なっていると考えていいので，xy 平面上のさまざまな曲線や直線を表す方程式を一般化して，

$f(x,\ y)=0$ ……① とおくと，

これを，複素変数 $z=x+iy$ (x，y：実変数) で表すことができる。

$$\begin{cases} z=x+iy & \cdots\cdots ② \\ \overline{z}=x-iy & \cdots\cdots ③ \end{cases}$$ より

$\dfrac{②+③}{2}$ から，$x=\dfrac{z+\overline{z}}{2}$，$\dfrac{②-③}{2i}$ から $y=\dfrac{z-\overline{z}}{2i}$ となる。

これらを①に代入することにより，複素変数 z (および $\overline{z}$) による方程式：

$f\left(\dfrac{z+\overline{z}}{2},\ \dfrac{z-\overline{z}}{2i}\right)=0$ に書き換えることが可能なんだね。

よって，xy平面上の直線の方程式 $ax+by+c=0$ ……④ (a，b，c：実定数)は複素変数 z の方程式として，次のように書き換えられる。

$$\frac{a}{2}(z+\overline{z})+\boxed{\frac{b}{2i}}(z-\overline{z})+c=0 \quad \longleftarrow \quad x=\frac{z+\overline{z}}{2},\ y=\frac{z-\overline{z}}{2i} \text{ を代入した。}$$

$$\frac{b}{2i} = -\frac{b\cdot(-1)}{2i}=-\frac{bi^2}{2i}=-\frac{b}{2}i$$

$$\frac{a}{2}(z+\overline{z})-\frac{b}{2}i(z-\overline{z})+c=0$$

$$\underbrace{\left(\frac{a}{2}-\frac{b}{2}i\right)}_{\overline{\alpha}}z+\underbrace{\left(\frac{a}{2}+\frac{b}{2}i\right)}_{\alpha}\overline{z}+c=0$$

ここで，$\frac{a}{2}+\frac{b}{2}i=\alpha$ とおくと，$\frac{a}{2}-\frac{b}{2}i=\overline{\alpha}$ となるので，④は複素数平面上で直線の方程式 $\overline{\alpha}z+\alpha\overline{z}+c=0$ と表される。大丈夫？

(ただし，z：複素変数，α：複素定数，c：実定数)

それでは次，円の方程式について解説しよう。

図4 円 $|z-\alpha|=r$

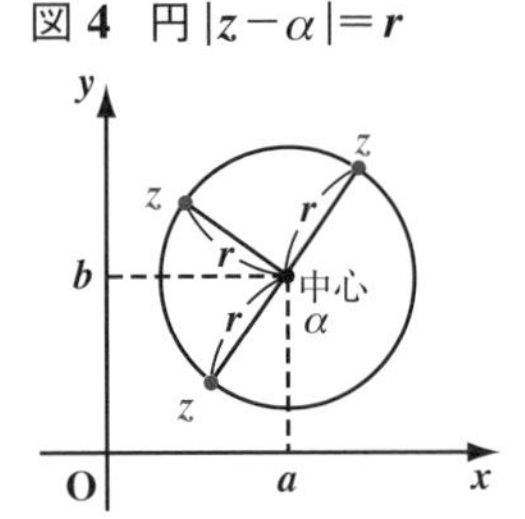

(z，αをそれぞれ$\mathbf{P}$，$\mathbf{A}$とおくと，ベクトルの円の方程式$|\overrightarrow{\mathbf{OP}}-\overrightarrow{\mathbf{OA}}|=r$とまったく同じだね。)

図4に示すように中心α，半径rの円の方程式は，

$|z-\alpha|=r$ ……⑤　と表される。

(z：複素変数，α：複素定数，r：正の実定数)

これは動点zが中心αからの距離$|z-\alpha|$を一定の値(半径)rに保って動けば，中心α，半径rの円を描くことから分かると思う。

ここで，⑤をさらに変形しておこう。

まず，⑤の両辺を2乗して

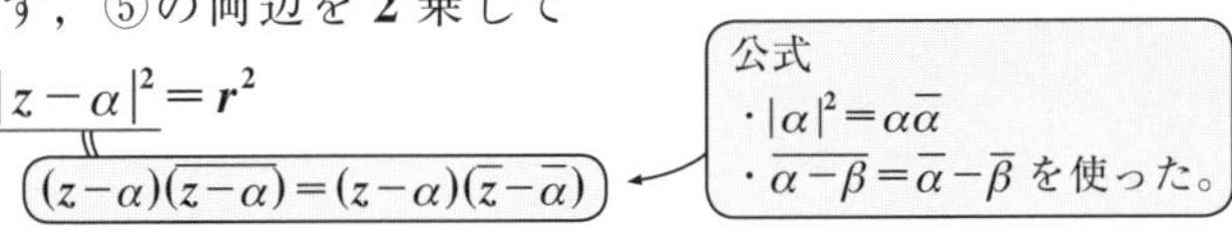

$$|z-\alpha|^2=r^2$$

$$|z-\alpha|^2 = (z-\alpha)\overline{(z-\alpha)}=(z-\alpha)(\overline{z}-\overline{\alpha})$$

$$(z-\alpha)(\overline{z}-\overline{\alpha})=r^2$$

$$z\overline{z}-\overline{\alpha}z-\alpha\overline{z}+\underbrace{\alpha\overline{\alpha}-r^2}_{|\alpha|^2-r^2=c\ (\text{実定数})}=0$$

ここで，$\alpha\overline{\alpha}-r^2=|\alpha|^2-r^2$ は，実数の定数なので，これを c とおくと，中心 α，半径 r の円の方程式は，複素数平面上では，

$z\overline{z}-\overline{\alpha}z-\alpha\overline{z}+c=0$ と表されることになる。これも大丈夫？

（ただし，z：複素変数，α：複素定数，c：実定数（$=|\alpha|^2-r^2$））

この円の方程式は $(x-a)^2+(y-b)^2=r^2$，すなわち $x^2+y^2-2ax-2by+c=0$ （$c=a^2+b^2-r^2$）に対して，$x^2+y^2=z\cdot\overline{z}$，$x=\frac{z+\overline{z}}{2}$，$y=\frac{z-\overline{z}}{2i}$ と変数をおき換えても，もちろん導ける。

（a^2+b^2：$|\alpha|^2$ のこと。（$\because\ \alpha=a+bi$））

以上より，複素数平面上における直線と円の方程式をまとめて示そう。

直線と円の方程式

(1) 直線の方程式：$\overline{\alpha}z+\alpha\overline{z}+c=0$

(2) 円の方程式：$z\overline{z}-\overline{\alpha}z-\alpha\overline{z}+c=0$

（ただし，z：複素変数，α：複素定数，c：実定数）

どう？ 直線と円の方程式がソックリなのが分かった？ ここで，(2) の円の方程式の $-\alpha$ と $-\overline{\alpha}$ を新たにそれぞれ α，$\overline{\alpha}$ とおき換えると，円の方程式は，

（たとえば，$\alpha=2+i$ を新たに $\alpha=-2-i$ とおき換えてもいいからね。）

$z\overline{z}+\overline{\alpha}z+\alpha\overline{z}+c=0$ となる。 ← ますます直線とソックリになった！

よって，円と直線の方程式を統一的にまとめて，

円と直線の方程式：$c_1z\overline{z}+\overline{\alpha}z+\alpha\overline{z}+c_2=0$ …⑥ と表してもいいね。

（ただし，z：複素変数，α：複素定数，c_1，c_2：実定数）

（i）$c_1=0$ のとき，⑥は $\overline{\alpha}z+\alpha\overline{z}+c_2=0$ となって，直線の方程式になる。

（ii）$c_1\neq0$ のとき，⑥の両辺を c_1 で割ると，

$$z\overline{z}+\frac{\overline{\alpha}}{c_1}z+\frac{\alpha}{c_1}\overline{z}+\frac{c_2}{c_1}=0$$ ここで，

$\frac{\alpha}{c_1}$，$\frac{\overline{\alpha}}{c_1}$，$\frac{c_2}{c_1}$ を新たにそれぞれ，α，$\overline{\alpha}$，c とおき換えてもかまわないので，

（たとえば，$\alpha=2+i$ を，新たに $\alpha=\frac{2+i}{3}$ とおき換えてもいいからね。）

$z\overline{z}+\overline{\alpha}z+\alpha\overline{z}+c=0$ となって，円の方程式にもなるんだね。

この円と直線を統一した方程式は“1 次分数変換(じぶんすうへんかん)”(P61) のところでまた出てくるので覚えておこう。それでは，次の例題で実際に直線と円の方程式の問題を解いてみよう。

例題 1 (1) 複素数の方程式 $\left(2-\frac{1}{2}i\right)z+\left(2+\frac{1}{2}i\right)\bar{z}+1=0$ ……①
を xy 座標系の方程式に書き変えよう。
(2) 方程式，$z\bar{z}+z+\bar{z}+2i(z-\bar{z})+3=0$ ……② で与えられる円の中心を表す複素数と半径を求めよう。

(1) $z=x+iy$ (x，y：実変数) とおくと，$\bar{z}=x-iy$ となる。これらを①に代入して，

$$\left(2-\frac{1}{2}i\right)(x+iy)+\left(2+\frac{1}{2}i\right)(x-iy)+1=0$$

$\alpha=2+\frac{1}{2}i$ とおくと，$\bar{\alpha}z+\alpha\bar{z}+c=0$ の直線の式の形だ。

$$2x+2iy-\frac{1}{2}ix-\frac{1}{2}\underbrace{i^2}_{(-1)}y+2x-2iy+\frac{1}{2}ix-\frac{1}{2}\underbrace{i^2}_{(-1)}y+1=0$$

よって，xy 座標系におけるこの直線の方程式は
$4x+y+1=0$ である。

(2) ②を変形すると，

$$z\bar{z}+\underbrace{(1+2i)}_{\bar{\alpha}}z+\underbrace{(1-2i)}_{\alpha}\bar{z}+3=0$$

ここで，$\alpha=1-2i$ とおくと，$\bar{\alpha}=1+2i$
また，$|\alpha|^2=1^2+(-2)^2=5$ より

$$z\bar{z}+\bar{\alpha}z+\alpha\bar{z}+\underbrace{3}_{5-2=|\alpha|^2-2=\alpha\cdot\bar{\alpha}-2}=0$$

円の方程式：
$z\bar{z}+\bar{\alpha}z+\alpha\bar{z}+c=0$
または
$z\bar{z}-\bar{\alpha}z-\alpha\bar{z}+c=0$
この違いは，α をどうおくかだけだよ。

$$z\bar{z}+\bar{\alpha}z+\alpha\bar{z}+\alpha\bar{\alpha}=2$$

$$z(\bar{z}+\bar{\alpha})+\alpha(\bar{z}+\bar{\alpha})=2 \qquad (z+\alpha)(\bar{z}+\bar{\alpha})=2$$

$$(z+\alpha)(\overline{z+\alpha})=2 \qquad |z+\underbrace{\alpha}_{1-2i}|^2=2$$

正の平方根をとって

$$|z+1-2i|=\sqrt{2} \quad \therefore |z-\underbrace{(-1+2i)}_{\text{中心}}|=\underbrace{\sqrt{2}}_{r\,(\text{半径})}$$

よって，②の円の中心は，$-1+2i$ で，その半径は $\sqrt{2}$ である。

それでは円の方程式について，さらに具体的に見ていくことにしよう。

(ⅰ) $|z|=1$ は，$|z-0|=1$ のことなので，これは原点 0 を中心とする，半径 1 の円(単位円)であることが分かる。

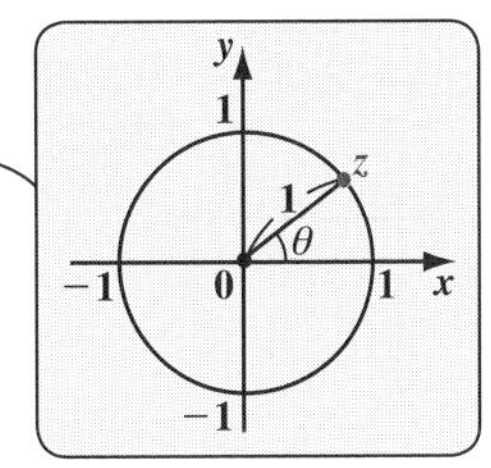

ここで，z の極形式 $z=r\cdot e^{i\theta}$ について考えると $r=|z|=1$ だから，$z=e^{i\theta}$ と表せる。ここで，θ が変数として，$-\pi<\theta\leqq\pi$ の範囲を動けば z は 0 のまわりを 1 周して単位円を描くことになる。

(ⅱ) 次，r を正の実数定数，α を複素定数として

$z=re^{i\theta}+\alpha$ ……㋐　について考えよう。

まず，$z=\underset{\text{定数}}{r}\cdot e^{i\theta}$ は θ が $-\pi<\theta\leqq\pi$ の範囲で動けば，原点を中心とする半径 r の円を描く。㋐はこれを α だけ平行移動したものなので，$z=re^{i\theta}+\alpha$　$(-\pi<\theta\leqq\pi)$ は点 α を中心とする半径 r の円を表すことになるんだね。実際に㋐を $|z-\alpha|$ に代入すると，

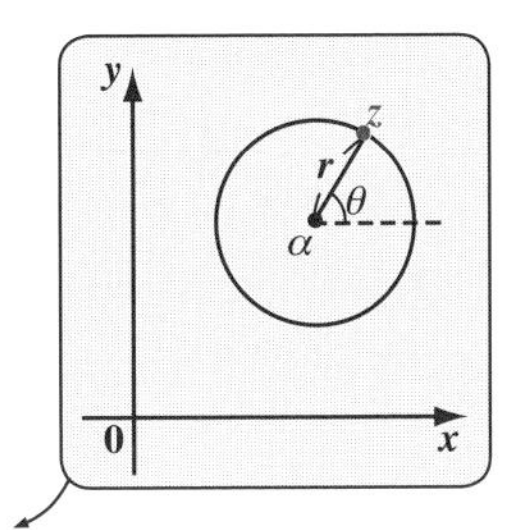

$$|z-\alpha|=|re^{i\theta}+\alpha-\alpha|=|\underset{\oplus\text{の定数}}{r}\cdot e^{i\theta}|$$

$$=r\underset{1}{|e^{i\theta}|}=r \quad \leftarrow \boxed{\text{公式}\ |e^{i\theta}|=1}$$

となって，中心 α，半径 r の円を表す複素数の方程式 $|z-\alpha|=r$ をみたすことになるんだね。

(ⅲ) 今度は，δ（デルタ）を正の実定数，α を複素定数として，$|z-\alpha|<\delta$ ……㋑　について考えると，変数 z は中心 α，半径 δ の円の内部全体の範囲を表しているんだね。(円周は含んでいない。)　このような点 z の集合のことを，特に“**α の δ 近傍**（デルタ きんぼう）”と呼ぶことも覚えておくといい。後で出てくるからだ。

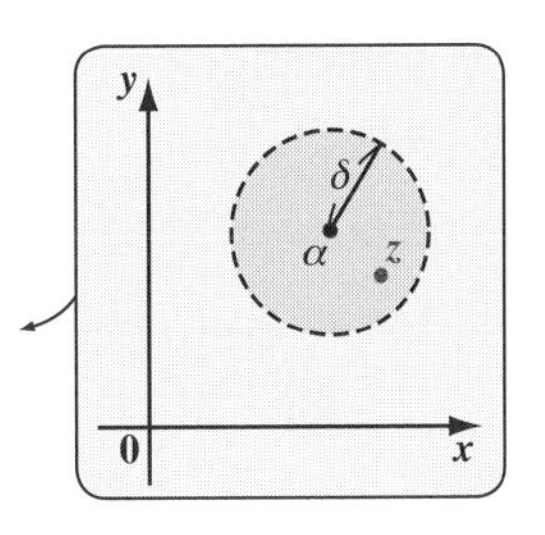

● 回転と相似の合成変換をさらに深めよう！

前にやった“**回転と相似の合成変換**”をさらに深めておこう。今回は原点以外の点αのまわりの“**回転と相似の合成変換**”の公式をまず下に示そう。

回転と相似の合成変換(Ⅱ)

$$\frac{w-\alpha}{z-\alpha}=re^{i\theta}\ \ (z\neq\alpha)$$

点wは，点zを点αのまわりにθだけ回転して，r倍に拡大(または縮小)したものである。

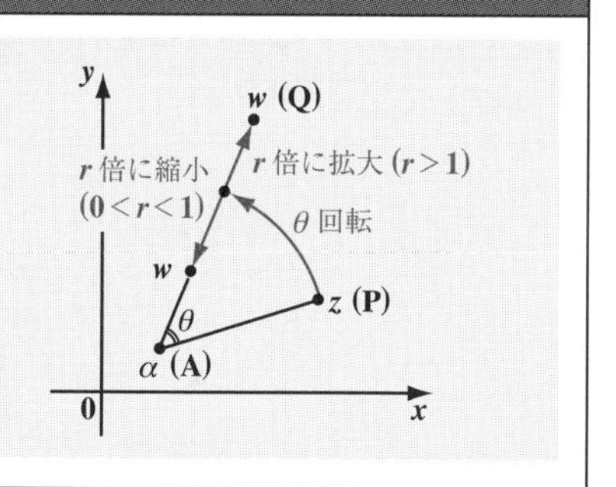

複素数平面上にある3つの複素数α，z，wに対応する点をそれぞれA，P，Qとおくと，$w-\alpha$，$z-\alpha$はそれぞれ$\overrightarrow{AQ}$，$\overrightarrow{AP}$を表すんだね。ここで，$z\neq\alpha$とおくと，$\dfrac{w-\alpha}{z-\alpha}$は1つの複素数なので，これを$re^{i\theta}$とおくと点$w$(Q)は，点$z$(P)を点$\alpha$(A)のまわりに$\theta$だけ回転させて，$r$倍に拡大(または縮小)したものになる。ここまでは大丈夫？

それでは，さらに話を進めよう。$w-\alpha$，$z-\alpha$がベクトル$\overrightarrow{AQ}$，$\overrightarrow{AP}$を表すのはいいね。そして，“**ベクトルであれば平行移動しても同じベクトルである**”ことも知ってるだろう。ということは，zを回転して相似変換する際に中心となる点α(A)は，基本事項の公式のように1点である必要はないんだね。

たとえば，図5(ⅰ)のように4つの複素数w_0，w_1，z_0，z_1が与えられたものとしよう。そして，これらに対応する点をそれぞれQ_0，Q_1，P_0，P_1とおくことにする。

図5 $\dfrac{w_1-w_0}{z_1-z_0}=re^{i\theta}$

(ⅰ)

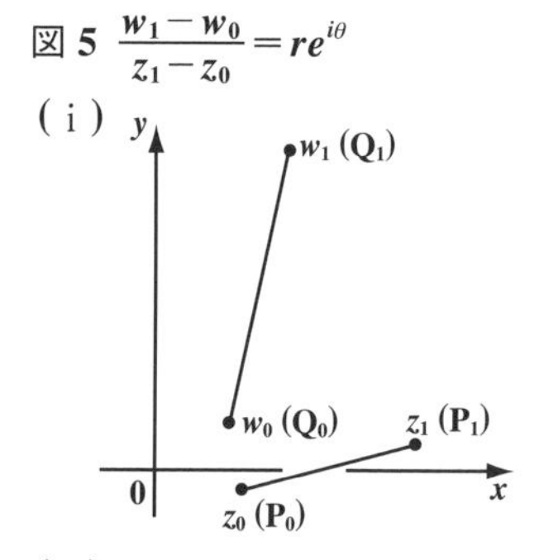

(ⅱ)

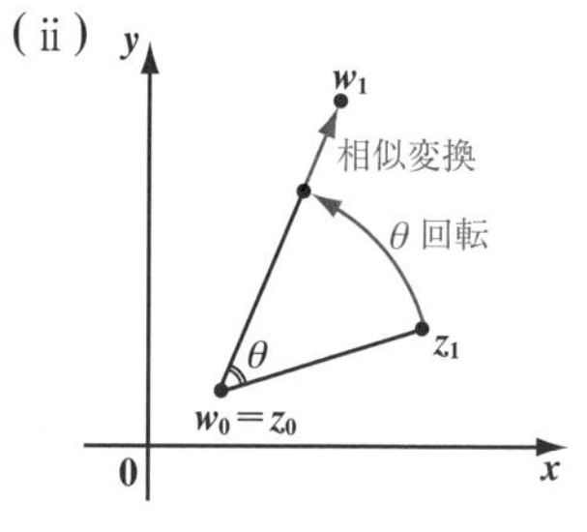

すると，w_1-w_0，z_1-z_0 はそれぞれ $\overrightarrow{Q_0Q_1}$，$\overrightarrow{P_0P_1}$ のことだ。ここで，w_1-w_0，z_1-z_0 は複素数だから，$z_1 \neq z_0$ のとき，$\dfrac{w_1-w_0}{z_1-z_0}$ も当然複素数となる。

よって，これを $re^{i\theta}$ とおくと，
（$re^{i\theta}$：$(\cos\theta+i\sin\theta)$ のこと）

$$\frac{w_1-w_0}{z_1-z_0}=r\cdot e^{i\theta} \quad \cdots\cdots ① \quad (z_1 \neq z_0)$$ となる。

この①式の w_1-w_0 と z_1-z_0 は，それぞれベクトルを表すので，これらを平行移動しても同じベクトルに変わりはない。だから，図 **5**(ⅱ) に示すように **2** つのベクトルの始点 $w_0(Q_0)$ と $z_0(P_0)$ を一致させるように，平行移動してもいいんだね。

これから，①式の表す意味は「点 w_1 は，点 z_1 を点 z_0 $(=w_0)$ のまわりに θ だけ回転して，r 倍に拡大 (または縮小) したものである。」ということになる。納得いった？

この考え方は“**正則関数**(せいそくかんすう)”の“**等角写像**(とうかくしゃぞう)”(**P138**) を理解する上で非常に役に立つから，シッカリマスターしておくといい。正則関数や等角写像については，後でまた分かりやすく解説するので，心配しなくても大丈夫だよ。

“**複素数平面**”については高校時代学習した人としなかった人に分かれると思うけれど，その復習も兼ねて，複素数平面の基本について解説してきたんだ。だから，これまでの講義は高校レベルの“**複素数平面**”の解説だったんだけれど，“**多価関数**”や“**等角写像**”など，各所に本格的な複素関数の重要なテーマが散りばめられていたんだよ。今の内に，これまで学習した基本をよく復習しておくと，次回から入る本格的な複素関数の講義もスムーズに理解できるようになるはずだ。

演習問題 3　● 回転と相似の合成関数 ●

複素数平面上に点列$\mathbf{P}_0$, $\mathbf{P}_1$, $\mathbf{P}_2$, $\mathbf{P}_3$, …がある。$\mathbf{P}_0$ は原点 $\mathbf{O}$, $\mathbf{P}_1$ を表す複素数は $\mathbf{1}$ である。

点 $\mathbf{P}_n$ $(n \geqq 2)$ は，右図に示すように，

$$\mathbf{P}_{n-1}\mathbf{P}_n = \frac{1}{2}\mathbf{P}_{n-2}\mathbf{P}_{n-1},\ \angle \mathbf{P}_{n-2}\mathbf{P}_{n-1}\mathbf{P}_n = \frac{2}{3}\pi$$

で与えられる。n を大きくしていくとき，$\mathbf{P}_n$ が近づく点を表す複素数を求めよ。

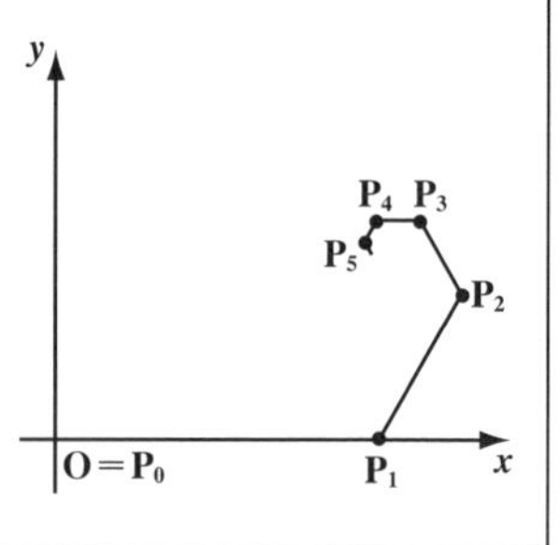

ヒント！ ベクトル $\overrightarrow{\mathbf{OP}_n}$ は $\overrightarrow{\mathbf{OP}_n} = \overrightarrow{\mathbf{OP}_1} + \overrightarrow{\mathbf{P}_1\mathbf{P}_2} + \overrightarrow{\mathbf{P}_2\mathbf{P}_3} + \cdots + \overrightarrow{\mathbf{P}_{n-1}\mathbf{P}_n}$ で表される。ここで，$\overrightarrow{\mathbf{OP}_1}$ を複素数で表すと $\overrightarrow{\mathbf{OP}_1} = \mathbf{1}$ となる。また，題意から，$n = 2, 3, 4, \cdots$ のとき，$\overrightarrow{\mathbf{P}_{n-1}\mathbf{P}_n}$ は $\overrightarrow{\mathbf{P}_{n-2}\mathbf{P}_{n-1}}$ を $\frac{\pi}{3}$ だけ回転して，$\frac{1}{2}$ 倍に縮小したものであることが分かると思う。これは，回転と相似の合成変換の問題になってるんだね。

解答＆解説

$\overrightarrow{\mathbf{OP}_n} = \overrightarrow{\mathbf{OP}_1} + \overrightarrow{\mathbf{P}_1\mathbf{P}_2} + \overrightarrow{\mathbf{P}_2\mathbf{P}_3} + \cdots\cdots + \overrightarrow{\mathbf{P}_{n-1}\mathbf{P}_n}$ …①

とおく。

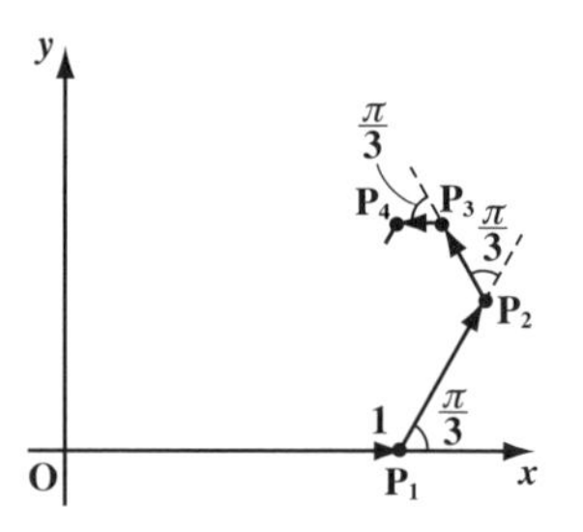

ここで，$\overrightarrow{\mathbf{OP}_1}$ を表す複素数は $\mathbf{1}$ より

$\overrightarrow{\mathbf{OP}_1} = \mathbf{1}$ …②　となる。← 0 から 1 に向かうベクトル すなわち 1−0＝1 のこと

$\overrightarrow{\mathbf{OP}_1}$, $\overrightarrow{\mathbf{P}_1\mathbf{P}_2}$, $\overrightarrow{\mathbf{P}_2\mathbf{P}_3}$, …は，平行移動しても同じベクトルなので，これらのベクトルの始点をすべて原点と一致するように平行移動する。すると題意より，

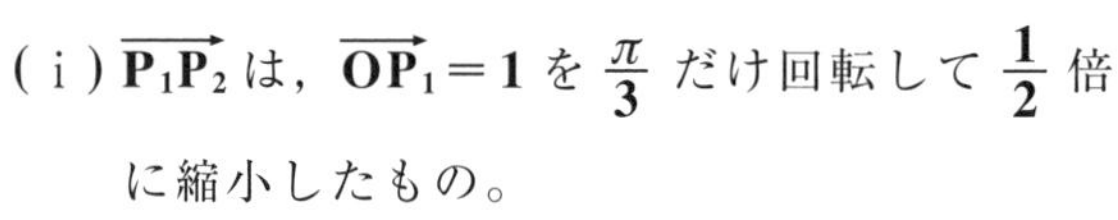

(i) $\overrightarrow{\mathbf{P}_1\mathbf{P}_2}$ は，$\overrightarrow{\mathbf{OP}_1} = \mathbf{1}$ を $\frac{\pi}{3}$ だけ回転して $\frac{1}{2}$ 倍に縮小したもの。

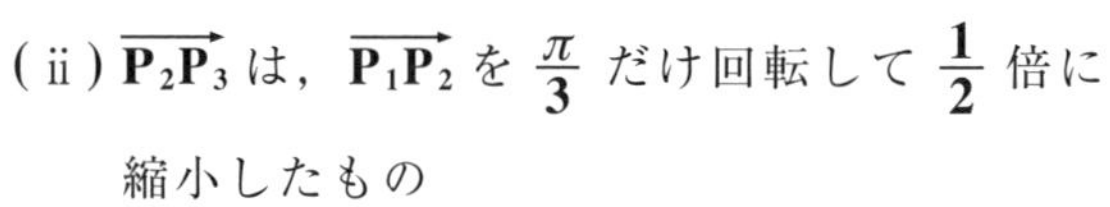

(ii) $\overrightarrow{\mathbf{P}_2\mathbf{P}_3}$ は，$\overrightarrow{\mathbf{P}_1\mathbf{P}_2}$ を $\frac{\pi}{3}$ だけ回転して $\frac{1}{2}$ 倍に縮小したもの

………………………………　となるので，

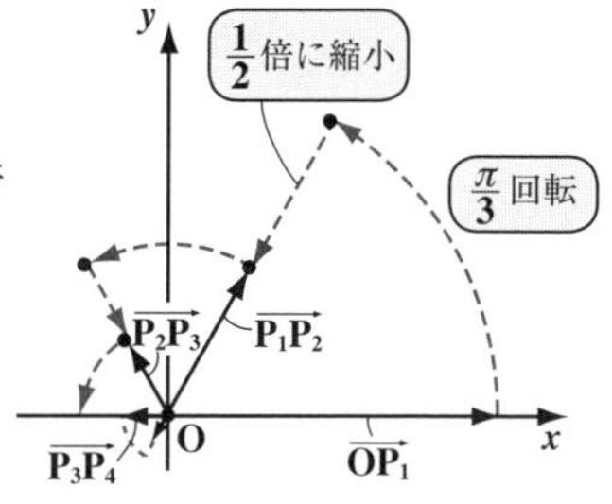

$\alpha=\dfrac{1}{2}\cdot e^{\frac{\pi}{3}i}=\dfrac{1}{2}\left(\cos\dfrac{\pi}{3}+i\sin\dfrac{\pi}{3}\right)=\dfrac{1}{2}\left(\dfrac{1}{2}+\dfrac{\sqrt{3}}{2}i\right)$ とおくと，

（$\dfrac{1}{2}$倍に縮小）（$\dfrac{\pi}{3}$回転）

・$\overrightarrow{P_1P_2}=\alpha\overrightarrow{OP_1}=\alpha\cdot 1=\alpha$ （②より）

・$\overrightarrow{P_2P_3}=\alpha\overrightarrow{P_1P_2}=\alpha\cdot\alpha=\alpha^2$

・$\overrightarrow{P_3P_4}=\alpha\overrightarrow{P_2P_3}=\alpha\cdot\alpha^2=\alpha^3$

………………………………

・$\overrightarrow{P_{n-1}P_n}=\alpha\overrightarrow{P_{n-2}P_{n-1}}=\alpha\cdot\alpha^{n-2}=\alpha^{n-1}$ となる。

以上を①に代入すると，

$\overrightarrow{OP_n}=1+\alpha+\alpha^2+\alpha^3+\cdots\cdots+\alpha^{n-1}$

（$1=\overrightarrow{OP_1}$，$\alpha=\overrightarrow{P_1P_2}$，$\alpha^2=\overrightarrow{P_2P_3}$，$\alpha^3=\overrightarrow{P_3P_4}$，$\alpha^{n-1}=\overrightarrow{P_{n-1}P_n}$）

$=\dfrac{1\cdot(1-\alpha^n)}{1-\alpha}=\dfrac{1-\alpha^n}{1-\alpha}$

> $\overrightarrow{OP_n}=1+\alpha+\alpha^2+\cdots+\alpha^{n-1}$
> $-)\ \alpha\overrightarrow{OP_n}=\quad\alpha+\alpha^2+\cdots+\alpha^{n-1}+\alpha^n$
> $(1-\alpha)\overrightarrow{OP_n}=1-\alpha^n$ より
> $\overrightarrow{OP_n}=\dfrac{1-\alpha^n}{1-\alpha}$ となる。

> 一般に，複素数αについても，実数のときと同様に
> $|\alpha|<1$ ならば，無限級数 $1+\alpha+\alpha^2+\alpha^3+\cdots\cdots=\dfrac{1}{1-\alpha}$ となる。これも示しておく。

ここで，$\displaystyle\lim_{n\to\infty}\left|\frac{1-\alpha^n}{1-\alpha}-\frac{1}{1-\alpha}\right|=\lim_{n\to\infty}\frac{|-\alpha^n|}{|1-\alpha|}=\lim_{n\to\infty}\frac{|\alpha|^n}{|1-\alpha|}$ について，（$|\alpha^n|=|\alpha|^n$）

$|\alpha|=\left|\dfrac{1}{2}e^{\frac{\pi}{3}i}\right|=\dfrac{1}{2}\left|e^{\frac{\pi}{3}i}\right|=\dfrac{1}{2}$ より，$|\alpha|<1$ をみたす。よって，（$\left|e^{\frac{\pi}{3}i}\right|=1$）

$\displaystyle\lim_{n\to\infty}\left|\frac{1-\alpha^n}{1-\alpha}-\frac{1}{1-\alpha}\right|=\lim_{n\to\infty}\frac{|\alpha|^n}{|1-\alpha|}=0$ となるので，（$\left(\dfrac{1}{2}\right)^n\to 0$）

$\displaystyle\therefore\ \lim_{n\to\infty}\frac{1-\alpha^n}{1-\alpha}=\frac{1}{1-\alpha}$ が導ける。よって，

$$\lim_{n\to\infty}\overrightarrow{OP_n}=\lim_{n\to\infty}\frac{1-\alpha^n}{1-\alpha}=\frac{1}{1-\alpha}=\frac{1}{1-\frac{1}{2}\left(\frac{1}{2}+\frac{\sqrt{3}}{2}i\right)}=\frac{4}{4-(1+\sqrt{3}i)}$$

$$=\frac{4}{3-\sqrt{3}i}=\frac{4(3+\sqrt{3}i)}{(3-\sqrt{3}i)(3+\sqrt{3}i)}=\frac{4(3+\sqrt{3}i)}{12}=1+\frac{\sqrt{3}}{3}i$$

以上より，nが大きくなると，点P_nは，$1+\dfrac{\sqrt{3}}{3}i$ で表される点に近づく。

講義1 ● 複素数と複素数平面　公式エッセンス

1. 共役複素数と絶対値

(1) $\overline{\alpha \pm \beta} = \overline{\alpha} \pm \overline{\beta}$　(2) $\overline{\alpha \cdot \beta} = \overline{\alpha} \cdot \overline{\beta}$　(3) $\overline{\left(\frac{\alpha}{\beta}\right)} = \frac{\overline{\alpha}}{\overline{\beta}}$

(4) $|\alpha|^2 = \alpha \cdot \overline{\alpha}$　(5) $|\alpha \cdot \beta| = |\alpha| \cdot |\beta|$　(6) $\left|\frac{\alpha}{\beta}\right| = \frac{|\alpha|}{|\beta|}$

2. 複素数の実数条件と純虚数条件

(i) α が実数 $\Leftrightarrow \alpha = \overline{\alpha}$　(ii) α が純虚数 $\Leftrightarrow \alpha + \overline{\alpha} = 0$ かつ，$\alpha \neq 0$

3. 複素数の指数法則

(1) $z^0 = 1$　(2) $z^m \times z^n = z^{m+n}$　(3) $(z^m)^n = z^{m \times n}$ など。

(z : 複素数，m，n : 整数)

4. オイラーの公式など

(1) オイラーの公式 : $e^{i\theta} = \cos\theta + i\sin\theta$

(2) $z_1 = r_1 e^{i\theta_1}$，$z_2 = r_2 e^{i\theta_2}$ のとき，

(i) $z_1 z_2 = r_1 r_2 e^{i(\theta_1 + \theta_2)}$　(ii) $\frac{z_1}{z_2} = \frac{r_1}{r_2} e^{i(\theta_1 - \theta_2)}$

(3) ド・モアブルの定理 : $(e^{i\theta})^n = e^{in\theta}$ (n : 整数) など。

(4) $e^{i\theta}$ の性質

(i) $|e^{i\theta}| = 1$　(ii) $\overline{e^{i\theta}} = e^{-i\theta}$　(iii) $e^{i(\theta + 2n\pi)} = e^{i\theta}$ (n : 整数)

5. $|\alpha + \beta|$, $|\alpha - \beta|$ の不等式

(i) $|\alpha| - |\beta| \leqq |\alpha + \beta| \leqq |\alpha| + |\beta|$　(ii) $|\alpha| - |\beta| \leqq |\alpha - \beta| \leqq |\alpha| + |\beta|$

6. 円と直線の方程式

$c_1 z\overline{z} + \overline{\alpha} z + \alpha \overline{z} + c_2 = 0$ ((i) $c_1 = 0$ のとき直線，(ii) $c_1 \neq 0$ のとき円)

(z : 複素変数，α : 複素定数，c_1，c_2 : 実定数)

7. 回転と相似の合成変換

$$\frac{w - \alpha}{z - \alpha} = re^{i\theta} \quad (z \neq \alpha)$$

点 w は，点 z を点 α のまわりに θ だけ回転して，r 倍に拡大 (または縮小) したものである。

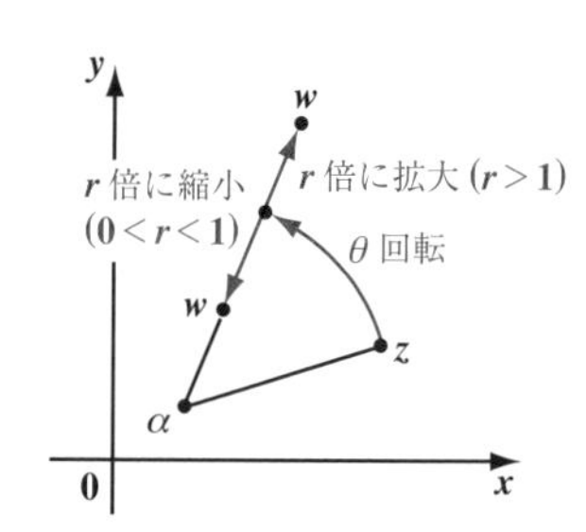

さまざまな複素関数

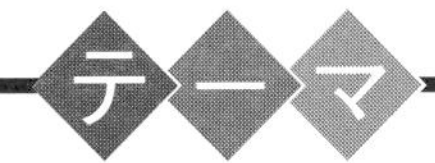

- ▶ 複素関数と 2 つの複素数平面
- ▶ 整関数と 1 次分数関数
- ▶ 指数関数，対数関数，ベキ関数
- ▶ 三角関数
- ▶ 多価関数とリーマン面

§ 1. 複素関数と 2 つの複素数平面

さァ，これからいよいよ，“**複素関数**”(*complex function*) について解説しよう。複素数 z が与えられたとき，ある規則に従って，これに対応する別の複素数 w が定まるとき，$w=f(z)$ などと表し，これを “**複素関数**” と呼ぶ。

これだけだと，実関数 $y=f(x)$ のときと形式的にはまったく同じだから単純に感じるかもしれないね。でも，z も w も複素数で，$z=x+iy$，$w=u+iv$ とおくと，この複素関数 $w=f(z)$ は “2 つの実数変数 x，y と，2 つの実数変数 u，v との対応関係” になるわけだから，これまでの実数関数とはまったく異質な関数であることが分かると思う。これから，さまざまな種類の複素関数について解説していくけれど，今回は複素関数のグラフ化等，その基本について教えようと思う。

● 複素関数は 2 つの複素数平面で考えよう！

複素数の集合 D の各点 $z=x+iy$ (x，y：実数) に対して，ある規則に従って，別の複素数 $w=u+iv$ (u，v：実数) が定まるとき，

$\boxed{w=f(z)}$ と表し，f を集合 D で定義された “**複素関数**” または単に “**関数**” という。集合 D を，関数 f の “**定義域**” と呼び，$w=f(z)$ ($z\in D$) 全体の集合を関数 f の “**値域**” と呼ぶ。また，

($w=g(z)$，$w=h(z)$，… などと表してもいい。)

(“*complex function*”)

・1 つの z に対して，1 つの w が対応するとき “**1 価関数**” (*one-valued function*) といい，

・1 つの z に対して，複数の w が対応するとき “**多価関数**” (*many-valued function*) という

ことも覚えておこう。今は，多価関数について違和感を感じているかもしれないね。でも，たとえば，$w=\log z$ (対数関数) や $w=z^{\frac{1}{2}}$ (ベキ関数) など，複素関数において，多価関数は意外とよく現れるので，これから慣れていく必要があるんだよ。多価関数については，“**リーマン面**” と併せて，また後で詳しく解説しよう。

実数関数 $y=f(x)$ のグラフを描けば，視覚的に x と y の対応関係をとらえることができた。だから複素関数 $w=f(z)$ についても，その対応関係がグラフ的にどのようになるのか考えてみよう。まず，複素数の独立変数 $z=x+iy$，従属変数 w を $w=u+iv$ とおくと，w の実部 u と虚部 v は共に，

（x：実部 $\mathrm{Re}(z)$，y：虚部 $\mathrm{Im}(z)$，u：実部 $\mathrm{Re}(w)$，v：虚部 $\mathrm{Im}(w)$）

x と y の関数になるはずだね。だから，$w=f(z)=u(x,\ y)+iv(x,\ y)$ と表せる。つまり，複素関数とは，

2 つの実数変数 x と y $\xrightarrow{f}$ **2 つの実数変数 u と v**

の対応関係なので，4 つの変数 x，y，u，v に対して“**4 次元のグラフ**”が必要となるんだね。でもこのグラフを一度に描くことは不可能なので，図 1 (ⅰ) に示すように $u=u(x,\ y)$，$v=v(x,\ y)$ として，2 つの 3 次元のグラフを描くことは可能だ。しかし，これだと，各 x，y の値に対して u と v がそれぞれ独立した関数の値をとるようで，1 つの複素数 $w=u+iv$ としての形が見えづらくなってしまう。

図 1　$w=f(z)$ のグラフ化

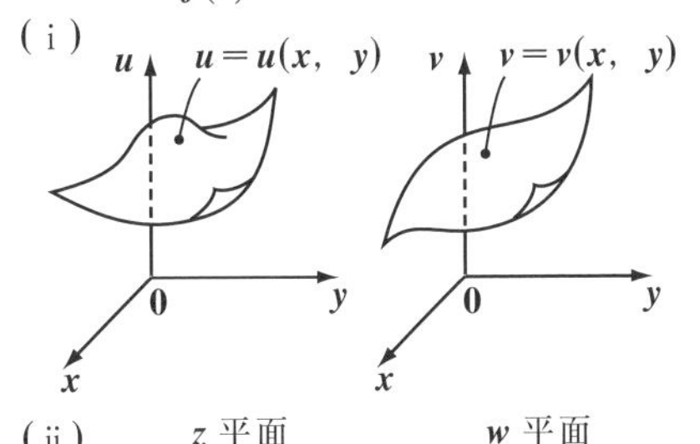

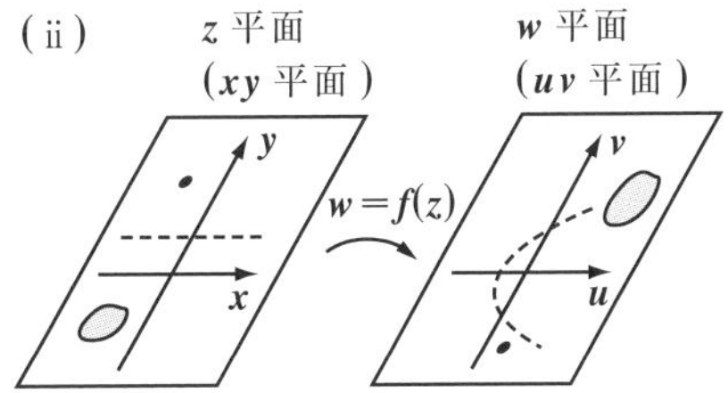

それならば，図 1 (ⅱ) に示すように，z 平面 (xy 平面) と w 平面 (uv 平面) の 2 つの複素数平面を用意して，z 平面上の点や曲線や範囲が，$w=f(z)$ によって，w 平面上にどのように写されるのか調べることが，最も $w=f(z)$ のグラフ的な意味を調べる上で都合がよいことになるんだね。納得いった？

それでは，さまざまな具体的な複素関数 $w=f(z)$ により，z 平面上の点が w 平面上にどのように写されるか，実際に例題で計算してみることにしよう。

例題１　次の各複素関数 $w=f(z)$ によって，z 平面上の点 z_1，z_2 に対応する w 平面上の点 w_1，w_2 を求めよ。

(1) $w=f(z)=(1+i)z$　　$(z_1=i,\ z_2=2-i)$

(2) $w=f(z)=\mathrm{Re}(z)$　　$(z_1=-1+2i,\ z_2=2-i)$

(3) $w=f(z)=\overline{z}$　　$(z_1=3+2i,\ z_2=-1-3i)$

(4) $w=f(z)=z\cdot\overline{z}$　　$(z_1=1+i,\ z_2=\sqrt{2}-i)$

(1) $w=f(z)=(1+i)z$ により，点 z_1，z_2 が写される点をそれぞれ w_1，w_2 とおくと，

$w_1=f(z_1)=f(i)=(1+i)i$
$=i+i^2=-1+i$ 　（$i^2=-1$）

$w_2=f(z_2)=f(2-i)$
$=(1+i)(2-i)=2-i+2i-i^2$ 　（$i^2=-1$）
$=3+i$　となる。

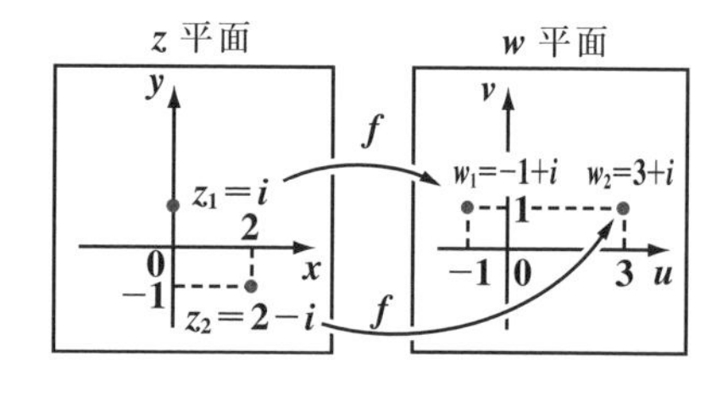

(2) $w=f(z)=\mathrm{Re}(z)$ により，点 z_1，z_2 が写される点 w_1，w_2 は，

$w_1=f(z_1)=f(-1+2i)=-1$ 　（$\mathrm{Re}(z_1)$）

$w_2=f(z_2)=f(2-i)=2$　である。 　（$\mathrm{Re}(z_2)$）

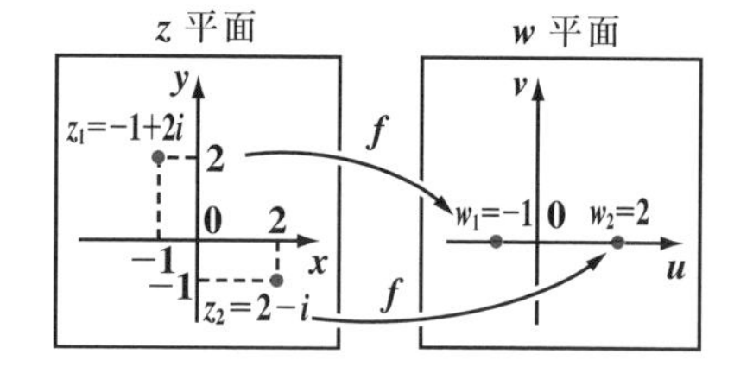

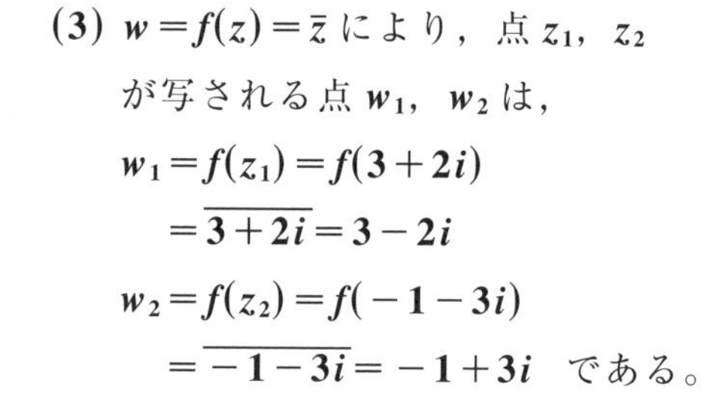

(3) $w=f(z)=\overline{z}$ により，点 z_1，z_2 が写される点 w_1，w_2 は，

$w_1=f(z_1)=f(3+2i)$
$=\overline{3+2i}=3-2i$

$w_2=f(z_2)=f(-1-3i)$
$=\overline{-1-3i}=-1+3i$　である。

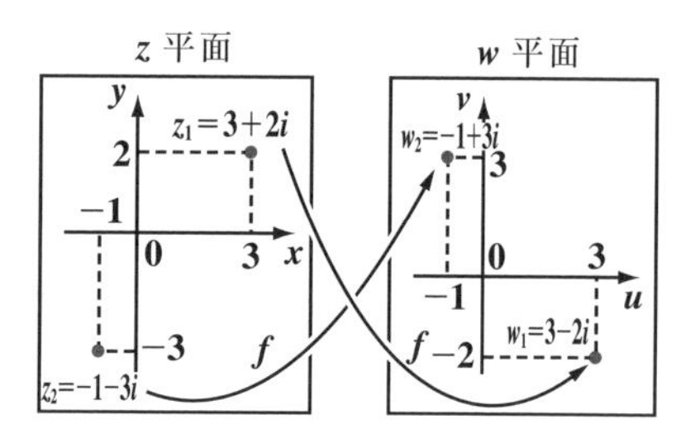

(4) $w=f(z)=z\bar{z}$ により，点 z_1，z_2 が写される点 w_1，w_2 は，

$$w_1=f(z_1)=f(1+i)=(1+i)\overline{(1+i)}$$
$$=1^2-i^2=1+1=2$$
$$w_2=f(z_2)=f(\sqrt{2}-i)=(\sqrt{2}-i)\overline{(\sqrt{2}-i)}$$
$$=(\sqrt{2})^2-i^2=2+1=3$$ である。

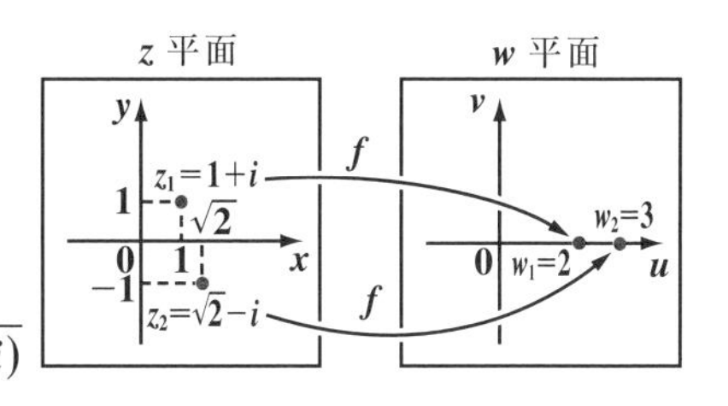

具体的に計算することにより，複素関数についてもだんだん慣れてきただろう。それではこれまでの各関数について，さらに詳しく調べていってみよう。

(1) まず，$w=f(z)=(1+i)z$ は，変形すると $\dfrac{w}{z}=\underline{1+i}=\sqrt{2}e^{\frac{\pi}{4}i}$ となるので，

$\sqrt{2}\left(\frac{1}{\sqrt{2}}+\frac{1}{\sqrt{2}}i\right)=\sqrt{2}\left(\cos\frac{\pi}{4}+i\sin\frac{\pi}{4}\right)=\sqrt{2}e^{\frac{\pi}{4}i}$（極形式）

これは"**回転と相似の合成変換**"の式そのものだから，「点 w は，点 z を原点 0 のまわりに $\dfrac{\pi}{4}$ だけ回転して，$\sqrt{2}$ 倍に拡大したもの」となるんだったね。

図 2　$w=(1+i)z$

（ⅰ）z 平面と w 平面を重ねた状態

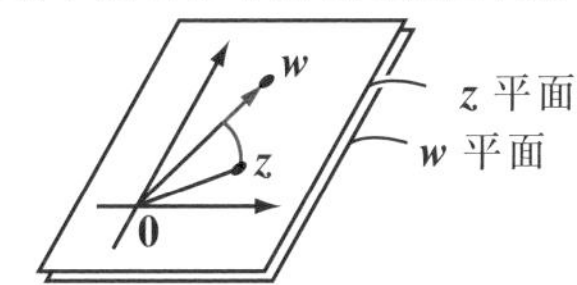

（ⅱ）$w=f(z)$ のイメージ

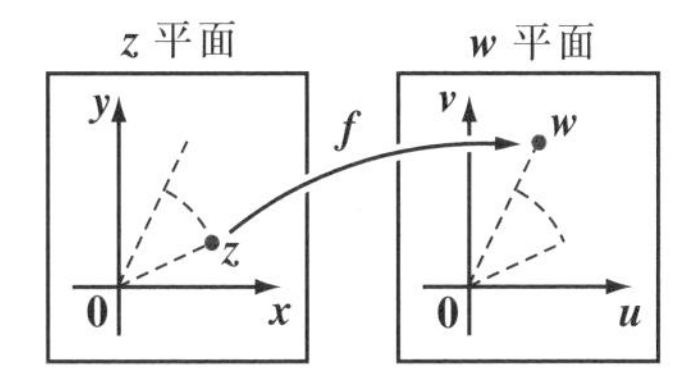

でも，これは複素関数 $w=f(z)$ の観点から見ると，図 2（ⅰ）に示すように z 平面と w 平面を重ねた状態での表現（解釈）であったんだ。図 2（ⅱ）では z 平面と w 平面を分けて，f による点 z と点 w の対応関係が明確になるように示した。

この場合，z 平面上のすべての点と w 平面上のすべての点が"**1 対 1**"に対応していることも図形的に考えて分かると思う。

ここで，$z=x+iy$，$w=u+iv$　（x，y，u，v：実数変数）とおくと，

$$w=\underline{u}+i\underline{\underline{v}}=f(z)=f(x+iy)=(1+i)(x+iy)=x+iy+ix+\underbrace{i^2}_{-1}y$$
$$=\underbrace{(x-y)}_{u}+i\underbrace{(x+y)}_{v}$$ より，

$$\begin{cases} u=u(x,\ y)=x-y \\ v=v(x,\ y)=x+y \end{cases}$$ となって，u と v は x と y の関数になるんだね。

(2) 次，$w = f(z) = \mathrm{Re}(z)$ について考えよう。

図3　$w = \mathrm{Re}(z)$ のイメージ

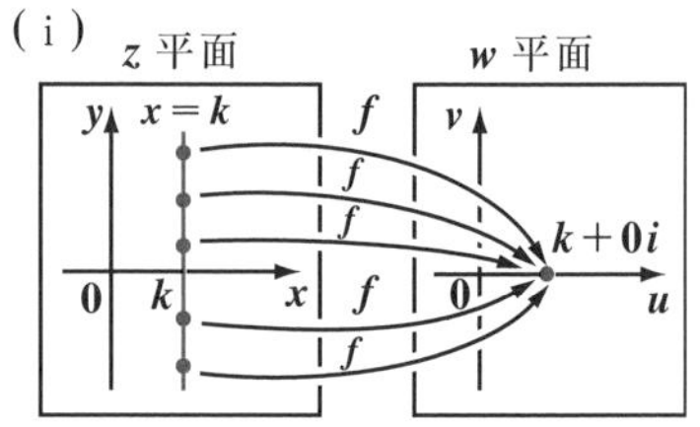

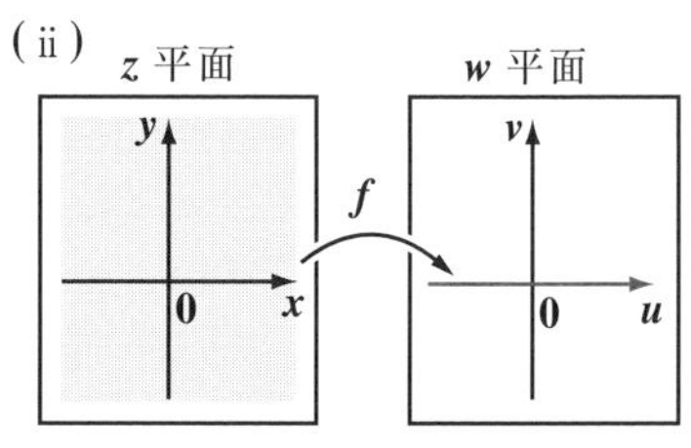

$z = x + iy$，$w = u + iv$ とおくと，
（x：実部 $\mathrm{Re}(z)$，y：虚部 $\mathrm{Im}(z)$）

$\mathrm{Re}(z) = x$ のことだから，

$w = u + iv = \mathrm{Re}(x + iy) = x$ より，

$$\begin{cases} u = u(x,\ y) = x \\ v = v(x,\ y) = 0 \end{cases}$$ となる。

つまり，図3（i）に示すように，z 平面上の直線 $x = k$ 上の点はすべて w 平面上の実軸上の点 k $(= k + 0i)$ に写される。つまり，関数 $w = \mathrm{Re}(z)$ は“**多対1**”の対応関係になっているんだね。

ここで，k の値を $-\infty < k < \infty$ に変化させて考えれば，z 平面上のすべての点が，w 平面上の実軸（u 軸）に写されることも分かるね。

(3) では次，$w = f(z) = \overline{z}$ についても考えてみよう。$z = x + iy$，$w = u + iv$ とおくと，$\overline{z} = x - iy$（共役複素数）のことだから，$w = u + iv = \overline{x + iy} = x - iy$ より，

$$\begin{cases} u = u(x,\ y) = x \\ v = v(x,\ y) = -y \end{cases}$$ となる。

つまり，図4（i）に示すように，z 平面上の点 $z_1 = x_1 + iy_1$ は，w 平面上では実軸に関して対称な点 $w_1 = x_1 - iy_1$ に写される。

図4　$w = \overline{z}$ のイメージ

(i) z 平面 → w 平面
(ii)-(ア) z 平面 → w 平面
(ii)-(イ) z 平面 → w 平面

これは，“**1対1**”対応の関数で，

・図4（ii）-（ア）に示すように，z 平面上の実軸より上側の範囲は，w 平面上の実軸より下側の範囲に写され，

・図4（ii）-（イ）に示すように，z 平面上の実軸より下側の範囲は，w 平面上の実軸より上側の範囲に写される。

(4) それじゃ次，$w=f(z)=z\overline{z}$についても調べてみよう。これまでと同様に，
$z=x+iy$，$w=u+iv$ とおくと，
$w=u+iv=(x+iy)(x-iy)=x^2-\underset{(-1)}{i^2}y^2=\underset{\text{実数}}{x^2+y^2}$ より，

$$\begin{cases} u=x^2+y^2 \ (\geqq 0) \\ v=0 \end{cases}$$
となるのはいいね。

図5　$w=z\overline{z}$ のイメージ

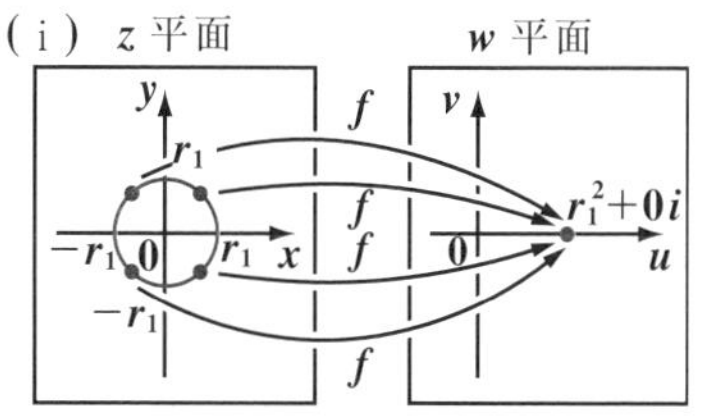

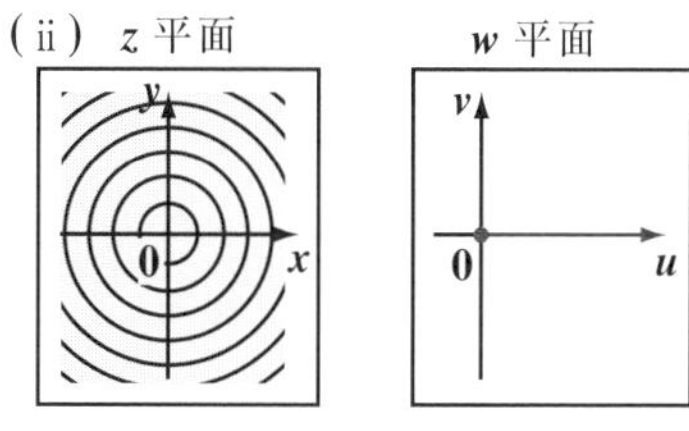

でも，今回はzを極形式
$z=re^{i\theta}$とおいて考えたほうが分かりやすいと思う。このとき$\overline{z}$は$\overline{z}=re^{-i\theta}$
($\overline{z}=\overline{re^{i\theta}}=\overline{r}\cdot\overline{e^{i\theta}}=r\cdot e^{-i\theta}$)
となる。よって，
$w=u+iv=re^{i\theta}\cdot\overline{re^{i\theta}}=re^{i\theta}re^{-i\theta}$
$=r^2\cdot e^{i\theta-i\theta}=r^2\cdot\underset{1}{e^0}=r^2$ より，

$$\begin{cases} u=r^2 \ (\geqq 0) \\ v=0 \end{cases}$$
が導ける。

ここで，$z=re^{i\theta}$について，$r=r_1$（正の実定数）とおき，θを$-\pi<\theta\leqq\pi$の範囲で変化させれば，図5（i）に示すように点zはz平面上で原点を中心とする半径r_1の円を描く。このとき，$w={r_1}^2$となるので，この円周上の点はすべて，w平面上の実軸上の点${r_1}^2$（$={r_1}^2+0i$）に写される。つまり，この複素関数$w=z\overline{z}$は，“**多対1**”対応の関数なんだね。したがって，図5（ii）に示すように半径r_1を0以上の値に変化させ
（$r_1=0$のときも，半径0の円と考えれば，これはw平面上の原点0に写される。）
ていくと，さまざまな円が，w平面上の実軸上で0以上の各点に写されていくことが分かるはずだ。つまり，z平面上のすべての点が，この複素関数によりw平面上の実軸の0以上の部分に写されるんだね。納得いった？

このように，簡単な複素関数ではあったけれど，具体的によく調べてみることにより，複素関数に関する理解もだんだん深まってきたと思う。

● $w=z^2$ は，2 対 1 対応の複素関数だ！

それでは，複素関数 $w=f(z)=z^2$ についても調べてみよう。ここでも，$z=x+iy$，$w=u+iv$ とおくと，

$w=u+iv=f(x+iy)=(x+iy)^2$

$=x^2+2ixy+i^2y^2$ （$i^2=-1$）

$=x^2-y^2+i\cdot 2xy$ より，（$x^2-y^2=u$，$2xy=v$）

$$\begin{cases} u=u(x,\ y)=x^2-y^2 & \cdots\text{①} \\ v=v(x,\ y)=2xy & \cdots\cdots\text{②} \end{cases}$$ となる。

図 6　$w=z^2$ のイメージ (Ⅰ)

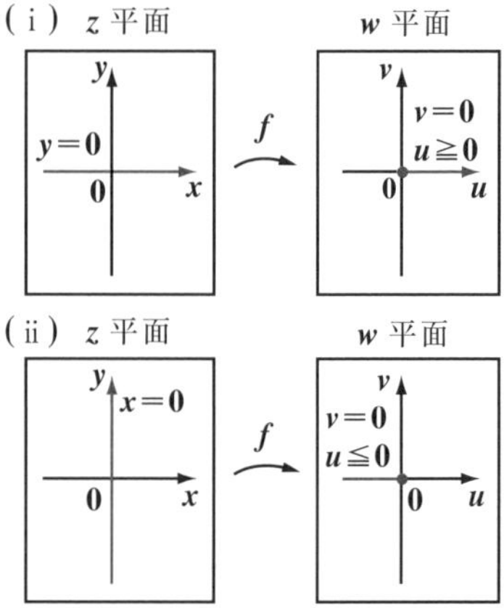

(ⅰ) z 平面　　w 平面

(ⅱ) z 平面　　w 平面

よって，

(Ⅰ) $y=0$ のとき，①，②より，$u=x^2$ ($\geqq 0$)，$v=0$ となるので，図 6 (ⅰ) に示すように，z 平面上の実軸 (x 軸) は，w 平面上の実軸 (u 軸) の $u\geqq 0$ の部分に写される。

(Ⅱ) 同様に，$x=0$ のとき，①，②より，$u=-y^2$ ($\leqq 0$)，$v=0$ となるので，図 6 (ⅱ) に示すように，z 平面上の虚軸 (y 軸) は，w 平面上の実軸 (u 軸) の $u\leqq 0$ の部分に写されることが分かる。

さらに，

(Ⅲ) $y=\pm 1$，± 2 のときについても調べてみよう。

ここで，$y=k$ (k：0 以外の実定数) とおくと，①，②は，

$u=x^2-k^2$ ……①′　　$v=2xk$ ……②′　となるので，

②′より，$x=\dfrac{v}{2k}$ …③　この③を①′に代入すると，

（x を消去して u と v の関係式を求めた。）

$u=\left(\dfrac{v}{2k}\right)^2-k^2$　　$\therefore u=\dfrac{1}{4k^2}v^2-k^2$ ……④　となる。よって，

（これは，w 平面上で横に寝かせた放物線のこと。）

(ⅰ) z 平面上の 2 直線 $y=\pm 1$ は，w 平面上の放物線 $u=\dfrac{1}{4}v^2-1$ に写され，

（④の k に ± 1 を代入したもの。）

(ⅱ) z 平面上の 2 直線 $y=\pm 2$ は，w 平面上の放物線 $u=\frac{1}{16}v^2-4$ に写されることが分かる。

④の k に ± 2 を代入したもの。

(Ⅳ) 次，$x=\pm 1$，± 2 のときについても調べてみよう。

ここで，$x=k$ (k：0 以外の実定数) とおくと，①，②は，

$u=k^2-y^2$ ……①″　　$v=2ky$ ……②″　となるので，

②″より，$y=\frac{v}{2k}$ …⑤　　この⑤を①″に代入して

y を消去して u と v の関係式を求めた。

$u=k^2-\left(\frac{v}{2k}\right)^2$　　$\therefore u=-\frac{1}{4k^2}v^2+k^2$ ……⑥　となる。よって，

これは，w 平面上で横に寝かせた放物線のこと。

(ⅰ) z 平面上の 2 直線 $x=\pm 1$ は，w 平面上の放物線 $u=-\frac{1}{4}v^2+1$ に写され，

⑥の k に ± 1 を代入したもの。

(ⅱ) z 平面上の 2 直線 $x=\pm 2$ は，w 平面上の放物線 $u=-\frac{1}{16}v^2+4$

に写されることが分かる。

以上 (Ⅰ)～(Ⅳ) より，$w=f(z)=z^2$ による，z 平面と w 平面上の図形 (グラフ) の対応関係を図 7 に示す。

図 7　$w=z^2$ のイメージ図 (Ⅱ)

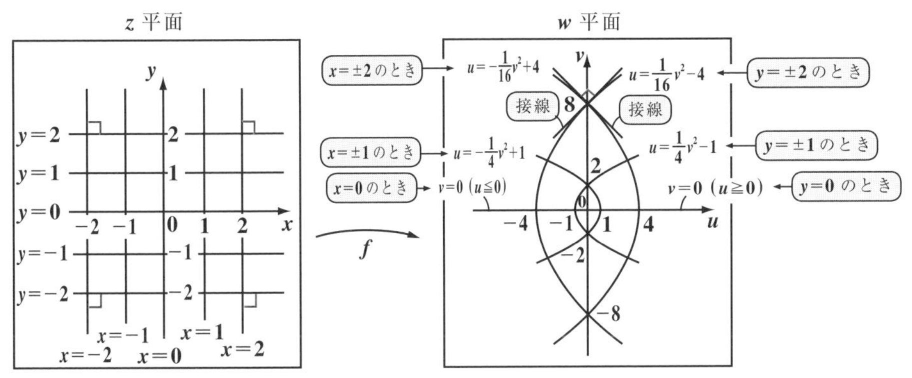

ここで，z 平面における直線 $y=\pm 1$，± 2 と直線 $x=\pm 1$，± 2 とは直交しているけれど，これらの w 平面への写像 $u=\frac{1}{4}v^2-1$，$u=\frac{1}{16}v^2-4$，

$u=-\frac{1}{4}v^2+1$, $u=-\frac{1}{16}v^2+4$ も共に，それぞれの交点において直交していることに気を付けよう。「2曲線が交点において直交する」ということは，「2曲線の交点におけるそれぞれの接線が互いに直交する」ということなんだよ。そしてこれは後に解説する"等角写像(とうかくしゃぞう)"(P138) の1例なんだ。

たとえば，図7において，$u=g(v)=\frac{1}{16}v^2-4$, $u=h(v)=-\frac{1}{16}v^2+4$ とおくと，$g'(v)=\frac{1}{8}v$, $h'(v)=-\frac{1}{8}v$ となる。よって，$u=g(v)$ と $u=h(v)$ の1つの交点の座標は $(0,\ 8)$ より，$v=8$ をそれぞれ代入すると，$g'(8)\times h'(8)=1\times(-1)=-1$ となって，直交することが分かるはずだ。他の曲線の交点についても調べてごらん。

（v での微分）

この複素関数 $w=f(z)=z^2$ は，$z=z_1$, $-z_1$ となる，0を除くいずれの点も $w_1=f(\pm z_1)=(\pm z_1)^2={z_1}^2$ と同じ点 w_1 に写すので，"2対1"の対応関係になっていることが分かると思う。これは，たとえば，z 平面上の2直線 $y=\pm 2$ が w 平面上の1つの曲線 $u=\frac{1}{16}v^2-4$ に写されることからも類推できる。

（"Θ"はギリシャ文字 θ の大文字のことだ。）

さらに，z と w を極形式で表して $z=re^{i\theta}$, $w=Re^{i\Theta}$ とおくと，

$w=Re^{i\Theta}=z^2=(re^{i\theta})^2=r^2\cdot e^{2i\theta}$

より，

$$\begin{cases} R=r^2 \\ \Theta=2\theta \end{cases} \quad \cdots\cdots ①$$

（これは，$|w|=|z|^2$, $\arg w=2\arg z$ のこと。）

図8　$w=z^2$ のイメージ(Ⅲ)

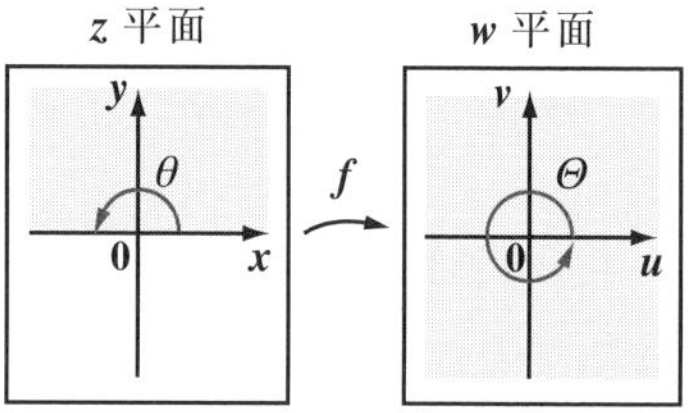

となる。よって，θ を $0\leqq\theta<\pi$ の範囲で動かし，各々の θ の値のときに r を $0\leqq r<\infty$ の範囲で動かすとすると，図8に示すように点 z は z 平面の実軸とその上側の範囲を表すことになる。すると，①より，$0\leqq R<\infty$，また $\Theta=2\theta$ より，$0\leqq\Theta<2\pi$ となって，これに対応する点 w は全 w 平面を表すことになる。

さらに，θ を $\pi\leqq\theta<2\pi$ まで動かすと，点 z は z 平面の実軸とその下側の範囲を表し，それがまた w 平面全体に写されることになる。

以上のことからも，複素関数 $w=f(z)=z^2$ は，z 平面上の2点が，w 平面上の1点に対応する"2対1"対応の関数であることが分かると思う。

● 複素関数 $w=\frac{1}{z}$ では，$z=0$ のときも定義しよう！

では次，複素関数 $w=f(z)=\frac{1}{z}$ についても調べてみよう。z と w を極形式 $z=re^{i\theta}$，$w=Re^{i\Theta}$ と表すと，

$$w=Re^{i\Theta}=f(re^{i\theta})=\frac{1}{re^{i\theta}}=\frac{1}{r}\cdot e^{-i\theta}$$

よって，

$$\begin{cases} R=\dfrac{1}{r} \\ \Theta=-\theta \end{cases} \quad \cdots\cdots①$$

となる。

これは，$|w|=\frac{1}{|z|}$，$\arg w=-\arg z$ のこと。

これから図9に示すように，z 平面と w 平面を重ねた状態で表すと，$|z|=r$，$\arg z=\theta$ の点 z は，複素関数 $w=f(z)=\frac{1}{z}$ により，まず，$|z'|=\frac{1}{r}$，$\arg z'=\theta$ の点 z' に写された後，これを実軸に関して対称移動して，点 w $\left(|w|=\frac{1}{r},\ \arg w=-\theta\right)$ に写されると考えればいい。ここで，z と z' の対応を“**反転**（はんてん）”といい，また z' を z の単位円に関する“**鏡像**（きょうぞう）”ということも覚えておこう。

以上より，点 $z=re^{i\theta}$，$w=Re^{i\Theta}$ について，

(ⅰ) 図10 (ⅰ) に示すように，
z 平面上の $r\geqq 1$，$0\leqq\theta\leqq\pi$ の範囲は w 平面上の $0<R\leqq 1$，$-\pi\leqq\Theta\leqq 0$ の範囲に写され，

(ⅱ) 図10 (ⅱ) に示すように，
z 平面上の $r\geqq 1$，$-\pi\leqq\theta\leqq 0$ の範囲は w 平面上の $0<R\leqq 1$，$0\leqq\Theta\leqq\pi$ の範囲に写され，

図9 $w=\frac{1}{z}$ のイメージ

z 平面と w 平面を重ねたイメージ

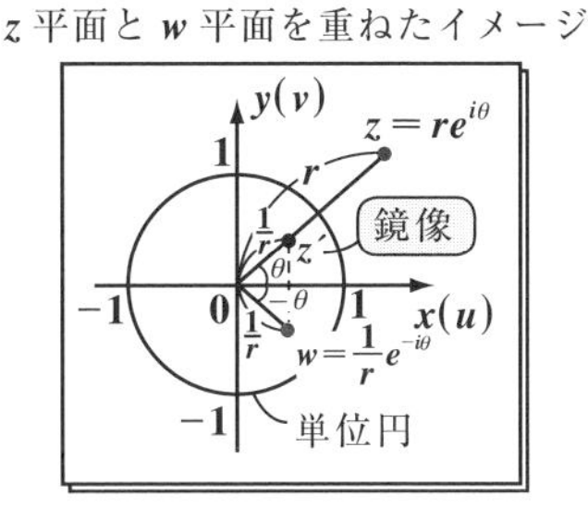

図10 $w=\frac{1}{z}$ のイメージ

(ⅰ) z 平面　　w 平面

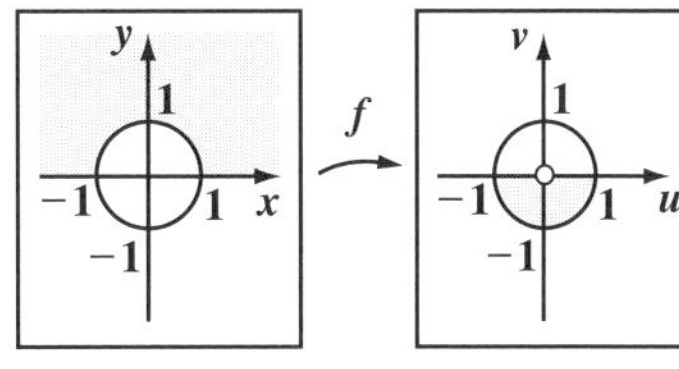

(ⅱ) z 平面　　w 平面

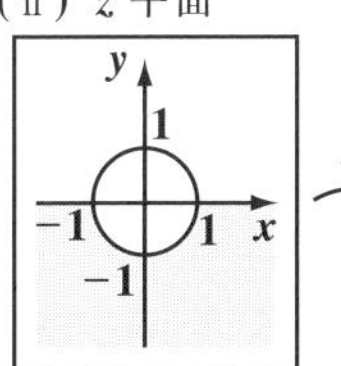

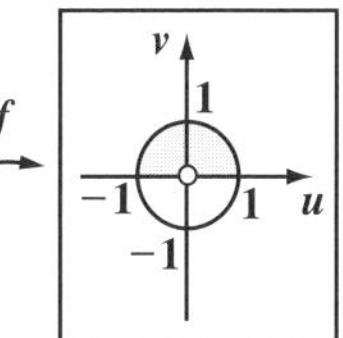

(ⅲ) z 平面　　w 平面

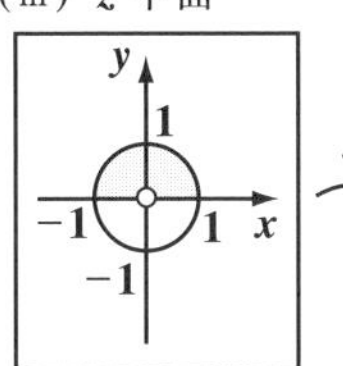

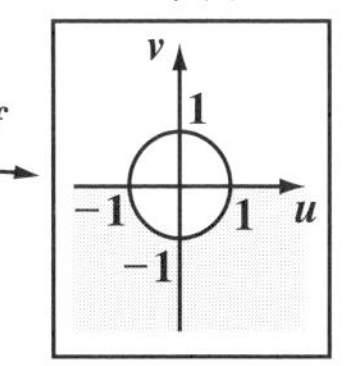

(ⅳ) z 平面　　w 平面

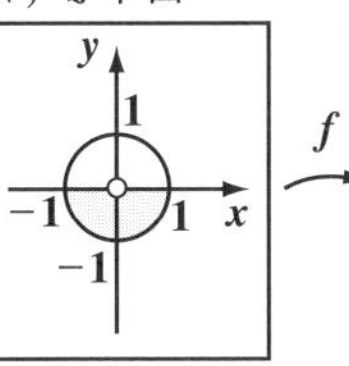

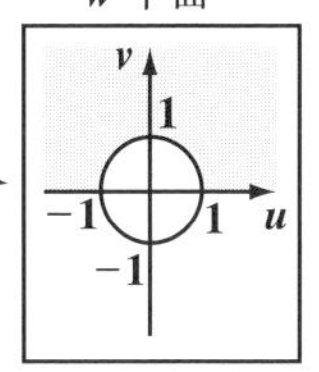

(ⅲ) 図 **10** (ⅲ) に示すように，

z 平面上の $0 < r \leqq 1$，$0 \leqq \theta \leqq \pi$ の範囲は w 平面上の $R \geqq 1$，$-\pi \leqq \Theta \leqq 0$ の範囲に写され，そして

(ⅳ) 図 **10** (ⅳ) に示すように，

z 平面上の $0 < r \leqq 1$，$-\pi \leqq \theta \leqq 0$ の範囲は w 平面上の $R \geqq 1$，$0 \leqq \Theta \leqq \pi$ の範囲に写される，ことが分かると思う。

でも，ここで気になるのが，z 平面や w 平面の原点 0 の“○”だね。これは，これまでの実数関数の経験から，

“この点は含まない”の意味

複素関数 $w = \frac{1}{z}\left(\text{または } z = \frac{1}{w}\right)$ についても，分母に本物の 0 はこないので，$z \neq 0$ ($w \neq 0$) としていたんだね。でも，$z = 0$ (または $w = 0$) のときにも対応する点 w (または点 z) を設けるために，“**無限遠点**(むげんえんてん)”(***point at infinity***) と呼ばれる仮想的な点を導入し，これを“∞”で表すことにする。

図 **11** (ⅰ)(ⅱ) に示すように，本来この∞は z 平面や w 平面の原点からはるかかなたに広がる広大な領域のことだけれど，これを 1 つの点∞とみなすと，

図 **11**　**0** と∞の対応

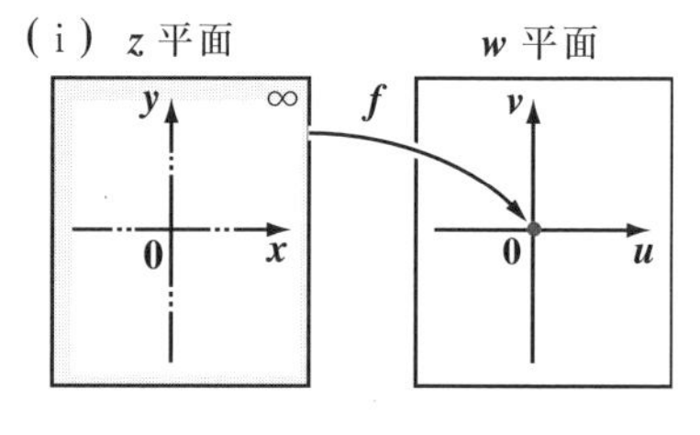

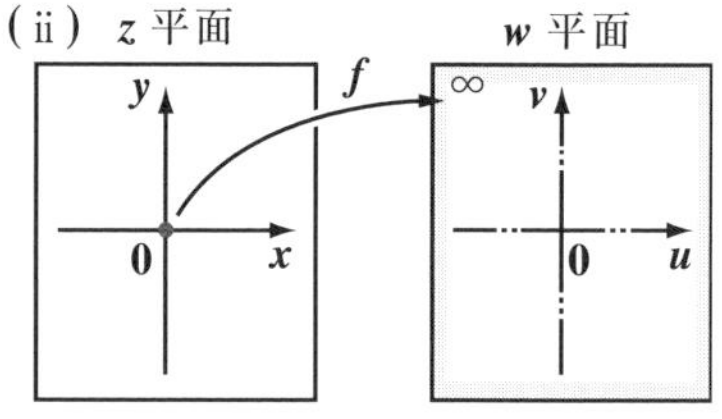

関数 $w = f(z) = \frac{1}{z}$ についても，

$$\begin{cases} (\text{i})\ z = \infty \xrightarrow{f} w = 0 \\ (\text{ii})\ z = 0 \xrightarrow{f} w = \infty \end{cases}$$

と，点 0 と点∞の対応関係が導入できるんだね。

この無限遠点∞を含めた複素数平面を“**拡張された複素数平面**”と呼び，無限遠点を含まない複素数平面を“**有限複素数平面**”と呼ぶ。この拡張された複素数平面を用いると，図 **10** の原点の“○”も含めて考えていいので，“●”に変えていいことになるんだね。

ここで，∞を点（無限遠点）とみなすことに抵抗を感じる人も多いと思う。そこで，この妥当性を“**リーマン球面**”(***Riemann sphere***)で説明しよう。

図**12**に示すように，***NS***を直径とす
（***N***は北極，***S***は南極と考えればいい。）
る球面があり，点***S***が複素数平面（z平面）の原点**0**と一致するように置かれているものとする。

図**12** リーマン球面

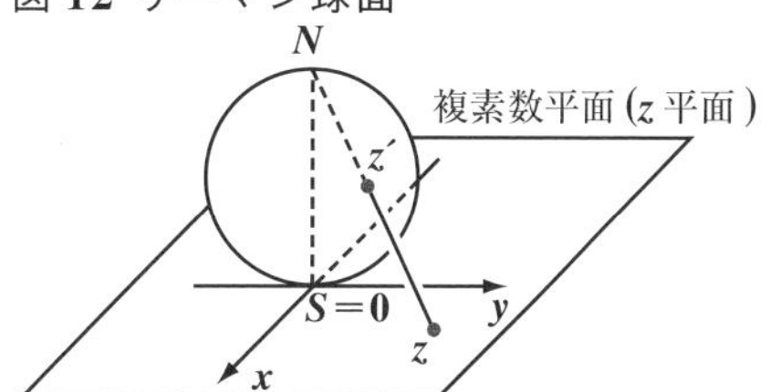

ここで，z平面上に任意の点zをとる。そして，直線Nzとこの球面とのNとは異なる交点をz'とおき，z平面上の点zに対して，球面上の点z'を対応させると，この対応が“**1対1**”の対応になっていることが分かると思う。

さらに，z平面の無限遠点∞が球面上の点Nに対応するのも大丈夫だね。これから，球面全体の点の集合が，無限遠点∞を含む“**拡張された複素数平面**”全体の点の集合と**1**対**1**に対応することが理解できたと思う。この球面のことを“**リーマン球面**”と呼び，この球面上ではz平面の無限遠点∞が本当に点Nで表すことができるんだね。面白かっただろう？

今回は，複素関数の最初の講義ということで，その基本を解説してきたけれど，実関数とは異なる複素関数のさまざまな性質が明らかになって興味深かったと思う。

次回から，さらに本格的な複素関数の解説に入るけれど，これまでの内容をマスターしておけば，スムーズに理解できるはずだ。よく復習した上で，次の講義に臨んでほしい。

演習問題 4	●複素関数 $w=\frac{1}{z}$ (Ⅰ)●

複素関数 $w=\dfrac{1}{z}$ により，z 平面上の直線 $x=k$ $\left(k=0,\ \pm\dfrac{1}{2},\ \pm1,\ \pm2\right)$ は w 平面上のどのような図形に写されるか，調べて図示せよ。

ヒント！ $z=x+iy$ とおくと，$\overline{z}=x-iy$ より，$x=\dfrac{z+\overline{z}}{2}$ となるので，直線 $x=k$ の式は，$z+\overline{z}=2k$ $\left(k=0,\ \pm\dfrac{1}{2},\ \pm1,\ \pm2\right)$ と表すことができるんだね。

（これは，虚軸に平行な7本の直線のこと。）

$k=0$，すなわち $x=0$ のときのみは別に計算するといいよ。

解答＆解説

z 平面と w 平面は，拡張された複素数平面と考える。←（無限遠点∞を含む）

ここで，$z=x+iy$ (x，y：実数) とおくと，$\overline{z}=x-iy$ となる。

よって，$x=\dfrac{z+\overline{z}}{2}$ より，z 平面上の直線 $x=k$ $\left(k=0,\ \pm\dfrac{1}{2},\ \pm1,\ \pm2\right)$ は

$\dfrac{z+\overline{z}}{2}=k$，すなわち，

$z+\overline{z}=2k$ ……① $\left(k=0,\ \pm\dfrac{1}{2},\ \pm1,\ \pm2\right)$ と表される。

(ⅰ) $k=0$ のとき，①は，$z+\overline{z}=0$ ……①′

複素関数 $w=\dfrac{1}{z}$ より，$z=\dfrac{1}{w}$ ……②

②を①′に代入して，

$\dfrac{1}{w}+\overline{\left(\dfrac{1}{w}\right)}=0$，　$\dfrac{1}{w}+\dfrac{1}{\overline{w}}=0$

（$\overline{\left(\dfrac{1}{w}\right)}=\dfrac{\overline{1}}{\overline{w}}=\dfrac{1}{\overline{w}}$ ($\because\ \overline{1}=\overline{1+0i}=1-0i=1$)）

（一般に，実数 a の場合 $\overline{a}=\overline{a+0i}=a-0i=a$ より，$\overline{a}=a$ となる！）

両辺に $w\overline{w}$ をかけて，

$\overline{w}+w=0$ ←（w の純虚数条件。$w=0$ を含む。）

$\therefore$ z 平面上の虚軸 ($z+\overline{z}=0$) は（$x=0$ のこと）

w 平面上の虚軸 ($w+\overline{w}=0$) に写される。（$u=0$ のこと）

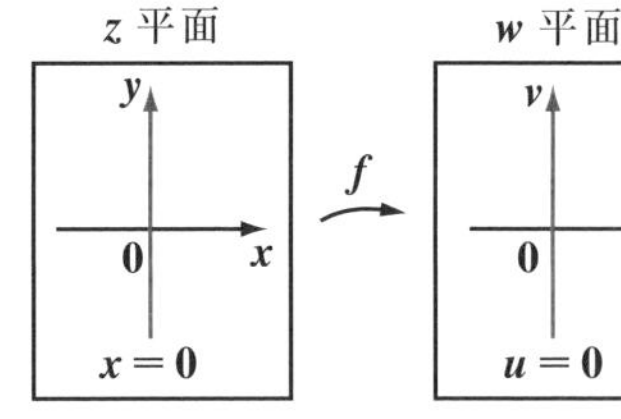

(ii) $k=\pm\frac{1}{2}$, ± 1, ± 2のとき，$z+\bar{z}=2k$ …①に，$z=\frac{1}{w}$ …②を代入すると，

$$\frac{1}{w}+\overline{\left(\frac{1}{w}\right)}=2k,\qquad \frac{1}{w}+\frac{1}{\bar{w}}=2k$$

両辺に $w\bar{w}$ をかけて，

$\bar{w}+w=2kw\bar{w}$　　両辺を $2k\ (\neq 0)$ で割って，

$$w\bar{w}-\frac{1}{2k}\bar{w}-\frac{1}{2k}w=0$$

$$\bar{w}\left(w-\frac{1}{2k}\right)-\frac{1}{2k}\left(w-\frac{1}{2k}\right)=0+\frac{1}{4k^2}$$

円の方程式 $|w-\alpha|=r$ を作り始めてる！

$$\left(w-\frac{1}{2k}\right)\left(\bar{w}-\frac{1}{2k}\right)=\frac{1}{4k^2},\qquad \left(w-\frac{1}{2k}\right)\overline{\left(w-\frac{1}{2k}\right)}=\frac{1}{4k^2}$$

$\overline{\left(\frac{1}{2k}\right)}$ $\left(\because \frac{1}{2k}\text{ は実数}\right)$

$\left|w-\frac{1}{2k}\right|^2=\frac{1}{4k^2}$ より，円の方程式：

$$\left|w-\frac{1}{2k}\right|=\frac{1}{2|k|}\quad\left(k=\pm\frac{1}{2},\ \pm 1,\ \pm 2\right)$$ となる。

中心 $\frac{1}{2k}$，半径 $\frac{1}{2|k|}$ の円

実数，実軸上の点

これは半径なので，正の実数。よって，$|k|$ とした。

以上(i)(ii)より，z 平面上の直線 $x=k\ \left(k=0,\ \pm\frac{1}{2},\ \pm 1,\ \pm 2\right)$ は，次に示すように w 平面上の直線や円に写される。

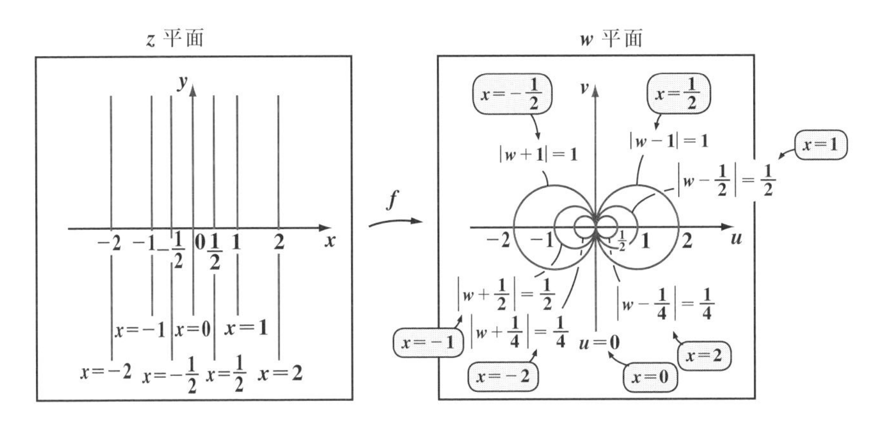

実践問題 4	● 複素関数 $w=\frac{1}{z}$ (Ⅱ) ●

複素関数 $w=\dfrac{1}{z}$ により，z 平面上の直線 $y=k$ $\left(k=0,\ \pm\dfrac{1}{2},\ \pm 1,\ \pm 2\right)$ は w 平面上のどのような図形に写されるか，調べて図示せよ。

ヒント！ $z=x+iy$ とおくと，$y=\dfrac{z-\overline{z}}{2i}$ となる。$k=0$，すなわち $y=0$ のときのみは別に計算するといい。さァ，頑張って解いてみよう！

解答＆解説

z 平面と w 平面は，拡張された複素数平面と考える。

ここで，$z=x+iy$ (x，y：実数) とおくと，$\overline{z}=x-iy$ となる。

よって，$y=\dfrac{z-\overline{z}}{2i}$ より，z 平面上の直線 $y=k$ $\left(k=0,\ \pm\dfrac{1}{2},\ \pm 1,\ \pm 2\right)$ は

(ア) $=k$，すなわち，

$z-\overline{z}=2ki$ …① $\left(k=0,\ \pm\dfrac{1}{2},\ \pm 1,\ \pm 2\right)$ と表される。

(ⅰ) $k=0$ のとき，①は，$z-\overline{z}=0$ ……①´

複素関数 $w=\dfrac{1}{z}$ より，$z=\dfrac{1}{w}$ ……②

②を①´に代入して，

$\dfrac{1}{w}-\overline{\left(\dfrac{1}{w}\right)}=0$，　$\dfrac{1}{w}-\dfrac{1}{\overline{w}}=0$

両辺に (イ) をかけて，

$\overline{w}-w=0$　　$\therefore\ w=\overline{w}$ ← w の実数条件

$\therefore$ z 平面上の実軸 ($z=\overline{z}$) は
　　　　　　　　　　↖ $y=0$ のこと

w 平面上の実軸 ($w=\overline{w}$) に写される。
　　　　　　　　　　↖ $v=0$ のこと

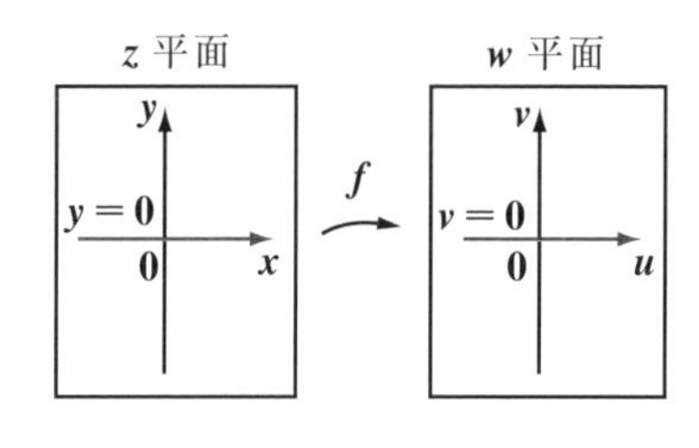

(ⅱ) $k=\pm\dfrac{1}{2}$，± 1，± 2 のとき，$z-\overline{z}=2ki$ …①に，$z=\dfrac{1}{w}$ …②を代入すると，

$$\frac{1}{w}-\overline{\left(\frac{1}{w}\right)}=2ki,\qquad \frac{1}{w}-\frac{1}{\overline{w}}=2ki$$

両辺に $w\overline{w}$ をかけて，

$\overline{w}-w=2kiw\overline{w}$　　両辺を $2ki\ (\neq 0)$ で割って，

$$w\overline{w}-\frac{1}{2ki}\overline{w}+\frac{1}{2ki}w=0\qquad w\overline{w}+\frac{i}{2k}\overline{w}-\boxed{(ウ)\quad}w=0$$

$\frac{-1}{2ki}=\frac{i^2}{2ki}=\frac{i}{2k}$　　$-\frac{-1}{2ki}=-\frac{i^2}{2ki}=-\frac{i}{2k}$

$$\overline{w}\left(w+\frac{i}{2k}\right)-\frac{i}{2k}\left(w+\frac{i}{2k}\right)=0-\frac{i^2}{4k^2}$$

i^2 (-1)

$$\left(w+\frac{i}{2k}\right)\left(\overline{w}-\frac{i}{2k}\right)=\boxed{(エ)\quad}$$

$\overline{\left(\frac{i}{2k}\right)}$

一般に，純虚数 ib の場合 $\overline{ib}=\overline{0+ib}=0-ib=-ib$ より，$\overline{ib}=-ib$ となる。

$$\left(w+\frac{i}{2k}\right)\overline{\left(w+\frac{i}{2k}\right)}=\frac{1}{4k^2},\qquad \left|w+\frac{i}{2k}\right|^2=\frac{1}{4k^2}\ より，$$

円の方程式：$\left|w+\frac{i}{2k}\right|=\boxed{(オ)\quad}$ $\left(k=\pm\frac{1}{2},\ \pm1,\ \pm2\right)$ となる。

中心 $-\frac{i}{2k}$，半径 $\frac{1}{2|k|}$ の円

以上(ⅰ)(ⅱ)より，z 平面上の直線 $y=k$ $\left(k=0,\ \pm\frac{1}{2},\ \pm1,\ \pm2\right)$ は，次に示すように w 平面上の直線や円に写される。

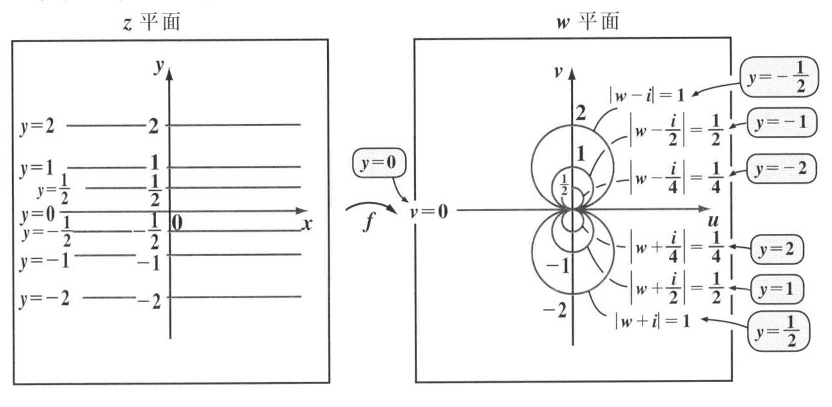

解答　(ア) $\frac{z-\overline{z}}{2i}$　(イ) $w\overline{w}$　(ウ) $\frac{i}{2k}$　(エ) $\frac{1}{4k^2}$　(オ) $\frac{1}{2|k|}$

§2. 整関数・1 次分数関数

いよいよ，本格的な複素関数の講義に入ろう。ここで解説するのは“**整関数(多項式)**”と“**1 次分数関数**”だ。整関数では，特に“**1 次関数**”について詳しく教えよう。また，1 次分数関数によって，円(または直線)が円(または直線)に写されることも解説する。

今回扱う複素関数が，実は複数のより単純な複素関数の“**合成関数**”になっていることを理解すれば，さまざまな図形を自由に変換できるようになるんだよ。また，“**1 次分数関数**”と“**行列の 1 次変換**”との類似性と相違点を知っておくといいよ。

● 整関数の中の 1 次関数に着目しよう！

まず，n 次の“**整関数**”または“**多項式**”(*polinomial*)の定義を下に示す。

n 次の整関数(多項式)

複素変数 z に対して，

$w=\alpha_n z^n+\alpha_{n-1}z^{n-1}+\alpha_{n-2}z^{n-2}+\cdots\cdots+\alpha_1 z+\alpha_0$

(α_n，α_{n-1}，α_{n-2}，$\cdots$，α_1，α_0：複素定数)

で表される関数を n 次の整関数または多項式という。

この整関数は複素関数の微分や積分でよく利用することになる。ここで，まず，$w=f(z)=z^n$ (n：自然数)

について考えよう。z，w いずれも極形式 $z=re^{i\theta}$，$w=Re^{i\Theta}$ で表すと，

$w=Re^{i\Theta}=z^n=(re^{i\theta})^n=r^n\cdot e^{in\theta}$

より，

$$\begin{cases} |w|=R=r^n=|z|^n \\ \arg w=\Theta=n\theta=n\cdot\arg z \end{cases}$$ となる

図1 $w=z^n$

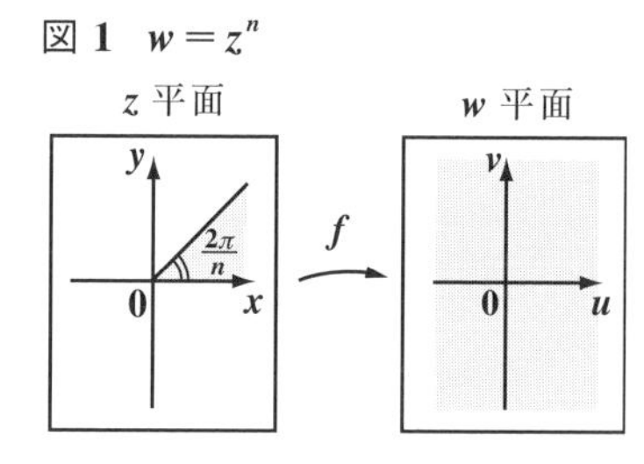

ので，図1に示すように，z 平面上で，$0\leqq r$，$0\leqq\theta<\dfrac{2\pi}{n}$ で表される範囲は，w 平面全体に対応することになるんだね。そして，$n=2$ のとき，すなわち $w=z^2$ については前回詳しく解説した。

それでは次，整関数(多項式)の中で，まず最初にシッカリマスターしておくべき関数は，

1次関数：$w = \alpha z + \beta$ ……① だ。

(α，β：複素定数)

図2 1次関数 $w = \alpha z + \beta$

(3枚を重ねたイメージ)

これについて，詳しく解説しよう。

①を分解して，

(ⅰ) $z' = \alpha z$ ……②

(ただし，$\alpha = re^{i\theta}$ とする。)

(ⅱ) $w = z' + \beta$ ……③ とおく。

すると図2に示すように，

(ⅰ) 全平面上に点zが与えられると，これをα倍したものがz'なので，点z'は点zを原点0のまわりにθだけ回転してr倍に相似変換(拡大または縮小)したものだね。

(θ：$\arg\alpha$ のこと，r：$|\alpha|$ のこと)

(ⅱ) そしてさらに，このz'にβをたしたものがwなので，点wは点z'をβだけ平行移動したものである。

このように，**1**次関数 $w = \alpha z + \beta$ …① は，**2**つの関数が合成されたものであることが分かると思う。これを模式図的に下に示す。

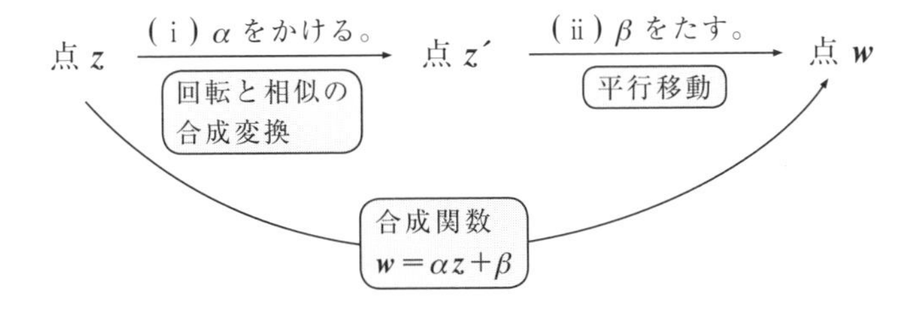

複数の操作を合成して(まとめて)行う関数を"**合成関数**(ごうせいかんすう)"(***composite function***)というんだよ。さらにこれを，"**合成変換**(ごうせいへんかん)"や"**合成写像**(ごうせいしゃぞう)"と言ったりもする。

この **1** 次関数，すなわち (ｉ) 回転と相似変換，および (ⅱ) 平行移動の合成関数により，z 平面上の直線や円は同じく w 平面上の直線や円に写される。

それでは，実際に **1** 次関数により，円から円に変換してみよう。

> 例題 1　z 平面上に円 $|z-2|=1$ がある。
> この円を **1** 次関数 $w=2i\cdot z+3+i$ により，w 平面上の円に写す。
> この円の方程式を求め，w 平面上に図示してみよう。

$w=\underset{\alpha}{\underline{2i}}\cdot z+\underset{\beta}{\underline{3+i}}$ ……① について，$\alpha=\underline{2i}$，$\beta=3+i$ とおく。

$\alpha = e^{\frac{\pi}{2}i}$ $\left(\because\ e^{\frac{\pi}{2}i}=\cos\frac{\pi}{2}+i\sin\frac{\pi}{2}=0+i\cdot 1\right)$

$|z-\underset{中心 z_0}{\underline{2}}|=\underset{半径 r}{\underline{1}}$ ……②で与えられる z 平面上の円を C とおくと，円 C は

中心 $z_0=2$，半径 $r=1$ の円である。そして，これを①により w 平面に写される図形を円 A とおこう。

(ｉ) まず，$z'=\alpha\cdot z=\underset{2倍に拡大}{\underline{2}}\cdot\underset{\frac{\pi}{2}回転}{\underline{e^{\frac{\pi}{2}i}}}\cdot z$

により，円 C の中心 $z_0=2$ は，右図のように点 $4i$ に写され，また円の半径も **2** 倍されて半径 **2** の円となる。これを円 C' とおくと，

円 C'：$|z'-\underset{中心 z_0'}{\underline{4i}}|=\underset{半径 r'}{\underline{2}}$　となる。

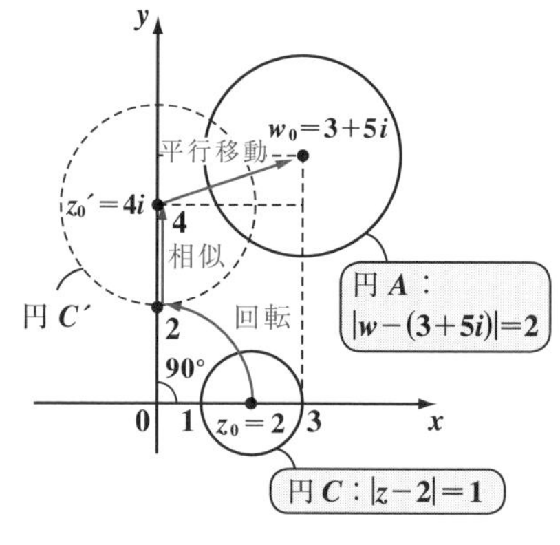

(ⅱ) さらに，この円 C' を，$\beta=3+i$ だけ平行移動するので，円の半径 $r'=2$ はそのままで，中心 $z_0'=4i$ が中心 $w_0=4i+\underset{\beta}{\underline{3+i}}=3+5i$ に変わる。

以上 (ｉ)(ⅱ) のように図形的に考えることにより，z 平面上の円 C：$|z-2|=1$ は，①の **1** 次関数によって，

w 平面上の円 A：$|w-\underset{中心 w_0}{\underline{(3+5i)}}|=\underset{半径}{\underline{2}}$ に写されることが分かる。

以上の図形的な判断能力は非常に重要だから，是非マスターしよう。

でも，これを機械的に求めることも当然知っておかないといけない。

円 C（z の式）：$|z-2|=1$ …②を，$w=2iz+3+i$ …①を使って，円 A（w の式）に書き換えればいいわけだから，①を変形して，

$z=\dfrac{w-3-i}{2i}$ ……①′とし，この①′を②に代入すれば，w の方程式（円 A の方程式）が求まるんだね。

$\left|\dfrac{w-3-i}{2i}-2\right|=1$，　$\left|\dfrac{w-3-i-4i}{2i}\right|=1$ ← $\left|\dfrac{\alpha}{\beta}\right|=\dfrac{|\alpha|}{|\beta|}$

$\dfrac{|w-3-5i|}{|2i|}=1$，$|w-(3+5i)|=2$　と，同じ結果が導ける。

$|2i| = |2|\cdot|i|=2\cdot1=2$

● 1次分数関数では，反転がポイントになる！

$f(z)$ と $g(z)$ が共に z の整関数であるとき，複素関数 $w=\dfrac{f(z)}{g(z)}$ を "**有理関数**(ゆうりかんすう)" という。そして，特に $f(z)=\alpha z+\beta$，$g(z)=\gamma z+\delta$ のように $f(z)$，$g(z)$ が共に z の1次関数であるとき，"**1次分数関数**(いちじぶんすうかんすう)" といい，これによる変換を "**1次分数変換**(いちじぶんすうへんかん)" という。この基本事項を下に示そう。

1次分数関数

複素変数 z に対して

$$w=\frac{\alpha z+\beta}{\gamma z+\delta}\quad(\alpha,\ \beta,\ \gamma,\ \delta：複素定数,\ \alpha\delta-\beta\gamma\neq0)$$

で表される関数を，1次分数関数という。

もし，$\alpha\delta-\beta\gamma=0$ とすると，$\alpha\delta=\beta\gamma$ より，$\dfrac{\alpha}{\gamma}=\dfrac{\beta}{\delta}=k$（定数）とおくと，$\alpha=k\gamma$，$\beta=k\delta$。よって，$w=\dfrac{\alpha z+\beta}{\gamma z+\delta}=\dfrac{k\gamma z+k\delta}{\gamma z+\delta}=\dfrac{k(\gamma z+\delta)}{\gamma z+\delta}=k$（定数）となって，定数関数になってしまう。だから，$\alpha\delta-\beta\gamma\neq0$ の条件が付くんだ。

1次分数関数については，z 平面と w 平面上の**3組の点**の対応関係が与えられれば，α，β，γ，δ の**3つ**の関係式からこの関数を決定することができる。拡張された複素数平面では，この3組の点の対応関係の中に無限遠点

∞が含まれてもかまわない。このときの対処法についても，次の例題で具体的に解説しよう。

例題2　次の各場合について，1次分数関数 $w=\dfrac{\alpha z+\beta}{\gamma z+\delta}$ を決定しよう。

(1) z 平面上の3点1，0，i に対して，この順に w 平面上の点0，$-i$，-1 が対応する場合。

(2) z 平面上の3点1，0，∞ に対して，この順に w 平面上の点0，∞，-1 が対応する場合。

(1) 1次分数関数 $w=\dfrac{\alpha z+\beta}{\gamma z+\delta}$ について，与えられた3組の点の対応関係より，

$$0=\frac{\alpha+\beta}{\gamma+\delta}\ \cdots①\qquad -i=\frac{\beta}{\delta}\ \cdots②\qquad -1=\frac{i\alpha+\beta}{i\gamma+\delta}\ \cdots③$$

($z=1$ のとき $w=0$)　($z=0$ のとき $w=-i$)　($z=i$ のとき $w=-1$)

(①，②，③より，β，γ，δ をすべて α で表すことにしよう。)

①より，$\alpha+\beta=0$

$\therefore\ \beta=-\alpha\ \cdots\cdots④$

②より，$\delta=\dfrac{\beta}{-i}=\dfrac{-1\cdot\alpha}{-i}=\dfrac{i^2\cdot\alpha}{-i}=-i\alpha$　($\beta=-\alpha$ (④より)，$-1=i^2$)

$\therefore\ \delta=-i\alpha\ \cdots\cdots⑤$

③より，$i\alpha+\beta=-i\gamma-\delta$　　$i\alpha-\alpha=-i\gamma+i\alpha$

($\beta=-\alpha$ (④より))　($\delta=-i\alpha$ (⑤より))

$i\gamma=\alpha\qquad \gamma=\dfrac{\alpha}{i}=\dfrac{-i^2\alpha}{i}=-i\alpha$

$\therefore\ \gamma=-i\alpha\ \cdots\cdots⑥$

以上④，⑤，⑥より，求める1次分数関数は，

$$w=\frac{\alpha z-\alpha}{-i\alpha z-i\alpha}=\frac{z-1}{-i(z+1)}=\frac{i^2}{i}\cdot\frac{z-1}{z+1}$$ から，（$i^2=(-1)$）

$$w=\frac{i(z-1)}{z+1}=\frac{iz-i}{z+1}$$ となる。

(2) 一般に，複素数において，無限遠点∞に正・負の符号は存在しない。

(i) もし，$\frac{\alpha}{\gamma}=\infty$や，$-\frac{\alpha}{\gamma}=\infty$ $(\alpha \neq 0)$ が与えられたら，$\gamma=0$ とすればいい。

(ii) 複素変数$z=\infty$と与えられた場合は，新たな複素変数ζ(ゼータ)を$z=\frac{1}{\zeta}$とおいて，$\zeta=0$とおいて計算すればいいんだよ。

以上の注意点に従って，例題を解いてみよう。

1 次分数関数 $w=\frac{\alpha z+\beta}{\gamma z+\delta}$ について，

・$z=1$ のとき $w=0$ より，$0=\frac{\alpha+\beta}{\gamma+\delta}$ ……⑦

・$z=0$ のとき $w=\infty$ より，$\infty=\frac{\beta}{\delta}$ ……⑧

・$z=\infty$ のとき $w=-1$ より，新たな変数ζを$z=\frac{1}{\zeta}$とおいて，$\zeta=0$

とすればいいので，$-1=\frac{\frac{\alpha}{\zeta}+\beta}{\frac{\gamma}{\zeta}+\delta}=\frac{\alpha+\beta\cdot\zeta}{\gamma+\delta\cdot\zeta}$ （ζ → 0）

分子・分母にζをかけた。

$\therefore -1=\frac{\alpha}{\gamma}$ …⑨ となる。

⑦より，$\alpha+\beta=0$ $\therefore \beta=-\alpha$ ……⑩

⑧より，$\therefore \delta=0$ ……⑪

⑨より，$-\gamma=\alpha$ $\therefore \gamma=-\alpha$ ……⑫

以上⑩，⑪，⑫より，求める **1** 次分数関数は，

$w=\frac{\alpha z-\alpha}{-\alpha z+0}=\frac{z-1}{-z}=\frac{-z+1}{z}$ となる。

これで，**1** 次分数関数の決定の仕方も分かっただろう。それでは，さらにこの **1** 次分数関数を深めていこう。

● 1次分数関数を分解して考えよう！

1次分数関数 $w=\dfrac{\alpha z+\beta}{\gamma z+\delta}$ $(\alpha\delta-\beta\gamma \neq 0)$ について，$\gamma \neq 0$ の場合を考える。

もし $\gamma=0$ とすると，$w=\alpha''z+\beta''$ $\left(\alpha''=\dfrac{\alpha}{\delta},\ \beta''=\dfrac{\beta}{\delta}\right)$ となって単なる1次関数になる。

$\alpha z+\beta$ を $\gamma z+\delta$ で割ると，商 $\dfrac{\alpha}{\gamma}$，余り $\beta-\dfrac{\alpha\delta}{\gamma}$ となるので，

$\gamma z+\delta \,)\ \alpha z+\beta$ の割り算：商 $\dfrac{\alpha}{\gamma}$，$\alpha z+\dfrac{\alpha\delta}{\gamma}$，余り $\beta-\dfrac{\alpha\delta}{\gamma}$

$$w=\frac{\beta-\dfrac{\alpha\delta}{\gamma}}{\gamma z+\delta}+\frac{\alpha}{\gamma}$$

$$=\frac{\beta\gamma-\alpha\delta}{\gamma}\cdot\frac{1}{\gamma z+\delta}+\frac{\alpha}{\gamma}$$ より，

$\dfrac{\beta\gamma-\alpha\delta}{\gamma}$ ＝ α'（定数）　$\dfrac{\alpha}{\gamma}$ ＝ β'（定数）とおく。

$$\therefore\ w=\alpha'\cdot\frac{1}{\gamma z+\delta}+\beta' \cdots ① \quad \left(\text{ただし，}\alpha'=\frac{\beta\gamma-\alpha\delta}{\gamma}\ (\neq 0),\ \beta'=\frac{\alpha}{\gamma}\ \text{となる。}\right)$$

（$\gamma z+\delta$：(i) z'，$\dfrac{1}{\gamma z+\delta}$：(ii) z''）

よって，z から w への変換過程は，次の3つの変換に分解して考えることができる。また，その様子を図3に示す。

(i) $z'=\gamma z+\delta$

回転・相似変換と平行移動により，$z \to z'$

(ii) $z''=\dfrac{1}{z'}$

単位円に関する反転と実軸対称移動により，$z' \to z''$

(iii) $w=\alpha' z''+\beta'$

回転・相似変換と平行移動により，$z'' \to w$

図3　$w=\dfrac{\alpha z+\beta}{\gamma z+\delta}$ の変換過程

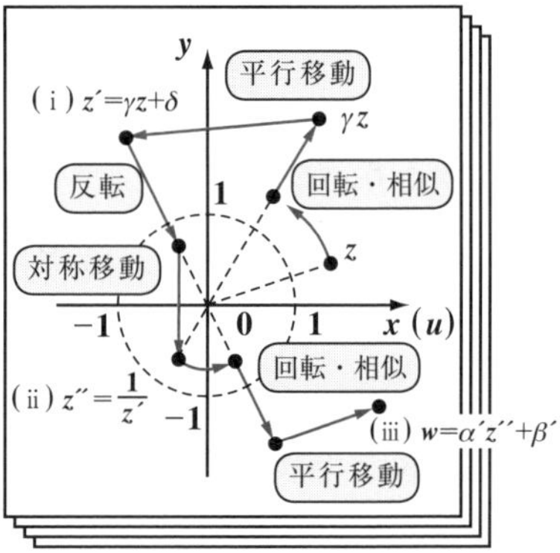

（z 平面，z′ 平面，z″ 平面，w 平面を重ねたイメージ）

どう？　これで，1次分数関数 $w=\dfrac{\alpha z+\beta}{\gamma z+\delta}$ が，3つの関数の合成関数であることが分かっただろう？　ここで，(i)，(iii)の1次関数による変換，すなわち，回転と相似変換および平行移動では，円や直線は，同じく円や直線に写されることは分かっている。よって，(ii)の分数関数 $z''=\dfrac{1}{z'}$ によっても，円や直線が，同じく円や直線に写されることが保証されれば，3つの変換の合成変換である「1次分数変換によって，円や直線は，同じく円や直線に写される」と言えるんだね。

それでは，分数関数 $z''=\dfrac{1}{z'}$ による変換について調べてみよう。z' 平面上における円と直線の方程式が，

$c_1z'\overline{z'}+\overline{\alpha}z'+\alpha\overline{z'}+c_2=0$ ……①　(α：複素定数，c_1，c_2：実定数)

となるのはいいね。(P33参照)　(i) $c_1=0$ のときは直線，(ii) $c_1\neq 0$ のときは円を表すんだった。

ここで，分数関数 $z''=\dfrac{1}{z'}$ より，$z'=\dfrac{1}{z''}$ …②となる。②を①に代入して，

$$c_1\frac{1}{z''}\overline{\left(\frac{1}{z''}\right)}+\overline{\alpha}\cdot\frac{1}{z''}+\alpha\overline{\left(\frac{1}{z''}\right)}+c_2=0$$

$$\overline{\left(\frac{1}{z''}\right)}=\frac{1}{\overline{z''}}$$

$c_1\dfrac{1}{z''}\cdot\dfrac{1}{\overline{z''}}+\overline{\alpha}\cdot\dfrac{1}{z''}+\alpha\cdot\dfrac{1}{\overline{z''}}+c_2=0$　　この両辺に $z''\overline{z''}$ をかけて，

$c_1+\overline{\alpha}\cdot\overline{z''}+\alpha\cdot z''+c_2z''\overline{z''}=0$　より，

$c_2z''\overline{z''}+\alpha\cdot z''+\overline{\alpha}\cdot\overline{z''}+c_1=0$

ここで，$\alpha=\overline{\beta}$ とおくと，$\overline{\alpha}=\overline{\overline{\beta}}=\beta$ となり，$c_2z''\overline{z''}+\overline{\beta}z''+\beta\overline{z''}+c_1=0$ となって，これが円と直線の式であることが，より鮮明になるね。

となって，z' 平面上での円や直線は分数変換後の z'' 平面上においても同じく円や直線になることが分かった。

以上より，「z 平面上の円や直線は，1次分数関数 $w=\dfrac{\alpha z+\beta}{\gamma z+\delta}$ によって，w 平面上に写されても，同じく円や直線である」ことが分かった。

これまで，“**円や直線**”という表現を使ってきたけれど，直線を半径が∞の円と考えることもできる。(実際に，リーマン球面においては平面上の直線は円に写される。)したがって，「1次分数変換により，円は円に写される」と覚えておいてもいいんだよ。

例題3　1次分数関数 $w=\dfrac{z-i}{2z+1}$ により，z 平面上の単位円 $\lvert z\rvert=1$ が w 平面上のどのような図形に写されるか調べてみよう。

この変換を模式図で描くと次のようになるね。

z 平面上　　　1次分数変換　　　w 平面上
円 $\lvert z\rvert=1$ $\xrightarrow{\;w=\frac{z-i}{2z+1}\;}$ w の関係式(円または直線)

$w=\dfrac{z-i}{2z+1}$ ……①　を変形して，

①を $w=f(z)=\dfrac{z-i}{2z+1}$ とおくと，②はこの逆関数で，$z=f^{-1}(w)=\dfrac{w+i}{-2w+1}$ と表せる。

$w(2z+1)=z-i$

$(-2w+1)z=w+i$

$\therefore\ z=\dfrac{w+i}{-2w+1}$ …②　となる。

②を，単位円 $\lvert z\rvert=1$ に代入すると，

$\left|\dfrac{w+i}{-2w+1}\right|=1\qquad \dfrac{\lvert w+i\rvert}{\lvert 2w-1\rvert}=1$

公式
・$\left|\dfrac{\alpha}{\beta}\right|=\dfrac{\lvert\alpha\rvert}{\lvert\beta\rvert}$
・$\lvert-\alpha\rvert=\lvert\alpha\rvert$
・$\lvert\alpha\rvert^2=\alpha\cdot\overline{\alpha}$ を使った。

$\lvert w+i\rvert=\lvert 2w-1\rvert$　　両辺を2乗して，

$\lvert w+i\rvert^2=\lvert 2w-1\rvert^2$

$(2w-1)\overline{(2w-1)}=(2w-1)(2\overline{w}-1)$

$(w+i)\overline{(w+i)}=(w+i)(\overline{w}-i)$

$(w+i)(\overline{w}-i)=(2w-1)(2\overline{w}-1)$

$w\overline{w}-iw+i\overline{w}-i^2=4w\overline{w}-2w-2\overline{w}+1$　　($i^2=(-1)$)

$3w\overline{w}-(2-i)w-(2+i)\overline{w}=0$

$w\overline{w}-\left(\dfrac{2-i}{3}\right)w-\left(\dfrac{2+i}{3}\right)\overline{w}=0$ ……④　　($\dfrac{2-i}{3}=\overline{\alpha}$，$\dfrac{2+i}{3}=\alpha$)

ここで，$\alpha=\dfrac{2+i}{3}$ とおくと，$\overline{\alpha}=\dfrac{2-i}{3}$，$|\alpha|^2=\alpha\cdot\overline{\alpha}=\dfrac{4-i^2}{9}=\dfrac{5}{9}$ より，（$i^2=-1$）

④は

$w\overline{w}-\overline{\alpha}w-\alpha\overline{w}=0$　　$w(\overline{w}-\overline{\alpha})-\alpha(\overline{w}-\overline{\alpha})=0+\alpha\overline{\alpha}$

$(w-\alpha)(\overline{w}-\overline{\alpha})=|\alpha|^2$　　$(w-\alpha)\overline{(w-\alpha)}=|\alpha|^2$　　$|w-\alpha|^2=|\alpha|^2$　（$\alpha=\dfrac{2+i}{3}$，$|\alpha|^2=\dfrac{5}{9}$）

$\therefore\ \left|w-\dfrac{2+i}{3}\right|=\dfrac{\sqrt{5}}{3}$

以上より，1 次分数関数 $w=\dfrac{z-i}{2z+1}$ より，z 平面上の円 $|z|=1$ は，w 平面上の円 $\left|w-\dfrac{2+i}{3}\right|=\dfrac{\sqrt{5}}{3}$ に写される。

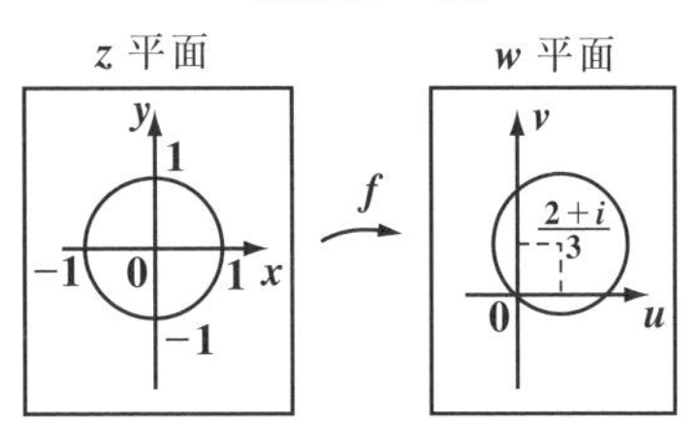

● 行列の 1 次変換との類似性について考えよう！

それでは，1 次分数関数 $w=\dfrac{\alpha z+\beta}{\gamma z+\delta}$ と行列による 1 次変換

$\begin{bmatrix} x' \\ y' \end{bmatrix}=\begin{bmatrix} \alpha & \beta \\ \gamma & \delta \end{bmatrix}\begin{bmatrix} x \\ y \end{bmatrix}$ との類似性についても解説しておこう。

たとえば，$\alpha=2$，$\beta=1$，$\gamma=1$，$\delta=-1$ のとき，

(ⅰ) $z=1+i$ を 1 次分数関数で変換すると，w は，

$$w=\frac{2z+1}{z-1}=\frac{2(1+i)+1}{1+i-1}=\frac{2i+3}{i}=\frac{2i-3i^2}{i}=2-3i \quad \text{となり，}$$

（$i^2=-1$）

(ⅱ) $\begin{bmatrix} x \\ y \end{bmatrix}=\begin{bmatrix} 1 \\ 1 \end{bmatrix}$ を，行列 $\begin{bmatrix} 2 & 1 \\ 1 & -1 \end{bmatrix}$ で変換すると，$\begin{bmatrix} x' \\ y' \end{bmatrix}$ は，

$\begin{bmatrix} x' \\ y' \end{bmatrix}=\begin{bmatrix} 2 & 1 \\ 1 & -1 \end{bmatrix}\begin{bmatrix} 1 \\ 1 \end{bmatrix}=\begin{bmatrix} 3 \\ 0 \end{bmatrix}$ となって，(ⅰ)とはまったく異なる結果になる。

よって，この 2 つの変換に何の脈絡もないように感じるかも知れないね。

でも，2 つの 1 次分数変換を，$f(z)=\dfrac{\alpha z+\beta}{\gamma z+\delta}$，$g(z)=\dfrac{\alpha' z+\beta'}{\gamma' z+\delta'}$ （$\alpha,\ \beta,\ \gamma,\ \delta,\ \alpha',\ \beta',\ \gamma',\ \delta'$：複素定数，$\alpha\delta-\beta\gamma\neq 0$，$\alpha'\delta'-\beta'\gamma'\neq 0$）とおき，この合成関数 $f(g(z))$ を $f\circ g$ とおいて調べてみると，

$$f\circ g=f(g(z))=\frac{\alpha g(z)+\beta}{\gamma g(z)+\delta}=\frac{\alpha\cdot\dfrac{\alpha'z+\beta'}{\gamma'z+\delta'}+\beta}{\gamma\cdot\dfrac{\alpha'z+\beta'}{\gamma'z+\delta'}+\delta}$$

（分子・分母に $\gamma'z+\delta'$ をかける。）

$$=\frac{\alpha(\alpha'z+\beta')+\beta(\gamma'z+\delta')}{\gamma(\alpha'z+\beta')+\delta(\gamma'z+\delta')}=\frac{(\alpha\alpha'+\beta\gamma')z+(\alpha\beta'+\beta\delta')}{(\gamma\alpha'+\delta\gamma')z+(\gamma\beta'+\delta\delta')}$$

となる。これは，$f(z)=\dfrac{\alpha z+\beta}{\gamma z+\delta}$，$g(z)=\dfrac{\alpha'z+\beta'}{\gamma'z+\delta'}$ に対応する行列をそれぞれ $A=\begin{bmatrix}\alpha&\beta\\\gamma&\delta\end{bmatrix}$，$B=\begin{bmatrix}\alpha'&\beta'\\\gamma'&\delta'\end{bmatrix}$ とおくと，合成関数 $f\circ g$ に対応する行列

$$AB=\begin{bmatrix}\alpha&\beta\\\gamma&\delta\end{bmatrix}\begin{bmatrix}\alpha'&\beta'\\\gamma'&\delta'\end{bmatrix}=\begin{bmatrix}\alpha\alpha'+\beta\gamma'&\alpha\beta'+\beta\delta'\\\gamma\alpha'+\delta\gamma'&\gamma\beta'+\delta\delta'\end{bmatrix}$$

と，ピタリと一致することが分かるだろう。

ここで，恒等変換（すべての点を同じ点に写す変換）を表す行列は，当然，単位行列 $E=\begin{bmatrix}1&0\\0&1\end{bmatrix}$ だけど，1 次分数関数で恒等変換となるものを $e(z)$ とおくと，$e(z)=z$ となるんだね。

（$w=e(z)=z$ により，z 平面上のすべての点を w 平面上の同じ点に写す。）

そして，この $e(z)=z$ は，$e(z)=\dfrac{1\cdot z+0}{0\cdot z+1}$ と書けるので，これは単位行列 $E=\begin{bmatrix}1&0\\0&1\end{bmatrix}$ と一致する。どう？　面白いだろう？

じゃ，$f(z)=\dfrac{\alpha z+\beta}{\gamma z+\delta}$ の逆変換（逆関数）$f^{-1}(z)$ がどうなるのか？知りたいところだろうね。早速やってみよう。

$w=f(z)=\dfrac{\alpha z+\beta}{\gamma z+\delta}$　を，$z=$（w の式）の形にすれば，この（w の式）が $f^{-1}(w)$ のことなんだ。よって，

$w(\gamma z+\delta)=\alpha z+\beta$　　$\gamma wz+\delta w=\alpha z+\beta$

$(-\gamma w+\alpha)z=\delta w-\beta$　より，$z=f^{-1}(w)=\dfrac{\delta w-\beta}{-\gamma w+\alpha}$ となる。これから，

$f(z)$ の逆関数 $f^{-1}(z)$ は，$f^{-1}(z)=\dfrac{\delta z-\beta}{-\gamma z+\alpha}$ となって，行列 $A=\begin{bmatrix}\alpha & \beta\\ \gamma & \delta\end{bmatrix}$ の

（α と δ を入れ替え，β と γ は符号を変える。）

逆行列 $A^{-1}=\dfrac{1}{\varDelta}\begin{bmatrix}\delta & -\beta\\ -\gamma & \alpha\end{bmatrix}$ （行列式 $\varDelta$（デルタ）$=\det A=\alpha\delta-\beta\gamma$）とは，

（α と δ を入れ替え，β と γ は符号を変える。）

係数 $\dfrac{1}{\varDelta}$ だけが異なるけれど，“α と δ を入れ替え，β と γ は符号を変える”ところは，ソックリなんだね。

そして，$A^{-1}A=AA^{-1}=E$ と同様に，$f^{-1}\circ f=f\circ f^{-1}=e$ も成り立つ。ここでは，$f^{-1}\circ f$ についてのみ示しておこう。

$$f^{-1}\circ f=f^{-1}(f(z))=\frac{\delta f(z)-\beta}{-\gamma f(z)+\alpha}=\frac{\delta\cdot\dfrac{\alpha z+\beta}{\gamma z+\delta}-\beta}{-\gamma\cdot\dfrac{\alpha z+\beta}{\gamma z+\delta}+\alpha}$$

（分子・分母に $\gamma z+\delta$ をかける。）

$$=\frac{\delta(\alpha z+\beta)-\beta(\gamma z+\delta)}{-\gamma(\alpha z+\beta)+\alpha(\gamma z+\delta)}=\frac{(\alpha\delta-\beta\gamma)z}{\alpha\delta-\beta\gamma}=z=e(z)=e$$

（ここで，分子・分母の $\varDelta$ が打ち消し合うので，$f^{-1}(z)$ には $\dfrac{1}{\varDelta}$ の係数は不要だったんだ！）

よって，$f^{-1}\circ f=e$ は成り立つんだね。

以上のことをもっと数学的にキチンと表現しようとすると，“群（ぐん）”に帰着する。だけど，これは代数学の話になるので，これ以上深入りはやめておく。

でも，たとえば，1 次分数変換 $g(z)=\dfrac{3iz-2}{(1+i)z+i}$ の逆変換 $g^{-1}(\zeta)$ を求めたかったら，$g^{-1}(\zeta)=\dfrac{i\zeta+2}{-(1+i)\zeta+3i}$ と，スグに求められるようになるんだね。

（変数は何でもいい！）

（$3i$ と i を入れ替え，-2 と $(1+i)$ は符号を変える！）

また，合成変換 $h\circ g$ についても，h と g を表す 2 次正方行列がそれぞれ X，Y と分かるので，行列の積 XY から，1 次分数変換 $h\circ g$ の各係数も簡単に求められる。便利だから，是非マスターしておこう。

演習問題 5　●1次分数変換●

次の問いに答えよ。ただし，いずれも拡張された複素数平面で考えることにする。

(1) z 平面上の直線 $\mathrm{Im}(z)=\dfrac{1}{2}$ が，$w=\dfrac{1}{z}$ により，w 平面上の円 $|w+i|=1$ に写されることを示せ。

(2) (1) の結果を用いて，z 平面上の範囲 $\mathrm{Im}(z)>0$ を w 平面上の単位円の内部 $|w|<1$ に写す1次分数関数 $w=f(z)$ を求めよ。

ヒント！ (1) は，実践問題4の復習だね。スムーズに結果を出してくれ。(2) は z 平面において実軸の上側の範囲を，w 平面上の $|w|<1$ に写すには，まず，$z'=z+\dfrac{1}{2}i$ より，境界線(実軸)を上に上げ，$z''=\dfrac{1}{z}$ によって中心 $-i$，半径1の円の内部に写し，…… という要領で考えていけばいいんだよ。

解答＆解説

(1) $z=x+iy$ (x, y：実数) とおくと，$\overline{z}=x-iy$ より，（y：虚部 $\mathrm{Im}(z)$）

直線 $\mathrm{Im}(z)=\dfrac{1}{2}$，すなわち $y=\dfrac{1}{2}$ は，

$\dfrac{z-\overline{z}}{2i}=\dfrac{1}{2}$　　$\therefore z-\overline{z}=i$ …①と表せる。

分数関数 $w=\dfrac{1}{z}$ より，$z=\dfrac{1}{w}$ …② として，②を①に代入すると，

$\dfrac{1}{w}-\overline{\left(\dfrac{1}{w}\right)}=i$　　$\dfrac{1}{w}-\dfrac{1}{\overline{w}}=i$　　両辺に $w\overline{w}$ をかけて，

$\overline{w}-w=iw\overline{w}$　　両辺を i で割って，

$w\overline{w}+\dfrac{1}{i}w-\dfrac{1}{i}\overline{w}=0$　　$w\overline{w}-iw+i\overline{w}=0$

$w(\overline{w}-i)+i(\overline{w}-i)=0-i^2$

$(w+i)\overline{(w+i)}=1$

$|w+i|^2=1$　　$\therefore |w+i|=1$

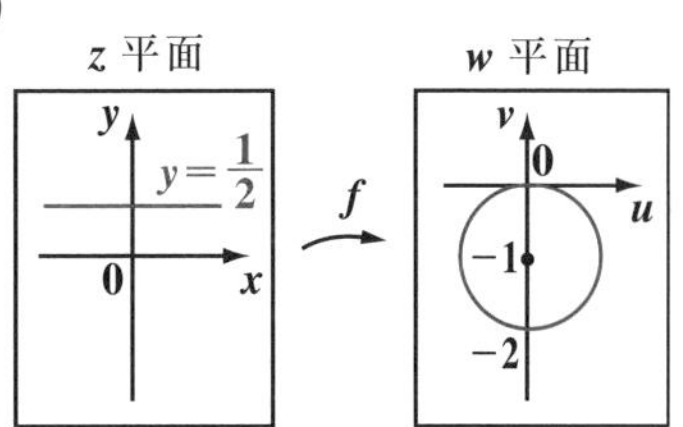

よって，$w=\frac{1}{z}$ により，z 平面上の直線 $\mathrm{Im}(z)=\frac{1}{2}$ は，w 平面上の円 $|w+i|=1$ に写される。

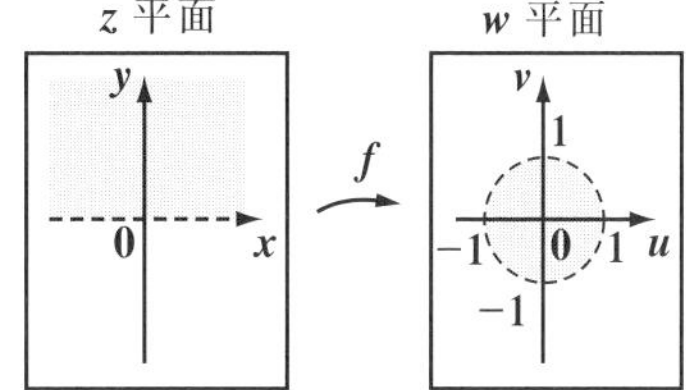

(2) z 平面上の範囲 $\mathrm{Im}(z)>0$ を，w 平面上の単位円の内部 $|w|<1$ に写すためには，**(1)** の結果を用いて，次の **3** つの段階を踏めばよい。

(ⅰ) $z'=z+\frac{i}{2}$ …①により，

与えられた範囲を $\frac{i}{2}$ だけ上方に平行移動する。

(ⅱ) $z''=\frac{1}{z'}$ …②により，

(ⅰ)の範囲を，中心 $-i$，半径 **1** の円の内部に写す。←(**(1)** の結果より)

(ⅲ) $w=z''+i$ …③により，

(ⅱ)の円の内部の範囲を i だけ上方に平行移動する。

以上(ⅰ)(ⅱ)(ⅲ)の **3** つのステップの模式図を下に示す。

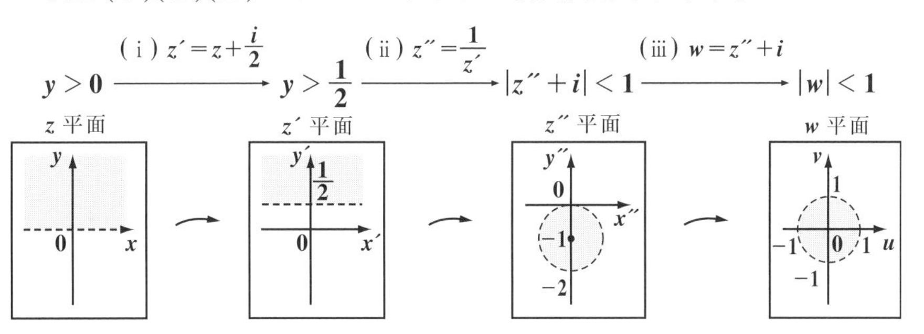

よって，(ⅰ)(ⅱ)(ⅲ)を逆にたどって $w=f(z)$ を求めると，

③より，$w=z''+i$

$$=\frac{1}{z'}+i \quad (\text{②より})$$

$$=\frac{1}{z+\frac{i}{2}}+i \quad (\text{①より})$$

$$w = \frac{1}{z+\frac{i}{2}} + i = \frac{2}{2z+i} + i$$

$$= \frac{2+i(2z+i)}{2z+i} = \frac{2iz+1}{2z+i}$$

∴求める１次分数関数 $f(z)$ は，$f(z) = \frac{2iz+1}{2z+i}$ である。

参考

実際に $w = f(z) = \frac{2iz+1}{2z+i}$ ……㋐により，

z 平面上の領域 $\mathrm{Im}(z) > 0$，すなわち $\frac{z-\bar{z}}{2i} > 0$ ……㋑が

（$\mathrm{Im}(z) = y = \frac{z-\bar{z}}{2i}$）

w 平面上の領域 $|w| < 1$ …㋒に写されることを確認しておこう。

㋑の両辺に正の数 **2** をかけて，

$$\frac{z-\bar{z}}{i} > 0 \quad \cdots\cdots ㋑'$$

この両辺に i は絶対かけてはダメ！　㋑の左辺は i で割ることによって実数となり，実数であるからこそ **0** より大や小などの大小関係を持ち得るからだ。(虚数には大小関係がないこと，よって，正・負もないことを肝に銘じておこう！)

㋐を変形して，逆関数 $z = f^{-1}(w)$ を求めると，

$$z = f^{-1}(w) = \frac{iw-1}{-2w+2i} \quad \cdots\cdots ㋐'$$

$2i$ と i を入れ替え，**1** と **2** は符号を変える。

行列による１次変換との類似性

㋐' を㋑' に代入して，

$$\frac{1}{i}\left\{\frac{iw-1}{-2w+2i}-\overline{\left(\frac{iw-1}{-2w+2i}\right)}\right\}>0$$

これを変形して，$|w|<1$ が導ければオシマイだ！

$$\frac{\overline{i}\cdot\overline{w}-\overline{1}}{\overline{-2}\cdot\overline{w}+\overline{2i}}=\frac{-i\overline{w}-1}{-2\overline{w}-2i}$$

$$\frac{1}{i}\left(\frac{iw-1}{-2w+2i}-\frac{-i\overline{w}-1}{\overline{-2w+2i}}\right)>0$$

$$\frac{1}{i}\cdot\frac{(iw-1)(-2\overline{w}-2i)-(-i\overline{w}-1)(-2w+2i)}{(-2w+2i)\overline{(-2w+2i)}}>0$$

$|-2w+2i|^2$ ← 正の実数だから，両辺にかけていい！

$$\frac{1}{i}\{-2iw\overline{w}-2i^2w+2\overline{w}+2i-(2iw\overline{w}-2i^2\overline{w}+2w-2i)\}>0$$

（$-2i^2w=+2w$，$-2i^2\overline{w}=+2\overline{w}$）

$$\frac{-4iw\overline{w}+4i}{i}>0$$

ようやく i で割り切れて，左辺の実数が明らかになった！

$-4w\overline{w}+4>0$　　両辺を 4 で割って，

$-w\overline{w}+1>0$　　$|w|^2<1$

（$w\overline{w}=|w|^2$）

$\therefore\ |w|<1$ が導けた！

結構計算が大変だったけれど，非常によい練習になったはずだ。今回は，解説が長くなったので，実践問題を設けなかったけれど，この演習問題を繰り返し練習すれば，間違いなく本物の実力が身に付くはずだ。頑張ってくれ！

§3. 指数関数，対数関数，ベキ関数

これから"**指数関数**" $w = e^z$，"**対数関数**" $w = \log z$ (または $w = \ln z$)，"**ベキ関数**" $w = z^\alpha$ について解説していこう。これまで，複素数を極形式で表す際に，"**オイラーの公式**" $e^{i\theta} = \cos\theta + i\sin\theta$ を用いてきたけれど，今回，指数関数を定義することにより，この公式も再定義されることになる。

また，実関数と複素関数を区別して表したいときは，特に，実指数関数 $y = e^x$ に対して複素指数関数 $w = e^z$ と，実対数関数 $y = \log x$ に対して複素対数関数 $w = \log z$ と，そして実ベキ関数 $y = x^a$ に対して複素ベキ関数 $w = z^\alpha$ と呼ぶことにしよう。

● 指数関数 $w = e^z$ を定義しよう！

複素関数の中でも頻出の"**指数関数**" $w = e^z$ は特に頻出の関数なんだけれど，この定義をまず下に示そう。

指数関数 $w = e^z$

複素数 $z = x + iy$ (x，y：実数) に対して，e (ネイピア数) の z 乗を次のように定義する。

$$e^z = e^{x+iy} = e^x(\cos y + i\sin y)$$

(i) $x = 0$ のとき，$e^z = e^{iy} = \cos y + i\sin y$ となって，"**オイラーの公式**" が導ける。

(ii) $y = 0$ のとき，$e^z = e^x$ となって，実指数関数が導ける。

これまでにも"**オイラーの公式**" $e^{i\theta} = \cos\theta + i\sin\theta$ は頻繁に使ってきたけれど，実指数関数 e^x をマクローリン展開したものに，$x = i\theta$ と純虚数を代入することに疑問をもたれた読者も多いと思う。でも，今回は e^z ($z = x + iy$) を，上に示したように定義することにより，(i) この $x = 0$ の特別な場合として，オイラーの公式が導かれるので，ここで正式にこの公式も市民権を得たことになるんだね。

よって，$|z| = r$，$\arg z = \theta$ のとき，複素数 z は，定義から，極形式として

$z = re^{i\theta}$ $[= r(\cos\theta + i\sin\theta)]$ と表すことができる。

また，(ii) $y = 0$ のときは，複素指数関数 e^z は実指数関数 e^x となるので，

e^z は実指数関数 e^x を拡張したものであることも分かるね。でも，e^z は e^x とは全く異なる性質を持っているので注意しよう。

それでは，複素指数関数 e^z の性質を以下にまとめて示しておこう。

e^z の性質

(1) $e^{z_1}e^{z_2}=e^{z_1+z_2}$　　(2) $\dfrac{e^{z_1}}{e^{z_2}}=e^{z_1-z_2}$　　(3) $(e^{z_1})^n=e^{nz_1}$

(4) $|e^{i\theta}|=1$　　(5) $e^{2n\pi i}=1$　　(6) $e^{z_1+2n\pi i}=e^{z_1}$

(ただし，z_1，z_2：複素数，n：整数，θ：実数)

$z_1=x_1+iy_1$, $z_2=x_2+iy_2$ (x_1, y_1, x_2, y_2:実数) とおいて，(1), (2), (3) は証明できる。ここでは，(1) のみ示しておく。(2), (3) は自分でチャレンジしてごらん。

(1) $e^{z_1}e^{z_2}=e^{x_1+iy_1}\cdot e^{x_2+iy_2}=e^{x_1}(\cos y_1+i\sin y_1)e^{x_2}(\cos y_2+i\sin y_2)$ ← 定義より

$=\underbrace{e^{x_1}e^{x_2}}_{e^{x_1+x_2}}\underbrace{(\cos y_1+i\sin y_1)(\cos y_2+i\sin y_2)}_{\cos(y_1+y_2)+i\sin(y_1+y_2)}$ ← 計算してまとめたもの

$=e^{x_1+x_2}\{\cos(y_1+y_2)+i\sin(y_1+y_2)\}$

$=e^{x_1+x_2+i(y_1+y_2)}=e^{(x_1+iy_1)+(x_2+iy_2)}=e^{z_1+z_2}$　となる。

(4) $e^{i\theta}=\cos\theta+i\sin\theta$ より，$|e^{i\theta}|=\sqrt{\cos^2\theta+\sin^2\theta}=1$　となるのもいいね。

(5) $e^{2n\pi i}=\cos 2n\pi+i\sin 2n\pi=\underbrace{\cos 0}_{1}+i\underbrace{\sin 0}_{0}=1$　となる。

(6) (1)(5) より，$e^{z_1+2n\pi i}=e^{z_1}\cdot\underbrace{e^{2n\pi i}}_{1}=e^{z_1}$　となるんだね。

実指数関数 $y=e^x$ は単調増加の関数だったけれど，複素指数関数 $w=e^z$ は，(6) の性質より $w=e^z=e^{z+2n\pi i}$ となるので，周期 $2\pi i$ の周期関数であることに気を付けよう。

それでは，計算問題で練習しておこう。みんなチャレンジしてごらん。

例題 1　次の値を求めよう。

(1) $e^{\pi i}$　　(2) $e^{2-\frac{\pi}{2}i}$　　(3) $e^{\frac{\pi}{2}+i}$

(1) $e^{\pi i}=\underbrace{\cos\pi}_{-1}+i\underbrace{\sin\pi}_{0}=-1$ ← $e^{i\theta}=\cos\theta+i\sin\theta$

(2) $e^{2-\frac{\pi}{2}i}=e^2\left\{\cos\left(-\frac{\pi}{2}\right)+i\sin\left(-\frac{\pi}{2}\right)\right\}=-ie^2$ ← $e^{x+iy}=e^x(\cos y+i\sin y)$

（$\cos\left(-\frac{\pi}{2}\right)$ は 0，$\sin\left(-\frac{\pi}{2}\right)$ は -1）

(3) $e^{\frac{\pi}{2}+i}=e^{\frac{\pi}{2}}(\cos 1+i\sin 1)$ ← $e^{x+iy}=e^x(\cos y+i\sin y)$

それでは，次の例題も解いてごらん。

例題 2　次の方程式をみたすような z を求めよう。

(1) $e^z=1$　　　　(2) $e^z=-e$

$z=x+iy$ のとき，$e^z=e^x(\cos y+i\sin y)$ は，$|e^z|=e^x$，$\arg e^z=y$ の極形式の式でもあるんだね。よって，(1) $|e^z|=1$（e^0）より，$z=0+iy$，(2) $|e^z|=e^1$ より，$z=1+iy$ となる。このように，z の実部はすぐ分かるんだ。

（e^x は $|e^z|$，y は $\arg e^z$）

(1) $e^z=1$ をみたす z は，$|e^z|=1$ より，$z=0+iy$

よって，$e^z=e^{iy}=\cos y+i\sin y=1$ ← $y=0$ が解ということは，$y=0+2n\pi$ (n：整数) も解だ。

（y は 0，y は 0）

$\therefore\ y=2n\pi$ より，$z=2n\pi i$　(n：整数) となる。

(2) $e^z=-e$，$|e^z|=|-e|=e$ より，$z=1+iy$

よって，$e^{1+iy}=e^1(\cos y+i\sin y)=e(-1)$ ← $y=\pi$ が解ということは，$y=\pi+2n\pi$ (n：整数) も解だ。

（y は π，y は π）

$\therefore\ y=(2n+1)\pi$ より，$z=1+(2n+1)\pi i$　(n：整数) となる。

例題 3　$z=re^{i\theta}$ のとき，次の値を求めよう。

(1) $|e^z|$　　　　(2) $|e^{iz}|$

x_1，y_1 が実数のとき，$|e^{x_1+iy_1}|=e^{x_1}$ となるのは分かる？ 何故なら，$|e^{iy_1}|=1$ だから，$|e^{x_1+iy_1}|=|e^{x_1}\cdot e^{iy_1}|=|e^{x_1}|\cdot|e^{iy_1}|=e^{x_1}$ となるからだ。

（$|e^{x_1}|$ は ⊕の実数，$|e^{iy_1}|$ は 1）

それじゃ，この要領で (1)，(2) を解いてみよう。

(1) $|e^z|=|e^{re^{i\theta}}|=|e^{r(\cos\theta+i\sin\theta)}|=|e^{r\cos\theta}||e^{ir\sin\theta}|=e^{r\cos\theta}$

（$r\cos\theta$，$r\sin\theta$ は実数；$|e^{r\cos\theta}|$ は ⊕の実数，$|e^{ir\sin\theta}|$ は 1）

(2) $|e^{iz}|=|e^{ire^{i\theta}}|=|e^{ir(\cos\theta+i\sin\theta)}|=|e^{ir\cos\theta-r\sin\theta}|=|e^{ir\cos\theta}||e^{-r\sin\theta}|=e^{-r\sin\theta}$ となる。

（$|e^{ir\cos\theta}|$ は 1，$|e^{-r\sin\theta}|$ は ⊕の実数）

● 指数関数 $w=e^z$ の対応関係を調べてみよう！

指数関数 $w=f(z)=e^z$ に対して，$z=x+iy$，$w=u+iv$ （x，y，u，v：実数）とおくと，

$$w=\underline{u}+i\underline{v}=e^{x+iy}=e^x(\cos y+i\sin y)=\underbrace{e^x\cos y}_{u}+i\underbrace{e^x\sin y}_{v}$$ より，

$$\begin{cases} u=e^x\cos y \\ v=e^x\sin y \end{cases} \cdots①$$

円の媒介変数表示
$\begin{cases} u=r\cos\theta \\ v=r\sin\theta \end{cases}$ と考える。
$r=e^x$，$\theta=y$ だ。

図1 $w=e^z$ のイメージ（Ⅰ）

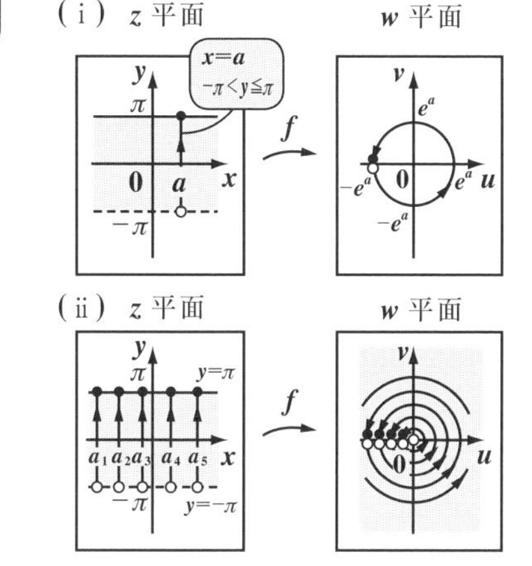

よって，$x=a$（実定数）とおき，y を $-\pi<y\leqq\pi$ の範囲で動かすと，①より図1（ⅰ）に示すように，z 平面上の線分 $x=a$ $(-\pi<y\leqq\pi)$ は，w 平面上では半径 e^a (>0) の原点 $\mathbf{0}$ を中心とする円に写される。ここで，a の値を，図1（ⅱ）のように，…，a_1，a_2，a_3，a_4，a_5，…のように変えると，これらの線分はそれぞれ w 平面上の原点 $\mathbf{0}$ を中心とする半径…，e^{a_1}，e^{a_2}，e^{a_3}，e^{a_4}，e^{a_5}，…の円に写される。ここで，a $(=x)$ の値を $-\infty$ にすると，$e^a\to 0$ となって半径が 0 の円に収束するけれど，a の値を $+\infty$ にすると，$e^a\to+\infty$ となって半径が ∞ の円に対応する。よって，指数関数では，z 平面上の無限遠点 ∞ が w 平面上の原点 $\mathbf{0}$ に対応すると言うことはできない。常に $e^a>0$ だから，w 平面上の原点 $\mathbf{0}$ のみには写すことができない。この w 平面上の原点 $\mathbf{0}$ を “**除外点**（じょがいてん）” ということも覚えておこう。

以上より，z 平面上の帯状の範囲 $(-\infty<x<\infty,\ -\pi<y\leqq\pi)$ 上の点は w 平面上の除外点 $\mathbf{0}$ を除くすべての点に写される。

指数関数 $w=e^z$ は，n を整数とすると $e^{2n\pi i}=1$ より，
$w=e^z=e^{z+2n\pi i}$ $(n=0,\ \pm1,\ \pm2,\ \cdots)$ をみたす。 ← $w=e^z$ は，周期 $2\pi i$ の周期関数だ。

よって，z 平面上の点 $z_1=x_1+iy_1$ $(-\pi<y_1\leqq\pi)$ が w 平面上の点 w_1 に写されるとするならば，$z_1+2n\pi i=x_1+i(y_1+2n\pi)$ $(n=0,\ \pm1,\ \pm2,\ \cdots)$ もすべて同じ点 w_1 に写されることになる。

つまり，指数関数 $w = e^z$ は，図 **2** に示すように，

“　多　対　1　”
(z 平面)　(w 平面)

の写像になっていることに気を付けよう。

それでは，次の例題を解いてごらん。

図 **2** $w = e^z$ のイメージ(Ⅱ)

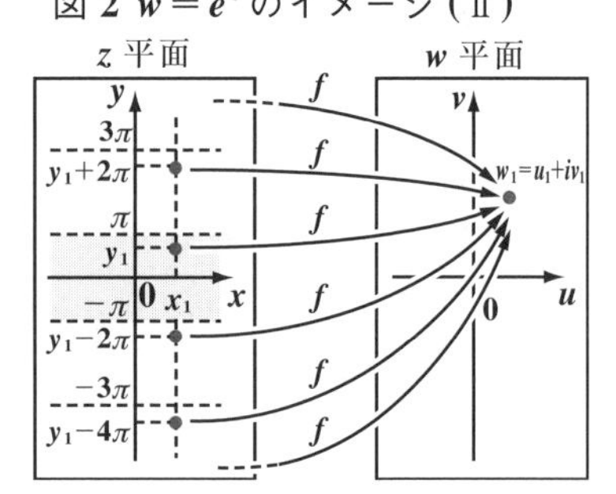

例題 4　$w = e^z$ により，z 平面上の帯状の範囲 $\left(-\infty < x < \infty,\ -\dfrac{\pi}{3} \leqq y \leqq 0\right)$ が w 平面上のどんな範囲に写されるか調べてみよう。

$z = x + iy$，$w = u + iv$ とおくと，

$$\begin{cases} u = e^x \cos y \\ v = e^x \sin y \end{cases} \quad \cdots\cdots①$$

となる。 ← $w = u + iv = e^{x+iy} = e^x e^{iy} = e^x(\cos y + i \sin y)$ だからね。

$y = \theta$ (一定) のとき，①より，

$$\begin{cases} u = e^x \cos\theta & \cdots ㋐ \\ v = e^x \sin\theta & \cdots ㋑ \end{cases}$$

となる。ここで，$\cos\theta \neq 0$ として，㋑ ÷ ㋐を求めると，

$$\frac{v}{u} = \frac{\cancel{e^x}\sin\theta}{\cancel{e^x}\cos\theta} \qquad \frac{v}{u} = \tan\theta$$

（これを m とおく。）

$\therefore\ v = mu \quad \cdots\cdots ㋒ \quad (m = \tan\theta)$

常に $e^x > 0$ より，㋒は傾き m の，原点 (除外点) から外側に伸びる放射状の半直線を表す。よって，

・$y = 0$ のとき，㋒より，
　$v = 0\ (u > 0)$ に写され，

・$y = -\dfrac{\pi}{3}$ のとき，㋒より，
　$v = -\sqrt{3}u\ (u > 0)$ に写される。

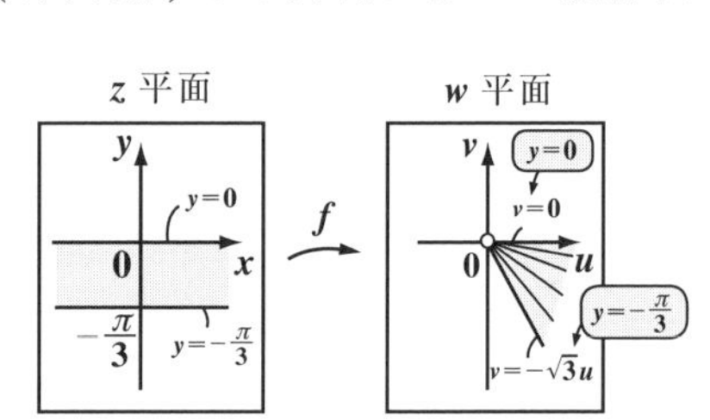

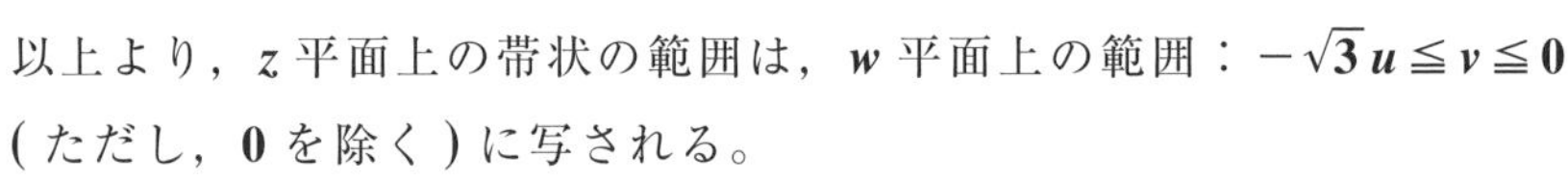
以上より，z 平面上の帯状の範囲は，w 平面上の範囲：$-\sqrt{3}u \leqq v \leqq 0$ (ただし，0 を除く) に写される。

これで，指数関数にも慣れただろう？

● 複素数の対数を定義しよう！

複素数 z についても，その“自然対数(しぜんたいすう)”を次のように定義する。

対数関数 $w = \log z$

> 2つの複素数 z，w について，$z = e^w$ の関係があるとき，
> $w = \log z$ (ただし，$z \neq 0$) と表し， ←（“$\log z$”を“$\ln z$”と表してもいい。）
> この $\log z$ を，複素数 z の“**自然対数**”と呼ぶ。

$z = r \cdot e^{i\theta}$ …① （$e^{i\theta} = (\cos\theta + i\sin\theta)$） のとき，この自然対数 $\log z$，すなわち w がどのように表されるのかを考えてみよう。

まず，$w = \log z = u + iv$ ……② (u，v：実数) とおく。

そして，①と②を $z = e^w$ に代入すると，

$$r \cdot e^{i\theta} = e^{u+iv} = e^u \cdot e^{iv}$$

よって，$e^u = r$ ……③　　$e^{iv} = e^{i\theta}$ ……④　となる。

③より，$u = \log r$ ……③′　となる。←（実自然対数の定義からこうなる。）

④より，$e^{iv} = e^{i\theta} = e^{i\theta + 2n\pi i} = e^{i(\theta + 2n\pi)}$　(n：整数)　（指数関数の周期性）

$\therefore v = \theta + 2n\pi$ ……④′ (n：整数) となる。

以上③′，④′を②に代入すると，

$z = re^{i\theta}$ のとき，$\log z = \underbrace{\log r}_{u} + i\underbrace{(\theta + 2n\pi)}_{v}$ となる。これも，まとめて下に示そう。

対数の定義

> $z = re^{i\theta}$ $(r > 0)$ のとき，
> $\log z = \log r + i(\theta + 2n\pi)$　($n = 0$，± 1，± 2，…) となる。

この定義から，1つの複素数 $z = re^{i\theta}$ に対して，その自然対数 $\log z$ は，

$\log z = \log r + i\theta$，$\log r + i(\theta \pm 2\pi)$，$\log r + i(\theta \pm 4\pi)$，…などなど，無数の値が対応する。（順に $n = 0$ のとき，$n = \pm 1$ のとき，$n = \pm 2$ のとき）したがって，偏角 $\arg z = \theta + 2n\pi$ を特に，$-\pi < \arg z \leqq \pi$ の範囲に制限した，$\log z$ の1つの値を“**主値(しゅち)**”といい，$\mathrm{Log}\, z$ で表すことにする。（大文字のL）

これから，$z=re^{i\theta}$（または，$z=re^{i(\theta+2n\pi)}$）$(-\pi<\theta\leqq\pi)$ のとき，

$$\begin{cases}\cdot\text{自然対数}\ \log z=\log r+i(\theta+2n\pi)\quad (n：\text{整数})\\ \cdot\text{その主値}\ \mathrm{Log}\,z=\log r+i\theta\end{cases}$$

となるんだね。← $n=0$ のときの1つの値

それでは，対数計算も慣れるのが一番だ！ 次の例題で練習しよう。

例題5 次の各複素数の自然対数とその主値を求めよう。

(1) $z_1=-1+\sqrt{3}i$ (2) $z_2=1$ (3) $z_3=e$ (4) $z_4=-i$

(1) $|z_1|=r_1$，$\arg z_1=\theta_1$ $(-\pi<\theta_1\leqq\pi)$ とおくと，

$r_1=2$，$\theta_1=\frac{2}{3}\pi$ より，$z_1=2\cdot e^{i\frac{2}{3}\pi}$ となる。よって，

（対数計算では，まず，極形式にすることがポイントだ！）

$$\begin{cases}\cdot\log z_1=\log(-1+\sqrt{3}i)=\log 2e^{i\frac{2}{3}\pi}=\log 2+i\left(\frac{2}{3}\pi+2n\pi\right)\\ \qquad=\log 2+\frac{6n+2}{3}\pi i\quad (n：\text{整数})\\ \cdot\mathrm{Log}\,z_1=\mathrm{Log}(-1+\sqrt{3}i)=\log 2+\frac{2}{3}\pi i\end{cases}$$

（$-\pi<\theta_1\leqq\pi$ のとき，$n=0$ のとき，主値となる。）

(2) $|z_2|=r_2$，$\arg z_2=\theta_2$ $(-\pi<\theta_2\leqq\pi)$ とおくと，

$r_2=1$，$\theta_2=0$ より，$z_2=1=1\cdot e^{i0}$ となる。よって，

$$\begin{cases}\cdot\log z_2=\underbrace{\log 1}_{\text{複素数の対数}}=\log 1e^{i0}=\underbrace{\log 1}_{0\ (\text{実数の対数})}+i(0+2n\pi)=2n\pi i\quad (n：\text{整数})\\ \cdot\mathrm{Log}\,z_2=\mathrm{Log}\,1=0\end{cases}$$

（実数の対数 $\log 1=0$ だけど，複素数の対数 $\log 1=2n\pi i$ $(n=0,\ \pm1,\ \cdots)$ となるんだね。また，主値 $\mathrm{Log}\,1$ は，実数の対数 $\log 1$ と同じになる！）

(3) $|z_3|=r_3$，$\arg z_3=\theta_3$ $(-\pi<\theta_3\leqq\pi)$ とおくと，

$r_3=e$，$\theta_3=0$ より，$z_3=e=e\cdot e^{i0}$ となる。

よって，

$$\begin{cases}\cdot\log z_3=\underbrace{\log e}_{\text{複素数の対数}}=\log e\cdot e^{i0}=\underbrace{\log e}_{1\ (\text{実数の対数})}+i(0+2n\pi)=1+2n\pi i\quad (n：\text{整数})\\ \cdot\mathrm{Log}\,z_3=\mathrm{Log}\,e=1\end{cases}$$

← 実数の対数 $\log e=1$ と同じ。

(4) $|z_4| = r_4$，$\arg z_4 = \theta_4 \ (-\pi < \theta_4 \leqq \pi)$ とおくと，

$r_4 = 1$，$\theta_4 = -\dfrac{\pi}{2}$ より，$z_4 = -i = 1 \cdot e^{i\left(-\frac{\pi}{2}\right)}$ となる。

よって，

$$\cdot \ \log z_4 = \log(-i) = \log 1 \cdot e^{-\frac{\pi}{2}i} = \underline{\log 1} + \left(-\frac{\pi}{2} + 2n\pi\right)i$$

0（実数の対数）

$$= \frac{4n-1}{2}\pi i \quad (n：整数)$$

$$\cdot \ \mathrm{Log}\, z_4 = \mathrm{Log}(-i) = -\frac{\pi}{2}i \quad となる。$$

これで複素数の対数計算にも慣れたはずだ。

それでは対数法則についても下に示す。実数の対数計算の公式と同じだね。

対数法則

共に 0 でない 2 つの複素数 z_1，z_2 に対して，次の公式が成り立つ。

(1) $\log z_1 z_2 = \log z_1 + \log z_2$　　(2) $\log \dfrac{z_1}{z_2} = \log z_1 - \log z_2$

(1) を証明してみよう。

$\log z_1 = w_1$，$\log z_2 = w_2$ とおくと，対数の定義より，

$z_1 = e^{w_1}$，$z_2 = e^{w_2}$ となる。よって，この 2 つの積を求めると，

$z_1 z_2 = e^{w_1} \cdot e^{w_2} = e^{w_1 + w_2}$ より，

$\log z_1 z_2 = \underline{w_1} + \underline{w_2}$

（$w_1 = \log z_1$，$w_2 = \log z_2$）

定義 $z = e^w \Longleftrightarrow \log z = w$ を使った。
$(z = z_1 z_2,\ w = w_1 + w_2)$

$\therefore \ \log z_1 z_2 = \log z_1 + \log z_2$ は成り立つ。

(2) も同様に証明できるから，自分でやってみてごらん。

それでは，実数の対数計算で成り立つ公式 $\log \alpha^n = n \log \alpha$ はどうだろうか？ 残念ながら，これは成り立たない。例として，$\log(-1)^2 \neq 2\log(-1)$ となることを示そう。

$$\cdot \ \log(-1)^2 = \log \underline{1} = \underline{\log 1} + i(0 + 2n\pi) = 2n\pi i$$

（$1 = 1 \cdot e^{i0}$，$\log 1 = 0$）

$$= \cdots,\ -4\pi i,\ -2\pi i,\ 0,\ 2\pi i,\ 4\pi i,\ \cdots \quad となる。$$

$n=-2$　$n=-1$　$n=0$　$n=1$　$n=2$ のとき…

これに対して，

$$\cdot\ 2\cdot\log(\underbrace{-1}_{1\cdot e^{i\pi}})=2\{\underbrace{\log 1}_{0}+i(\pi+2n\pi)\}=(4n+2)\pi i$$

$=\cdots,\ -6\pi i,\ -2\pi i,\ 2\pi i,\ 6\pi i,\ 10\pi i,\ \cdots$ となるので，
（$n=-2$）（$n=-1$）（$n=0$）（$n=1$）（$n=2$ のとき…）

明らかに，$\log(-1)^2\neq 2\cdot\log(-1)$ となる。これから一般に $\log\alpha^n\neq n\log\alpha$ であることも覚えておこう。

● 対数関数 $w=\log z$ は多価関数だ！

一般の対数関数 $w=\log z$ を解説する前に，主値の対数関数 $w=f(z)=\mathrm{Log}\,z$ について調べてみよう。

$w=u+iv$，$z=re^{i\theta}$ $(r>0,\ -\pi<\theta\leqq\pi)$ とおくと，

$w=u+iv=\mathrm{Log}\,re^{i\theta}=\log r+i\theta$ $(-\pi<\theta\leqq\pi)$ となる。

これから，

$$\begin{cases}u=\log r\\ v=\theta\quad(-\pi<\theta\leqq\pi)\end{cases}\quad\cdots\cdots①$$

となる。（主値だからね。）

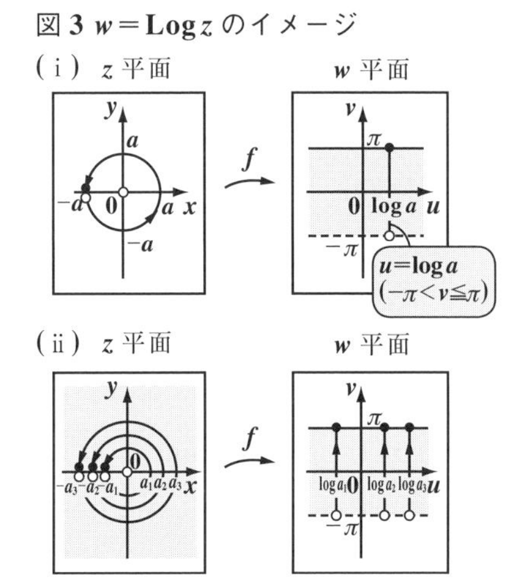

図 3 $w=\mathrm{Log}\,z$ のイメージ

ここで，$r=a$（正の定数）とおいて，θ を $-\pi<\theta\leqq\pi$ の範囲で動かすと，図 3（i）に示すように，z 平面上で点 z は半径 a の円を描く。

このとき①は，

$$\begin{cases}u=\log a\\ v=\theta\quad(-\pi<\theta\leqq\pi)\end{cases}$$

となるので，z 平面上のこの円は，w 平面上の線分 $u=\log a$ $(-\pi<v\leqq\pi)$ に写される。

ここで，図 3（ii）に示すように，r の値を $\cdots$，a_1，a_2，a_3，$\cdots$ と変化させて z 平面上に同様の円を描くと，これらは w 平面上では $\cdots$，$u=\log a_1$ $(-\pi<v\leqq\pi)$，$u=\log a_2$ $(-\pi<v\leqq\pi)$，$u=\log a_3$ $(-\pi<v\leqq\pi)$，$\cdots$ と線分になる。よって，$a>0$ の範囲で a の値を連続的に変化させると，原点 0

を除く z 平面上のすべての点が，w 平面上の帯状の範囲 $-\pi < v \leqq \pi$ $(-\infty < u < \infty)$ に写されることが分かるはずだ。これは“**1 対 1**”の対応関係で，指数関数 $w = e^z$ の対応関係を表した図 **1**（i)(ii）**(P77)** とまったく逆の関係になっていることが分かるね。

それでは次，主値ではなく一般の対数関数

$w = f(z) = \log z$ について考えよう。

$w = u + iv$，$z = re^{i\theta}$　$(r > 0,\ -\pi < \theta \leqq \pi)$ とおくと，

$w = \underset{\sim}{u} + i\underline{\underline{v}} = \log re^{i\theta} = \underset{\sim\sim}{\log r} + \underline{\underline{(\theta + 2n\pi)}}i$　$(n = 0,\ \pm 1,\ \pm 2,\ \cdots)$ となるんだった。よって，

$$\begin{cases} u = \log r \\ v = \theta + 2n\pi \quad (-\pi < \theta \leqq \pi,\ n：整数) \end{cases} \cdots\cdots②$$　となる。

ここに注意。

よって，z 平面上の点 $z_1 = r_1 e^{i\theta_1}$

$z_1 = x_1 + iy_1$ とおくと，$x_1 = r_1\cos\theta_1$，$y_1 = r_1\sin\theta_1$ となる。

が写される w 平面上の点は図 **4** に示すように，

$w_1 = \log r_1 + i\theta_1$ ← これは主値 $n = 0$ のとき。

だけでなく，

…………………………

$w_1' = \log r_1 + (\theta_1 + 4\pi)i$ ← $n = 2$

$w_1'' = \log r_1 + (\theta_1 + 2\pi)i$ ← $n = 1$

$w_1''' = \log r_1 + (\theta_1 - 2\pi)i$ ← $n = -1$

$w_1'''' = \log r_1 + (\theta_1 - 4\pi)i$ ← $n = -2$

…………………………

図 **4** $w = \log z$ のイメージ

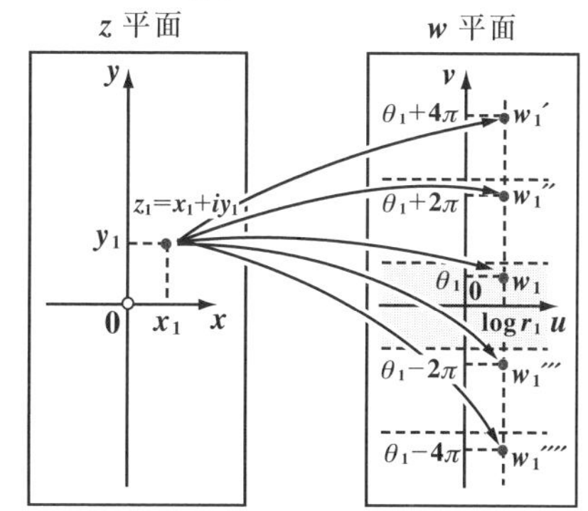

と，無数に存在する。このように，一般の対数関数 $w = \log z$ $(z \neq 0)$ は，“　**1**　**対**　**多**　”の写像であり，
　　　　　　　　　　　　　　　　　　　　（z 平面）（w 平面）

1 つの z の値に対して，複数の w の値が対応するので，これを一般に“**多価関数**（たかかんすう）”ということも覚えておこう。特に対数関数では，**1** つの z に対して無数の w が対応するので，これを“**無限多価関数**”という。図 **4** と図 **2** **(P78)** は，逆の対応関係になっていることにも気を付けよう。

● 複素数のベキ乗にもチャレンジしよう！

複素数のベキ乗について，まず下にその定義を示そう。

複素数のベキ乗

2つの複素数 α，β $(\alpha \neq 0)$ について，

$\alpha^\beta = e^{\beta\log\alpha}$ と定義する。

ここで，$\alpha = re^{i\theta}$ $(-\pi < \theta \leqq \pi)$ とすると，

$\alpha^\beta = e^{\beta\{\log r + i(\theta + 2n\pi)\}}$ となる。

($\log\alpha$ の主値 $\mathrm{Log}\,\alpha$ をとれば，$\alpha^\beta = e^{\beta(\log r + i\theta)}$ となる)

この定義は，実数 a，b $(a > 0)$ のとき成り立つ公式 $a^b = e^{\log a^b} = e^{b\log a}$ を複素数にまで拡張したものだ！

この公式を使えば，$i^i = e^{-\frac{\pi}{2}}$（主値）や $\sqrt{1} = \pm 1$ など，実数のときの常識では考えられなかった結果が導かれる。初めは頭が混乱するかも知れないけれど，次の例題で慣れていくはずだ。頑張ろう！

例題 6　次の計算をしてみよう。

(1) i^i　　(2) $\sqrt{1}$　　(3) $8^{\frac{1}{3}}$

(1) $i^i = e^{i\log i}$ ← $\alpha^\beta = e^{\beta\log\alpha}$ を使った。

（$i = 1\cdot\left(\cos\frac{\pi}{2} + i\sin\frac{\pi}{2}\right) = 1\cdot e^{\frac{\pi}{2}i}$）

$= e^{i\log\left(1\cdot e^{\frac{\pi}{2}i}\right)} = e^{i\left\{\log 1 + \left(\frac{\pi}{2} + 2n\pi\right)i\right\}}$ ← $\log re^{i\theta} = \log r + (\theta + 2n\pi)i$

（$\log 1 = 0$）

$= e^{-\left(\frac{\pi}{2} + 2n\pi\right)}$　(n：整数) ← $n = 0$ のとき，$i^i = e^{-\frac{\pi}{2}}$（主値）となる。

(2) $\sqrt{1} = 1^{\frac{1}{2}} = e^{\frac{1}{2}\log 1} = e^{\frac{1}{2}(\log 1 + 2n\pi i)}$

（$1 = 1\cdot e^{0\cdot i}$，$\log 1 = 0$）

$= e^{n\pi i} = \cos n\pi + i\sin n\pi$

$\begin{cases} n = 0 \text{ のとき，} \cos 0 + i\sin 0 = 1 \\ n = 1 \text{ のとき，} \cos\pi + i\sin\pi = -1 \end{cases}$

他の $n = \cdots$，-2，-1，2，3，4，$\cdots$ のときは，この $n = 0$ と 1 のときの繰り返しだ。

よって，$n = 0$ のとき，$\sqrt{1} = 1$

$n = 1$ のとき，$\sqrt{1} = -1$

以上より，$\sqrt{1} = \pm 1$ となる。

(3) $8^{\frac{1}{3}} = e^{\frac{1}{3}\log 8} = e^{\frac{1}{3}(\log 8 + 2n\pi i)}$

（$8 = 8e^{0i}$）

$8^{\frac{1}{3}}$：複素数の計算

$= e^{\frac{1}{3}\log 8}\cdot e^{\frac{2}{3}n\pi i} = 2\left(\cos\frac{2}{3}n\pi + i\sin\frac{2}{3}n\pi\right)$

（$8^{\frac{1}{3}} = 2$ ← 実数の計算）

これから，$n = 0$，1，2 の3通りのみ調べればいい。他は，この3つの繰り返しにすぎない。

よって，$n=0$ のとき，$8^{\frac{1}{3}}=2(\cos 0+i\sin 0)=2$

$n=1$ のとき，$8^{\frac{1}{3}}=2\left(\cos\frac{2}{3}\pi+i\sin\frac{2}{3}\pi\right)=2\left(-\frac{1}{2}+\frac{\sqrt{3}}{2}i\right)=-1+\sqrt{3}i$

$n=2$ のとき，$8^{\frac{1}{3}}=2\left(\cos\frac{4}{3}\pi+i\sin\frac{4}{3}\pi\right)=2\left(-\frac{1}{2}-\frac{\sqrt{3}}{2}i\right)=-1-\sqrt{3}i$

以上より，$8^{\frac{1}{3}}=2,\ -1+\sqrt{3}i,\ -1-\sqrt{3}i$ となる。

複素数のベキ計算にも，少しは慣れてきただろう。さらにもっと練習してみよう。

例題 7　次のベキ計算の主値を求めよう。
(1) $(1+i)^i$　　(2) $(1-i)^{1+i}$　　(3) $(2i)^{1+i}$

(1) $(1+i)^i=e^{i\mathrm{Log}(1+i)}=e^{i\left(\log\sqrt{2}+\frac{\pi}{4}i\right)}$ ← 主値

（$1+i=\sqrt{2}\left(\cos\frac{\pi}{4}+i\sin\frac{\pi}{4}\right)=\sqrt{2}e^{\frac{\pi}{4}i}$）

$=e^{i\log\sqrt{2}-\frac{\pi}{4}}=e^{-\frac{\pi}{4}}\cdot e^{i\log\sqrt{2}}$ （$r\cdot e^{i\theta}$（極形式の形））

$=e^{-\frac{\pi}{4}}\{\cos(\log\sqrt{2})+i\sin(\log\sqrt{2})\}$ となる。

(2) $(1-i)^{1+i}=e^{(1+i)\mathrm{Log}(1-i)}=e^{(1+i)\left(\log\sqrt{2}-\frac{\pi}{4}i\right)}$ ← 主値

（$1-i=\sqrt{2}\left\{\cos\left(-\frac{\pi}{4}\right)+i\sin\left(-\frac{\pi}{4}\right)\right\}=\sqrt{2}e^{-\frac{\pi}{4}i}$）

$=e^{\log\sqrt{2}-\frac{\pi}{4}i+i\log\sqrt{2}+\frac{\pi}{4}}=e^{\log\sqrt{2}+\frac{\pi}{4}}\cdot e^{\left(\log\sqrt{2}-\frac{\pi}{4}\right)i}$ （$r\cdot e^{i\theta}$（極形式の形））

$=e^{\log\sqrt{2}}\cdot e^{\frac{\pi}{4}}\cdot e^{\left(\log\sqrt{2}-\frac{\pi}{4}\right)i}$ （$e^{\log\sqrt{2}}=\sqrt{2}$ ← 実数の計算）

$=\sqrt{2}e^{\frac{\pi}{4}}\left\{\cos\left(\log\sqrt{2}-\frac{\pi}{4}\right)+i\sin\left(\log\sqrt{2}-\frac{\pi}{4}\right)\right\}$　となる。

(3) $(2i)^{1+i}=e^{(1+i)\mathrm{Log}(2i)}=e^{(1+i)\left(\log 2+\frac{\pi}{2}i\right)}$ ← 主値

（$2i=2e^{\frac{\pi}{2}i}$）

$=e^{\log 2+\frac{\pi}{2}i+i\log 2-\frac{\pi}{2}}=e^{\log 2-\frac{\pi}{2}}\cdot e^{\left(\log 2+\frac{\pi}{2}\right)i}$ （$r\cdot e^{i\theta}$（極形式の形））

$=e^{\log 2}e^{-\frac{\pi}{2}}e^{\left(\log 2+\frac{\pi}{2}\right)i}=2e^{-\frac{\pi}{2}}\left\{\cos\left(\log 2+\frac{\pi}{2}\right)+i\sin\left(\log 2+\frac{\pi}{2}\right)\right\}$

（$e^{\log 2}=2$ ← 実数の計算，$\cos\left(\log 2+\frac{\pi}{2}\right)=-\sin(\log 2)$，$\sin\left(\log 2+\frac{\pi}{2}\right)=\cos(\log 2)$）

$=2e^{-\frac{\pi}{2}}\{-\sin(\log 2)+i\cos(\log 2)\}$　となって，答えだ。

● ベキ関数 $w = z^{\frac{1}{2}}$ も多価関数だ！

ベキ関数の定義を下にまず示しておこう。

ベキ関数

複素定数 α を使って，ベキ関数は，

$w = z^{\alpha} \quad (z \neq 0)$ と定義される。 ← $w = e^{\alpha \log z}$ となるので，$z \neq 0$ の条件が付く。

$z = re^{i\theta} \quad (r > 0,\ -\pi < \theta \leqq \pi)$ のとき，

$w = z^{\alpha} = e^{\alpha \log(re^{i\theta})} = e^{\alpha\{\log r + i(\theta + 2n\pi)\}}$ （n：整数）となる。

（$\log z$ の主値 $\mathrm{Log}\, z$ をとれば，$w = e^{\alpha(\log r + i\theta)}$ $(-\pi < \theta \leqq \pi)$ となる。）

初めにまず押さえておくべきベキ関数は $w = f(z) = z^{\frac{1}{2}}$ なので，これについて詳しく解説しよう。

$z = z_1 = r_1 e^{i\theta_1}$ とおくと，

$$w = f(z_1) = (r_1 e^{i\theta_1})^{\frac{1}{2}}$$ ← $\alpha^{\beta} = e^{\beta \log \alpha}$ を使った。

$$= e^{\frac{1}{2}\log(r_1 e^{i\theta_1})}$$

$$= e^{\frac{1}{2}\{\log r_1 + i(\theta_1 + 2n\pi)\}}$$

$$= e^{\frac{1}{2}\log r_1} e^{\left(\frac{\theta_1}{2} + n\pi\right)i}$$ ← $n = 0,\ 1$ の2通りのみを調べればいい。他は，この2つの繰り返しだ。

$e^{\log\sqrt{r_1}} = \sqrt{r_1}$ ← 実数の計算

図5 $w = z^{\frac{1}{2}}$ のイメージ（Ⅰ）

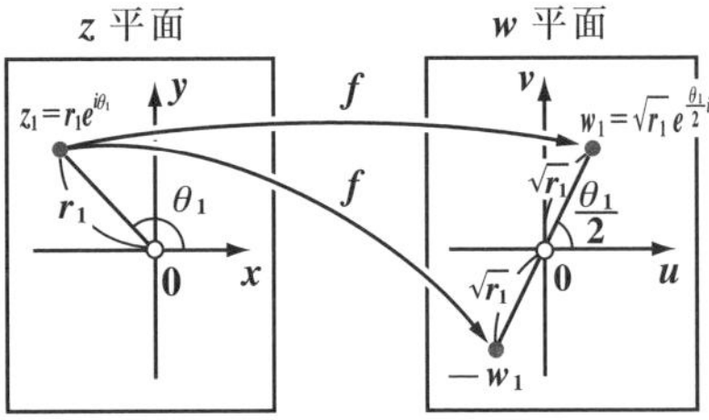

よって，

$n = 0$ のとき，$w_1 = \sqrt{r_1} \cdot e^{\frac{\theta_1}{2}i}$

$n = 1$ のとき，$w_1' = \sqrt{r_1} \cdot e^{\left(\frac{\theta_1}{2} + \pi\right)i} = -w_1$ となるので，

$$\cos\left(\frac{\theta_1}{2} + \pi\right) + i\sin\left(\frac{\theta_1}{2} + \pi\right) = -\cos\frac{\theta_1}{2} - i\sin\frac{\theta_1}{2} = -e^{\frac{\theta_1}{2}i}$$

図5に示すように，1つの z_1 に対して2つの w_1 と $-w_1$ が対応する。つまり，ベキ関数 $w = z^{\frac{1}{2}}$ $(z \neq 0)$ は“ 1 対 2 ”の多価関数であることが分かるね。
（z 平面）（w 平面）← これを特に“2価関数”という。

ここで，$z = re^{i\theta}$ $(-\pi < \theta \leqq \pi)$ として，その主値をとれば，

$$w = z^{\frac{1}{2}} = (r \cdot e^{i\theta})^{\frac{1}{2}} = e^{\frac{1}{2}\log(re^{i\theta})} = e^{\frac{1}{2}(\log r + i\theta)} = e^{\frac{1}{2}\log r} \cdot e^{i\frac{\theta}{2}} = \sqrt{r}\, e^{i\frac{\theta}{2}}$$

（$e^{\frac{1}{2}\log r} = \sqrt{r}$，$\sqrt{r} = |w|$，$\frac{\theta}{2} = \arg w$）

となるので，図 **6** (ⅰ) に示すように，r を一定に保って θ を $-\pi<\theta\leqq\pi$ の範囲で動かして出来る z 平面上の半径 r の円は，w 平面上の半径 $\sqrt{r}$ の $-\frac{\pi}{2}<\frac{\theta}{2}\leqq\frac{\pi}{2}$ の半円に写されることになるんだね。

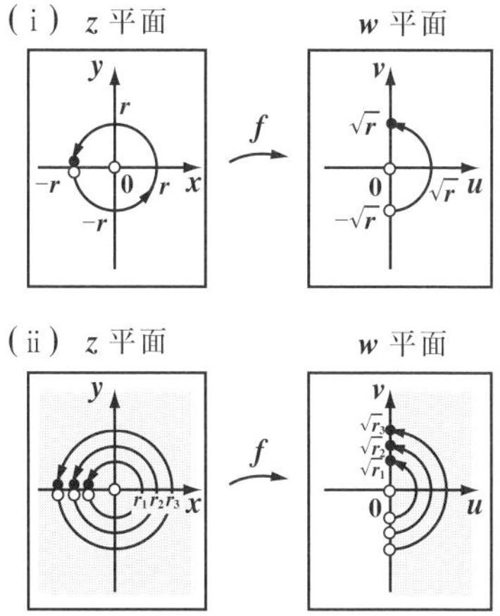

ここで，図 **6** (ⅱ) に示すように，半径 r を $r=\cdots,\ r_1,\ r_2,\ r_3,\ \cdots$ と変化させるとこれらの円の集合により，原点を除く z 平面全体を表すことができる。これらの円の集合も $w=z^{\frac{1}{2}}$ により，同様に w 平面上の半円に写されるので，原点を除く z 平面上のすべての点は w 平面上の半平面 $\begin{cases} v>0 \text{ のとき，} u\geqq 0 \\ v\leqq 0 \text{ のとき，} u>0 \end{cases}$ に写されることになるんだね。納得いった？

図 **6** $w=z^{\frac{1}{2}}$ のイメージ (Ⅱ)

同様に考えれば，ベキ関数 $w=z^{\frac{1}{3}}$ によって $z=re^{i\theta}$ $(r>0,\ -\pi<\theta\leqq\pi)$ で表される，原点を除く z 平面全体は，$w=r^{\frac{1}{3}}\cdot e^{i\frac{\theta}{3}}$ による写像によって，図 **7** に示すような w 平面上の範囲 $-\sqrt{3}u<v\leqq\sqrt{3}u$ に写されるはずである。自分でよく考えてみてごらん。

図 **7** $w=z^{\frac{1}{3}}$ のイメージ

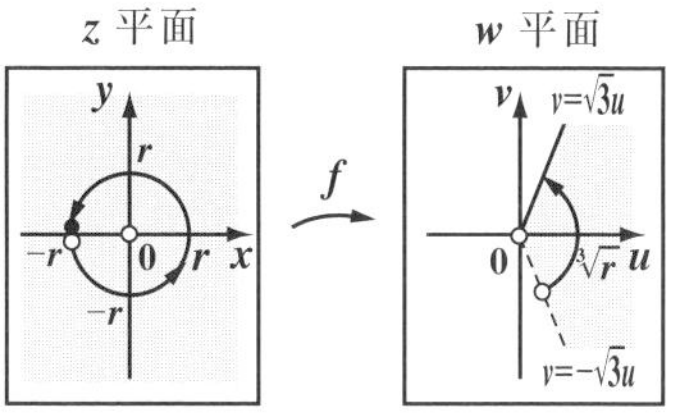

演習問題 6　● ベキ関数 $w=z^{\frac{1}{2}}$ ●

ベキ関数 $w=z^{\frac{1}{2}}$ により，z 平面上の直線 $x=1$ は w 平面上のどのような図形に写されるか，調べて図示せよ。

ヒント！ $z=x+iy$，$w=u+iv$ とおくと，$x=\frac{z+\overline{z}}{2}=1$ より，これに $z=w^2$，$\overline{z}=\overline{w}^2$ を代入して，u と v の関係式を求めればいいんだね。

解答＆解説

$z=x+iy$ (x，y：実数) とおくと，$\overline{z}=x-iy$ より，$x=\frac{z+\overline{z}}{2}$ となる。

よって，直線 $x=1$ は，$\frac{z+\overline{z}}{2}=1$　　$\therefore z+\overline{z}=2$ …①と表される。

ここで，ベキ関数 $w=z^{\frac{1}{2}}$ より，$z=w^2$ ……②

また，$\overline{z}=\overline{w^2}=\overline{w\cdot w}=\overline{w}\cdot\overline{w}=\overline{w}^2$ ……③

②，③を①に代入して，

$w^2+\overline{w}^2=2$ ……④

ここで，$w=u+iv$ …⑤ (u，v：実数) とおくと，

$\overline{w}=u-iv$ …⑥ となる。

⑤，⑥を④に代入して，

$(u+iv)^2+(u-iv)^2=2$　　$2u^2-2v^2=2$　　$\therefore u^2-v^2=1$

$u^2+\cancel{2iuv}-v^2$　$u^2-\cancel{2iuv}-v^2$

よって，z 平面上の直線 $x=1$ は，w 平面上の曲線 $u^2-v^2=1$ に写される。(右図参照)

$\frac{x^2}{a^2}-\frac{y^2}{b^2}=1$ は，頂点を $(\pm a,\ 0)$ にもつ左右対称の双曲線である。
今回は $\frac{u^2}{1^2}-\frac{v^2}{1^2}=1$ と考えればいい。

$w=z^{\frac{1}{2}}$ の主値をとれば，z 平面全体が w 平面の右半平面に写されるので，$u^2-v^2=1$ の右側の曲線のみになるはずだ。今回は，主値ではないので，原点に対称な左側の曲線も現われる。

実践問題 6 ● ベキ関数 $w=z^{\frac{1}{2}}$ ●

ベキ関数 $w=z^{\frac{1}{2}}$ により，z 平面上の直線 $y=1$ は w 平面上のどのような図形に写されるか，調べて図示せよ。

ヒント！ $z=x+iy$，$w=u+iv$ とおくと，$y=\dfrac{z-\overline{z}}{2i}=1$ より，これに $z=w^2$，$\overline{z}=\overline{w}^2$ を代入して，u と v の関係式を求めればいい。頑張れ！

解答＆解説

$z=x+iy$ $(x,\ y：実数)$ とおくと，$\overline{z}=x-iy$ より，$y=$ (ア) となる。

よって，直線 $y=1$ は，(ア) $=1$　$\therefore z-\overline{z}=$ (イ) …① と表される。

ここで，ベキ関数 $w=z^{\frac{1}{2}}$ より，$z=w^2$ ……②

また，$\overline{z}=\overline{w^2}=\overline{w}^2$ ……③

②，③を①に代入して，

(ウ) $=2i$ ……④

ここで，$w=u+iv$ …⑤ $(u,\ v：実数)$ とおくと，

$\overline{w}=u-iv$ …⑥ となる。

⑤，⑥を④に代入して，

$$\underbrace{(u+iv)^2}_{u^2+2iuv-v^2}-\underbrace{(u-iv)^2}_{u^2-2iuv-v^2}=2i$$　(エ) $=2i$

$\therefore uv=$ (オ)

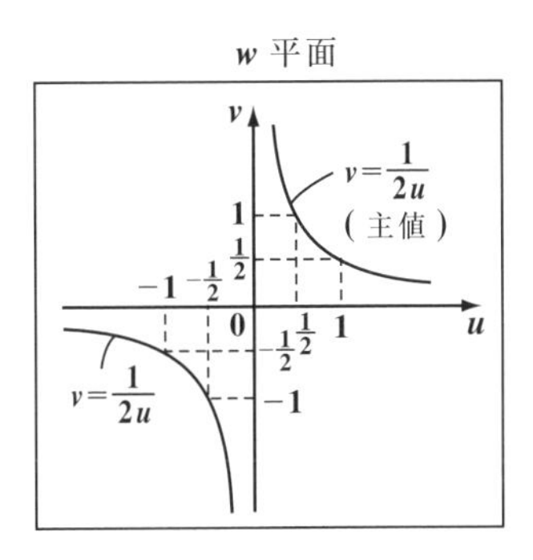

よって，z 平面上の直線 $y=1$ は，w 平面上の曲線 $v=\dfrac{1}{2u}$ に写される。(右図参照)

解答　(ア) $\dfrac{z-\overline{z}}{2i}$　(イ) $2i$　(ウ) $w^2-\overline{w}^2$　(エ) $4iuv$　(オ) $\dfrac{1}{2}$

§4. 三角関数

それでは，これから“**複素三角関数**”について解説しよう。これも，重

(実三角関数と区別して，こう言う。)

要な複素関数の1つだから，是非マスターしておく必要があるんだよ。でも，ここではまず，実三角関数や実双曲線関数について復習しておこうと思う。これらの知識が，複素三角関数を理解する上で，重要なキーポイントとなるからなんだ。

複素三角関数と実三角関数は，公式など非常に良く似ている部分もあるんだけれど，本質的に「似て非なるもの」であることを肝に銘じておくんだよ。

● 実三角関数の復習から始めよう！

オイラーの公式 $e^{ix} = \cos x + i\sin x$ ……①を使うと，

$e^{-ix} = \cos x - i\sin x$ ……②より，

実三角関数 $\cos x$，$\sin x$，$\tan x$ は次のように表される。

実三角関数

(1) $\cos x = \dfrac{e^{ix} + e^{-ix}}{2}$ ← $\dfrac{①+②}{2}$

(2) $\sin x = \dfrac{e^{ix} - e^{-ix}}{2i}$ ← $\dfrac{①-②}{2i}$

(3) $\tan x = \dfrac{e^{ix} - e^{-ix}}{i(e^{ix} + e^{-ix})}$ ← $\dfrac{\sin x}{\cos x}$

また，実三角関数の主な公式を下に書いておこう。

実三角関数の公式

(1) (i) $\cos(-x) = \cos x$ (ii) $\sin(-x) = -\sin x$ (iii) $\tan(-x) = -\tan x$

(2) (i) $\cos(x + 2n\pi) = \cos x$ (ii) $\sin(x + 2n\pi) = \sin x$

(iii) $\tan(x + n\pi) = \tan x$ (n：整数)

(3) (i) $\cos^2 x + \sin^2 x = 1$ (ii) $\tan x = \dfrac{\sin x}{\cos x}$ $(\cos x \neq 0)$

(4) (i) $\cos(x_1 \pm x_2) = \cos x_1 \cos x_2 \mp \sin x_1 \sin x_2$

(ii) $\sin(x_1 \pm x_2) = \sin x_1 \cos x_2 \pm \cos x_1 \sin x_2$

(iii) $\tan(x_1 \pm x_2) = \dfrac{\tan x_1 \pm \tan x_2}{1 \mp \tan x_1 \tan x_2}$ (複号同順)

それでは次，実双曲線関数についても復習しておこう。これは，実三角関数と形式的には似ているけど，周期性をもたないまったく異なる関数なんだね。

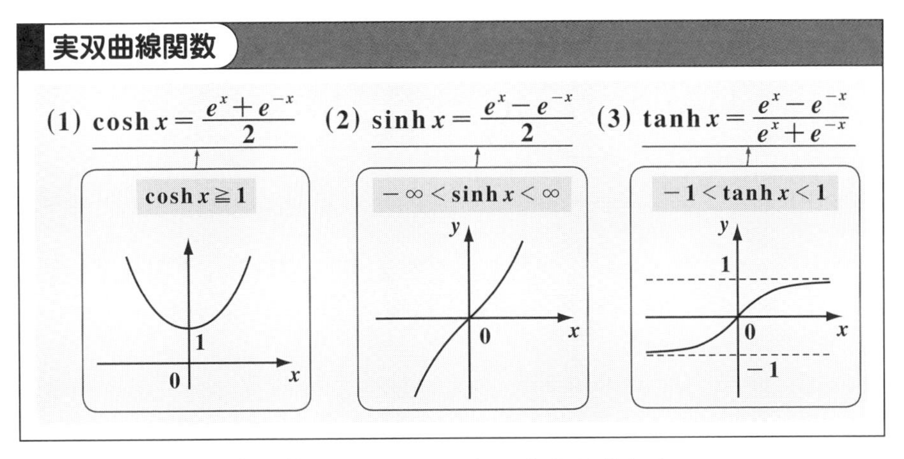

実双曲線関数
(1) $\cosh x = \frac{e^x + e^{-x}}{2}$
(2) $\sinh x = \frac{e^x - e^{-x}}{2}$
(3) $\tanh x = \frac{e^x - e^{-x}}{e^x + e^{-x}}$
$\cosh x \geqq 1$
$-\infty < \sinh x < \infty$
$-1 < \tanh x < 1$
y
x
0
1
-1

そして，この双曲線関数については，次の公式が成り立つ。

$\cosh^2 x - \sinh^2 x = 1$ ……③　　これを証明しておこう。

$$③の左辺 = \cosh^2 x - \sinh^2 x = \left(\frac{e^x + e^{-x}}{2}\right)^2 - \left(\frac{e^x - e^{-x}}{2}\right)^2$$

$$= \frac{e^{2x} + \overset{2e^xe^{-x}}{2} + e^{-2x}}{4} - \frac{e^{2x} - \overset{2e^xe^{-x}}{2} + e^{-2x}}{4} = \frac{2+2}{4} = 1 = ③の右辺$$

となるんだね。

これで，準備も整ったので，いよいよ複素三角関数の解説に入ろう。

● 複素三角関数を定義しよう！

複素三角関数 $\cos z$，$\sin z$，$\tan z$ は，実三角関数のときと同様に，次のように定義される。

複素三角関数

(1) $\cos z = \dfrac{e^{iz} + e^{-iz}}{2}$　(2) $\sin z = \dfrac{e^{iz} - e^{-iz}}{2i}$　(3) $\tan z = \dfrac{e^{iz} - e^{-iz}}{i(e^{iz} + e^{-iz})}$

$\left(\tan z = \dfrac{\sin z}{\cos z}\right)$

この定義に従って，次の例題で実際に複素三角関数の値を求めてみよう。

例題 1　次の三角関数の値を求めよ。

(1) $\cos i$　　(2) $\sin\left(\frac{\pi}{2}-i\right)$　　(3) $\tan(-i)$

(1) $\cos i = \frac{e^{i^2}+e^{-i^2}}{2} = \frac{1}{2}\left(e+\frac{1}{e}\right)$ だね。← $\cos z = \frac{e^{iz}+e^{-iz}}{2}$

（$i^2 = -1$，$-i^2 = 1$）

(2) $\sin\left(\frac{\pi}{2}-i\right) = \frac{e^{i\left(\frac{\pi}{2}-i\right)}-e^{-i\left(\frac{\pi}{2}-i\right)}}{2i}$ ← $\sin z = \frac{e^{iz}-e^{-iz}}{2i}$

$\cos\frac{\pi}{2}+i\sin\frac{\pi}{2}=i$　$\cos\left(-\frac{\pi}{2}\right)+i\sin\left(-\frac{\pi}{2}\right)=-i$

$= \frac{e^{\frac{\pi}{2}i+1}-e^{-\frac{\pi}{2}i-1}}{2i} = \frac{1}{2i}\left(e\cdot e^{\frac{\pi}{2}i}-e^{-1}\cdot e^{-\frac{\pi}{2}i}\right)$

$= \frac{1}{2i}(e\cdot i+e^{-1}\cdot i) = \frac{1}{2}\left(e+\frac{1}{e}\right)$　となる。

(3) $\tan(-i) = \frac{e^{-i^2}-e^{i^2}}{i(e^{-i^2}+e^{i^2})}$

$= \frac{e-e^{-1}}{i(e+e^{-1})} = \frac{-1}{i}\cdot\frac{e^{-1}-e}{e^{-1}+e} = \frac{e^{-1}-e}{e^{-1}+e}i$　となる。

（$-1 = i^2$）

それでは，複素三角関数の公式についても，下に示すよ。

複素三角関数の公式（Ⅰ）

(1) (i) $\cos(-z)=\cos z$　(ii) $\sin(-z)=-\sin z$　(iii) $\tan(-z)=-\tan z$

(2) (i) $\cos(z+2n\pi)=\cos z$　(ii) $\sin(z+2n\pi)=\sin z$

(iii) $\tan(z+n\pi)=\tan z$　(n：整数)

(3) $\cos^2 z+\sin^2 z=1$

(4) (i) $\cos(z_1\pm z_2)=\cos z_1\cos z_2\mp\sin z_1\sin z_2$

(ii) $\sin(z_1\pm z_2)=\sin z_1\cos z_2\pm\cos z_1\sin z_2$

(iii) $\tan(z_1\pm z_2)=\frac{\tan z_1\pm\tan z_2}{1\mp\tan z_1\tan z_2}$

これで見る限り，実三角関数の公式とまったく同じだから覚えやすいはずだ。簡単に証明を入れておこう。

定義

$$\cos z = \frac{e^{iz}+e^{-iz}}{2}$$

$$\sin z = \frac{e^{iz}-e^{-iz}}{2i}$$

$$\tan z = \frac{\sin z}{\cos z}$$

(1) (ⅰ) $\cos(-z) = \frac{e^{i(-z)}+e^{-i(-z)}}{2} = \frac{e^{iz}+e^{-iz}}{2} = \cos z$

(ⅱ) $\sin(-z) = \frac{e^{i(-z)}-e^{-i(-z)}}{2i} = -\frac{e^{iz}-e^{-iz}}{2i} = -\sin z$

(ⅲ) $\tan(-z) = \frac{\sin(-z)}{\cos(-z)} = \frac{-\sin z}{\cos z} = -\tan z$

(2) (ⅰ) $\cos(z+2n\pi) = \frac{e^{i(z+2n\pi)}+e^{-i(z+2n\pi)}}{2} = \frac{e^{iz}\cdot \underbrace{e^{2n\pi i}}_{1}+e^{-iz}\cdot \underbrace{e^{-2n\pi i}}_{1}}{2}$

$$= \frac{e^{iz}+e^{-iz}}{2} = \cos z$$

(ⅱ) $\sin(z+2n\pi) = \sin z$ も同様に証明できる。

(ⅲ) $\tan(z+n\pi) = \frac{e^{i(z+n\pi)}-e^{-i(z+n\pi)}}{i(e^{i(z+n\pi)}+e^{-i(z+n\pi)})}$

$$= \frac{e^{iz}\cdot \underbrace{e^{in\pi}}_{(-1)^n}-e^{-iz}\cdot \underbrace{e^{-in\pi}}_{(-1)^n}}{i(e^{iz}\cdot \underbrace{e^{in\pi}}_{(-1)^n}+e^{-iz}\cdot \underbrace{e^{-in\pi}}_{(-1)^n})}$$

$\cdot\ e^{in\pi} = \underbrace{\cos n\pi}_{(-1)^n} + i\underbrace{\sin n\pi}_{0} = (-1)^n$

$\cdot\ e^{-in\pi} = \underbrace{\cos(-n\pi)}_{\cos n\pi = (-1)^n} + i\underbrace{\sin(-n\pi)}_{0} = (-1)^n$

$$= \frac{(-1)^n(e^{iz}-e^{-iz})}{(-1)^n i(e^{iz}+e^{-iz})} = \frac{e^{iz}-e^{-iz}}{i(e^{iz}+e^{-iz})} = \tan z$$

以上から，複素三角関数においても，$\sin z$ と $\cos z$ は周期 2π の，そして $\tan z$ は周期 π の関数であることが分かるね。この性質は重要だ。

(3) $\cos^2 z + \sin^2 z = \left(\frac{e^{iz}+e^{-iz}}{2}\right)^2 + \left(\frac{e^{iz}-e^{-iz}}{2i}\right)^2$

$$= \frac{1}{4}(e^{2iz}+\underbrace{2}_{2e^{iz}e^{-iz}}+e^{-2iz}) - \frac{1}{4}(e^{2iz}-\underbrace{2}_{2e^{iz}e^{-iz}}+e^{-2iz})$$

$$= \frac{2+2}{4} = 1$$

となって，これも実三角関数と同じ公式が導けた。

(4) (ⅰ) $\cos z_1 \cos z_2 - \sin z_1 \sin z_2 = \dfrac{e^{iz_1}+e^{-iz_1}}{2}\cdot\dfrac{e^{iz_2}+e^{-iz_2}}{2} - \dfrac{e^{iz_1}-e^{-iz_1}}{2i}\cdot\dfrac{e^{iz_2}-e^{-iz_2}}{2i}$

$$= \frac{1}{4}\left(e^{i(z_1+z_2)} + e^{i(z_1-z_2)} + e^{-i(z_1-z_2)} + e^{-i(z_1+z_2)}\right)$$

$$+ \frac{1}{4}\left(e^{i(z_1+z_2)} - e^{i(z_1-z_2)} - e^{-i(z_1-z_2)} + e^{-i(z_1+z_2)}\right)$$

$$= \frac{e^{i(z_1+z_2)} + e^{-i(z_1+z_2)}}{2} = \cos(z_1+z_2)$$　となる。

よって，$\cos(z_1+z_2) = \cos z_1 \cos z_2 - \sin z_1 \sin z_2$ も導けた。

(ⅰ) $\cos(z_1-z_2) = \cos z_1 \cos z_2 + \sin z_1 \sin z_2$ や，

(ⅱ) $\sin(z_1 \pm z_2) = \sin z_1 \cos z_2 \pm \cos z_1 \sin z_2$ も同様に導ける。

(ⅲ) $\tan(z_1+z_2)$ は，$\dfrac{\sin(z_1+z_2)}{\cos(z_1+z_2)}$ からすぐに導けるはずだ。

以上の結果だけを見ていると，実三角関数と区別がつかないかも知れないね。それは，複素三角関数が実三角関数の定義を拡張して作られたものだからなんだ。でも，これからの解説により，複素三角関数が実三角関数とはまったく異なるものであることが分かると思うよ。

複素三角関数の公式(Ⅱ)

$z = x + iy$　(x, y：実数)のとき，$\cos z$ と $\sin z$ は，それぞれ，

(1) $\cos z = \cos(x+iy) = \cos x \cosh y - i \sin x \sinh y$

(2) $\sin z = \sin(x+iy) = \sin x \cosh y + i \cos x \sinh y$

(1) 複素三角関数 $\cos z$ の実部が $\cos x \cosh y$，虚部が $-\sin x \sinh y$ になると言っているんだね。$\cos z$ が，明らかに実三角関数とは異なる複素関数であることが明確になっただろう。では，これも証明しておこう。

$$\cos z = \frac{e^{iz}+e^{-iz}}{2} = \frac{e^{i(x+iy)}+e^{-i(x+iy)}}{2} = \frac{e^{-y}\cdot e^{ix} + e^{y}\cdot e^{-ix}}{2}$$

$$= \frac{e^{-y}}{2}(\cos x + i\sin x) + \frac{e^{y}}{2}(\underline{\cos x - i\sin x})$$

$\cos x - i\sin x = \cos(-x) + i\sin(-x)$

これを，$\cos x$ と $i\sin x$ でそれぞれまとめると，

$$\cos(x+iy)=\underbrace{\frac{e^y+e^{-y}}{2}}_{\cosh y}\cos x-i\underbrace{\frac{e^y-e^{-y}}{2}}_{\sinh y}\sin x$$

$=\cos x\cosh y-i\sin x\sinh y$　となって，公式が導けた。

(2) も同様に導くと，

$$\sin z=\sin(x+iy)=\frac{e^{i(x+iy)}-e^{-i(x+iy)}}{2i}=\frac{e^{ix}\cdot e^{-y}-e^{-ix}\cdot e^y}{2i}$$

$$=\frac{e^{-y}}{2i}(\cos x+i\sin x)-\frac{e^y}{2i}(\cos x-i\sin x)$$

$$=\underbrace{\frac{e^{-y}+e^y}{2}}_{\cosh y}\sin x+\underbrace{\frac{e^{-y}-e^y}{2i}}_{-1\cdot\frac{e^y-e^{-y}}{2i}=\frac{i^2}{i}\cdot\frac{e^y-e^{-y}}{2}=i\sinh y}\cos x$$

$=\sin x\cosh y+i\cos x\sinh y$　となる。

● $w=\cos z$ のグラフのイメージを押さえよう！

まず，$w=f(z)=\cos z$ とおいて，z 平面上の点から w 平面上の点への写像を考えてみることにしよう。ここで，$w=u+iv$ $(u,\ v：実数)$，$z=x+iy$ $(x,\ y：実数)$ とおくと，

$w=u+iv=\cos(x+iy)=\cos x\cosh y-i\sin x\sinh y$　から，

$u=\cos x\cosh y$，$v=-\sin x\sinh y$　となる。

（$\cos x$：周期 2π，$\cosh y$：周期性なし，$\sin x$：周期 2π，$\sinh y$：周期性なし）

ここで，$\cos x$ と $\sin x$ は周期 2π の周期関数，そして $\cosh y$ と $\sinh y$ は周期性をもたない関数であることから，$w=\cos z$ は，

“多 (z 平面) 対 1 (w 平面)” の関数になっていることが分かる？

つまり，z 平面上のある点 $z_1=x_1+iy_1$ (ただし，$-\pi<x_1\leqq\pi$) が，$w=\cos z$ によって，w 平面上の点 w_1 に写されるとするならば，z 平面上の点 $(x_1+2n\pi)+iy_1$ $(n=0,\ \pm1,\ \pm2,\ \cdots)$ は，すべて w 平面上の 1 つの点 w_1 に写されるんだね。

図 1 (ⅰ) と (ⅱ) に，そのイメージを示しておいた。これから，z 平面上の帯状の範囲：$-\pi<x\leqq\pi$，$-\infty<y<\infty$ を範囲 D と呼ぶことにすると，この範囲 D 上の点 (または図形) が，複素三角関数によって，w 平面上のどのような点 (または図形) に写されるのかを考えればいいんだね。当然，利用する式は次式だ。

$$\begin{cases} u=\cos x\cosh y \\ v=-\sin x\sinh y \end{cases} \quad \cdots\cdots ①$$

(Ⅰ) まず，範囲 D 上の虚軸に平行な直線 $x=p\ (-\pi<p\leqq\pi)$ が，w 平面上のどのような図形に写されるか調べてみよう。

(ⅰ) $p=0$ のとき，①より，

$$\begin{cases} u=\underbrace{\cos 0}_{1}\cosh y \\ \quad=\cosh y \quad (\geqq 1) \\ v=-\underbrace{\sin 0}_{0}\sinh y=0 \end{cases}$$

よって，$x=0$ は，

$v=0\quad(u\geqq 1)$

に写される。(図 2 (ⅰ) 参照)

(ⅱ) $p=\pi$ のとき，①より，

$$\begin{cases} u=\underbrace{\cos\pi}_{-1}\cosh y \\ \quad=-\cosh y \quad (\leqq -1) \\ v=-\underbrace{\sin\pi}_{0}\sinh y=0 \end{cases}$$

よって，$x=\pi$ は，

$v=0\quad(u\leqq -1)$

に写される。(図 2 (ⅱ) 参照)

図 1　$w=\cos z$ のイメージ

(ⅰ) z 平面　　w 平面

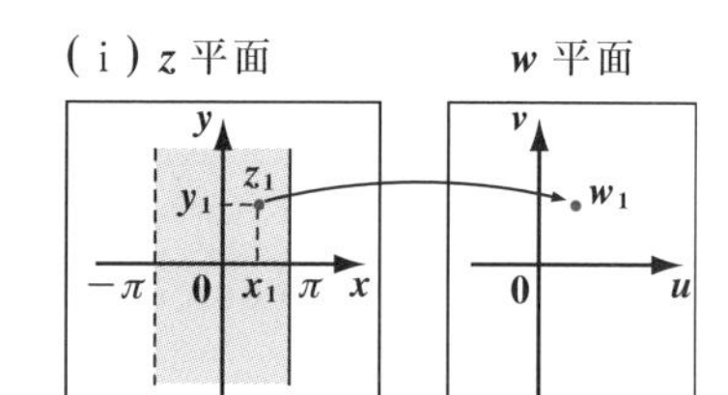

(ⅱ) z 平面　　w 平面

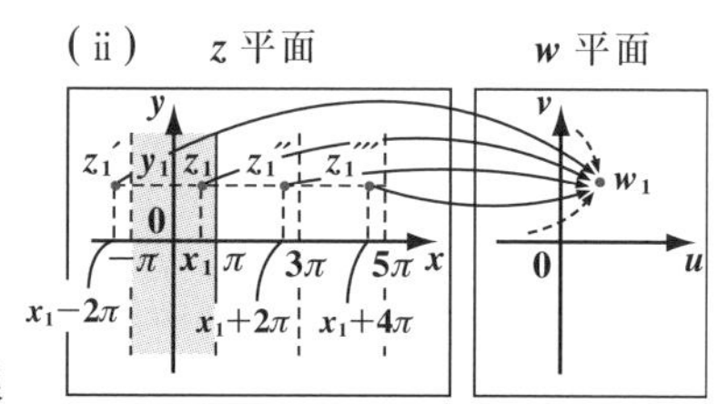

図 2　$w=\cos z$ のイメージ

(ⅰ) $x=0$ の写像

z 平面　　w 平面

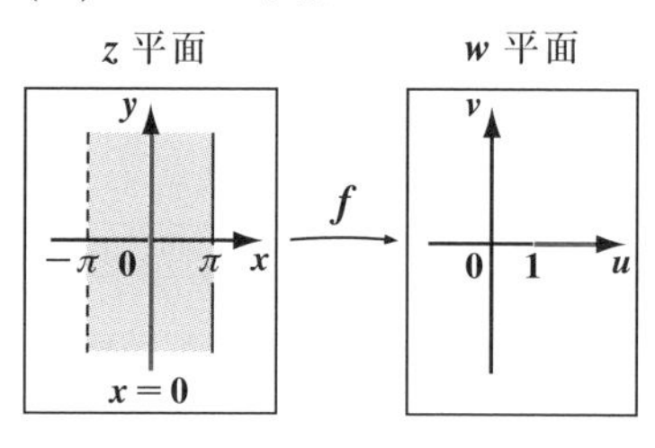

(ⅱ) $x=\pi$ の写像

z 平面　　w 平面

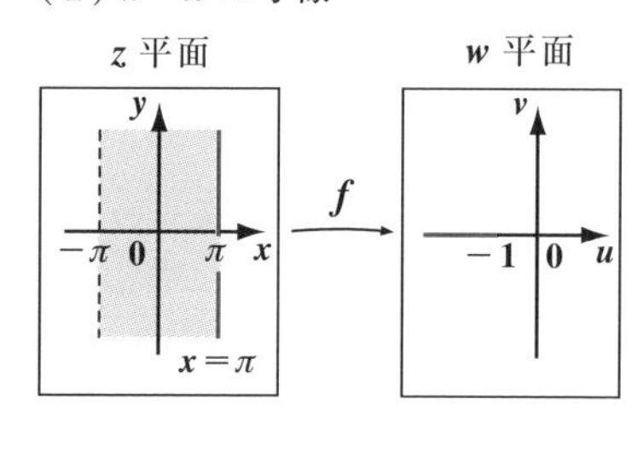

(iii) $p = \pm\dfrac{\pi}{2}$ のとき，①より，

$$\begin{cases} u = \underbrace{\cos\left(\pm\dfrac{\pi}{2}\right)}_{0}\cosh y = 0 \\ v = -\underbrace{\sin\left(\pm\dfrac{\pi}{2}\right)}_{\pm 1}\sinh y = \underbrace{\mp\sinh y}_{-\infty \sim \infty} \end{cases}$$

よって，2 直線 $x = \pm\dfrac{\pi}{2}$ は，

$u = 0$ に写される。

(図 2 (iii) 参照)

(iv) $-\pi < p < \pi\left(\text{かつ } p \neq 0,\ \pm\dfrac{\pi}{2}\right)$

のとき，①より，

$$\begin{cases} u = \cos p \cosh y \\ v = -\sin p \sinh y \end{cases}$$

よって，$\begin{cases} \cosh y = \dfrac{u}{\cos p} \\ \sinh y = -\dfrac{v}{\sin p} \end{cases}$ ……①´

公式 $\cosh^2 y - \sinh^2 y = 1$ に

①´を代入すると，

$\dfrac{u^2}{\cos^2 p} - \dfrac{v^2}{\sin^2 p} = 1$ となって，

左右対称な双曲線
$\dfrac{x^2}{a^2} - \dfrac{y^2}{b^2} = 1$

左右対称のさまざまな双曲線を描くことになる。図 2 (iv) の w 平面には，さまざまな p の値に対応する双曲線を示した。

実際には，$u = \cos p \underbrace{\cosh y}_{1\text{以上の⊕の数}}$ より，

・$-\dfrac{\pi}{2} < p < \dfrac{\pi}{2}$ のとき，$u > 0$ となるので，右側の双曲線を，また，

・$-\pi < p < -\dfrac{\pi}{2}$，$\dfrac{\pi}{2} < p < \pi$ のとき，$u < 0$ となるので，左側の双曲線を表す。

図 2　$w = \cos z$ のイメージ

(iii) $x = \pm\dfrac{\pi}{2}$ の写像

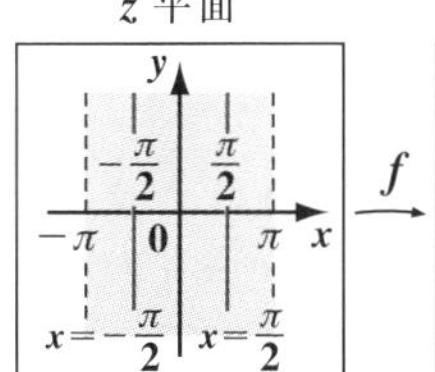

(iv) $x = p\ \left(p \neq 0,\ \pm\dfrac{\pi}{2},\ \pi\right)$ の写像

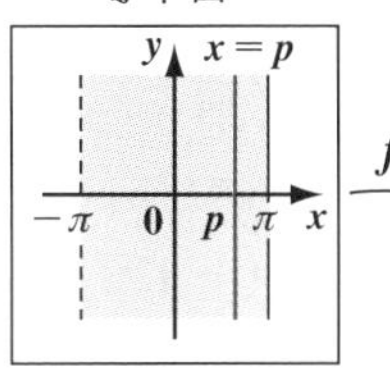

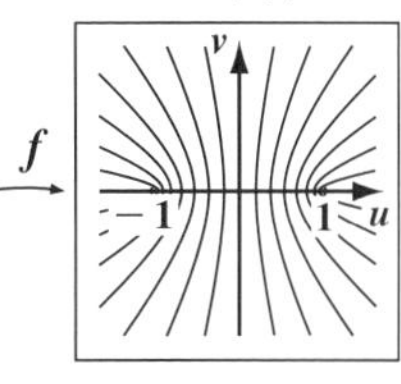

(w 平面には，さまざまな p の値に対応する曲線 (双曲線) を示した。)

(Ⅱ) 次，範囲 D 上の実軸に平行な線分 $y=q\ \ (-\pi<x\leqq\pi)$ が，w 平面上のどのような図形に写されるのか調べてみよう。

図 3　$w=\cos z$ のイメージ

(ⅰ) $y=0\ \ (-\pi<x\leqq\pi)$ の写像

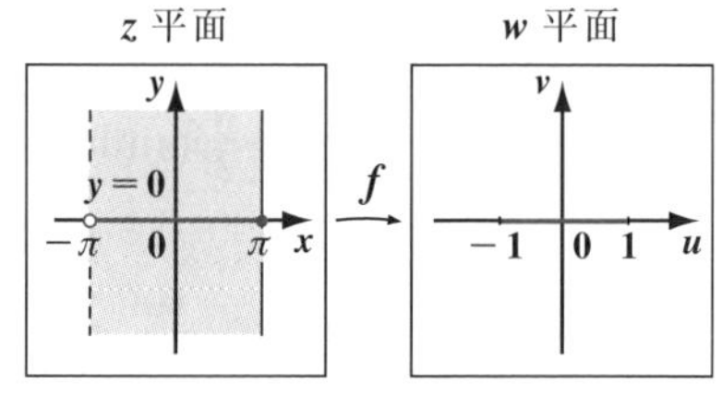

(ⅱ) $y=q(-\pi<x\leqq\pi,\ \ q\neq 0)$ の写像

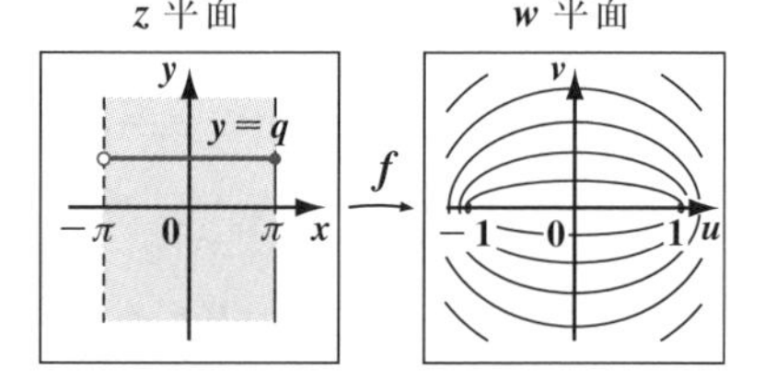

(ⅰ) $q=0$ のとき，①より，

$$\begin{cases} u=\cos x\underline{\cosh 0}=\cos x \\ v=-\sin x\underline{\sinh 0}=0 \end{cases}$$

（$\cosh 0=1$，$\sinh 0=0$）

$-1\leqq\cos x\leqq 1\ (\because -\pi<x\leqq\pi)$

よって，z 平面上の線分 $y=0$ $(\because -\pi<x\leqq\pi)$ は，w 平面上の線分 $v=0\ \ (-1\leqq u\leqq 1)$ に写される。

(ⅱ) $q\neq 0$ のとき，①より，

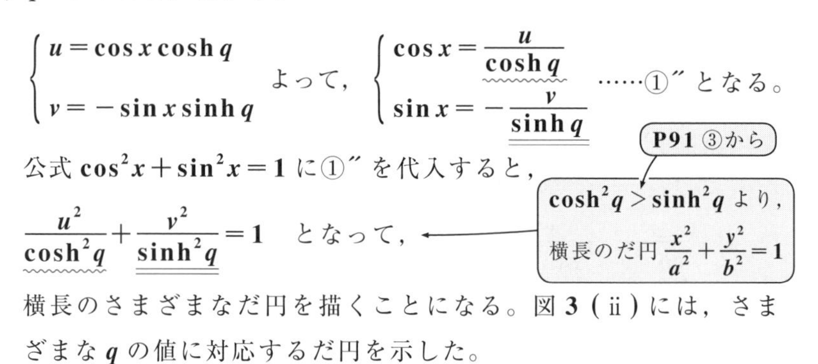

$$\begin{cases} u=\cos x\cosh q \\ v=-\sin x\sinh q \end{cases}\quad よって，\quad \begin{cases} \cos x=\dfrac{u}{\cosh q} \\ \sin x=-\dfrac{v}{\sinh q} \end{cases}\ \cdots\cdots①''\ となる。$$

公式 $\cos^2x+\sin^2x=1$ に①″ を代入すると，

$$\frac{u^2}{\cosh^2q}+\frac{v^2}{\sinh^2q}=1\quad となって，$$

横長のさまざまなだ円を描くことになる。図 3 (ⅱ) には，さまざまな q の値に対応するだ円を示した。

● $w=\sin z$ のグラフのイメージも押さえよう！

$w=f(z)=\sin z$ とおき，さらに $w=u+iv\ \ (u,\ v$：実数$)$，

$z=x+iy\ \ (x,\ y$：実数$)$ とおくと，

$w=u+iv=\sin(x+iy)=\sin x\cosh y+i\cos x\sinh y$ から，

$u=\sin x\cosh y,\ \ v=\cos x\sinh y$ となる。

（$\sin x$：周期 2π，$\cosh y$：周期性なし，$\cos x$：周期 2π，$\sinh y$：周期性なし）

よって，$w=\cos z$ と同様に，$w=\sin z$ も周期 2π の " 多 $\underset{(z\text{平面})}{}$ 対 1 $\underset{(w\text{平面})}{}$ " の関数になることが分かるね。また，これから $w=\sin z$ の写像のイメージをつかむには，図4に示す z 平面上の範囲D：$-\pi<x\leqq\pi$，$-\infty<y<\infty$ における直線 $x=p$ $(-\pi<p\leqq\pi)$ と線分 $y=q$ $(-\pi<x\leqq\pi)$ を調べればいいことも大丈夫だね。また，当然利用する式は，

$$\begin{cases} u=\sin x\cosh y \\ v=\cos x\sinh y \end{cases} \quad \cdots\cdots ② \quad \text{だ。}$$

図4 範囲D

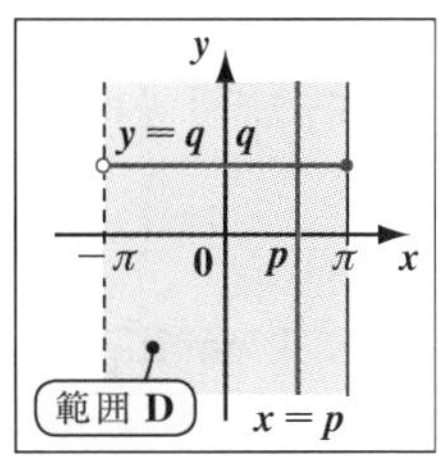

(Ⅰ) まず，範囲D上の直線 $x=p$ $(-\pi<p\leqq\pi)$ が，w 平面に写される図形を求めよう。

(ⅰ) $p=0$ または π のとき，②より，

$$\begin{cases} u=\underbrace{\sin \boxed{p}}_{0}\cosh y=0 \quad (p: 0\text{ または }\pi) \\ v=\underbrace{\cos \boxed{p}}_{\pm1}\sinh y=\pm\underbrace{\sinh y}_{-\infty\sim\infty} \quad (p: 0\text{ または }\pi) \end{cases}$$

よって，$x=0$ または π は，直線 $u=0$ に写される。(図5(ⅰ)参照)

(ⅱ) $p=\pm\frac{\pi}{2}$ のとき，②より，

$$\begin{cases} u=\underbrace{\sin\left(\pm\frac{\pi}{2}\right)}_{\pm1}\cosh y=\pm\underbrace{\cosh y}_{1\text{以上}} \\ v=\underbrace{\cos\left(\pm\frac{\pi}{2}\right)}_{0}\sinh y=0 \end{cases}$$

ここで，$\cosh y\geqq1$ より，$-\cosh y\leqq-1$

よって，$x=\pm\frac{\pi}{2}$ は，$v=0$ $(u\leqq-1,\ 1\leqq u)$ に写される。(図5(ⅱ)参照)

図5 $w=\sin z$ のイメージ

(ⅰ) $x=0$ または π の写像

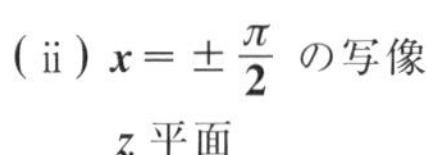

(ⅱ) $x=\pm\frac{\pi}{2}$ の写像

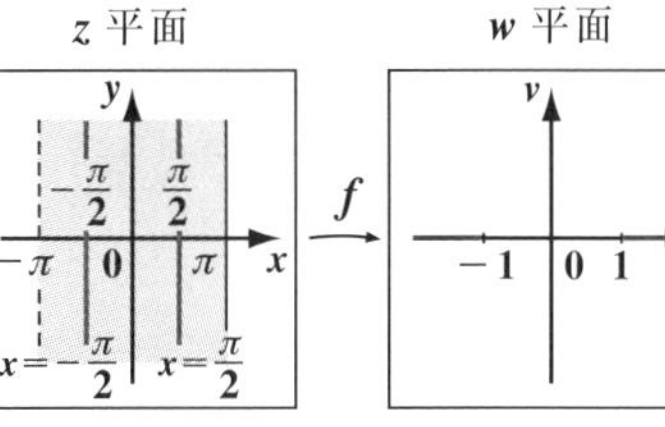

(iii) $-\pi < p < \pi\left(かつ\ p \neq 0,\ \pm\frac{\pi}{2}\right)$

のとき，②より，

$$\begin{cases} u = \sin p \cosh y \\ v = \cos p \sinh y \end{cases}$$

よって，$\begin{cases} \cosh y = \dfrac{u}{\sin p} \\ \sinh y = \dfrac{v}{\cos p} \end{cases}$ …②′

公式 $\cosh^2 y - \sinh^2 y = 1$ に②′を代入すると，

$\dfrac{u^2}{\sin^2 p} - \dfrac{v^2}{\cos^2 p} = 1$ となって，

図 5　$w = \sin z$ のイメージ

(iii) $x = p\left(p \neq 0,\ \pm\frac{\pi}{2},\ \pi\right)$ の写像

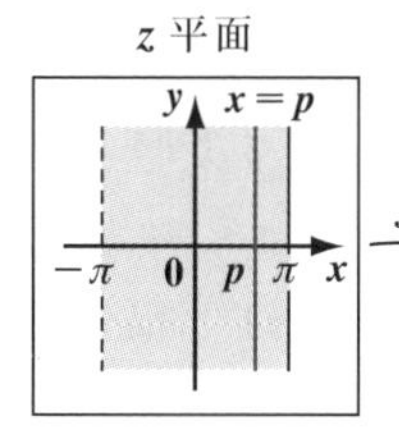

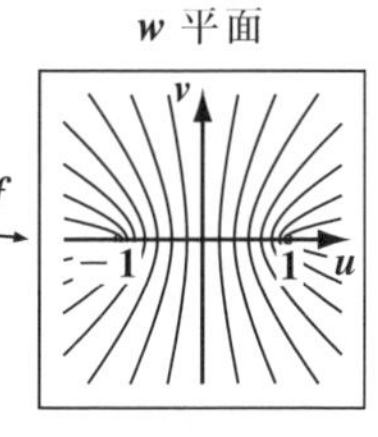

（w 平面には，さまざまな p の値に対応する曲線（双曲線）を示した。）

左右対称のさまざまな双曲線を描くことになる。図 5 (iii) には，さまざまな p の値に対応する双曲線を示した。

実際には，$u = \sin p \underbrace{\cosh y}_{1以上の⊕の数}$ より，

・$0 < p < \pi$ のとき，$u > 0$ となるので，右側の双曲線を，また，

・$-\pi < p < 0$ のとき，$u < 0$ となるので，左側の双曲線を表す。

(II) 範囲 D 上の実軸に平行な線分 $y = q$ $(-\pi < x \leqq \pi)$ が，w 平面上のどのような図形に写されるのか，調べるよ。

(i) $q = 0$ のとき，②より，

$$\begin{cases} u = \sin x \underbrace{\cosh 0}_{1} = \underbrace{\sin x}_{-1 \sim 1} \\ v = \cos x \underbrace{\sinh 0}_{0} = 0 \end{cases}$$

$-1 \leqq \sin x \leqq 1$　$(\because -\pi < x \leqq \pi)$

図 6　$w = \sin z$ のイメージ

(i) $y = 0$　$(-\pi < x \leqq \pi)$ の写像

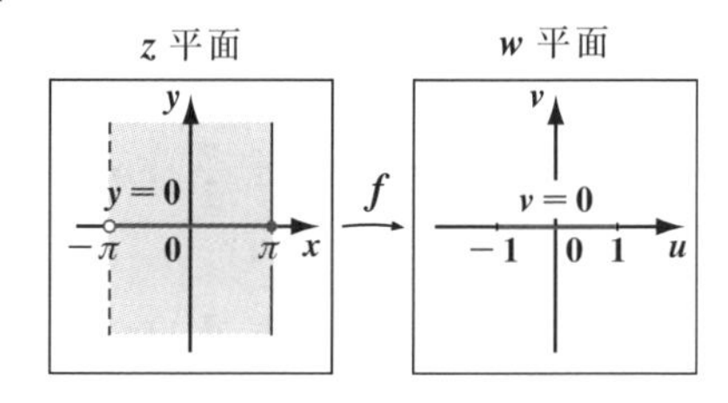

よって，z 平面上の線分 $y = 0$　$(-\pi < x \leqq \pi)$ は，w 平面上の線分 $v = 0$　$(-1 \leqq u \leqq 1)$ に写される。

(ⅱ) $q \neq 0$ のとき，②より，

$$\begin{cases} u = \sin x \cosh q \\ v = \cos x \sinh q \end{cases}$$

よって，$\begin{cases} \sin x = \dfrac{u}{\cosh q} \\ \cos x = \dfrac{v}{\sinh q} \end{cases}$ …②″

となる。公式 $\sin^2 x + \cos^2 x = 1$ に②″を代入すると，

$\dfrac{u^2}{\cosh^2 q} + \dfrac{v^2}{\sinh^2 q} = 1$ となって，横長のさまざまなだ円を描く。

図 6 $w = \sin z$ のイメージ

(ⅱ) $y = q\ (-\pi < x \leqq \pi,\ q \neq 0)$ の写像

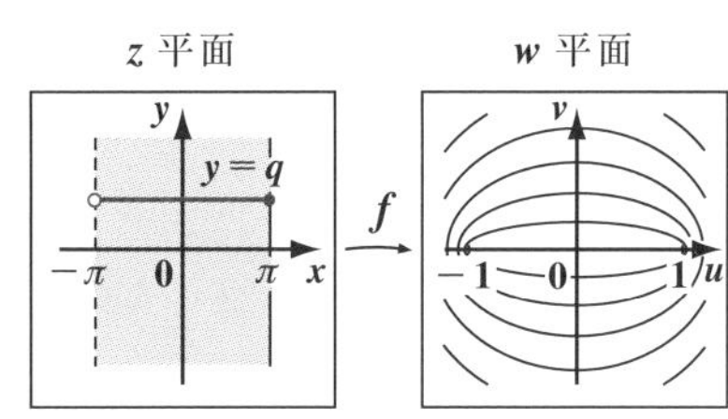

図 6 (ⅱ) には，さまざまな q の値に対応するだ円を示した。これで，複素三角関数にもなじみがもてるようになっただろう？

● 複素双曲線関数の定義も押さえておこう！

最後に，複素双曲線関数についても，その定義を示しておこう。

複素双曲線関数

複素変数 z の双曲線関数の定義を下に示す。

(1) $\cosh z = \dfrac{e^z + e^{-z}}{2}$ (2) $\sinh z = \dfrac{e^z - e^{-z}}{2}$ (3) $\tanh z = \dfrac{e^z - e^{-z}}{e^z + e^{-z}}$

$\tanh z = \dfrac{\sinh z}{\cosh z}$

これから，

$$\cos(iz) = \frac{e^{i \cdot iz} + e^{-i \cdot iz}}{2} = \frac{e^{-z} + e^z}{2} = \frac{e^z + e^{-z}}{2} = \cosh z$$ となるし，

$$\sin(iz) = \frac{e^{i \cdot iz} - e^{-i \cdot iz}}{2i} = \frac{e^{-z} - e^z}{2i} = \underbrace{\frac{-1}{i}}_{i} \cdot \frac{e^z - e^{-z}}{2} = i \sinh z$$ となるのも大丈夫だね。

z が実数 x のとき，実双曲線関数の定義と一致するので，覚えやすいはずだ。

演習問題 7　●逆三角関数 $\sin^{-1}z$ ●

$\sin z$ の逆関数 $\sin^{-1}z$ は，

$\sin^{-1}z = -i\log(iz+\sqrt{1-z^2})$ …(＊1)　であることを示せ。

ヒント！ 複素関数では，多価関数を認めているので，逆関数を求める場合でも，"1対1" 対応を前提としなくてもいい。逆三角関数 $\sin^{-1}z$（"アーク・サイン z" と読む）を求めたかったら，$w=\sin^{-1}z$，すなわち $z=\sin w$ を変形して，$w=$(z の式) の形にまとめればいいんだよ。

解答＆解説

$w=\sin^{-1}z \Longleftrightarrow z=\sin w$ ……①　より，

①を変形して，$w=$(z の式) の形にまとめて，$\sin^{-1}z$ を求める。（z の式 $=\sin^{-1}z$）

①より，$z=\dfrac{e^{iw}-e^{-iw}}{2i}$　　$e^{iw}-e^{-iw}=2iz$

両辺に e^{iw} をかけて，

$(e^{iw})^2-2ize^{iw}-1=0$

e^{iw} の2次方程式を解いて，

$e^{iw}=iz\pm\sqrt{(-iz)^2+1}$

$e^{iw}=iz\pm\sqrt{1-z^2}$

$e^{iw}=\chi$ とおくと，χ の2次方程式 $1\cdot\chi^2-2iz\chi-1=0$ を解いて，（$a=1$, $2b'=-2iz$, $c=-1$）

$\chi=\dfrac{-b'\pm\sqrt{b'^2-ac}}{a}$

ここで，複素関数 $\sqrt{1-z^2}$ は2価関数なので，$\pm\sqrt{1-z^2}$ を $\sqrt{1-z^2}$ と表せる。

たとえば，実数計算では，$\sqrt{4}=2$ だが，複素数の計算では $\sqrt{4}=\pm2$ となる。

$\because \sqrt{4}=4^{\frac{1}{2}}=e^{\frac{1}{2}\log 4}=e^{\frac{1}{2}\log 4e^{i\cdot 0}}=e^{\frac{1}{2}(\log 4+2n\pi i)}=e^{\frac{1}{2}\log 4}\cdot e^{n\pi i}$

$=2\times1$ または $2\times(-1)=\pm2$

（$e^{\frac{1}{2}\log 4}=2$：実数計算，1：$n=0$ のとき，-1：$n=1$ のとき，$e^{n\pi i}$：$n=0$，1のときのみでOK。他はこの繰り返し。）

よって，$e^{iw}=iz+\sqrt{1-z^2}$ より，$iw=\log(iz+\sqrt{1-z^2})$

$w=\dfrac{1}{i}\log(iz+\sqrt{1-z^2})=-i\log(iz+\sqrt{1-z^2})$　（$1=-i^2$）

∴逆三角関数 $\sin^{-1}z=-i\log(iz+\sqrt{1-z^2})$ …(＊1) となる。

実践問題 7 ● 逆三角関数 $\cos^{-1}z$ ●

$\cos z$ の逆関数 $\cos^{-1}z$ は，
$\cos^{-1}z = -i\log(z+\sqrt{z^2-1})$ …(＊2)　であることを示せ。

ヒント！ $\cos z$ の逆関数 $\cos^{-1}z$（"アーク・コサイン z" と読む）を求める場合も，$z=\cos w$ として，$w=$(z の式）の形にもち込めばいいんだよ。

解答＆解説

$w=\cos^{-1}z \iff$ (ア)　……②　より，
②を変形して，$w=$(z の式）の形にまとめて，$\cos^{-1}z$ を求める。

②より，$z=$ (イ)　　$e^{iw}+e^{-iw}=2z$

両辺に e^{iw} をかけて，

$$(e^{iw})^2-2ze^{iw}+1=0$$

e^{iw} の 2 次方程式を解いて，

$$e^{iw}=z\pm\sqrt{z^2-1}$$

ここで，複素関数 $\sqrt{z^2-1}$ は (ウ) なので，$\pm\sqrt{z^2-1}$ を (エ) と表せる。よって，$e^{iw}=z+\sqrt{z^2-1}$ より，

$$iw=\text{(オ)}$$

$$w=\frac{1}{i}\log(z+\sqrt{z^2-1})=-i\log(z+\sqrt{z^2-1})$$

∴逆三角関数 $\cos^{-1}z=-i\log(z+\sqrt{z^2-1})$ …(＊2) となる。

解答　(ア) $z=\cos w$　(イ) $\dfrac{e^{iw}+e^{-iw}}{2}$　(ウ) 2 価関数
(エ) $\sqrt{z^2-1}$　(オ) $\log(z+\sqrt{z^2-1})$

§5. 多価関数とリーマン面

今回は，“**多価関数**”と“**リーマン面**”について解説しよう。一般に，実数関数では**1**価関数を前提としているため，多価関数が問題となることはない。しかし，複素関数においては，これまで解説してきた $w=\sqrt{z}$ や $w=\log z$ などなど……，頻繁に多価関数が顔を出す。これらを，**1**価関数として表現しなおすために“**リーマン面**”が考案されたんだ。ここで，その考え方をシッカリマスターしておこう。

● 多価関数では，従属変数が決まらない!?

一般に，実数関数 $y=f(x)$ については，1価関数を前提にしているので，多価関数が問題になることはないけれど，あえて実数関数の多価関数

(1価関数：ある x の値が与えられれば，**1**つの y の値が定まる関数)

$$y=f(x)=\begin{cases} f_1(x) \\ f_2(x) \\ \cdots\cdots \end{cases}$$

を示せば，図**1**のようになる。

図**1** 実多価関数のイメージ

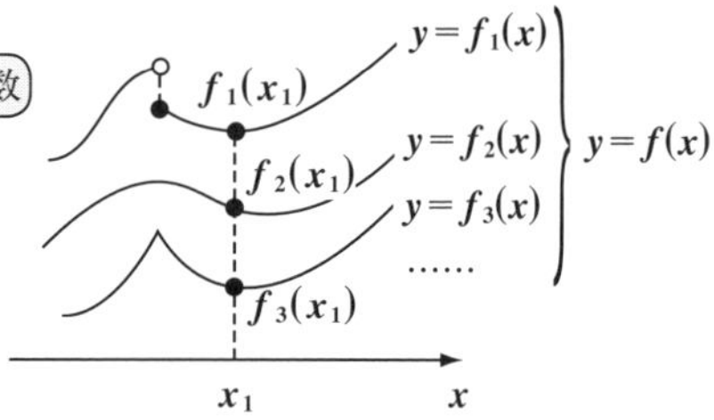

この場合，ある x_1 の値が与えられても y 座標は $f_1(x_1)$ になるのか，$f_2(x_1)$ になるのか，……，いずれになるのか定まらないため，この関数を微分することなど不可能な，とんでもない関数であることが分かると思う。

でも，複素関数においては，

べキ関数　$w=\sqrt{z}\ \left(=z^{\frac{1}{2}}\right)$ ← **2**価関数

$w=z^{\frac{1}{3}}$ ← **3**価関数

……

対数関数　$w=\log z$ ← 無限多価関数（ある**0**以外の z の値が与えられたなら，無数の w の値が対応する関数）

などなど，……，多価関数がしょっ中顔を出すことになる。これを**1**価関数と同様に表現するために，これから解説する“**リーマン面**”が考案された。

● 2価関数 $w=\sqrt{z}$ について，調べよう！

2価関数 $w=f(z)=z^{\frac{1}{2}}$ $(z\neq0)$ とリーマン面の関係について解説しよう。

まず，$z=re^{i\theta}$，$w=Re^{i\Theta}$ とおくと，

$$w=Re^{i\Theta}=(re^{i\theta})^{\frac{1}{2}}=e^{\frac{1}{2}\log re^{i\theta}}=e^{\frac{1}{2}\{\log r+(\theta+2n\pi)i\}}$$

$$=\underline{e^{\frac{1}{2}\log r}}\cdot\underline{e^{\left(\frac{\theta}{2}+n\pi\right)i}}=\sqrt{r}\cdot e^{\frac{\theta}{2}i} \text{ または } -\sqrt{r}\cdot e^{\frac{\theta}{2}i} \text{ となる。}$$

（$e^{\frac{1}{2}\log r}=\sqrt{r}$）

$e^{\frac{\theta}{2}i}$ または $e^{\left(\frac{\theta}{2}+\pi\right)i}$ ← $n=0$，1 のときのみで十分。他の n は，この2つの値の繰り返し。

$e^{\frac{\theta}{2}i}e^{\pi i}=e^{\frac{\theta}{2}i}(\cos\pi+i\sin\pi)=-e^{\frac{\theta}{2}i}$

よって，$w=z^{\frac{1}{2}}$ は図2(ⅰ)に示すように，1つの z の値 $z_1=r_1e^{i\theta_1}$ $(-\pi<\theta_1\leqq\pi)$ に対して，2つの w の値，

$w_1=\sqrt{r_1}e^{\frac{\theta_1}{2}i}$ と，$-w_1=\sqrt{r_1}e^{\left(\frac{\theta_1}{2}+\pi\right)i}$ が対応する2価関数になっていることが分かるね。

図2　$w=\sqrt{z}$ とその主値

(ⅰ)　1対2の対応

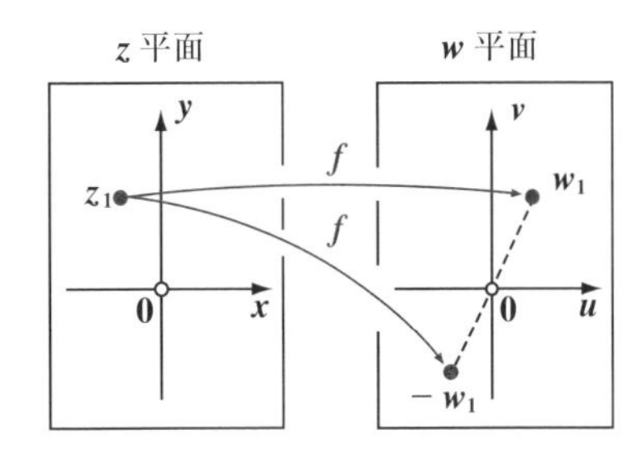

ここで，図2(ⅱ)に示すように，点 z の偏角 $\arg z=\theta$ の取り得る値の範囲を $-\pi<\theta\leqq\pi$ に限定し，$w=z^{\frac{1}{2}}$ で得られる w の偏角 $\arg w=\Theta$ の取り得る値も，

$-\frac{\pi}{2}<\Theta\leqq\frac{\pi}{2}$ に限定した w の値を，主値（$\Theta=\frac{\theta}{2}$）

といい，この主値のみを取れば，この関数は確かに1価関数にもち込むことができる。

(ⅱ)　主値をとる。

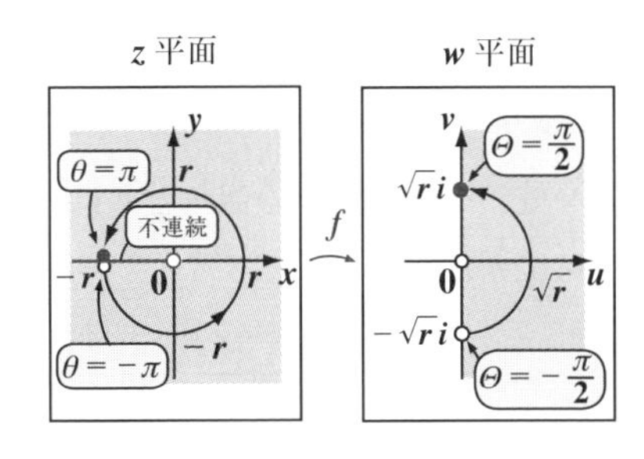

しかし，この場合，$z=re^{i\theta}$ の θ を $-\pi<\theta\leqq\pi$ としているため，r の値を変化させれば，点 z は原点以外のすべての z 平面を表すことができるけれど，$w=Re^{i\Theta}$ の Θ は $-\frac{\pi}{2}<\Theta\leqq\frac{\pi}{2}$ に制限されるため，図2(ⅱ)に示すように，点 w は w 平面の半平面を表すにすぎない。

さらに，$\theta=-\pi$ のとき，$\underline{w=\sqrt{r}e^{-\frac{\pi}{2}i}}$（$=-i$）となり，$\theta=\pi$ のとき，$\underline{w=\sqrt{r}e^{\frac{\pi}{2}i}}$（$=i$）となるので，

（まったく異なる w の値になる！）

w の主値をとるとき，z 平面上の実軸の $\mathbf{0}$ 以下の部分で，$w = f(z) = z^{\frac{1}{2}}$ は不連続な関数となることも気を付けよう。

図 3　$w = \sqrt{z}$ のイメージ

z 平面を 2 枚にする。

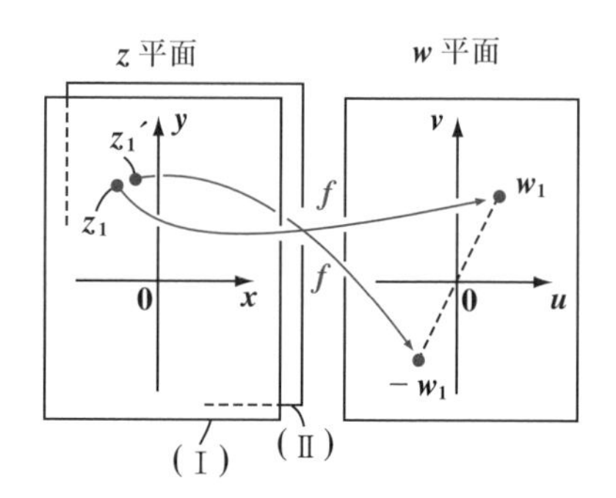

このような主値をとることの不都合を解決するために，リーマン面が考案された。考え方は単純だよ。

図 3 に示すように，2 価関数 $w = f(z) = z^{\frac{1}{2}}$ に対して，

"1　対　2" の対応関係

$$z_1 \begin{array}{l} \nearrow w_1 \\ \searrow -w_1 \end{array}$$

を改善するために，同じ z 平面 (Ⅰ)，(Ⅱ) と 2 枚用意して，z 平面 (Ⅰ) 上の点 z_1 と同じ位置の z 平面 (Ⅱ) 上の点を z_1' とおくことにする。すると，

$$\begin{cases} z_1 \ (\mathrm{I}) \longrightarrow w_1 \\ z_1' (\mathrm{II}) \longrightarrow -w_2 \end{cases}$$

となって，"2 対 2"，すなわち "1 対 1" の対応関係にもち込むことができるのが分かるね。

ここで，$z = re^{i\theta}$，　$w = Re^{i\Theta}$ とおいて，さらにこれを緻密化すると，2 葉(よう)の "**リーマン面**" の問題に帰着するんだ。

("2 枚の" と言ってもいい。)

今回，θ を $-\pi < \theta \leqq 3\pi$ の範囲で，$\frac{\pi}{2}$ ずつ変化させていったときの点 z と点 w を，それぞれその偏角と共に，$z_1, z_2, z_3, \cdots\cdots, w_1, w_2, w_3, \cdots\cdots$ と表すと，下の表が出来る。

	(リーマン面 (Ⅰ))				(リーマン面 (Ⅱ))				(リーマン面 (Ⅰ))
θ	$(-\pi)$	$-\frac{\pi}{2}$	0	$\frac{\pi}{2}$	π	$\frac{3}{2}\pi$	2π	$\frac{5}{2}\pi$	$3\pi(=-\pi)$
z	(z_1)	z_2	z_3	z_4	z_5	z_6	z_7	z_8	$z_9(=z_1)$
Θ	$\left(-\frac{\pi}{2}\right)$	$-\frac{\pi}{4}$	0	$\frac{\pi}{4}$	$\frac{\pi}{2}$	$\frac{3}{4}\pi$	π	$\frac{5}{4}\pi$	$\frac{3}{2}\pi\left(=-\frac{\pi}{2}\right)$
w	(w_1)	w_2	w_3	w_4	w_5	w_6	w_7	w_8	$w_9(=w_1)$

リーマン面の本質を分かりやすくするために，今回 $r=1$，すなわち $R=\sqrt{r}=\sqrt{1}=1$ とおくことにしよう。

図 4　$w=\sqrt{z}$ と 2 葉のリーマン面

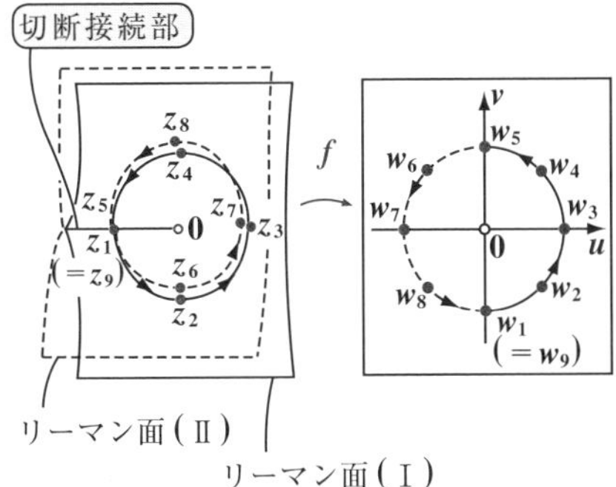

さァ，前ページの表を基に，w 平面上に点 w_1，w_2，…，w_8，w_9 をとっていくと，$w_1=e^{-\frac{\pi}{2}i}$，$w_2=e^{-\frac{\pi}{4}i}$，…，$w_8=e^{\frac{5}{4}\pi i}$，$w_9=e^{\frac{3}{2}\pi i}(=e^{-\frac{\pi}{2}i}=w_1)$ となって，図 4 に示すようにキレイに，半径 $R=1$ の円周上に等間隔に点が並んで，1 周するのが分かると思う。つまり，r の値，すなわち $R=\sqrt{r}$ の値を変化させれば点 w は原点を除く w 平面上のすべての点を表すことも大丈夫だね。

問題は，このときの 2 葉の z 平面上の点 z_1，z_2，…，z_8，z_9 の配置だね。これが，独特の不思議な並び方になるので，詳しく見てみよう。

・まず，(Ⅰ)の z 平面上において，

$z_1=e^{-\pi i}$，$z_2=e^{-\frac{\pi}{2}i}$，$z_3=e^0$，$z_4=e^{\frac{\pi}{2}i}$，$z_5=e^{\pi i}$ が並ぶ。（リーマン面(Ⅱ)への入り口）

・次に，点 z_5 から(Ⅱ)の z 平面上の点として，（リーマン面(Ⅰ)の始点に戻った！）

$z_5=e^{\pi i}$，$z_6=e^{\frac{3}{2}\pi i}$，$z_7=e^{2\pi i}$，$z_8=e^{\frac{5}{2}\pi i}$，$z_9=e^{3\pi i}(=e^{-\pi i}=z_1)$ と並び，最後の点 $z_9=e^{3\pi i}$ は始点 $z_1=e^{-\pi i}$ と一致し，最初の状態に戻るんだね。

このように，$z=0$ のまわりを 2 回まわって初めて w は元の位置に戻るので，この $z=0$ を **"2 位の分岐点"**（にいのぶんきてん） という。ここで，$w_1=w_9$ より，z_1 すなわち z_9 において，関数は連続だ。（これは，$w=\sqrt{z}$ が 2 価関数であることに対応している。）

そして，この分岐点 $z=0$ から実軸の負の部分に関して，切れ目を入れた 2 枚の z 平面(Ⅰ)，(Ⅱ)を上記のように接続しなおしたものを，**"リーマン面"** と呼ぶんだよ。（今回の場合は "2 葉のリーマン面" と呼ぶ。）このリーマン面の切断接続部を，$z=0$ から実軸の負の部分ではなく，$z=0$ から実軸の正の部分にしても，かまわない。この場合，$0<\theta\leqq 4\pi$（これで，$z=0$ のまわりを 2 周する。）に対して $0<\Theta\leqq 2\pi$ となる。

この場合の各θ, Θの値と点z_1, z_2, …, と点w_1, w_2, …の表を下に示し，リーマン面の図を図5に示す。

	(リーマン面(Ⅰ))				(リーマン面(Ⅱ))				(リーマン面(Ⅰ))	
θ	(0)	$\frac{\pi}{2}$	π	$\frac{3}{2}\pi$	2π	$\frac{5}{2}\pi$	3π	$\frac{7}{2}\pi$	$4\pi(=0)$	$\frac{\pi}{2}$	…
z	(z_1)	z_2	z_3	z_4	z_5	z_6	z_7	z_8	$z_9(=z_1)$	z_2	…
Θ	(0)	$\frac{\pi}{4}$	$\frac{\pi}{2}$	$\frac{3}{4}\pi$	π	$\frac{5}{4}\pi$	$\frac{3}{2}\pi$	$\frac{7}{4}\pi$	$2\pi(=0)$	$\frac{\pi}{4}$	…
w	(w_1)	w_2	w_3	w_4	w_5	w_6	w_7	w_8	$w_9(=w_1)$	w_2	…

(以下同様の繰り返し)

これ以外にも，2位の分岐点0から出る半直線を切断接続部にとることにより2葉のリーマン面を自由に作れることが分かると思う。

このリーマン面を作ることにより，2価関数$w=\sqrt{z}$も，連続な1価関数として，取り扱えるようになるんだね。面白かっただろう？

図5　$w=\sqrt{z}$と2葉のリーマン面

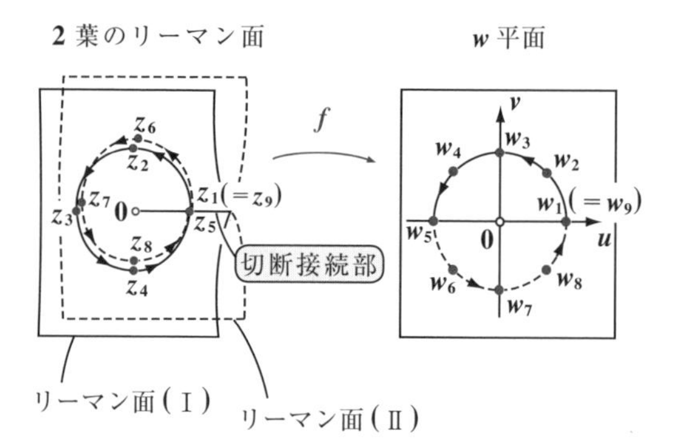

● 3価関数$w=z^{\frac{1}{3}}$は，3葉のリーマン面で表せる！

ベキ関数$w=f(z)=z^{\frac{1}{3}}$についても，$z=re^{i\theta}$ $(-\pi<\theta\leqq\pi)$,　$w=Re^{i\Theta}$とおくと，

$$w=Re^{i\Theta}=(re^{i\theta})^{\frac{1}{3}}=e^{\frac{1}{3}\log re^{i\theta}}=e^{\frac{1}{3}\{\log r+(\theta+2n\pi)i\}}$$

$$=\underbrace{e^{\frac{1}{3}\log r}}_{r^{\frac{1}{3}}}\cdot\underbrace{e^{\left(\frac{\theta}{3}+\frac{2n\pi}{3}\right)i}}_{e^{\frac{\theta}{3}i},\ e^{\frac{\theta+2\pi}{3}i},\ e^{\frac{\theta+4\pi}{3}i}}=\sqrt[3]{r}e^{\frac{\theta}{3}i}\ \text{または}\ \sqrt[3]{r}e^{\frac{\theta+2\pi}{3}i}\ \text{または}\ \sqrt[3]{r}e^{\frac{\theta+4\pi}{3}i}\ \text{だね。}$$

← $n=0$, 1, 2のときのみで十分。

よって，1つのzの値に対して，3つのwの値が対応するので，$w=z^{\frac{1}{3}}$は3価関数であることが分かるね。

ここで，図 **6** に示すように点 z の偏角 $\arg z = \theta$ の取り得る値の範囲を $-\pi < \theta \leqq \pi$ に限定し，$w = z^{\frac{1}{3}}$ で得られる w の偏角 $\arg w = \Theta$ の取り得る値の範囲も，$-\frac{\pi}{3} < \Theta \leqq \frac{\pi}{3}$ に限定した主値 w をとると，図 **6** に示すように主値 w は $-\sqrt{3}u < v \leqq \sqrt{3}u$ の領域に限定される。

（$\Theta = \frac{\theta}{3}$）

図 **6**　$w = z^{\frac{1}{3}}$ とその主値

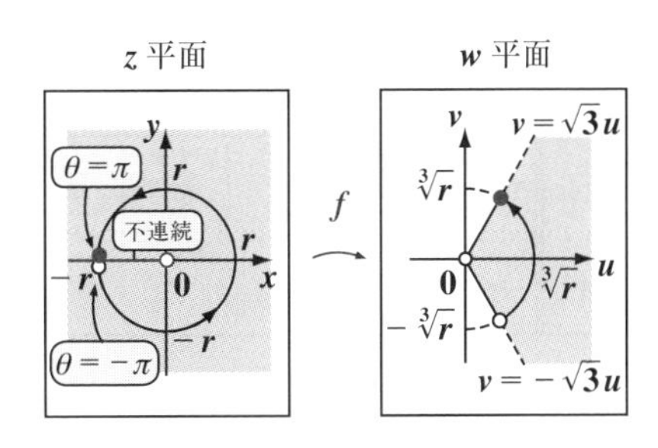

さらに，$\theta = -\pi$ のとき，$w = \sqrt[3]{r}e^{-\frac{\pi}{3}i}$ となり，$\theta = \pi$ のとき，$w = \sqrt[3]{r}e^{\frac{\pi}{3}i}$ となるので，w の主値をとると，z 平面上の実軸の **0** 以下の部分で，$w = f(z) = z^{\frac{1}{3}}$ は不連続な関数となる。

これから，$z = 0$ の周りを **3** 回まわって初めて w は元の位置に戻るので，今回の $z = 0$ は“**3 位の分岐点**”ということになる。よって $z = 0$（**3** 位の分岐点）から実軸の負の部分を切断接続部とする **3** 葉のリーマン面を使い，θ を $-\pi < \theta \leqq 5\pi$（**3** 周分まわす）の範囲で動かせば，**3** 価関数 $w = z^{\frac{1}{3}}$ も，連続な **1** 価関数として取り扱うことができるようになる。

今回も，簡単のため，$r = 1$，すなわち $R = \sqrt[3]{1} = 1$ とおき，また，θ の値も，$-\pi < \theta \leqq 5\pi$ の範囲を，少し粗いけれど π ずつ変化させていって，点 z と点 w を，それぞれの偏角と共に z_1，z_2，z_3，…，w_1，w_2，w_3，…と表すことにしよう。そして，**3** 葉のリーマン面と表とを対比して見ていけば，**3** 価関数 $w = f(z) = z^{\frac{1}{3}}$ が連続な **1** 価関数として，表現されていることがよく分かると思う。

(リーマン面(Ⅰ)) (リーマン面(Ⅱ)) (リーマン面(Ⅲ)) (リーマン面(Ⅰ)) (リーマン面(Ⅱ))--

θ	$-\pi$	0	π	2π	3π	4π	$5\pi(=-\pi)$	0	π	$\cdots$
z	z_1	z_2	z_3	z_4	z_5	z_6	$z_7(=z_1)$	z_2	z_3	$\cdots$
Θ	$-\frac{\pi}{3}$	0	$\frac{\pi}{3}$	$\frac{2}{3}\pi$	π	$\frac{4}{3}\pi$	$\frac{5}{3}\pi\left(=-\frac{\pi}{3}\right)$	0	$\frac{\pi}{3}$	$\cdots$
w	w_1	w_2	w_3	w_4	w_5	w_6	$w_7(=w_1)$	w_2	w_3	$\cdots$

(以下同様の繰り返し)

図7　$w=z^{\frac{1}{3}}$ と3葉のリーマン面

・まず，リーマン面(Ⅰ)において，
$z_1=e^{-\pi i}$，$z_2=e^{0i}$，$z_3=e^{\pi i}$
の順に1回転して

・z_3からリーマン面(Ⅱ)に入り，
$z_3=e^{\pi i}$，$z_4=e^{2\pi i}$，$z_5=e^{3\pi i}$
の順に並ぶ。

・そして，z_5からリーマン面(Ⅲ)に入って，$z_5=e^{3\pi i}$，$z_6=e^{4\pi i}$，$z_7=e^{5\pi i}$と1回転して，最後のz_7は最初のz_1と等しく，これ以降，リーマン面(Ⅰ)，(Ⅱ)，(Ⅲ)における同様の回転を繰り返す。

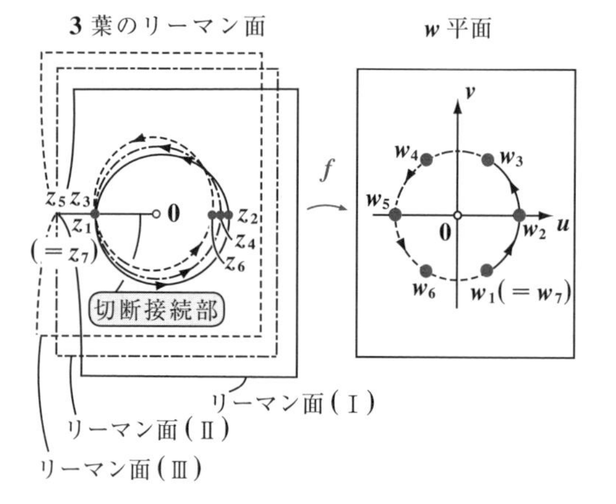

3葉のリーマン面上において，z_1からz_7まで点zが3回転することにより，w平面上の点wはw_1から$w_7(=w_1)$までちょうど1回転する。この3葉のリーマン面を利用することにより，3価関数である$w=z^{\frac{1}{3}}$も，連続な1価関数として扱うことが可能になるんだね。

同様に考えていけば，

・4価関数$w=z^{\frac{1}{4}}$は4葉のリーマン面で，

・5価関数$w=z^{\frac{1}{5}}$は5葉のリーマン面で，

・………

表現できることが分かると思う。

これからさらに類推していくと，無限多価関数である複素対数関数 $\boldsymbol{w=\log z}$ も，無数のリーマン面を使うことにより，**1** 価関数として表すことができる。ただし，これはリーマン面の数が無数であるため，これまでのように図で示すことは不可能なんだけれどね。

リーマン面は，複素関数を学習していく上で欠かせない概念だけど，初学者には初め分かりづらく感じられるかも知れない。でも，$\boldsymbol{z=r\cdot e^{i\theta}}$ とおいて，θ の変化と連動させて考えれば，リーマン面上の特に切断接続部において，点 z がどのように移動していくかが手に取るように分かったと思う。

今回は，リーマン面の考え方を中心に解説したので，特に演習問題や実践問題を設けなかった。

以上で，さまざまな基本的な複素関数の解説は終了です。この後は，いよいよ複素関数の微分・積分について，解説していくことにしよう！

講義2 ● さまざまな複素関数　公式エッセンス

1.　e^z の性質

(1) $e^{z_1}e^{z_2}=e^{z_1+z_2}$　　(2) $\dfrac{e^{z_1}}{e^{z_2}}=e^{z_1-z_2}$　　(3) $(e^{z_1})^n=e^{nz_1}$ など。

2.　対数法則

(1) $\log z_1z_2=\log z_1+\log z_2$

(2) $\log\dfrac{z_1}{z_2}=\log z_1-\log z_2$　$(z_1\neq 0,\ z_2\neq 0)$

3.　複素三角関数の公式（Ⅰ）

(1) (ⅰ) $\cos(-z)=\cos z$　　(ⅱ) $\sin(-z)=-\sin z$

　(ⅲ) $\tan(-z)=-\tan z$

(2) (ⅰ) $\cos(z+2n\pi)=\cos z$　　(ⅱ) $\sin(z+2n\pi)=\sin z$

　(ⅲ) $\tan(z+n\pi)=\tan z$

(3) $\cos^2 z+\sin^2 z=1$

(4) (ⅰ) $\cos(z_1\pm z_2)=\cos z_1\cos z_2\mp\sin z_1\sin z_2$

　(ⅱ) $\sin(z_1\pm z_2)=\sin z_1\cos z_2\pm\cos z_1\sin z_2$

　(ⅲ) $\tan(z_1\pm z_2)=\dfrac{\tan z_1\pm\tan z_2}{1\mp\tan z_1\cdot\tan z_2}$

4.　複素三角関数の公式（Ⅱ）

$z=x+iy$　$(x,\ y$：実数$)$ のとき，

(1) $\cos z=\cos(x+iy)=\cos x\cosh y-i\sin x\sinh y$

(2) $\sin z=\sin(x+iy)=\sin x\cosh y+i\cos x\sinh y$

5.　多価関数とリーマン面

複素関数では，

ベキ関数　$w=\sqrt{z}\left(=z^{\frac{1}{2}}\right)$　[2 価関数]

　　　　　$w=z^{\frac{1}{3}}$　[3 価関数]

　　　　　…………

対数関数　$w=\log z$　[無限多価関数]

などの多価関数を，1 価関数として取り扱えるようにするため，リーマン面が利用される。

複素関数の微分

- ▶ 複素関数の微分と正則関数
- ▶ コーシー・リーマンの方程式
  (**C**-**R** の方程式)
- ▶ 等角写像

§1. 複素関数の微分と正則関数

さァ，これから，複素関数 $w=f(z)$ の微分について解説しよう。まず，複素関数の微分係数の定義式について教えよう。これは，実数関数の微分係数の定義式と形式的には同じだから覚えやすいと思う。でも，"**近傍**(きんぼう)"や"**領域**(りょういき)(**開領域**(かいりょういき))"それに"**正則**(せいそく)"など，複素関数の微分には独特の概念があるので，まずその基本から解説するつもりだ。

● まず，近傍と領域について解説しよう！

図1に示すように，z 平面上の1点 z_0 に対して，

$|z-z_0|<r$　（r：正の実定数）

をみたす点 z は，z_0 を中心とする半径 r の円の内部を表す。この円の内部のことを，z_0 の"**r 近傍**(きんぼう)"または単に"**近傍**(きんぼう)"と呼ぶことを覚えてくれ。

図1　z_0 の r 近傍

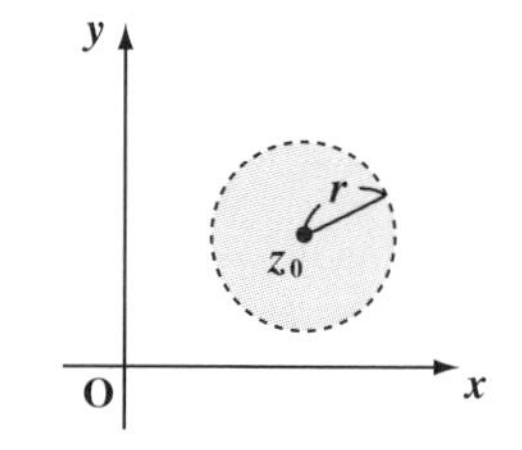

さらに，複素関数の微分ではいつも出てくる"**領域**"という用語の定義についても，下に示しておこう。

領域（開領域）の定義

複素数平面における集合 D が次の2つの条件（i），（ii）をみたすとき集合 D を"**領域**(りょういき)"または"**開領域**(かいりょういき)"という。

（i）開集合であること：

　D 内の任意の点には，D に含まれる近傍が存在する。

（ii）連結性があること：

　D 内の任意の2点を，D 内に含まれる折れ線で結ぶことができる。

（i）の開集合である条件は，D 内の任意の点 z_0 をとったとき，z_0 を中心とするある半径 r の小円が D に完全に含まれるということだ。だから，一般に領域（開領域）には，境界線は含めない。もし，境界線を含めると，点 z_0 を境界線上にとって，r 近傍をとったとき，D に含まれない部分が必ず出てくるからだ。つまり，境界はボカシておくことがコツなんだね。（ii）の

連結性の意味は，問題ないと思う。

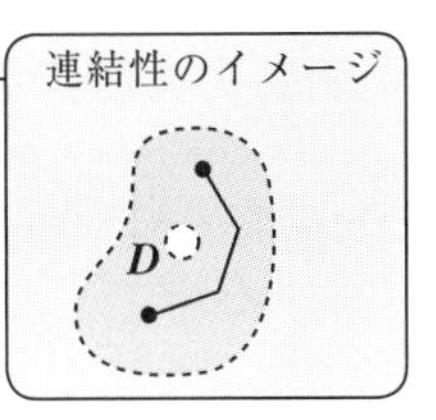

つまり，具体的には，境界を含めない，円の内部や，多角形の内部，実軸の上側などが，領域の例になるんだね。大丈夫？

● 複素関数の極限も押さえよう！

それでは，複素関数の極限の解説に入ろう。複素数平面上の点 z_0 のある近傍で定義されている複素関数について，

$z \to z_0$ のとき，$f(z)$ が限りなく α に近づくならば，
$z \to z_0$ のとき，$f(z)$ は極限値 α に"**収束**(しゅうそく)"するといい，$\lim_{z \to z_0} f(z) = \alpha$ と表す。

極限値 α が定まらない場合，$z \to z_0$ のとき $f(z)$ は"**発散**(はっさん)"するという。特に，絶対値 $|f(z)|$ が限りなく大きくなるとき，無限大に発散するといい，「$z \to z_0$ のとき，$f(z) \to \infty$」と表す。

これを，ε-δ 論法を使って，もっと厳密に表すと，

$$^\forall \varepsilon > 0, \quad ^\exists \delta > 0 \quad \text{s.t.} \quad 0 < |z - z_0| < \delta \Rightarrow |f(z) - \alpha| < \varepsilon$$

このとき，$\lim_{z \to z_0} f(z) = \alpha$ となる。

これは，「正の数 ε をどんなに小さくしても，

$0 < |z - z_0| < \delta$（z_0 の δ 近傍）ならば $|f(z) - \alpha| < \varepsilon$（$\alpha$ の ε 近傍）

となるような，そんな δ が存在するとき，$\lim_{z \to z_0} f(z) = \alpha$ である。」という意味なんだね。"**z_0 の δ 近傍**"と，"**α の ε 近傍**"については図2に示しておいた。ここでさらに，z_0 の δ 近傍において，z が z_0 に近づく近づき方は，図2の下図に示すように，多様であることに気を付けよう。このように，z が様々な形で z_0 に近づいても $f(z)$ が同じ α に近づくとき，$\lim_{z \to z_0} f(z) = \alpha$ と言えるんだね。

図2 ε-δ 論法

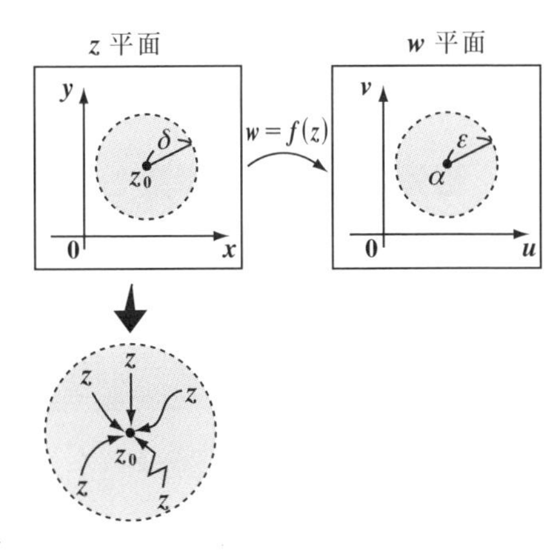

それでは，次の極限の公式が成り立つことも頭に入れてくれ。これらの公式も実数関数の極限の公式と同様だから覚えやすいはずだ。

複素関数の極限の公式

$\lim_{z \to z_0} f(z) = \alpha$, $\lim_{z \to z_0} g(z) = \beta$ のとき，次の公式が成り立つ。

(1) $\lim_{z \to z_0} \{f(z) \pm g(z)\} = \alpha \pm \beta$ （複号同順）

(2) $\lim_{z \to z_0} \gamma f(z) = \gamma\alpha$ （γ：複素定数）

(3) $\lim_{z \to z_0} f(z) \cdot g(z) = \alpha \cdot \beta$

(4) $\lim_{z \to z_0} \dfrac{f(z)}{g(z)} = \dfrac{\alpha}{\beta}$ （ただし，$g(z) \neq 0$, $\beta \neq 0$）

次，複素関数 $f(z)$ が，$z = z_0$ で連続となる条件も示しておこう。

複素関数の連続条件

複素関数 $f(z)$ が，$z = z_0$ で定義され，その値が $f(z_0)$ で，
かつ $\lim_{z \to z_0} f(z) = f(z_0)$ となるとき，
$f(z)$ は，$z = z_0$ で "**連続**(れんぞく)" であるという。

これは，$\lim_{z \to z_0} f(z)$ の極限値が存在し，かつ，それが $f(z_0)$ の値と一致するとき，点 z_0 で $f(z)$ が連続になると言っているわけだから，形式的には，実数関数の連続条件と同じなんだね。ただし，$z \to z_0$ の近づき方は多様なんだね。

● 複素関数の微分係数も定義しよう！

複素関数 $f(z)$ が，$z = z_0$ のある近傍で定義されているものとする。このとき，微分係数 $f'(z_0)$ を次のように定義する。

微分係数の定義

$z = z_0$ のある近傍で定義された複素関数 $w = f(z)$ について，

$$\lim_{z \to z_0} \frac{f(z) - f(z_0)}{z - z_0} \quad \cdots\cdots ①$$

が収束するとき，$f(z)$ は，$z = z_0$ で "**微分可能**(びぶんかのう)" という。また，その極限値を $z = z_0$ における "**微分係数**(びぶんけいすう)" と呼び，$f'(z_0)$ で表す。

これも，形式的には実数関数での微分係数の定義式とまったく同じだか

ら覚えやすいと思う。ただし，$z \to z_0$ の近づき方は多様であること，これが実数関数とは大きく違う点だから，気を付けよう。

ここで，$f(z)$ が z_0 のある近傍のすべての点で微分可能であるとき，「$f(z)$ は点 z_0 で "**正則**(せいそく)" (***regular***) である。」という。

注意 「$f(z)$ が点 z_0 で微分可能である」というときは，あくまでも点 z_0 のみで微分可能であることを示し，近傍内の他の点については微分可能か否か，示していない。

また，$f(z)$ が，領域 D 内のすべての点で微分可能であるとき，「$f(z)$ は領域 D で "**正則**(せいそく)" である。」または「$f(z)$ は領域 D で "**正則関数**(せいそくかんすう)" (***regular function***) である。」という。このとき，領域 D 内の各点 z_0 における微分係数 $f'(z_0)$ を値とする関数 $f'(z)$ を "**導関数**(どうかんすう)" という。

微分係数 $f'(z_0)$ の定義式①について，

$z - z_0 = \Delta z$ とおくと，$z = z_0 + \Delta z$

また，$z \to z_0$ のとき，$\Delta z \to 0$ となる。

よって，①は次のように表現してもよい。

$$\text{微分係数 } f'(z_0) = \lim_{\Delta z \to 0} \frac{f(z_0 + \Delta z) - f(z_0)}{\Delta z}$$

この極限値が存在するとき，それを $f'(z_0)$ とおく。

同様に，導関数 $f'(z)$ は，次式で定義される。

$$\text{導関数 } f'(z) = \lim_{\Delta z \to 0} \frac{f(z + \Delta z) - f(z)}{\Delta z}$$

この極限の関数が存在するとき，それを $f'(z)$ とおく。

Δz z
z_0
z_0 の近傍

Δz：z_0 から z に向かうベクトル
と考えられるから，
$\Delta z \to 0$
の本当の意味は，
$\Delta z \to 0 + 0i$
のことだ！

それでは，実際にこの定義式に従って，導関数を計算してみよう。

例題 1　次の複素関数 $f(z)$ の導関数 $f'(z)$ を求めてみよう。

(1) $f(z) = z^2$　(2) $f(z) = \dfrac{1}{z}$ $(z \neq 0)$　(3) $f(z) = \overline{z}$　(4) $f(z) = z \cdot \overline{z}$

(1) $f(z) = z^2$ の導関数 $f'(z)$ は，

$$f'(z) = \lim_{\Delta z \to 0} \frac{f(z + \Delta z) - f(z)}{\Delta z} = \lim_{\Delta z \to 0} \frac{(z + \Delta z)^2 - z^2}{\Delta z}$$

$(z+\Delta z)^2 = z^2 + 2\Delta z \cdot z + (\Delta z)^2$

$$= \lim_{\Delta z \to 0} \frac{\Delta z(2z + \Delta z)}{\Delta z} = \lim_{\Delta z \to 0} (2z + \Delta z) = 2z \text{ となる。}$$

$\Delta z \to 0$

よって，$f(z)=z^2$ は，z 平面上の任意の点で，連続かつ微分可能(正則)であり，その導関数は $f'(z)=2z$ である。

> $f(z)$ が，点 z_0 で微分可能のとき，$\displaystyle\lim_{z\to z_0}\frac{f(z)-f(z_0)}{z-z_0}=f'(z_0)$ より，
>
> $\displaystyle\lim_{z\to z_0}\{f(z)-f(z_0)\}=\lim_{z\to z_0}\underbrace{(z-z_0)}_{0}\cdot\underbrace{f'(z_0)}_{\text{ある値}}=0$，すなわち，$\displaystyle\lim_{z\to z_0}f(z)=f(z_0)$
>
> が成り立つ。よって，一般に $f(z)$ が，点 z_0 で微分可能ならば，その点で連続であることも言えるんだね。

(2) $f(z)=\dfrac{1}{z}$ は，$z=0$ 以外で連続な関数。この導関数 $f'(z)$ は，

$$f'(z)=\lim_{\Delta z\to 0}\frac{f(z+\Delta z)-f(z)}{\Delta z}=\lim_{\Delta z\to 0}\frac{\dfrac{1}{z+\Delta z}-\dfrac{1}{z}}{\Delta z}$$

（$\dfrac{z-(z+\Delta z)}{z(z+\Delta z)}=-\dfrac{\Delta z}{z(z+\Delta z)}$）

$$=\lim_{\Delta z\to 0}\left\{-\frac{\Delta z}{\Delta z\cdot z(z+\Delta z)}\right\}=\lim_{\Delta z\to 0}\left\{-\frac{1}{z(z+\Delta z)}\right\}$$

（$\dfrac{0}{0}$ の要素が消えた！　$\Delta z\to 0$）

$$=-\frac{1}{z^2}$$ となる。

よって，$f(z)=\dfrac{1}{z}$ は，$z=0$ 以外で連続かつ微分可能(正則)で，

その導関数は，$f'(z)=-\dfrac{1}{z^2}$ である。

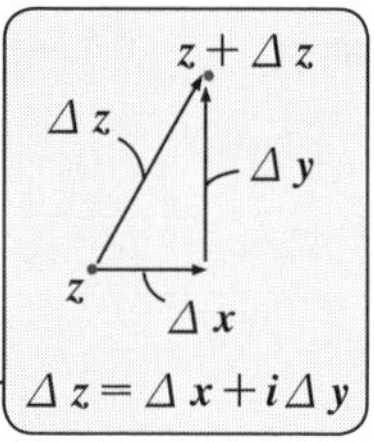

(3) $f(z)=\overline{z}$ について，$z=x+iy$

(x, y：実数)とおくと，$\overline{z}=x-iy$

また，$\Delta z=\Delta x+i\Delta y$，$\overline{\Delta z}=\Delta x-i\Delta y$ となる。

よって，次の極限を調べると，

$$\lim_{\Delta z\to 0}\frac{f(z+\Delta z)-f(z)}{\Delta z}=\lim_{\Delta z\to 0}\frac{\overline{z+\Delta z}-\overline{z}}{\Delta z}$$

（$\overline{z}+\overline{\Delta z}-\overline{z}=\overline{\Delta z}$）

$$=\lim_{\Delta z\to 0}\frac{\overline{\Delta z}}{\Delta z}=\lim_{\Delta z\to 0}\frac{\Delta x-i\Delta y}{\Delta x+i\Delta y}\quad\cdots①$$ となる。

（$\Delta z=\Delta x+i\Delta y$）

ここで，$\Delta z\to 0$ のとき，$\Delta x\to 0$ かつ $\Delta y\to 0$ となるんだけれど，

(i) $\Delta y=0$ かつ $\Delta x\to 0$ の場合と，(ii) $\Delta x=0$ かつ $\Delta y\to 0$ の

このとき，点 $z+\Delta z$ は，実軸と平行な方向から点 z に近づく。

このとき，点 $z+\Delta z$ は，虚軸と平行な方向から点 z に近づく。

場合に分けて考えよう。

(i) $\Delta y=0$ かつ $\Delta x\to 0$ の場合，①は，

$$\lim_{\Delta x\to 0}\frac{\Delta x-i\Delta y}{\Delta x+i\Delta y}=\lim_{\Delta x\to 0}\frac{\Delta x}{\Delta x}=1$$ となり，

(ii) $\Delta x=0$ かつ $\Delta y\to 0$ の場合，①は，

$$\lim_{\Delta y\to 0}\frac{\Delta x-i\Delta y}{\Delta x+i\Delta y}=\lim_{\Delta y\to 0}\frac{-i\Delta y}{i\Delta y}=-1$$ となる。

よって，点 $z+\Delta z$ が点 z に近づく向きによって $\displaystyle\lim_{\Delta z\to 0}\frac{f(z+\Delta z)-f(z)}{\Delta z}$ の値が異なるので，この極限は収束しない。よって，関数 $f(z)=\overline{z}$ は，z 平面上のいずれの点においても，微分可能（正則）ではない。

(4) $f(z)=z\cdot\overline{z}$ について，$z=x+iy$ $(x,\ y$：実数）とおいて，次の極限を調べると，

$(z+\Delta z)(\overline{z}+\overline{\Delta z})-z\cdot\overline{z}=z\cdot\overline{\Delta z}+\overline{z}\cdot\Delta z+\Delta z\cdot\overline{\Delta z}$

$$\lim_{\Delta z\to 0}\frac{f(z+\Delta z)-f(z)}{\Delta z}=\lim_{\Delta z\to 0}\frac{(z+\Delta z)(\overline{z+\Delta z})-z\cdot\overline{z}}{\Delta z}$$

$$=\lim_{\Delta z\to 0}\frac{z\cdot\overline{\Delta z}+\overline{z}\cdot\Delta z+\Delta z\cdot\overline{\Delta z}}{\Delta z}=\lim_{\Delta z\to 0}\left(z\cdot\frac{\overline{\Delta z}}{\Delta z}+\overline{z}+\overline{\Delta z}\right)$$

$\overline{0}=0$

$$=\lim_{\Delta z\to 0}\left(z\cdot\frac{\overline{\Delta z}}{\Delta z}+\overline{z}\right)$$

(3) の①と同様に，(i) $\Delta y=0$ かつ $\Delta x\to 0$ のとき，1 に近づき，(ii) $\Delta x=0$ かつ $\Delta y\to 0$ のとき，-1 に近づく。よって，これは，収束しない。でも，これにかかる z が 0 のときのみ，この極限は $\overline{z}\ (=\overline{0})$ に収束して，微分可能となる。

$\Delta z\to 0$ のとき，$\dfrac{\overline{\Delta z}}{\Delta z}$ は収束しない。

よって，$f(z)=z\cdot\overline{z}$ は，点 $z=0$ においてのみ微分可能で，微分係数 $f'(0)=\overline{0}=0$ となるけれど，0 以外では微分可能(正則)でない。

(1), (2) の結果より，$(z^2)'=2z$，$\left(\frac{1}{z}\right)'=-\frac{1}{z^2}$ となって，実数関数の微分 $(x^2)'=2x$，$\left(\frac{1}{x}\right)'=-\frac{1}{x^2}$ と同様の結果になることが分かったと思う。

また，(3), (4) のように"$\overline{z}$ が入った関数"は，一般に正則関数にはならないことも覚えておくといいよ。

● 導関数の公式も，実数関数のものと同様だ！

一般に，複素関数 $w=f(z)$ の導関数は，w'，$f'(z)$，$\frac{dw}{dz}$，$\frac{df}{dz}$ などと表す。この複素関数の導関数の計算公式を下に示そう。証明は，次回に行うけれど，実数関数の計算公式と同様だから，覚えやすいと思う。

複素関数の導関数の計算公式

z を複素変数，α を複素定数とする。対数は自然対数とする。

(1) $(e^z)'=e^z$

(2) $(\alpha^z)'=\alpha^z\log\alpha \quad (\alpha\neq 0)$

(3) $\{\log z\}'=\frac{1}{z} \quad (z\neq 0)$

(4) $\{\log f(z)\}'=\frac{f'(z)}{f(z)} \quad (f(z)\neq 0)$

(5) $(z^\alpha)'=\alpha z^{\alpha-1} \quad (z\neq 0)$

(6) $(\sin z)'=\cos z$

(7) $(\cos z)'=-\sin z$

(8) $(\tan z)'=\frac{1}{\cos^2 z} \quad (\cos z\neq 0)$

また，次の微分公式も，実数関数のときと同様だ。

複素関数の微分公式

領域 D で正則な複素関数 $f(z)$，$g(z)$ について，次の公式が成り立つ。

(1) $\{f(z)\pm g(z)\}'=f'(z)\pm g'(z)$ （複号同順）

(2) $\{\gamma f(z)\}'=\gamma\cdot f'(z)$ （γ：複素定数）

(3) $\{f(z)\cdot g(z)\}'=f'(z)\cdot g(z)+f(z)\cdot g'(z)$

(4) $\left\{\frac{f(z)}{g(z)}\right\}'=\frac{f'(z)\cdot g(z)-f(z)\cdot g'(z)}{\{g(z)\}^2}$ （ただし，$g(z)\neq 0$）

これらの公式の証明も実数関数のときと同様だよ。(3) についてのみ，示しておこう。

(3) $\{f(z)\cdot g(z)\}'=\lim_{\Delta z\to 0}\frac{f(z+\Delta z)\cdot g(z+\Delta z)-f(z)\cdot g(z)}{\Delta z}$

同じものを引いて，たすのがコツ！

$$=\lim_{\Delta z\to 0}\frac{\{f(z+\Delta z)g(z+\Delta z)-f(z+\Delta z)g(z)\}+\{f(z+\Delta z)g(z)-f(z)g(z)\}}{\Delta z}$$

$$=\lim_{\Delta z\to 0}\left\{f(z+\Delta z)\cdot\frac{g(z+\Delta z)-g(z)}{\Delta z}+\frac{f(z+\Delta z)-f(z)}{\Delta z}\cdot g(z)\right\}$$

（$\Delta z \to 0$，$\frac{g(z+\Delta z)-g(z)}{\Delta z} \to g'(z)$，$\frac{f(z+\Delta z)-f(z)}{\Delta z} \to f'(z)$）

$=f(z)\cdot g'(z)+f'(z)\cdot g(z)$ となる。大丈夫だね。

さらに，次の合成関数の微分公式も成り立つ。これも実数関数のときと同じだ。

複素関数の合成関数の微分公式

複素関数 $w=f(\zeta)$，$\zeta=g(z)$ が領域 D で正則なとき，← ζ(ゼータ)
合成関数 $w=f(g(z))=f\circ g(z)$ も D で正則で，次の公式が成り立つ。

$$\frac{dw}{dz}=\frac{dw}{d\zeta}\cdot\frac{d\zeta}{dz}$$

← 形式上，$d\zeta$ で割った分，$d\zeta$ をかける形になっている。

この証明は，次の通りだ。

$$\frac{dw}{dz}=\lim_{\Delta z\to 0}\frac{f(g(z+\Delta z))-f(g(z))}{\Delta z}$$

（$g(z+\Delta z)$ ＝ $g(z)+\Delta\zeta=\zeta+\Delta\zeta$）

ここで，$g(z+\Delta z)=g(z)+\Delta\zeta$ とおくと，$\lim_{\Delta z\to 0}\Delta\zeta=\lim_{\Delta z\to 0}\{g(z+\Delta z)-g(z)\}=0$

（$g(z)$ ＝ ζ，$\Delta z \to 0$）

よって，

$$\frac{dw}{dz}=\lim_{\substack{\Delta z\to 0\\(\Delta\zeta\to 0)}}\frac{f(\zeta+\Delta\zeta)-f(\zeta)}{\Delta\zeta}\cdot\frac{\Delta\zeta}{\Delta z}$$

← $\Delta\zeta$ で割った分，$\Delta\zeta$ をかけた。

（$\frac{f(\zeta+\Delta\zeta)-f(\zeta)}{\Delta\zeta} \to \frac{dw}{d\zeta}$，$\frac{\Delta\zeta}{\Delta z} \to \frac{d\zeta}{dz}$）

$=\frac{dw}{d\zeta}\cdot\frac{d\zeta}{dz}$ となる。

以上の公式を組み合わせれば，複素関数も，実数関数のときと同様に自由に微分計算ができるんだよ。

● $\frac{0}{0}$ の極限の不定形は，ロピタルの定理を利用できる！

微分法の応用として，ロピタルの定理についても解説しておこう。

ロピタルの定理

ある領域で正則な2つの複素関数 $f(z)$ と $g(z)$ について，
$f(\alpha)=g(\alpha)=0$ であり，$f'(\alpha)$ と $g'(\alpha)$ が存在し，かつ $g'(\alpha)\neq 0$ のとき，
次式が成り立つ。

$$\lim_{z\to\alpha}\frac{f(z)}{g(z)}=\lim_{z\to\alpha}\frac{f'(z)}{g'(z)} \quad \cdots\cdots\cdots(*)$$

$f(\alpha)=g(\alpha)=0$ より，

$((*)$の左辺$)=\lim_{z\to\alpha}\frac{f(z)}{g(z)}=\frac{f(\alpha)}{g(\alpha)}=\frac{0}{0}$ の不定形となるんだけれど，

これは，分子・分母を z で微分したものの極限 $\lim_{z\to\alpha}\frac{f'(z)}{g'(z)}$ $(=(*)$の右辺$)$ と一致すると言っているんだね。

ではまず，$(*)$の公式が成り立つことを証明しておこう。

$$((*)\text{の右辺})=\lim_{z\to\alpha}\frac{f'(z)}{g'(z)}=\frac{f'(\alpha)}{g'(\alpha)}$$

$$=\frac{\displaystyle\lim_{z\to\alpha}\frac{f(z)-f(\alpha)}{z-\alpha}}{\displaystyle\lim_{z\to\alpha}\frac{g(z)-g(\alpha)}{z-\alpha}}=\lim_{z\to\alpha}\frac{\dfrac{f(z)-\overset{0}{f(\alpha)}}{z-\alpha}}{\dfrac{g(z)-\overset{0}{g(\alpha)}}{z-\alpha}}$$

$$=\lim_{z\to\alpha}\frac{f(z)}{g(z)}=((*)\text{の左辺}) \quad \text{となる。}$$

よって，$(*)$の公式は成り立つことが示せたんだね。

このロピタルの定理$(*)$の公式を利用すると，$\lim_{z\to\alpha}\frac{f(z)}{g(z)}=\frac{0}{0}$ の不定形の極限の問題を容易に解くことができる。

では，実際に，次の例題でロピタルの定理を利用してみよう。

例題 2　次の複素関数の極限を求めよう。

(1) $\displaystyle\lim_{z\to 2i}\frac{\sin z-\sin 2i}{z-2i}$　　(2) $\displaystyle\lim_{z\to i}\frac{\log(-iz)}{z-i}$

(3) $\displaystyle\lim_{z\to 0}\frac{\cos 2z-1}{z^2}$

(1) $\displaystyle\lim_{z\to 2i}\frac{\sin z-\sin 2i}{z-2i}$ は $\dfrac{0}{0}$ の不定形で，$\sin z-\sin 2i$，$z-2i$ は共に正則な関数より，(＊) のロピタルの定理を用いると，

$$\lim_{z\to 2i}\frac{\sin z-\sin 2i}{z-2i}=\lim_{z\to 2i}\frac{(\sin z-\sin 2i)'}{(z-2i)'}=\lim_{z\to 2i}\frac{\cos z}{1}$$

$$=\cos 2i=\frac{e^{i\cdot 2i}+e^{-i\cdot 2i}}{2}=\frac{e^2+e^{-2}}{2}=\cosh 2 \quad \text{となる。}$$

(2) $\displaystyle\lim_{z\to i}\frac{\log(-iz)}{z-i}$ は $\dfrac{0}{0}$ の不定形で，$\log(-iz)$ は $z=0$ 以外で正則な関数であり，$z-i$ は正則な関数より，(＊) を用いると

$$\lim_{z\to i}\frac{\log(-iz)}{z-i}=\lim_{z\to i}\frac{\{\log(-iz)\}'}{(z-i)'}=\lim_{z\to i}\frac{\frac{-i}{-iz}}{1}=\lim_{z\to i}\frac{1}{z}$$

$$=\frac{1}{i}=-\frac{i^2}{i}=-i \quad \text{となるんだね。大丈夫？}$$

(3) $\displaystyle\lim_{z\to 0}\frac{\cos 2z-1}{z^2}$ は $\dfrac{0}{0}$ の不定形で，$\cos 2z-1$，z^2 は共に正則な関数より，(＊) を用いると

$$\lim_{z\to 0}\frac{\cos 2z-1}{z^2}=\lim_{z\to 0}\frac{(\cos 2z-1)'}{(z^2)'}=\lim_{z\to 0}\frac{-\cancel{2}\sin 2z}{\cancel{2}z}\left(=\frac{0}{0}\text{の不定形}\right)$$

$$=\lim_{z\to 0}\frac{(-\sin 2z)'}{z'}=\lim_{z\to 0}\frac{-2\cos 2z}{1}=-2\times\cos 0=-2 \quad \text{となる。}$$

ロピタルの定理の 2 連発！

以上で，$\dfrac{0}{0}$ の形の複素関数の極限の問題の解法にも慣れたでしょう？

演習問題 8	● 複素関数の微分 ●

次の関数を微分せよ。

(1) $i\sin z + \tan z$　(2) $z^2 \cdot \log z \quad (z \neq 0)$　(3) $\dfrac{z+1}{z^2} \quad (z \neq 0)$

(4) e^{iz}　(5) $\cos(-iz)$

ヒント！ (1), (2), (3) は，2つの関数の和・積・商の微分計算だね。(4), (5) は，合成関数の微分だ。(4) では，$\zeta = iz$，(5) では $\zeta = -iz$ とおいて考えよう。

解答＆解説

(1) $(i\sin z + \tan z)' = i(\sin z)' + (\tan z)'$ ← $\cdot (f+g)' = f' + g'$ 　$\cdot (\gamma \cdot f)' = \gamma f'$

$$= i\cos z + \frac{1}{\cos^2 z}$$

(2) $(z^2 \cdot \log z)' = (z^2)' \log z + z^2 (\log z)'$ ← $\cdot (f \cdot g)' = f' \cdot g + f \cdot g'$

$$= 2z \cdot \log z + z^2 \cdot \frac{1}{z} = z(2\log z + 1)$$

(3) $\left(\dfrac{z+1}{z^2}\right)' = \dfrac{(z+1)' \cdot z^2 - (z+1) \cdot (z^2)'}{z^4}$ ← $\left(\dfrac{f}{g}\right)' = \dfrac{f' \cdot g - f \cdot g'}{g^2}$

$$= \frac{z^2 - 2z(z+1)}{z^4} = -\frac{z^2 + 2z}{z^4} = -\frac{z+2}{z^3}$$

(4) $w = e^{iz}$ とおき，さらに $\zeta = iz$ とおくと，（iz を ζ とおく）

$w = e^{\zeta}$，$\zeta = iz$ より，合成関数の微分公式から，

$$\frac{dw}{dz} = \frac{dw}{d\zeta} \cdot \frac{d\zeta}{dz} = (e^{\zeta})' \cdot (iz)' = e^{\zeta} \cdot i = i \cdot e^{iz}$$

（$(e^{\zeta})'$：ζ で微分，$(iz)'$：z で微分）

(5) $w = \cos(-iz)$ とおき，$\zeta = -iz$ とおくと，

$$\frac{dw}{dz} = \frac{dw}{d\zeta} \cdot \frac{d\zeta}{dz} = (\cos\zeta)' \cdot (-iz)' = -\sin\zeta \cdot (-i) = i \cdot \sin(-iz)$$

（これは，$i\sin(-iz) = -i \cdot \sin iz = -i \cdot \dfrac{e^{i \cdot iz} - e^{-i \cdot iz}}{2i} = -\dfrac{e^{-z} - e^{z}}{2}$

$= \dfrac{e^{z} - e^{-z}}{2} = \sinh z$　と変形してもいいよ。）

実践問題 8 ● 複素関数の微分 ●

次の関数を微分せよ。

(1) $\cos z - 2i\sin z$　(2) $-z\log z$　$(z \neq 0)$　(3) $\dfrac{1-z^2}{z}$　$(z \neq 0)$

(4) e^{-iz}　(5) $\sin(iz)$

ヒント！ (1), (2), (3) は，2つの関数の差・積・商の微分計算だね。(4), (5) は，合成関数の微分で，(4) では $\zeta = -iz$，(5) では $\zeta = iz$ とおくといい。

解答＆解説

(1) $(\cos z - 2i\sin z)' = (\cos z)' - 2i(\sin z)'$

$= -$ (ア)

(2) $(-z\log z)' = (-z)' \cdot \log z + (-z) \cdot (\log z)'$

$= -1 \cdot \log z - z \cdot \dfrac{1}{z} =$ (イ)

(3) $\left(\dfrac{1-z^2}{z}\right)' = \dfrac{(1-z^2)' \cdot z - (1-z^2) \cdot z'}{z^2} = \dfrac{-2z^2 - (1-z^2)}{z^2} = -$ (ウ)

(4) $w = e^{-iz}$ とおき，さらに $\zeta = -iz$ とおくと，

$\dfrac{dw}{dz} = \dfrac{dw}{d\zeta} \cdot \dfrac{d\zeta}{dz} = (e^{\zeta})' \cdot (-iz)' = -i \cdot e^{\zeta} = -$ (エ)

(5) $w = \sin(iz)$ とおき，さらに $\zeta = iz$ とおくと，

$\dfrac{dw}{dz} = \dfrac{dw}{d\zeta} \cdot \dfrac{d\zeta}{dz} = (\sin\zeta)' \cdot (iz)' = i \cdot \cos\zeta = i\cos(iz)$

（これは，$i\cos(iz) = i \cdot \dfrac{e^{i \cdot iz} + e^{-i \cdot iz}}{2} = i \cdot \dfrac{e^z + e^{-z}}{2} =$ (オ)

としてもいい。）

解答　(ア) $(\sin z + 2i\cos z)$　(イ) $-(\log z + 1)$　(ウ) $\dfrac{z^2+1}{z^2}$

(エ) ie^{-iz}　(オ) $i\cosh z$

§2. コーシー・リーマンの方程式(C-R の方程式)

複素関数の正則性(微分可能性)の有力な判定法として, **"コーシー・リーマンの方程式"** を紹介しよう。これにより, 正則性の判定だけでなく, 導関数の計算もできるようになるんだよ。さらに, このコーシー・リーマンの方程式は, **"複素関数の積分"** のところでも重要な役割を演じることになるので, この講義でシッカリマスターしておこう。

● コーシー・リーマンの方程式って, 何?

領域 D において, 複素関数 $f(z)$ の正則性を判定する **"コーシー・リーマンの方程式"** (*Cauchy–Riemann Relation*) を, 下に示そう。

(この頭文字をとって **"C–R の方程式"** と略記することもある。)

コーシー・リーマンの方程式(C–R の方程式)

領域 D で定義された $z=x+iy$ の関数 $f(z)=u(x, y)+iv(x, y)$ が正則であるならば,

$$\frac{\partial u}{\partial x}=\frac{\partial v}{\partial y} \text{ かつ } \frac{\partial v}{\partial x}=-\frac{\partial u}{\partial y} \quad \cdots\cdots(*)$$

が成り立つ。これを, **"コーシー・リーマンの方程式"** という。
また, $f(z)$ の導関数 $f'(z)$ は,

$$f'(z)=\frac{\partial u}{\partial x}+i\frac{\partial v}{\partial x} \text{ または } \frac{\partial v}{\partial y}-i\frac{\partial u}{\partial y} \quad \text{で計算できる。}$$

$\frac{\partial u}{\partial x}$ や $\frac{\partial v}{\partial x}$ などは, それぞれ u や v の x や y による偏導関数を表し,

$\frac{\partial u}{\partial x}=u_x$, $\frac{\partial v}{\partial y}=v_y$ などと略記してもよいので, **C–R** の方程式は,

$u_x=v_y$ かつ $v_x=-u_y$ と簡単に表現することもできる。

これだけでは, 何のことかピンとこないって? 当然だ! これから詳しく解説しよう。まず, 領域 D で $f(z)$ が正則なとき, **C–R** の方程式が成り立つことを証明しよう。

領域 D で，$f(z)$ が正則より，D 内の任意の点 z において次式が成り立つ。

$$\lim_{\Delta z \to 0}\frac{f(z+\Delta z)-f(z)}{\Delta z}=f'(z) \cdots\cdots ①$$

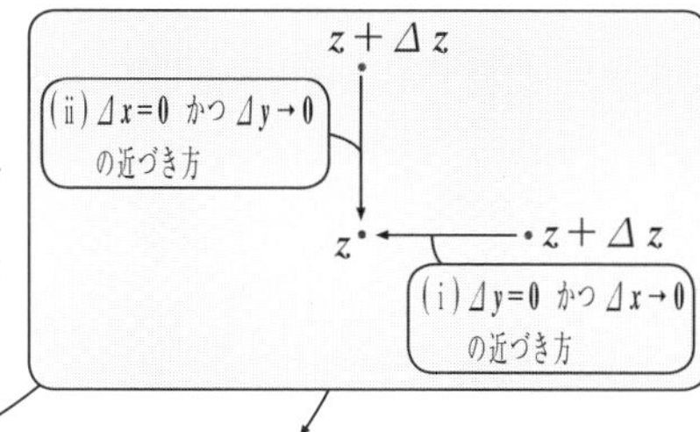

ここで，$\Delta z \to 0$ として，点 $z+\Delta z$ が点 z に近づく近づき方がどのような場合でも，①の極限は $f'(z)$ に収束する。

よって，

(ⅰ) $\Delta y=0$ かつ $\Delta x \to 0$ の場合と，(ⅱ) $\Delta x=0$ かつ $\Delta y \to 0$ の場合のいずれにおいても，同じ極限 $f'(z)$ に収束する。

①を書き換えると，

$$f'(z)=\lim_{\Delta x+i\Delta y \to 0}\frac{\underbrace{u(x+\Delta x,\, y+\Delta y)+iv(x+\Delta x,\, y+\Delta y)}_{f(z+\Delta z)}-\underbrace{\{u(x,\, y)+iv(x,\, y)\}}_{f(z)}}{\underbrace{\Delta x+i\Delta y}_{\Delta z}} \cdots ①'$$

となる。よって，

(ⅰ) $\Delta y=0$ かつ $\Delta x \to 0$ の場合，①′より

$$f'(z)=\lim_{\Delta x \to 0}\frac{u(x+\Delta x,\, y)+iv(x+\Delta x,\, y)-\{u(x,\, y)+iv(x,\, y)\}}{\Delta x}$$

$$=\lim_{\Delta x \to 0}\left\{\underbrace{\frac{u(x+\Delta x,\, y)-u(x,\, y)}{\Delta x}}_{\frac{\partial u}{\partial x}}+i\underbrace{\frac{v(x+\Delta x,\, y)-v(x,\, y)}{\Delta x}}_{\frac{\partial v}{\partial x}}\right\}$$

$$=\frac{\partial u}{\partial x}+i\frac{\partial v}{\partial x}=u_x+iv_x \cdots\cdots ② \quad \text{となる。}$$

(ⅱ) $\Delta x=0$ かつ $\Delta y \to 0$ の場合，①′より

$$f'(z)=\lim_{\Delta y \to 0}\frac{u(x,\, y+\Delta y)+iv(x,\, y+\Delta y)-\{u(x,\, y)+iv(x,\, y)\}}{i\Delta y}$$

$$=\lim_{\Delta y \to 0}\left\{\underbrace{\frac{1}{i}}_{-\frac{i^2}{i}=-i}\cdot\underbrace{\frac{u(x,\, y+\Delta y)-u(x,\, y)}{\Delta y}}_{\frac{\partial u}{\partial y}}+\underbrace{\frac{v(x,\, y+\Delta y)-v(x,\, y)}{\Delta y}}_{\frac{\partial v}{\partial y}}\right\}$$

$$=\frac{\partial v}{\partial y}-i\frac{\partial u}{\partial y}=v_y-iu_y \cdots\cdots ③ \quad \text{となる。}$$

②，③は，同じ $f'(z)$ を表す式なので，実部同士，虚部同士を比較して，

C-R の方程式： $\frac{\partial u}{\partial x} = \frac{\partial v}{\partial y}$ かつ $\frac{\partial v}{\partial x} = -\frac{\partial u}{\partial y}$ ……(＊) が成り立つ。

[$u_x = v_y$ かつ $v_x = -u_y$]

また，②，③より，導関数 $f'(z)$ は，

$f'(z) = \frac{\partial u}{\partial x} + i\frac{\partial v}{\partial x}$ または $\frac{\partial v}{\partial y} - i\frac{\partial u}{\partial y}$ で，計算できるのも大丈夫だね。

[$f'(z) = u_x + iv_x$ または $v_y - iu_y$]

そして，さらに，次の定理が成り立つ。

$f(z)$ の正則条件

関数 $f(z) = u(x, y) + iv(x, y)$ が，領域 D で正則であるための必要十分条件は，$u(x, y)$ と $v(x, y)$ が共に領域 D で連続な偏導関数をもち，かつコーシー・リーマンの方程式 $u_x = v_y$ かつ $v_x = -u_y$ をみたすことである。

これを見て，「はい，そうですか」と納得してはいけない。C-R の方程式は D で，$f(z)$ が正則ならば成り立つ必要条件の式だったからだ。でも，上の定理では，$f(z)$ が正則であるための必要十分条件と言ってるわけだから，当然 "u と v が連続な偏導関数をもつ" という条件は付くが，"C-R の方程式が成り立つならば，$f(z)$ は正則である" ことが成り立たなければならない。「はたして，本当か？」疑問に思って当然だったんだね。

早速調べてみよう！ C-R の方程式は，$z + \Delta z$ が点 z に，(i) 実軸に平行に近づくか，(ii) 虚軸に平行に近づくかの 2 つの方向から近づく場合に $f'(z)$ が一致する条件を調べたにすぎない。これに対して，$f(z)$ が点 z で正則であるためには，点 z に様々な近づき方をしても，$\lim_{\Delta z \to 0} \frac{f(z + \Delta z) - f(z)}{\Delta z}$ の極限が $f'(z)$ であることを示さなければならない。

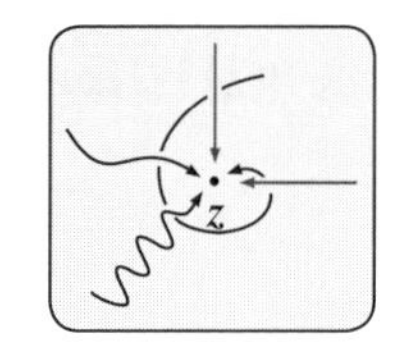

ここでまず，微分可能な 1 変数関数 $g(x)$ の平均値の定理を示そう。

$\frac{g(x + \Delta x) - g(x)}{\Delta x} = g'(x + c\Delta x)$ ……① $(0 < c < 1)$

ここで，1階導関数 $g'(x)$ も連続であるから，①の左辺 $= g'(x+c\Delta x) = g'(x)+h$ $(\Delta x \to 0$ のとき $h \to 0)$ とおける。よって，①は次のように変形できる。

$g(x+\Delta x)-g(x)=\{g'(x)+h\}\Delta x$ …② $(\Delta x \to 0$ のとき $h \to 0)$ 大丈夫？

では，2変数関数 $u(x,\ y)$ についても同様に平均値の定理を使ってみると

$u(x+\Delta x,\ y+\Delta y)-u(x,\ y)$

同じものを引いて，たした！

$= \{u(x+\Delta x,\ y+\Delta y)-u(x,\ y+\Delta y)\}+\{u(x,\ y+\Delta y)-u(x,\ y)\}$

$\{u_x(x,\ y+\Delta y)+h_0\}\Delta x$ 　 $\{u_y(x,\ y)+h_2\}\Delta y$

ここで，$u(x,\ y)$ の偏導関数 $u_x(x,\ y)$，$u_y(x,\ y)$ も連続であるとすると，②と同様に

$u(x+\Delta x,\ y+\Delta y)-u(x,\ y)=\{u_x(x,\ y+\Delta y)+h_0\}\Delta x+\{u_y(x,\ y)+h_2\}\Delta y$

ここで，u_x は連続より，これは $u_x(x,\ y)+h'$ $(\Delta y \to 0$ のとき，$h' \to 0)$ とおける。

$= \{u_x(x,\ y)+h_1\}\Delta x+\{u_y(x,\ y)+h_2\}\Delta y$ …③ $(h_1 = h'+h_0)$

（ここで，$\Delta x \to 0$，$\Delta y \to 0$ のとき，$h_1 \to 0$，$h_2 \to 0$ となる。）

③とまったく同様に，$v(x+\Delta x,\ y+\Delta y)-v(x,\ y)$ も次のように変形できる。

$v(x+\Delta x,\ y+\Delta y)-v(x,\ y)$

$= \{v_x(x,\ y)+l_1\}\Delta x+\{v_y(x,\ y)+l_2\}\Delta y$ ……④

（ここで，$\Delta x \to 0$，$\Delta y \to 0$ のとき，$l_1 \to 0$，$l_2 \to 0$ となる。）

以上より，$f(z+\Delta z)-f(z)$ は次のように変形できる。

$f(z+\Delta z)-f(z)=\{u(x+\Delta x,\ y+\Delta y)+iv(x+\Delta x,\ y+\Delta y)\}-\{u(x,\ y)+iv(x,\ y)\}$

$= \{u(x+\Delta x,\ y+\Delta y)-u(x,\ y)\}+i\{v(x+\Delta x,\ y+\Delta y)-v(x,\ y)\}$

$\{u_x(x,\ y)+h_1\}\Delta x+\{u_y(x,\ y)+h_2\}\Delta y$ （③より） 　 $\{v_x(x,\ y)+l_1\}\Delta x+\{v_y(x,\ y)+l_2\}\Delta y$ （④より）

$= u_x\Delta x+u_y\Delta y+iv_x\Delta x+iv_y\Delta y+\Delta$

（$u_y = -v_x$，$v_y = u_x$）

C-R の方程式
$u_x = v_y$，$v_x = -u_y$ より

$(\Delta = (h_1+il_1)\Delta x+(h_2+il_2)\Delta y)$

ここで，C-R の方程式を用いると，

$f(z+\Delta z)-f(z)=u_x\cdot(\Delta x+i\Delta y)+iv_x\cdot(\Delta x+i\Delta y)+\Delta$

（$\Delta x+i\Delta y = \Delta z$）

$\therefore f(z+\Delta z)-f(z)=(u_x+iv_x)\Delta z+\Delta$ ……⑤となる。

よって，⑤の両辺を Δz で割って，$\Delta z \to 0$ の極値を求めると

$$\lim_{\Delta z \to 0} \frac{f(z+\Delta z)-f(z)}{\Delta z} = \lim_{\Delta z \to 0}\left(u_x + iv_x + \frac{\varDelta}{\Delta z}\right) = u_x(x,\ y) + iv_x(x,\ y)$$

(※ $\frac{\varDelta}{\Delta z} \to 0$)

となって，極値が存在する。

なぜなら，$\Delta z \to 0$ すなわち $\Delta x \to 0$ かつ $\Delta y \to 0$ のとき，

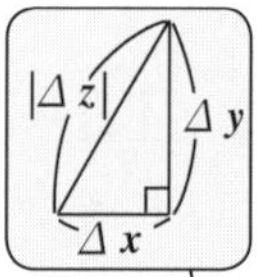

$$\lim_{\Delta z \to 0}\left|\frac{\varDelta}{\Delta z}\right| = \lim_{\Delta z \to 0}\left|\frac{(h_1 + il_1)\Delta x + (h_2 + il_2)\Delta y}{\Delta z}\right|$$

$$\leqq \lim_{\Delta z \to 0}\left\{|h_1 + il_1|\cdot\left|\frac{\Delta x}{\Delta z}\right| + |h_2 + il_2|\cdot\left|\frac{\Delta y}{\Delta z}\right|\right\} = 0 \quad \text{だからね。}$$

（$h_1, l_1, h_2, l_2 \to 0$，$\left|\frac{\Delta x}{\Delta z}\right|$：0～1の実数，$\left|\frac{\Delta y}{\Delta z}\right|$：0～1の実数）

（図：$|\Delta z|$，Δx，Δy の直角三角形）

よって，「u，v が連続な偏導関数をもち，かつ C-R の方程式が成り立つとき，$f(z)$ は D で正則となる」んだね。では，次の例題をやってみよう。

例題 1　$z = x + iy$ の関数 e^z が任意の z について正則であることを示し，$(e^z)' = e^z$ となることを証明してみよう。

$f(z) = e^z = e^{x+iy} = e^x(\cos y + i\sin y) = e^x\cos y + ie^x\sin y$ より，

（$e^x\cos y = u(x, y)$，$e^x\sin y = v(x, y)$）

$u(x, y) = e^x\cos y$，$v(x, y) = e^x\sin y$ とおくと，

$u_x = (e^x)'\cos y = e^x\cos y$，　　$u_y = e^x(\cos y)' = -e^x\sin y$

（cosy は定数とみて，e^x を x で微分。）（e^x は定数とみて，cosy を y で微分。）

$v_x = (e^x)'\sin y = e^x\sin y$，　　$v_y = e^x(\sin y)' = e^x\cos y$　となる。

（siny は定数とみて，e^x を x で微分。）（e^x は定数とみて，siny を y で微分。）

よって，u, v は連続な偏導関数 (u_x, u_y, v_x, v_y) をもち，C-R の方程式：

$u_x = v_y\ (= e^x\cos y)$，$v_x = -u_y\ (= e^x\sin y)$ をみたす。

よって，e^z は任意の z について正則であり，その導関数 $f'(z)$ は，

$$f'(z) = u_x + iv_x = e^x\cos y + ie^x\sin y = e^x(\cos y + i\sin y)$$

$$= e^x\cdot e^{iy} = e^{x+iy} = e^z = f(z) \quad \text{となる。}$$

$\therefore\ (e^z)' = e^z$ となる。

（$f'(z) = v_y - iu_y$ と計算しても，同じ結果が導ける。）

具体的に計算することにより，理解も深まっていくんだね。

$(e^z)' = e^z$ となることが分かったので，合成関数の微分を用いれば，

$(e^{iz})' = e^{iz} \cdot (iz)' = ie^{iz}$，$(e^{-iz})' = e^{-iz} \cdot (-iz)' = -i \cdot e^{-iz}$ となる。

$iz = \zeta$ とおいて，合成関数の微分にもち込む。

$-iz = \zeta$ とおいて，合成関数の微分にもち込む。

これから，P120 の (1), (6), (7), (8) の公式が，以下のように導ける。

(1) $(e^z)' = e^z$

(6) $(\sin z)' = \left(\dfrac{e^{iz} - e^{-iz}}{2i}\right)' = \dfrac{ie^{iz} - (-i)e^{-iz}}{2i} = \dfrac{i(e^{iz} + e^{-iz})}{2i} = \cos z$

(7) $(\cos z)' = \left(\dfrac{e^{iz} + e^{-iz}}{2}\right)' = \dfrac{ie^{iz} - i \cdot e^{-iz}}{2} = \dfrac{-i(e^{iz} - e^{-iz})}{2i^2} = -\sin z$

$2 = -2i^2$

(8) $(\tan z)' = \left(\dfrac{\sin z}{\cos z}\right)' = \dfrac{\cos z \cdot \cos z - \sin z \cdot (-\sin z)}{\cos^2 z}$

公式 $\left(\dfrac{f}{g}\right)' = \dfrac{f' \cdot g - f \cdot g'}{g^2}$

$= \dfrac{\cos^2 z + \sin^2 z}{\cos^2 z} = \dfrac{1}{\cos^2 z}$ となる。納得いった？

$\cos^2 z + \sin^2 z = 1$

> 例題 2　$z = x + iy$ の関数 $\overline{z}$ がすべての点 z で正則でないことを，C-R の方程式を使って示してみよう。

$f(z) = \overline{z} = x - iy$ より，

$u(x, y) = x$，$v(x, y) = -y$ とおくと，

$u_x = 1$，$u_y = 0$，$v_x = 0$，$v_y = -1$ となる。

よって，$u(x, y)$，$v(x, y)$ は連続な偏導関数をもつけれど，$u_x \neq v_y$ なので，

C-R の方程式はすべての点において成り立たない。

$u_x = 1$，$v_y = -1$

$u_x = v_y$ かつ $v_x = -u_y$

ゆえに，関数 $f(z) = \overline{z}$ は，複素数平面上のすべての点において正則でない。

これで，C-R の方程式の利用の仕方も分かったと思う。それでは，C-R の方程式の極形式表示についても勉強しておこう。

● 極形式表示のC–Rの方程式にも挑戦しよう！

領域Dで正則な複素関数$w=f(z)$について，z, wが極形式$z=r\cdot e^{i\theta}$，$w=f(re^{i\theta})$で表された場合の導関数$f'(z)$の求め方と極形式表示のC–Rの方程式についても解説しておこう。

図1　極形式表示のC–Rの方程式

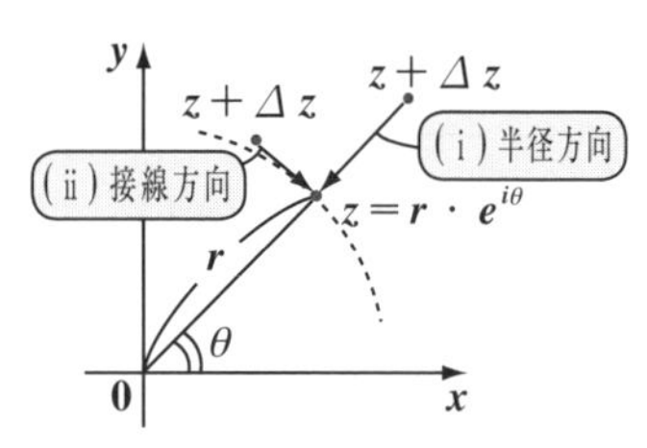

ここでは，図1に示すように，点$z+\Delta z$が点zに(i)半径方向から近づく場合と，(ii)接線方向から近づく場合の2通りについて，$f'(z)$を求める。$f(z)$の正則性により，(i), (ii)のいずれで求めた$f'(z)$も一致することから，極形式表示のC–Rの方程式を導くことができる。

まず，その結果を示すので，頭に入れておこう。

極形式表示のコーシー・リーマンの方程式

領域Dで定義された$z=r\cdot e^{i\theta}$の関数$f(z)=u(r, \theta)+iv(r, \theta)$が正則であるならば，

$$\frac{\partial u}{\partial r}=\frac{1}{r}\cdot\frac{\partial v}{\partial \theta} \quad かつ \quad \frac{\partial v}{\partial r}=-\frac{1}{r}\cdot\frac{\partial u}{\partial \theta} \quad \cdots(**)$$

これは，$u_r=\frac{1}{r}v_\theta$，$v_r=-\frac{1}{r}u_\theta$と略記してもいい。

が成り立つ。これを，**“極形式表示のコーシー・リーマンの方程式”**と呼ぼう。また，導関数$f'(z)$は

$$f'(z)=\frac{1}{e^{i\theta}}\left(\frac{\partial u}{\partial r}+i\frac{\partial v}{\partial r}\right) \quad または \quad \frac{1}{re^{i\theta}}\left(\frac{\partial v}{\partial \theta}-i\frac{\partial u}{\partial \theta}\right) \quad で計算できる。$$

この公式についても，証明しておこう。

(i) 半径方向から近づく場合，

$z=r\cdot e^{i\theta}$について，$\Delta\theta=0, \Delta r\to 0$により，$f'(z)$を求める。

$z+\Delta z=(r+\Delta r)e^{i\theta}$より，$\Delta z=\Delta r\cdot e^{i\theta}$となるので，

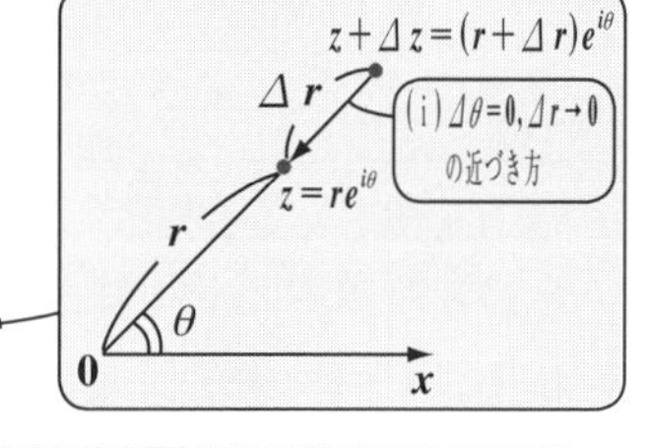

$$f'(z)=\lim_{\Delta r\to 0}\frac{f((r+\Delta r)e^{i\theta})-f(re^{i\theta})}{\Delta r\cdot e^{i\theta}}$$

$f'(z)=\lim_{\Delta z\to 0}\frac{f(z+\Delta z)-f(z)}{\Delta z}$を書き換えたもの。

$$=\lim_{\Delta r\to 0}\frac{u(r+\Delta r, \theta)+iv(r+\Delta r, \theta)-\{u(r, \theta)+iv(r, \theta)\}}{\Delta r\cdot e^{i\theta}}$$

$$= \frac{1}{e^{i\theta}} \lim_{\Delta r \to 0} \left\{ \frac{u(r+\Delta r, \theta) - u(r, \theta)}{\Delta r} + i \frac{v(r+\Delta r, \theta) - v(r, \theta)}{\Delta r} \right\}$$

$$= \frac{1}{e^{i\theta}} \left(\frac{\partial u}{\partial r} + i \frac{\partial v}{\partial r} \right) = \frac{1}{e^{i\theta}} (u_r + i v_r) \quad \cdots\cdots ①$$ となる。

(ii) 接線方向から近づく場合,

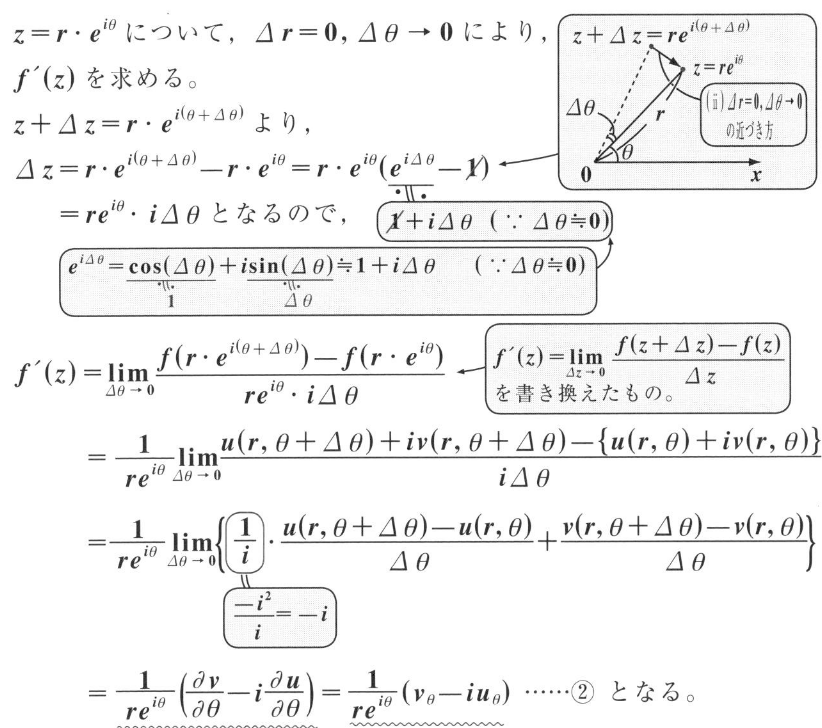

$z = r \cdot e^{i\theta}$ について, $\Delta r = 0, \Delta\theta \to 0$ により,
$f'(z)$ を求める。

$z + \Delta z = r \cdot e^{i(\theta+\Delta\theta)}$ より,

$$\Delta z = r \cdot e^{i(\theta+\Delta\theta)} - r \cdot e^{i\theta} = r \cdot e^{i\theta}(e^{i\Delta\theta} - 1)$$

$e^{i\Delta\theta} \fallingdotseq 1 + i\Delta\theta \quad (\because \Delta\theta \fallingdotseq 0)$

$= re^{i\theta} \cdot i\Delta\theta$ となるので,

$e^{i\Delta\theta} = \cos(\Delta\theta) + i\sin(\Delta\theta) \fallingdotseq 1 + i\Delta\theta \quad (\because \Delta\theta \fallingdotseq 0)$（$\cos(\Delta\theta) \fallingdotseq 1$, $\sin(\Delta\theta) \fallingdotseq \Delta\theta$）

$$f'(z) = \lim_{\Delta\theta \to 0} \frac{f(r \cdot e^{i(\theta+\Delta\theta)}) - f(r \cdot e^{i\theta})}{re^{i\theta} \cdot i\Delta\theta}$$

$f'(z) = \lim_{\Delta z \to 0} \frac{f(z+\Delta z) - f(z)}{\Delta z}$ を書き換えたもの。

$$= \frac{1}{re^{i\theta}} \lim_{\Delta\theta \to 0} \frac{u(r, \theta+\Delta\theta) + iv(r, \theta+\Delta\theta) - \{u(r, \theta) + iv(r, \theta)\}}{i\Delta\theta}$$

$$= \frac{1}{re^{i\theta}} \lim_{\Delta\theta \to 0} \left\{ \frac{1}{i} \cdot \frac{u(r, \theta+\Delta\theta) - u(r, \theta)}{\Delta\theta} + \frac{v(r, \theta+\Delta\theta) - v(r, \theta)}{\Delta\theta} \right\}$$

$\frac{1}{i} = \frac{-i^2}{i} = -i$

$$= \frac{1}{re^{i\theta}} \left(\frac{\partial v}{\partial \theta} - i \frac{\partial u}{\partial \theta} \right) = \frac{1}{re^{i\theta}} (v_\theta - i u_\theta) \quad \cdots\cdots ②$$ となる。

①, ②は同じ $f'(z)$ を表す式なので，その実部同士，虚部同士を比較して,

$$\frac{1}{e^{i\theta}} \cdot \frac{\partial u}{\partial r} = \frac{1}{re^{i\theta}} \cdot \frac{\partial v}{\partial \theta} \quad かつ \quad \frac{1}{e^{i\theta}} \cdot \frac{\partial v}{\partial r} = -\frac{1}{re^{i\theta}} \cdot \frac{\partial u}{\partial \theta}$$ となる。

両辺に $e^{i\theta}$ をかけて，“極形式の C-R の方程式”

$$\frac{\partial u}{\partial r} = \frac{1}{r} \cdot \frac{\partial v}{\partial \theta} \quad かつ \quad \frac{\partial v}{\partial r} = -\frac{1}{r} \cdot \frac{\partial u}{\partial \theta} \quad \cdots (**)$$ が得られる。

$$\left[u_r = \frac{1}{r} \cdot v_\theta \quad かつ \quad v_r = -\frac{1}{r} \cdot u_\theta \right]$$

また，①，②より，導関数 $f'(z)$ は，

$$f'(z)=\frac{1}{e^{i\theta}}\left(\frac{\partial u}{\partial r}+i\frac{\partial v}{\partial r}\right) \text{ または } \frac{1}{re^{i\theta}}\left(\frac{\partial v}{\partial \theta}-i\frac{\partial u}{\partial \theta}\right)$$ で計算できる。

$$\left[\ f'(z)=\frac{1}{e^{i\theta}}(u_r+iv_r) \text{ または } \frac{1}{re^{i\theta}}(v_\theta-iu_\theta)\ \right]$$

この“極形式表示の **C–R** の方程式”は，元の“**C–R** の方程式”と同値であることも示せるので，元の **C–R** の方程式と同様に，関数の正則性の判定に利用していいんだよ。

例題 3　$z=r\cdot e^{i\theta}$ のとき，$\log z\ (z\neq 0)$ が，$z=0$ 以外の任意の点 z について正則であることを示し，$(\log z)'=\dfrac{1}{z}$ となることを証明しよう。

$z=r\cdot e^{i\theta}\ (r>0,\ -\pi<\theta\leqq\pi)$ とすると，

$$\log z=\log re^{i\theta}=\underbrace{\log r}_{u(r,\,\theta)}+i\underbrace{(\theta+2n\pi)}_{v(r,\,\theta)}\quad (n：整数)$$ となる。

$u=\log r\ (r>0)$，$v=\theta+2n\pi$ とおくと，

$u_r=(\log r)'=\dfrac{1}{r}$，$v_r=0$，$u_\theta=0$，$v_\theta=1$ となる。

よって，u, v は連続な偏導関数をもち，極形式表示の **C–R** の方程式：

$u_r=\dfrac{1}{r}v_\theta\left(=\dfrac{1}{r}\right)$，$v_r=-\dfrac{1}{r}u_\theta\ (=0)\quad (r>0)$ をみたす。

よって，$\log z$ は $z=0$ を除く任意の点 z で正則であり，その導関数 $f'(z)$ は，

$$f'(z)=\frac{1}{e^{i\theta}}(\underbrace{u_r}_{\frac{1}{r}}+i\underbrace{v_r}_{0})=\frac{1}{re^{i\theta}}=\frac{1}{z}$$ となる。

主値 $\mathrm{Log}z$ の微分も，$(\mathrm{Log}z)'=\dfrac{1}{z}$ となる。この場合，$w=\mathrm{Log}z$ は 1 価関数だけど，z 平面の負の実軸上の点では，正則どころか連続でもない。$\mathrm{Log}z=\log r+i\theta\ (-\pi<\theta\leqq\pi)$ より，負の実軸上の点では虚部に $-\pi$ から π へ，2π 分のジャンプが起こるので，連続ではないんだね。

ここで，$(\log z)'=\dfrac{1}{z}\ (z\neq 0)$ となることが分かったので，$(e^z)'=e^z$ と組み合わせて，合成関数の微分を使えば，P120 の (2), (3), (4), (5) の公式も次のように導ける。

(2) $\alpha^z = e^{z\log\alpha}$ より，← $\cdot\,\alpha^\beta = e^{\beta\log\alpha}$

$$(\alpha^z)' = (e^{z\log\alpha})' = e^{z\log\alpha}\cdot(z\log\alpha)' = \underbrace{e^{z\log\alpha}}_{\alpha^z}\cdot\log\alpha = \alpha^z\log\alpha$$

$z\log\alpha = \zeta$とおいて合成関数の微分

(3) $(\log z)' = \dfrac{1}{z}\quad(z \neq 0)$

(4) $\{\log f(z)\}' = \dfrac{1}{f(z)}\cdot f'(z) = \dfrac{f'(z)}{f(z)}\quad(f(z) \neq 0)$

$f(z) = \zeta$とおいて合成関数の微分

(5) $z^\alpha = e^{\alpha\log z}$ より，← $\cdot\,\alpha^\beta = e^{\beta\log\alpha}$ より

$$(z^\alpha)' = (e^{\alpha\log z})' = e^{\alpha\log z}(\alpha\log z)' = \underbrace{e^{\alpha\log z}}_{z^\alpha}\cdot\alpha\cdot\frac{1}{z}$$

$\alpha\log z = \zeta$とおいて，合成関数の微分

$$= z^\alpha\cdot\alpha\cdot\frac{1}{z} = \alpha z^{\alpha-1}$$

以上で，**P120** の微分公式の証明も終わったので，実数関数のときと同様に，複素関数の導関数も計算できるんだね。いくつか例を示しておこう。

・$(3^z)' = 3^z\cdot\log 3$

・$\{\log(z+1)\}' = \dfrac{(z+1)'}{z+1} = \dfrac{1}{z+1}$

・$\{\log(z+\sqrt{z^2+1})\}' = \dfrac{\{z+(z^2+1)^{\frac{1}{2}}\}'}{z+\sqrt{z^2+1}} = \dfrac{1+\frac{1}{2}(z^2+1)^{-\frac{1}{2}}\cdot 2z}{z+\sqrt{z^2+1}}$

合成関数の微分

分子・分母に $\sqrt{z^2+1}$ をかけて

$$= \frac{\sqrt{z^2+1}+z}{\sqrt{z^2+1}(z+\sqrt{z^2+1})} = \frac{1}{\sqrt{z^2+1}}$$

・$(\sqrt{z})' = (z^{\frac{1}{2}})' = \dfrac{1}{2}\cdot z^{-\frac{1}{2}} = \dfrac{1}{2\sqrt{z}}$

・$(z^i)' = iz^{i-1}$

・$\left(\dfrac{1}{\sqrt{z^2+1}}\right)' = \{(z^2+1)^{-\frac{1}{2}}\}' = -\dfrac{1}{2}(z^2+1)^{-\frac{3}{2}}\cdot 2z = -\dfrac{z}{(z^2+1)^{\frac{3}{2}}}$ となる。

合成関数の微分

演習問題 9 ●C-R の方程式●

$z=x+iy$ の関数 $f(z)=\sin z=\sin x\cosh y+i\cos x\sinh y$ (P94 参照)が任意の点 z について正則であることを，C-R の方程式を使って示し，$(\sin z)'=\cos z$ となることを示せ。

ヒント！ $u(x, y)=\sin x\cosh y$, $v(x, y)=\cos x\sinh y$ とおいて，C-R の方程式：$u_x=v_y$ かつ $v_x=-u_y$ が成り立つことを示せばいいんだね。また，導関数 $f'(z)$ は $f'(z)=u_x+iv_x$ で求めればいい。

解答＆解説

$f(z)=\sin z=\sin x\cosh y+i\cos x\sinh y$ より，

$u(x, y)=\sin x\cosh y$, $v(x, y)=\cos x\sinh y$ とおくと，

$u_x=(\sin x)'\cdot\cosh y=\cos x\cdot\cosh y$ ← coshy を定数とみて，sinx を x で微分

($(\sin x)'=\cos x$)

$v_x=(\cos x)'\cdot\sinh y=-\sin x\cdot\sinh y$ ← sinhy を定数とみて，cosx を x で微分

($(\cos x)'=-\sin x$)

$u_y=\sin x(\cosh y)'=\sin x\cdot\sinh y$ ← sinx を定数とみて，coshy を y で微分

$\left(\frac{e^y+e^{-y}}{2}\right)'=\frac{e^y-e^{-y}}{2}=\sinh y$

$v_y=\cos x(\sinh y)'=\cos x\cdot\cosh y$ ← cosx を定数とみて，sinhy を y で微分

$\left(\frac{e^y-e^{-y}}{2}\right)'=\frac{e^y+e^{-y}}{2}=\cosh y$

以上より，$u(x, y)$, $v(x, y)$ はすべての $z=x+iy$ に対して，連続な偏導関数をもち，C-R の方程式 $u_x=v_y$, $v_x=-u_y$ が成り立つので，任意の点 z に対して，$f(z)$ は正則である。

また，その導関数 $f'(z)$ は，

$f'(z)=(\sin z)'=u_x+iv_x=\cos x\cosh y-i\sin x\sinh y=\cos z$ より，

($u_x=\cos x\cosh y$, $v_x=-\sin x\sinh y$)

$(\sin z)'=\cos z$ となる。

($f'(z)=v_y-iu_y=\cos x\cosh y-i\sin x\sinh y=\cos z$ と求めてもいいよ。
($v_y=\cos x\cosh y$, $u_y=\sin x\sinh y$))

実践問題 9　● C-R の方程式 ●

$z=x+iy$ の関数 $f(z)=\cos z=\cos x\cosh y-i\sin x\sinh y$ (P94 参照)が任意の点 z について正則であることを，C-R の方程式を使って示し，$(\cos z)'=-\sin z$ となることを示せ。

ヒント！ $u(x,\ y)=\cos x\cosh y$, $v(x,\ y)=-\sin x\sinh y$ とおいて，C-R の方程式：$u_x=v_y$ かつ $v_x=-u_y$ が成り立つことを示し，導関数 $f'(z)$ については $f'(z)=u_x+iv_x$ (または，v_y-iu_y) で求めればいいんだね。

解答＆解説

$f(z)=\cos z=\cos x\cosh y-i\sin x\sinh y$　より，

$u(x,\ y)=\cos x\cosh y$, $v(x,\ y)=-\sin x\sinh y$　とおくと，

$u_x=(\cos x)'\cdot\cosh y=$ (ア)　← $\cosh y$ を定数とみて，$\cos x$ を x で微分

$v_x=-(\sin x)'\cdot\sinh y=$ (イ)　← $-\sinh y$ を定数とみて，$\sin x$ を x で微分

$u_y=\cos x(\cosh y)'=$ (ウ)　← $\cos x$ を定数とみて，$\cosh y$ を y で微分

$v_y=-\sin x(\sinh y)'=$ (エ)　← $-\sin x$ を定数とみて，$\sinh y$ を y で微分

以上より，$u(x,\ y)$, $v(x,\ y)$ はすべての $z=x+iy$ に対して，連続な偏導関数をもち，C-R の方程式：$u_x=v_y$, $v_x=-u_y$ が成り立つので，任意の点 z に対して，$f(z)$ は正則である。

また，その導関数 $f'(z)$ は，

$f'(z)=(\cos z)'=u_x+iv_x=$ (オ) $=-\sin z$ より，

$(\cos z)'=-\sin z$　となる。

解答　(ア) $-\sin x\cdot\cosh y$　(イ) $-\cos x\cdot\sinh y$　(ウ) $\cos x\cdot\sinh y$　(エ) $-\sin x\cdot\cosh y$

(オ) $-\sin x\cosh y-i\cos x\sinh y$　または，$-(\sin x\cosh y+i\cos x\sinh y)$

§3. 等角写像

正則な複素関数 $w=f(z)$ による写像は，一般に"**等角写像**(とうかくしゃぞう)"になることが分かっている。実は，これは，正則関数の微分係数 $f'(z_0)$ の定義式が，極限を除けば，"**回転**(かいてん)**と相似**(そうじ)**の合成変換**(ごうせいへんかん)"の形になっていることに気付けば，その意味を図形的に理解することも可能なんだよ。今回も，図をふんだんに使って分かりやすく解説しよう。

● z 平面上の曲線を媒介変数で表そう！

ここではまず，z 平面上の曲線(または直線)を"**媒介変数**(ばいかいへんすう)"を使って表示することに慣れよう。さらに，曲線上の点における接線の傾きの計算についても解説する。

まず，z 平面上の曲線(または直線)は一般に媒介変数 t を用いて，$z(t)=x(t)+iy(t)$ の形で表すことができる。いくつか，例で示そう。

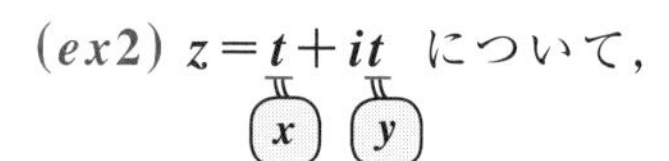

(ex1) $z=re^{it}=r(\cos t+i\sin t)=r\cos t+ir\sin t$ （$r\cos t$ が x，$r\sin t$ が y）

について，r を正の定数とおき，t を媒介変数として，$-\pi<t\leqq\pi$ の範囲で動かすと，$\begin{cases} x=r\cos t \\ y=r\sin t \end{cases}$ となるので，点 z は右図に示すような原点を中心とする半径 r の円を描く。

z 平面

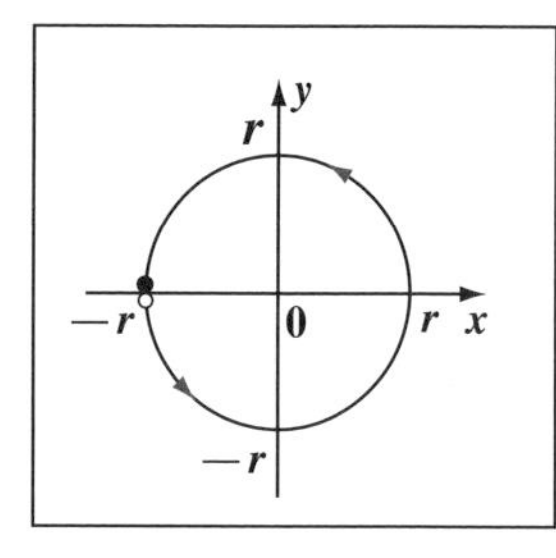

(ex2) $z=t+it$ について，（t が x，t が y）

媒介変数 t を $0\leqq t\leqq 1$ の範囲で動かすと，

$\begin{cases} x=t \\ y=t \end{cases}$ より，$y=x\ (0\leqq x\leqq 1)$ となるので，点 z は，右図のような線分を描く。

z 平面

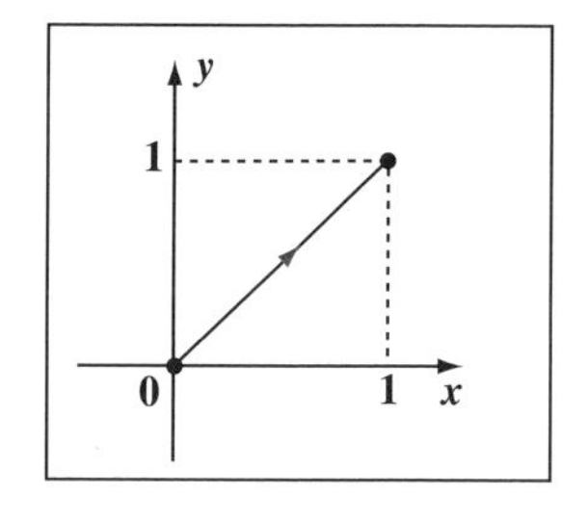

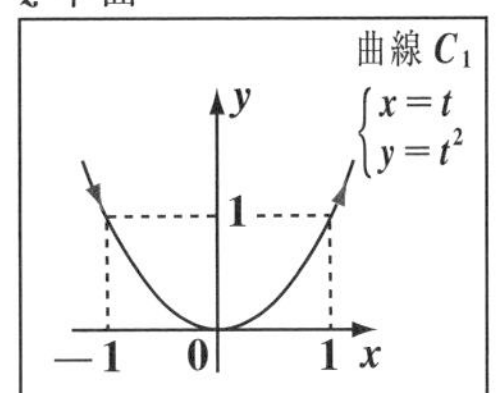

(ex3) $z=\underset{x}{t}+i\underset{y}{t^2}$ について，

媒介変数 t を $-\infty<t<\infty$ の範囲で動かすと，

$\begin{cases} x=t \\ y=t^2 \end{cases}$ より，$y=x^2$ となるので，点 z は右図に示すような放物線を描く。

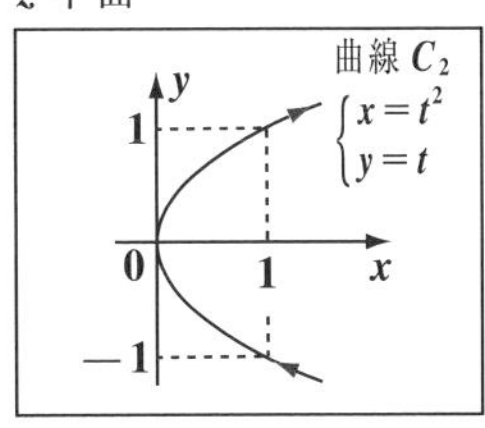

(ex4) $z=\underset{x}{t^2}+i\underset{y}{t}$ について，

媒介変数 t を $-\infty<t<\infty$ の範囲で動かすと，

$\begin{cases} x=t^2 \\ y=t \end{cases}$ より，$x=y^2$ となるので，点 z は右図に示すような放物線を描く。

ここで，(ex3) と (ex4) の 2 つの曲線を C_1, C_2，すなわち

$$\begin{cases} \text{曲線 } C_1 : z_1=x_1+iy_1=t+it^2 \leftarrow \boxed{x_1=t,\ y_1=t^2} \\ \text{曲線 } C_2 : z_2=x_2+iy_2=t^2+it \leftarrow \boxed{x_2=t^2,\ y_2=t} \end{cases}$$

とおくと，

これらは，原点 O 以外に，$t=1$ のとき点 $z_0=\underline{1+i\cdot 1}=1+i$ で交わる。

($t=1$ のとき，$x_1=y_1=1$ かつ $x_2=y_2=1$)

この点 z_0 における 2 曲線 C_1，C_2 の接線の傾きを求めてみよう。

(ⅰ) 点 z_0 における曲線 C_1 の接線 l_1 の傾きは，

$$\frac{dy_1}{dx_1}=\frac{\frac{dy_1}{dt}}{\frac{dx_1}{dt}}=\frac{(t^2)'}{t'}=\frac{2t}{1}=2t=2$$

($t=1$ を代入)

図1　2曲線のなす角 ϕ(ファイ)

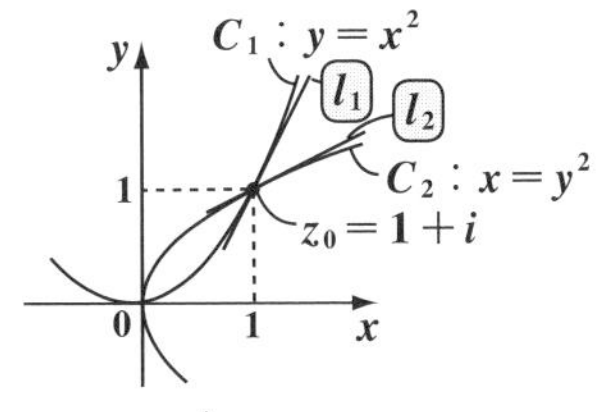

(ⅱ) 点 z_0 における曲線 C_2 の接線 l_2 の傾きは，

$$\frac{dy_2}{dx_2}=\frac{\frac{dy_2}{dt}}{\frac{dx_2}{dt}}=\frac{t'}{(t^2)'}=\frac{1}{2t}=\frac{1}{2}$$

($t=1$ を代入)

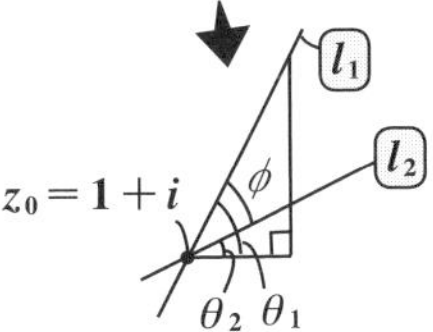

図 1 に示すように，偏角 θ_1，θ_2 をとれば，接線 l_1 と l_2 の傾きは，それぞれ $\tan\theta_1=2$，$\tan\theta_2=\frac{1}{2}$ となり，この 2 接線のなす角を

ϕとおくと，$\phi=\theta_1-\theta_2$となるんだね。この角ϕを，2曲線C_1とC_2の交点z_0における“交角(こうかく)”と呼ぶ。

この例での交角ϕのtan(正接)は，次のように簡単に求まる。

tanの加法定理
$$\tan(\alpha-\beta)=\frac{\tan\alpha-\tan\beta}{1+\tan\alpha\cdot\tan\beta}$$

$$\tan\phi=\tan(\theta_1-\theta_2)=\frac{\tan\theta_1-\tan\theta_2}{1+\tan\theta_1\cdot\tan\theta_2}=\frac{2-\frac{1}{2}}{1+2\times\frac{1}{2}}=\frac{\frac{3}{2}}{2}=\frac{3}{4}$$

($\tan\theta_1=2$，$\tan\theta_2=\frac{1}{2}$)

● 等角写像とは，交角を変えない写像だ！

z平面における滑らかな曲線の定義を下に示しておこう。

滑らかな曲線

z平面上の曲線Cが，媒介変数tによって，

曲線C：$z=x(t)+iy(t)$　で定義され，

$\frac{dz}{dt}=\frac{dx}{dt}+i\frac{dy}{dt}$が，連続で，かつ$\frac{dz}{dt}\neq 0$

（$\frac{dz}{dt}=0$のとき，その点では接線が定まらない。）

のとき，曲線Cを“**滑らかな曲線**”という。

また，有限個の滑らかな曲線をつないで得られる図形を“**区分的(くぶんてき)に滑らかな曲線**”という。

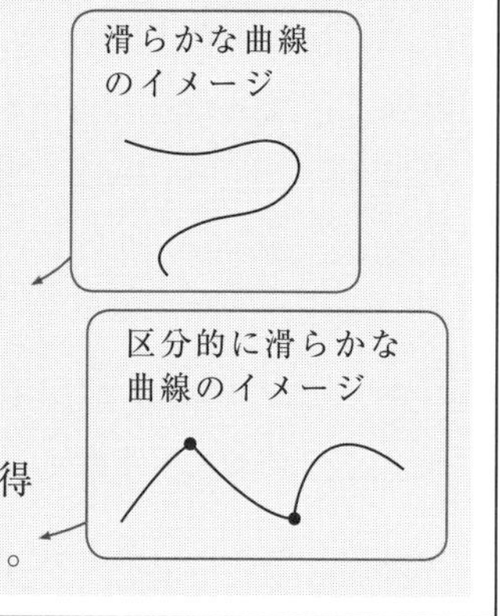

そして，この滑らかな2曲線C_1, C_2の交角に着目して，次のように“**等角写像(とうかくしゃぞう)**”が定義される。

等角写像

z平面上の滑らかな2曲線C_1, C_2の交点z_0における交角が，複素関数$w=f(z)$によって写された，それぞれの2曲線Γ_1, Γ_2の交点w_0における交角と等しいとき，

（Γ(ガンマ)，大文字）

$w=f(z)$を“**等角写像**”(*conformal map*)と呼ぶ。

さらに，正則関数と等角写像には，次のような密接な関係がある。

正則関数と等角写像

複素関数 $w=f(z)$ が点 z_0 で正則とする。

点 z_0 の近傍で微分可能，つまり $\displaystyle\lim_{z\to z_0}\frac{f(z)-f(z_0)}{z-z_0}=f'(z_0)$ (収束) となる。

このzから z_0 への近づき方は多様だ。

このとき，$f'(z_0)\neq 0$ である点 z_0 について，$w=f(z)$ は等角写像になる。

これだけでは，よく分からないって？ 当然だ！ これから詳しく解説しよう。

まず，等角写像のイメージを図2に示す。z 平面上の2曲線 C_1 と C_2 の交点を z_0 とおき，点 z_0 におけるそれぞれの曲線の接線を l_1，l_2 とおくと，l_1，l_2 のなす角 ϕ が，C_1 と C_2 の交点 z_0 における交角になるんだね。

図2　等角写像

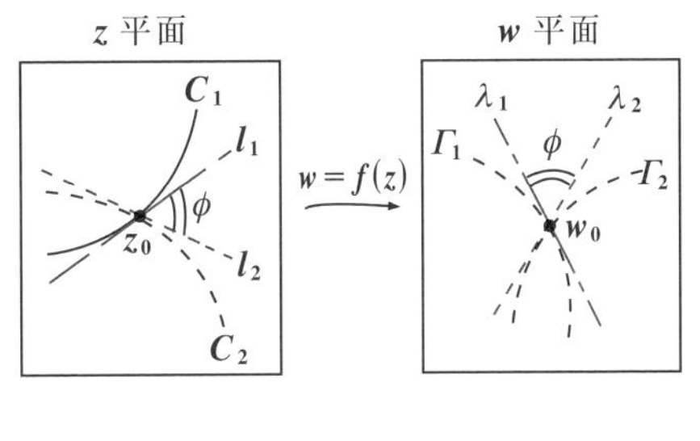

ここで，複素関数 $w=f(z)$ により，z 平面上の2曲線 C_1 と C_2 が w 平面上の2曲線 Γ_1, Γ_2 に，また交点 z_0 は交点 w_0 に，そして Γ_1 と Γ_2 の接線

ギリシャ文字 (大文字) Γ (ガンマ)

をそれぞれ，λ_1, λ_2 とする。このとき，Γ_1，と Γ_2 の交点 w_0 における交角が

2接線 λ_1 と λ_2 のなす角

元の ϕ と等しいとき，この複素関数 $w=f(z)$ を "**等角写像**" というんだ。そしてさらに「$w=f(z)$ が，点 z_0 の近傍で正則であるならば，$f'(z_0)\neq 0$ の条件は付くけれど，点 z_0 で $w=f(z)$ は等角写像になる」と言ってるんだね。はたして，本当だろうか？

● 等角写像は，回転と相似の合成変換で考えよう！

$w=f(z)$ が，点 z_0 (の近傍) で正則ならば，微分係数 $f'(z_0)$ は，次の極限値として定義されるんだった。

$$\lim_{z\to z_0}\frac{f(z)-f(z_0)}{z-z_0}=f'(z_0)\ \cdots\cdots①$$

図3　$f'(z_0)$ は一定

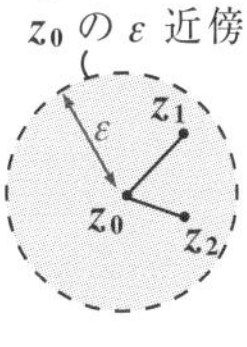

z_0 の ε 近傍

ここで，図3に示すように，微小な正の数εをとって，点z_0のε近傍をとると，この近傍内の点zは，$z-z_0 \fallingdotseq 0$となるので，近似的にではあるけど，①は，

$$\frac{f(z)-f(z_0)}{z-z_0}=\underbrace{f'(z_0)}_{r_0\cdot e^{i\theta_0}} \cdots\cdots ②$$ と表せる。

ここで，図3のように，この近傍内に異なる2点z_1, z_2をとって，$z=z_1$またはz_2とおいたとしても，$f'(z_0)$は一定の複素数である。よって，同

（$z_1 \to z_0$でも，$z_2 \to z_0$でも，微分係数$f'(z_0)$は一定であることが，正則の条件だからね。）

じ$f'(z_0)=r_0\cdot e^{i\theta_0}$（定複素数）とおくことができる。これから，

(i) $z=z_1$のとき，

$f(z_1)=w_1$，$f(z_0)=w_0$とおくと，

②は，

$$\frac{\underset{f(z_1)}{w_1}-\underset{f(z_0)}{w_0}}{z_1-z_0}=r_0\cdot e^{i\theta_0} \cdots ③$$ となる。

これは，図4に示すように，

「点w_1は，点z_1を点$z_0(w_0)$のまわりにθ_0だけ回転して，r_0倍に相似変換したもの」であることが分かるはずだ。

図4　回転と相似の合成変換

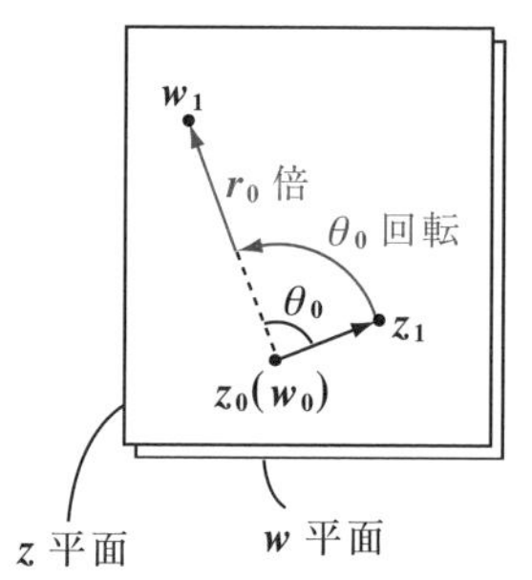

（w_0からw_1に向かうベクトルの始点w_0を，z_0と一致させるように平行移動した図）

同様に，

(ii) $z=z_2$のとき，

$f(z_2)=w_2$，$f(z_0)=w_0$とおくと，

②は，

$$\frac{\underset{f(z_2)}{w_2}-\underset{f(z_0)}{w_0}}{z_2-z_0}=r_0\cdot e^{i\theta_0} \cdots ④$$ となる。

これは，図5に示すように，

「点w_2は，点z_2を点$z_0(w_0)$のまわりにθ_0だけ回転して，r_0倍に相似変換したもの」であることも分かると思う。

図5　回転と相似の合成変換

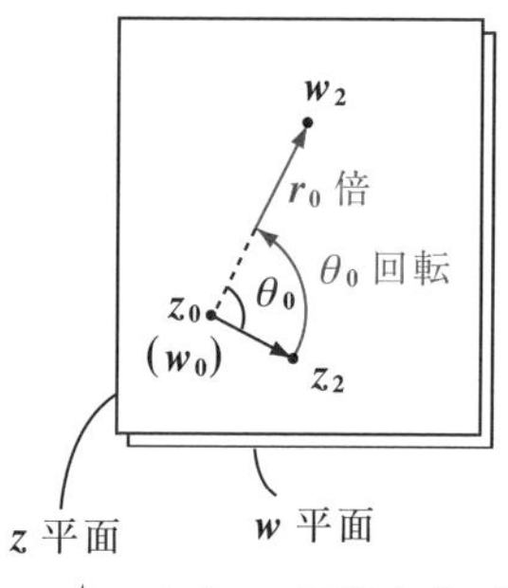

（w_0からw_2に向かうベクトルの始点w_0を，z_0と一致させるように平行移動した図）

ということは，図6(ⅰ)に示すように，2つのベクトル$\overrightarrow{z_0z_1}$, $\overrightarrow{z_0z_2}$を共に同じθ_0だけ回転して，r_0倍に相似変換したものが，$\overrightarrow{w_0w_1}$と$\overrightarrow{w_0w_2}$だから，

$\angle z_1z_0z_2 = \angle w_1w_0w_2\ (=\phi)$となる。

本当は，点z_0と点w_0が一致するとは限らないので，これを離し，またz平面とw平面を分けて正則な複素関数$w=f(z)$による写像の形で表したものが，図6(ⅱ)となる。

図6　等角写像

(ⅰ)

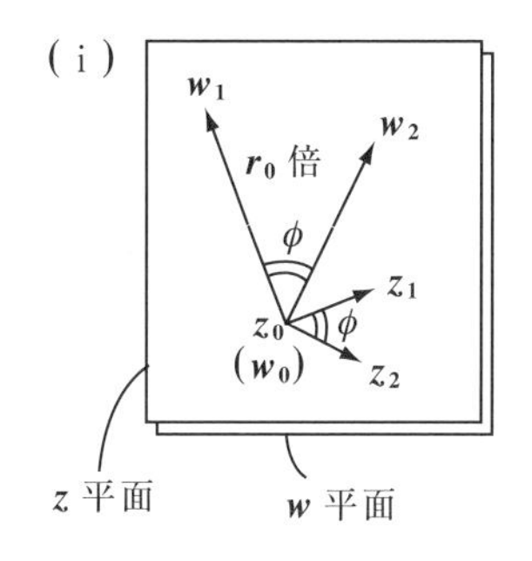

(ⅱ)

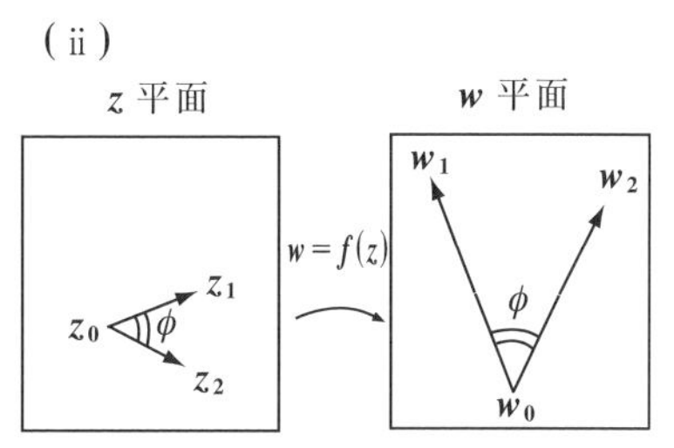

ここで，$\overrightarrow{z_0z_1}$, $\overrightarrow{z_0z_2}$をz平面上の2曲線C_1, C_2の点z_0における微小な接線方向のベクトル，また$\overrightarrow{w_0w_1}$, $\overrightarrow{w_0w_2}$をw平面上の2曲線Γ_1, Γ_2の点w_0における微小な接線方向のベクトルと考えると，

「点z_0の近傍で正則な複素関数$w=f(z)$が，$f'(z_0) \neq 0$ならば点z_0について等角写像になる」ことが，図形的に理解できると思う。

エッ，$f'(z_0) \neq 0$の条件が分からないって？ ②をみてくれ。$f'(z_0)=0$のとき，$f'(z_0)=0\cdot e^{i\theta_0}$となって，$\theta_0$は任意の値を取り得るようになって，回転角が一定の値に定まらなくなるからなんだ。これで，すべて納得いっただろう？

以上は，直感的な説明だったので，これを極限の式を使って，より正確に記述しておこう。

z平面上の2曲線C_1, C_2の交点をz_0とおく。また，C_1上にz_0とは異なる点z_1を，またC_2上もz_0とは異なる点z_2をとる。また，点z_0の近傍で正則な関数$w=f(z)$により3点z_0, z_1, z_2の写される点を，それぞれ$w_0=f(z_0)$, $w_1=f(z_1)$, $w_2=f(z_2)$とおく。すると，$f(z)$はz_0で正則な関数なので，

$$\lim_{z_1 \to z_0} \frac{f(z_1)-f(z_0)}{z_1-z_0} = \boxed{\lim_{z_1 \to z_0} \frac{w_1-w_0}{z_1-z_0} = f'(z_0)} \quad \cdots\cdots ㋐$$

$$\lim_{z_2 \to z_0} \frac{f(z_2)-f(z_0)}{z_2-z_0} = \boxed{\lim_{z_2 \to z_0} \frac{w_2-w_0}{z_2-z_0} = f'(z_0)} \quad \cdots\cdots ㋑$$

$f'(z_0) \neq 0$より，㋐と㋑の比をとると，

$$\lim_{z_1 \to z_0} \frac{w_1 - w_0}{z_1 - z_0} : \lim_{z_2 \to z_0} \frac{w_2 - w_0}{z_2 - z_0} = f'(z_0) : f'(z_0) = 1 : 1$$

よって，$\displaystyle \lim_{\substack{z_1 \to z_0 \\ z_2 \to z_0}} \frac{\dfrac{w_1 - w_0}{z_1 - z_0}}{\dfrac{w_2 - w_0}{z_2 - z_0}} = \lim_{\substack{z_1 \to z_0 \\ z_2 \to z_0}} \frac{\dfrac{w_1 - w_0}{w_2 - w_0}}{\dfrac{z_1 - z_0}{z_2 - z_0}} = 1$

よって，$z_1 \to z_0$，$z_2 \to z_0$ のとき，

$\dfrac{w_1 - w_0}{w_2 - w_0} = \dfrac{z_1 - z_0}{z_2 - z_0}$ となるので，$\arg \dfrac{w_1 - w_0}{w_2 - w_0} = \arg \dfrac{z_1 - z_0}{z_2 - z_0}$

（$\angle w_1 w_0 w_2 = \angle z_1 z_0 z_2$ という意味）

（$\alpha = \beta$ ならば，$\arg\alpha = \arg\beta$ と言える。）

$\therefore \angle w_1 w_0 w_2 = \angle z_1 z_0 z_2$ より，点 z_0 で正則な関数 $w = f(z)$ は等角写像である。

それでは，例を使って実際に計算してみよう。

z 平面上の 2 曲線

$$\begin{cases} 曲線 C_1 : z_1 = x_1 + iy_1 = t + it^2 \\ 曲線 C_2 : z_2 = x_2 + iy_2 = t^2 + it \end{cases}$$

の交点 $z_0 = 1 + i$ における交角 ϕ について，$\tan\phi = \dfrac{3}{4}$ であることまでは P140 で解説した。

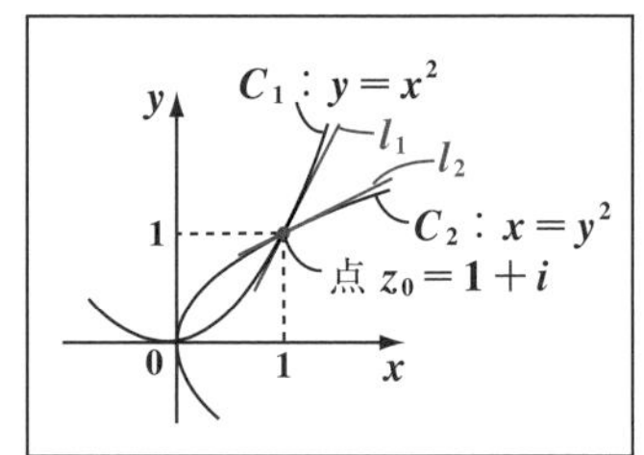

ここでは，これを全 z 平面で正則な関数 $w = f(z) = z^2$ で，w 平面に写しても，写された 2 曲線 Γ_1，Γ_2 の交点 w_0 における交角が ϕ に等しいこと，すなわち $\tan\phi = \dfrac{3}{4}$ が保たれていることを示すことにしよう。曲線 C_1，C_2 が $w = f(z)$ によって写された曲線 Γ_1，Γ_2 は，それぞれ次のようになる。

$$\begin{cases} 曲線 \Gamma_1 : w_1 = u_1 + iv_1 = (t + it^2)^2 = \underbrace{t^2 - t^4}_{u_1} + i \cdot \underbrace{2t^3}_{v_1} \\ 曲線 \Gamma_2 : w_2 = u_2 + iv_2 = (t^2 + it)^2 = \underbrace{t^4 - t^2}_{u_2} + i \cdot \underbrace{2t^3}_{v_2} \end{cases}$$

$t=1$ のとき，$w_1=w_2=0+2i$ より，交点 $z_0=1+i$ は，w 平面上では，交点 $w_0=2i$ に写される。w 平面上において，

(i) 曲線 Γ_1 上の点 $w_0=2i$ における Γ_1 の接線 λ_1 の傾きを $\tan\Theta_1$ とおくと，

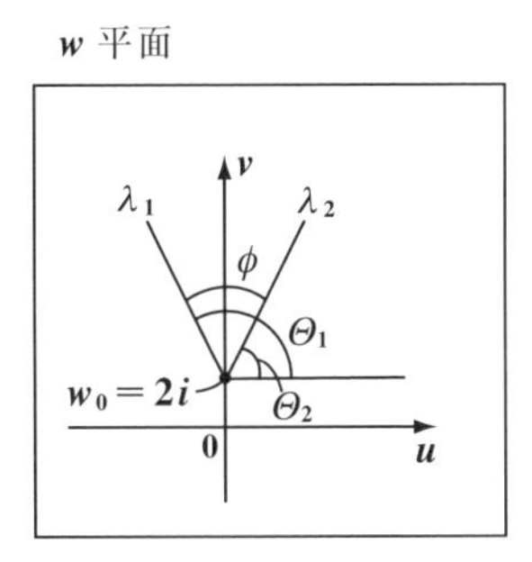

$$\tan\Theta_1=\frac{dv_1}{du_1}=\frac{\frac{dv_1}{dt}}{\frac{du_1}{dt}}=\frac{(2t^3)'}{(t^2-t^4)'}$$

$$=\frac{6t^2}{2t-4t^3}=\frac{6}{2-4}=-3 \quad \text{となる。}$$

$t=1$ を代入

(ii) 曲線 Γ_2 上の点 $w_0=2i$ における Γ_2 の接線 λ_2 の傾きを $\tan\Theta_2$ とおくと，

$$\tan\Theta_2=\frac{dv_2}{du_2}=\frac{\frac{dv_2}{dt}}{\frac{du_2}{dt}}=\frac{(2t^3)'}{(t^4-t^2)'}=\frac{6t^2}{4t^3-2t}=\frac{6}{4-2}=3 \quad \text{となる。}$$

$t=1$ を代入

よって，Γ_1 と Γ_2 の交角（2 接線 λ_1 と λ_2 のなす角）$\Theta_1-\Theta_2$ の tan（正接）を計算してみると，

$$\tan(\Theta_1-\Theta_2)=\frac{\tan\Theta_1-\tan\Theta_2}{1+\tan\Theta_1\tan\Theta_2}=\frac{-3-3}{1+(-3)\cdot 3}=\frac{-6}{-8}=\frac{3}{4}$$

（$\tan\Theta_1=-3$，$\tan\Theta_2=3$）

となって，$\tan\phi=\frac{3}{4}$ と一致する。すなわち，$\Theta_1-\Theta_2=\phi$ となって，$w=f(z)=z^2$ が等角写像であることが分かった。

これで，等角写像についても，理解できただろう？ 理論的な考え方だけでなく，実際の計算で確かめることによって，本当にマスターできるんだ。まだ，ピンときていない人も何度か繰り返し読めば理解できるはずだ。頑張ってくれ！

講義3 ● 複素関数の微分　公式エッセンス

1. 複素関数の微分公式（Ⅰ）

(1) $(e^z)' = e^z$　(2) $(\alpha^z)' = \alpha^z \log\alpha$ $(\alpha \neq 0)$　(3) $\{\log z\}' = \dfrac{1}{z}$ $(z \neq 0)$ など。

2. 複素関数の微分公式（Ⅱ）

(1) $\{f(z) \pm g(z)\}' = f'(z) \pm g'(z)$　(2) $\{\gamma f(z)\}' = \gamma \cdot f'(z)$ など。

3. コーシー・リーマンの方程式（C-R の方程式）

領域 D で定義された $z = x + iy$ の関数 $f(z) = u(x, y) + iv(x, y)$ が正則であるならば，

$$\frac{\partial u}{\partial x} = \frac{\partial v}{\partial y} \text{ かつ } \frac{\partial v}{\partial x} = -\frac{\partial u}{\partial y}$$ ← コーシー・リーマンの方程式

が成り立つ。また，$f(z)$ の導関数 $f'(x)$ は，

$$f'(z) = \frac{\partial u}{\partial x} + i\frac{\partial v}{\partial x} \text{ または } \frac{\partial v}{\partial y} - i\frac{\partial u}{\partial y}$$ で計算できる。

4. $f(z)$ の正則条件

関数 $f(z) = u(x, y) + iv(x, y)$ が，領域 D で正則であるための必要十分条件は，$u(x, y)$ と $v(x, y)$ が共に領域 D で連続な偏導関数をもち，かつコーシー・リーマンの方程式 $u_x = v_y$ かつ $v_x = -u_y$ をみたすことである。

5. 極形式表示のコーシー・リーマンの方程式

領域 D で定義された $z = r \cdot e^{i\theta}$ の関数 $f(z) = u(r, \theta) + iv(r, \theta)$ が正則ならば，

$$\frac{\partial u}{\partial r} = \frac{1}{r} \cdot \frac{\partial v}{\partial \theta} \text{ かつ } \frac{\partial v}{\partial r} = -\frac{1}{r} \cdot \frac{\partial u}{\partial \theta}$$

が成り立つ。また，導関数 $f'(z)$ は

$$f'(z) = \frac{1}{e^{i\theta}}\left(\frac{\partial u}{\partial r} + i\frac{\partial v}{\partial r}\right) \text{ または } \frac{1}{re^{i\theta}}\left(\frac{\partial v}{\partial \theta} - i\frac{\partial u}{\partial \theta}\right)$$

6. 正則関数と等角写像

複素関数 $w = f(z)$ が，点 z_0 で正則であり，かつ $f'(z_0) \neq 0$ ならば，この点 z_0 について，$w = f(z)$ は等角写像となる。

複素関数の積分

- ▶ 複素関数の積分
- ▶ コーシーの積分定理
- ▶ 原始関数による積分
- ▶ コーシーの積分公式・グルサの定理

§ 1. 複素関数の積分

実数関数の積分では，“**不定積分**”と“**定積分**”の **2** つがあったけれど，複素関数の積分では本質的に“**定積分**”だけと考えてくれていいよ。実数関数の積分の定義として“**リーマン和**”を利用したね。実は，複素関数の積分においても，これと同様の考え方で，ある曲線に沿った積分を定義する。これは“**線積分**(せんせきぶん)”と呼ばれるものだけど，実数関数の積分の定義とよく似ているので，比較的楽に理解できると思う。

● 複素関数の積分を定義しよう！

複素数平面（z 平面）上の曲線は，媒介変数 t を用いて

$z(t)=x(t)+iy(t)\quad (a \leqq t \leqq b)$ と表されるのは大丈夫だね。

また，この z を t で微分したものを

$\dfrac{dz(t)}{dt}=\dfrac{dx(t)}{dt}+i\dfrac{dy(t)}{dt}$ と定義した。さらにこれは，

$\dot{z}(t)=\dot{x}(t)+i\dot{y}(t)$ と，それぞれの変数の頭に“・”（ドット）をつけて，

（“$z(t)$ のドット”などと読む。）

t での微分を表してもいい。

それでは，複素関数 $f(z)$ の積分を定義しよう。まず，$f(z)$ は 1 価の連続関数とする。

（多価関数の場合はその主値をとる。）

図 1 に示すように，z 平面上に滑らかな曲線 C

$$C : z(t)=x(t)+iy(t)$$
$$(a \leqq t \leqq b)$$

が与えられたとする。ここで t の閉区間 $[a,\ b]$ を

$a=t_0,\ t_1,\ t_2,\ \cdots,\ t_{n-1},\ t_n=b$ のように，$t_k\ (k=0,\ 1,\ 2,\ \cdots,\ n)$ をとって，n 個の小区間に分割する。

図 1 ● 複素関数の線積分

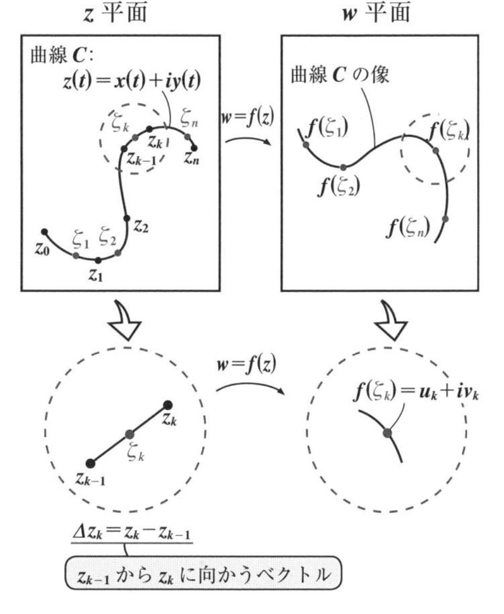

さらに $z_0=z(t_0)$，$z_1=z(t_1)$，$z_2=z(t_2)$，…，$z_{k-1}=z(t_{k-1})$，$z_k=z(t_k)$，…，z_n

（$z_k=z(t_k)=x(t_k)+iy(t_k)=x_k+iy_k$ のこと）

$=z(t_n)$ とおいて，図1の z 平面に示すように，曲線 C を $n+1$ 個の点で n 個の区間に分割する。ここで，$\Delta z_k=z_k-z_{k-1}$ とおいて，曲線 C 上の k 番目の小区間をとり，この小区間内の点として点 ζ_k をとると，ζ_k は複素関

（ギリシャ文字，ζ（ゼータ）と読む。）

数 $w=f(z)$ により，$f(\zeta_k)=u_k+iv_k$　$(k=1,\ 2,\ \cdots,\ n)$ に写される。

ここで，積 "$f(\zeta_k)\times(z_k-z_{k-1})$" $(k=1,\ 2,\ \cdots,\ n)$ の和をとり，これを S_n とおくと

$S_n=\sum_{k=1}^{n}f(\zeta_k)(z_k-z_{k-1})$ となる。←（これが，実数関数の "**リーマン和**" に相当するものだ。）

複素関数の線積分

$w=f(z)$ を，滑らかな曲線 $C:z(t)=x(t)+iy(t)$ で定義された，1価の連続関数とする。また，曲線 C の小区間 Δz_k $(k=1,\ 2,\ \cdots,\ n)$ の絶対値 $|\Delta z_k|$ の最大値を $\max|\Delta z_k|$ とおく。ここで，$\max|\Delta z_k|\to 0$ となるように小区間の分割数 n を $n\to\infty$ とすると，ζ_k の取り方に関わりなく和 $S_n=\sum_{k=1}^{n}f(\zeta_k)(z_k-z_{k-1})$ は限りなく一定の値に近づく。この値を

$$\int_C f(z)\,dz$$

と表し，複素関数 $f(z)$ の曲線 C に沿った "**積分**" または，"**線積分**" と定義する。また，C をこの積分の "**積分路**（せきぶんろ）" と呼ぶ。

つまり，$\displaystyle\int_C f(z)\,dz=\lim_{n\to\infty}S_n=\lim_{\substack{n\to\infty\\(\max|\Delta z_k|\to 0)}}\sum_{k=1}^{n}f(\zeta_k)\Delta z_k$ となる。

この複素関数の積分は右図のように
"**区分的に滑らかな曲線**"：
$C=C_1+C_2+\cdots+C_m$ でも定義でき，

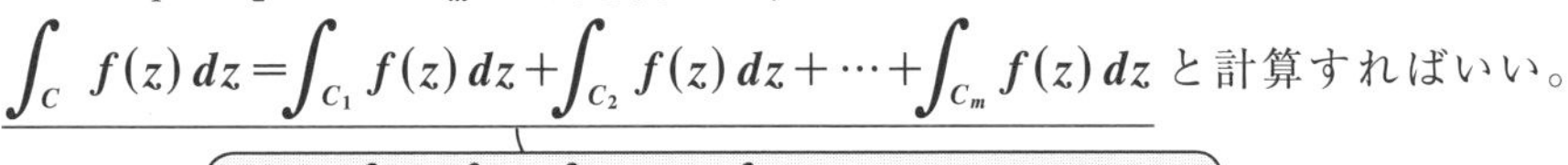

$\displaystyle\int_C f(z)\,dz=\int_{C_1}f(z)\,dz+\int_{C_2}f(z)\,dz+\cdots+\int_{C_m}f(z)\,dz$ と計算すればいい。

（これを $\displaystyle\int_C=\int_{C_1}+\int_{C_2}+\cdots+\int_{C_m}$ と略記することもある。）

媒介変数(実数)t で表された曲線 $C: z(t) = x(t) + iy(t)\ \ (a \leqq t \leqq b)$ に沿った複素関数の積分 $\int_C f(z)dz$ は，この後詳しく解説するように，

$$\int_C f(z)dz = \int_a^b \xi(t)dt \quad \cdots\cdots ㋐ \quad (ただし，\underbrace{\xi}_{\text{“グザイ”}}(t) = \underbrace{p(t)}_{\text{実部}} + i\underbrace{q(t)}_{\text{虚部共に}t\text{の関数}})$$

の形に変形できる。よって，この右辺の積分を，次のように **2** つの実数関数の積分として定義する。

$$\int_a^b \xi(t)dt = \int_a^b \{p(t) + iq(t)\}dt = \underline{\int_a^b p(t)dt} + i\underline{\int_a^b q(t)dt} \quad \cdots\cdots ㋑$$

（2つの実数関数の積分）

それでは，$\int_C f(z)dz$ が㋐のように t での積分に変換されることを示しておこう。

$f(z) = u + iv$，$z = x + iy$ とおくと，$dz = dx + idy$ となる。よって，

$$\int_C f(z)dz = \int_C (u + iv)(dx + idy)$$
$$= \int_C (udx + iudy + ivdx + \underbrace{i^2}_{-1}vdy)$$
$$= \underbrace{\int_C udx}_{(\text{i})} - \underbrace{\int_C vdy}_{(\text{ii})} + i\Big(\underbrace{\int_C udy}_{(\text{iii})} + \underbrace{\int_C vdx}_{(\text{iv})}\Big)$$

この変形は，実は
$S_n = \sum(u_k + iv_k)(\varDelta x_k + i\varDelta y_k)$
$= \sum u_k \varDelta x_k - \sum v_k \varDelta y_k$
$+ i(\sum u_k \varDelta y_k + \sum v_k \varDelta x_k)$
として，$n \to \infty$ から導ける。

と変形できる。ここで，(i)～(iv)の各積分は，すべて実数関数の積分で，$\underline{x = x(t)}$，$\underline{y = y(t)}$ であるため，すべて t での積分に置換できる。よって

（x も y も t の関数という意味）

$$\int_C f(z)dz = \underbrace{\int_a^b u\cdot\frac{dx}{dt}dt}_{(\text{i})} - \underbrace{\int_a^b v\cdot\frac{dy}{dt}dt}_{(\text{ii})} + i\Big(\underbrace{\int_a^b u\frac{dy}{dt}dt}_{(\text{iii})} + \underbrace{\int_a^b v\frac{dx}{dt}dt}_{(\text{iv})}\Big)$$

となる。これを変形して，まとめると，

$$\int_C f(z)dz = \int_a^b (u + iv)\left(\frac{dx}{dt} + i\frac{dy}{dt}\right)dt$$ となるので

$$\int_C f(z)dz = \int_a^b f(z(t))\cdot\frac{dz}{dt}dt \quad \cdots\cdots ㋒$$ と変形できる。

ここで，$f(z(t)) = u(t) + iv(t)$，$\dfrac{dz}{dt} = \dot{z}(t) = \dot{x}(t) + i\dot{y}(t)$ より，この㋒は

$$\int_C f(z)dz = \int_a^b \underbrace{f(z(t))\cdot\frac{dz}{dt}}_{\xi(t) = p(t) + iq(t)} dt$$

（実部と虚部が共に t の式で表される複素数）

$$= \int_a^b \xi(t)dt = \underbrace{\int_a^b p(t)dt}_{\text{実部}} + i\underbrace{\int_a^b q(t)dt}_{\text{虚部}}$$ となって，

㋐，㋑の形に持ち込める。これから結局 $\int_C f(z)dz$ の計算結果も，複素数であることが分かるね。

それでは，複素関数の積分の重要公式を下にまとめて示そう。

複素関数の積分公式

(1) $\int_C \{f(z) \pm g(z)\}dz = \int_C f(z)dz \pm \int_C g(z)dz$

(2) $\int_C \alpha f(z)dz = \alpha\int_C f(z)dz$ （α：複素定数）

(3) 曲線 C を逆向きにたどる曲線を $-C$ とおくと，次式が成り立つ。

$$\int_{-C} f(z)dz = -\int_C f(z)dz$$

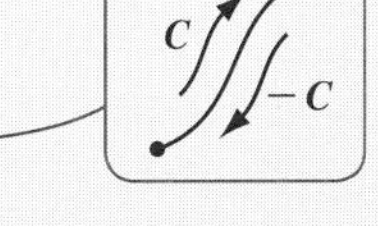

(4) 曲線 C を C 上の 1 点で C_1 と C_2 に分けるとき，$C = C_1 + C_2$ と表し，次式が成り立つ。

$$\int_C f(z)dz = \int_{C_1} f(z)dz + \int_{C_2} f(z)dz$$

(5) 曲線 C 上での $|f(z)|$ の最大値を M，C の長さを L とおくと，定積分の絶対値は，その大きさを次の式により評価できる。

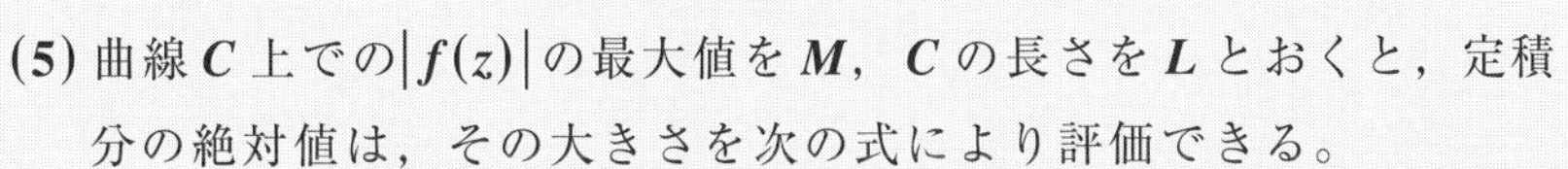

$$\left|\int_C f(z)dz\right| \leqq M\cdot L$$

これから，$\left|\int_C f(z)dz\right|$ は，高々 $M\cdot L$ 以下であると評価できる。

(1) $\int_C \{f(z)\pm g(z)\}dz=\int_C f(z)dz\pm\int_C g(z)dz$ と (2) $\int \alpha f(z)dz=\alpha\int f(z)dz$

は，積分の定義から明らかに成り立つね。

(3) は，曲線 $C:z(a)\to z(b)$ とおくと，

曲線 $-C:z(b)\to z(a)$ より，

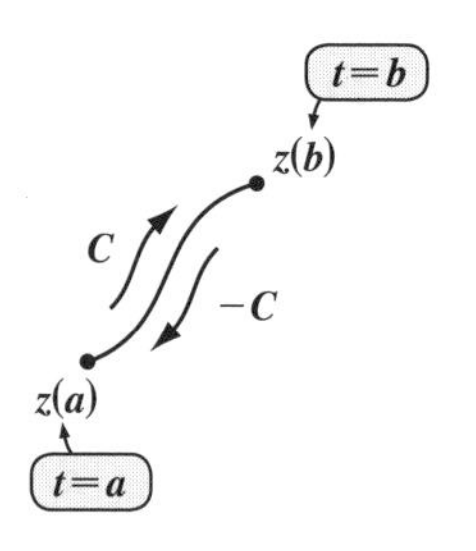

$$\int_{-C} f(z)dz=\int_b^a f(z)\frac{dz}{dt}dt$$

$$=-\int_a^b f(z)\frac{dz}{dt}dt=-\int_C f(z)dz$$ と導ける。

(4) は，曲線 $C:z(a)\to z(b)$ を途中の点

$z(d)$ で 2 つの曲線 C_1, C_2 に分割すると，

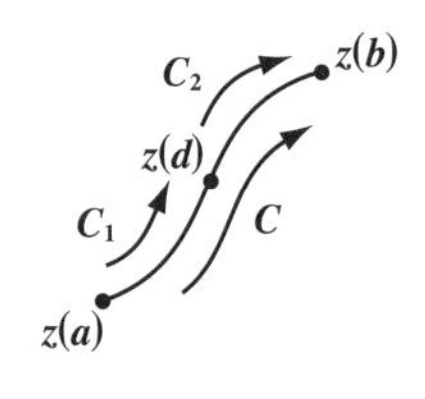

$$\int_{C_1} f(z)dz+\int_{C_2} f(z)dz$$

$$=\int_a^d f(z)\frac{dz}{dt}dt+\int_d^b f(z)\frac{dz}{dt}dt$$

$$=\int_a^b f(z)\frac{dz}{dt}dt=\int_C f(z)dz$$

と導ける。大丈夫？

(5) $\left|\int_C f(z)dz\right|\leqq ML$ は，積分結果の絶対値の大きさの評価によく用いられる公式なんだ。これを証明するために，まず一般論として実数変数 t の複素関数 $\xi(t)$ に対して，次式が成り立つことを示す。

$$\left|\int_a^b \xi(t)dt\right|\leqq\int_a^b|\xi(t)|dt \quad \cdots\cdots(*)$$

ここでも，曲線 $C:z(a)\to z(b)$ を前提にしている。

$\int_a^b \xi(t)dt$ の積分結果も，1 つの複素数より，

$\int_a^b \xi(t)dt=\left|\int_a^b \xi(t)dt\right|e^{i\theta}$ （θ: 偏角）とおける。

$\alpha=|\alpha|e^{i\theta}$ とおけるのと同じ

この両辺に $e^{-i\theta}$ をかけて，また，$\xi(t)=|\xi(t)|e^{i\phi}$ （ϕ: $\xi(t)$ の偏角）とおくと，

$$\underbrace{\left|\int_a^b \xi(t)dt\right|}_{\text{実数}}=e^{-i\theta}\int_a^b \underbrace{\xi(t)}_{|\xi(t)|e^{i\phi}}dt=\int_a^b \underbrace{e^{i(\phi-\theta)}}_{\cos(\phi-\theta)+i\sin(\phi-\theta)}\underbrace{|\xi(t)|}_{\text{実数}}dt$$ となる。

この左辺は実数より，右辺の積分も実数となる。よって，

$$\left|\int_a^b \xi(t)dt\right| = \int_a^b \underline{\underline{\cos(\phi-\theta)}}|\xi(t)|dt \leqq \int_a^b \underline{\underline{1}}\cdot|\xi(t)|dt \text{ より，}$$

（1以下）

$$\left|\int_a^b \xi(t)dt\right| \leqq \int_a^b |\xi(t)|dt \quad \cdots\cdots(*)$$ が導ける。

さァ，$(*)$ を使って (5) の公式 $\left|\int_C f(z)dz\right| \leqq ML$ を証明しよう！

曲線 $C : z(a) \to z(b)$ とおくと，

$$\left|\int_C f(z)dz\right| = \left|\int_a^b \underline{f(z)\frac{dz}{dt}}dt\right|$$

（これを $\xi(t)$ とみる）

（$\left|\int_a^b \xi(t)dt\right| \leqq \int_a^b |\xi(t)|dt$ …$(*)$ より）

$$\leqq \int_a^b \underline{\left|f(z)\frac{dz}{dt}\right|}dt$$

（$|f(z)|\cdot\left|\frac{dz}{dt}\right|$ ← $|\alpha\cdot\beta| = |\alpha|\cdot|\beta|$）

$$= \int_a^b \underline{|f(z)|}\cdot\left|\frac{dz}{dt}\right|dt \leqq \underline{M}\int_a^b \left|\frac{dz}{dt}\right|dt$$

（$\left|\frac{dz}{dt}\right| = \sqrt{\dot{x}(t)^2+\dot{y}(t)^2}$）

（これは M 以下）（定数なので積分記号の外に出せる。）

$$= M\int_a^b \sqrt{\left(\frac{dx}{dt}\right)^2+\left(\frac{dy}{dt}\right)^2}dt = M\cdot L \quad \text{となって}$$

（曲線 C の長さ L を求める公式）

(5) の公式も導けたんだね。納得いった？

公式の証明ばかりで疲れただろうね。それでは，これから例題を解くことにより，実践的な練習に入ろう！

例題 1　次の各積分経路 C_1, C_2, C_3 に沿って，$\int_{C_k} zdz$ $(k=1, 2, 3)$ の各積分値を求めてみよう。

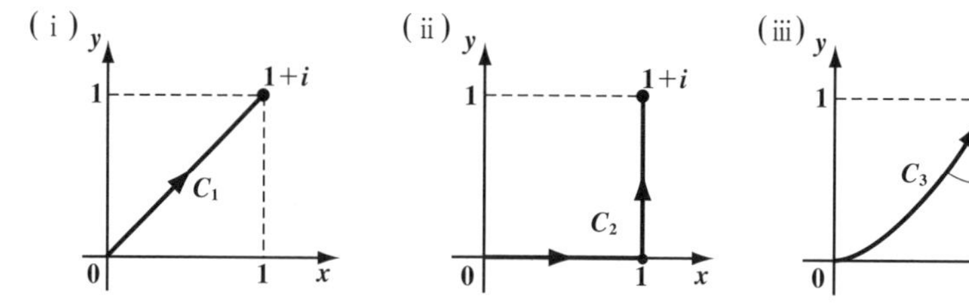

(i) 曲線 C_1：点 $0+0i$ から点 $1+i$ まで，直線的に移動する点 z を媒介変数 t を使って表すと，

$$z(t)=t(1+i)=\underbrace{t}_{x(t)}+i\underbrace{t}_{y(t)} \quad (0 \leqq t \leqq 1)$$ となる。

$t=0$ のとき $0+0i$，$t=1$ のとき $1+i$ となってうまくいく。

ここで，$\dot{z}(t)=\dot{x}(t)+i\dot{y}(t)=1+i\cdot 1=1+i$

以上より，求める積分は，

$$\int_{C_1} zdz=\int_0^1 \underbrace{z(t)}_{(t+it)}\cdot\underbrace{\frac{dz(t)}{dt}}_{\dot{z}(t)=1+i}dt=\int_0^1 (t+it)\underbrace{(1+i)}_{\text{定数}}dt$$

$$=(1+i)\int_0^1 (t+it)dt=(1+i)\left[\frac{1}{2}t^2+\frac{1}{2}it^2\right]_0^1$$

これは $\int_0^1 tdt+i\int_0^1 tdt$ だけど，まとめて計算してもいい。

$$=(1+i)\left(\frac{1}{2}+\frac{1}{2}i\right)=\frac{1}{2}\underbrace{(1+i)^2}_{1^2+2i+i^2}=\frac{1}{2}\cdot 2i=i$$ となる。

(ii) 曲線 C_2 は，(i) $C_{2(1)}$：点 $0+0i$ ⟶ 点 $1+0i$

$$z_1(t)=t \quad (0 \leqq t \leqq 1)$$

(ii) $C_{2(2)}$：点 $1+0i$ ⟶ 点 $1+1i$

$$z_2(t)=1+it \quad (0 \leqq t \leqq 1)$$

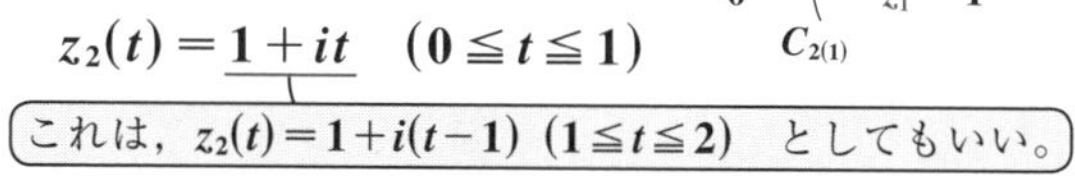

これは，$z_2(t)=1+i(t-1)$ $(1 \leqq t \leqq 2)$ としてもいい。

の 2 つに分けて考える。すると，

$\dot{z}_1(t)=1$, $\dot{z}_2(t)=i$ となる。

よって，求める積分は，

$$\int_{C_2} zdz = \int_{C_{2(1)}} zdz + \int_{C_{2(2)}} zdz$$

$$= \int_0^1 \underbrace{z_1(t)}_{t} \cdot \underbrace{\frac{dz_1(t)}{dt}}_{\dot{z}_1(t)=1} dt + \int_0^1 \underbrace{z_2(t)}_{1+it} \cdot \underbrace{\frac{dz_2(t)}{dt}}_{\dot{z}_2(t)=i} dt$$

$$= \int_0^1 t \cdot 1 dt + \int_0^1 (1+it) i dt$$

$$= \left[\frac{1}{2}t^2\right]_0^1 + i\left[t + \frac{1}{2}it^2\right]_0^1 = \frac{1}{2} + i\left(1 + \frac{1}{2}i\right)$$

$$= \frac{1}{2} + i + \frac{1}{2}i^2 = i$$ となる。

(iii) 曲線 C_3：点 $0+0i$ から点 $1+i$ まで曲線 $y=x^2$ に沿って移動する点 z を媒介変数 t を使って表すと，

$$z(t) = \underbrace{t}_{x(t)} + i\underbrace{t^2}_{y(t)} \quad (0 \leqq t \leqq 1)$$

$x=t$, $y=t^2$ より，$y=x^2$ となるんだね。

ここで，$\dot{z}(t) = \dot{x}(t) + i\dot{y}(t) = 1 + i \cdot 2t = 1 + 2it$

以上より，求める積分は，

$$\int_{C_3} zdz = \int_0^1 \underbrace{z(t)}_{(t+it^2)} \cdot \underbrace{\frac{dz(t)}{dt}}_{(1+2it)} dt = \int_0^1 \underbrace{(t+it^2)(1+2it)}_{t+2it^2+it^2+2i^2t^3} dt$$

$$= \int_0^1 (t - 2t^3 + 3it^2) dt$$

$$= \left[\frac{1}{2}t^2 - \frac{1}{2}t^4 + it^3\right]_0^1 = \frac{1}{2} - \frac{1}{2} + i = i$$ となる。

同じ始点 0 から終点 $1+i$ への線積分に対して，異なる 3 つの積分路 C_1, C_2, C_3 で計算したけれど，これらはすべて同じ値 i になった。実は，これは被積分関数 $f(z)=z$ が正則な関数であることに関係しているんだ。後で詳しく解説しよう。

例題 2　次の各積分経路 C_1, C_2, C_3 に沿って $\int_{C_k} \bar{z}dz$ $(k=1,\ 2,\ 3)$ の各積分値を求めてみよう。

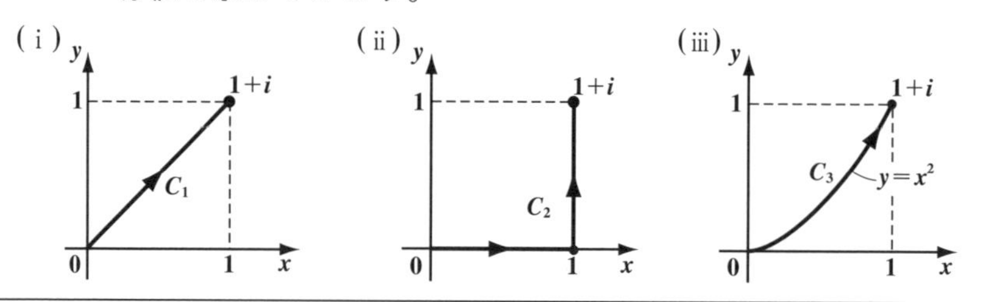

積分路 C_1, C_2, C_3 については例題 1 とまったく同じだね。

(i) 曲線 C_1：媒介変数 t を使って，$z(t)=t+it\ (0 \leqq t \leqq 1)$　と表せる。

ここで $\dot{z}(t)=1+i$ より，求める積分は，

$$\int_{C_1} \bar{z}dz = \int_0^1 \underbrace{\overline{z(t)}}_{(t-it)} \cdot \underbrace{\frac{dz(t)}{dt}}_{\dot{z}(t)=1+i} dt = \int_0^1 (t-it)(1+i)dt$$

$$=(1+i)\int_0^1 (t-it)dt = (1+i)\left[\frac{1}{2}t^2 - \frac{1}{2}it^2\right]_0^1$$

$$=(1+i)\left(\frac{1}{2}-\frac{1}{2}i\right) = \frac{1}{2}(1+i)(1-i)$$

$$=\frac{1}{2}(1^2-i^2) = \frac{1}{2}(1+1) = 1 \quad \text{となる。}$$

(ii) 曲線 C_2：媒介変数 t を使って，2 つの積分路 $C_{2(1)}$, $C_{2(2)}$ に分割して表すと，

$C_{2(1)}:z_1(t)=t \qquad (0 \leqq t \leqq 1)$

$C_{2(2)}:z_2(t)=1+it \quad (0 \leqq t \leqq 1)$ となる。

ここで，$\dot{z}_1(t)=1$, $\dot{z}_2(t)=i$ より，求める積分は，

$$\int_{C_2} \bar{z}dz = \int_{C_{2(1)}} \bar{z}dz + \int_{C_{2(2)}} \bar{z}dz$$

$$=\int_0^1 \underbrace{\overline{z_1(t)}}_{t-0i=t} \cdot \underbrace{\frac{dz_1(t)}{dt}}_{1} dt + \int_0^1 \underbrace{\overline{z_2(t)}}_{1-it} \cdot \underbrace{\frac{dz_2(t)}{dt}}_{i} dt$$

$$=\int_0^1 tdt+\int_0^1 \underbrace{(1-it)i}_{i+t}dt$$

$$=\int_0^1 (2t+i)dt=\left[t^2+it\right]_0^1=1+i$$ となる。

(iii) 曲線 C_3: 媒介変数 t を使って，$z(t)=t+it^2$ $(0\leqq t\leqq 1)$ と表せる。

ここで，$\dot{z}(t)=1+2it$ より，求める積分は，

$$\int_{C_3}\bar{z}dz=\int_0^1 \underbrace{\overline{z(t)}}_{t-it^2}\cdot\underbrace{\frac{dz(t)}{dt}}_{1+2it}dt=\int_0^1 \underbrace{(t-it^2)(1+2it)}_{t+2it^2-it^2-2i^2t^3}dt$$

$$=\int_0^1 (t+2t^3+it^2)dt$$

$$=\left[\frac{1}{2}t^2+\frac{1}{2}t^4+\frac{1}{3}it^3\right]_0^1=\frac{1}{2}+\frac{1}{2}+\frac{1}{3}i$$

$$=1+\frac{1}{3}i$$ となって，答えだ。

例題 2 では，例題 1 のときと同様に，同じ始点 0 から終点 $1+i$ への積分だったんだけど，C_1，C_2，C_3 と異なる積分路に対して，異なる積分結果が得られた。これは，今回の被積分関数 $f(z)=\bar{z}$ が正則な関数ではないことに起因しているんだよ。これについても，後で解説しよう。

それでは，ここでもう 1 題，各積分経路にそった複素関数の積分値を求める例題を解いてみることにしよう。

例題 3　次の各積分経路 C_1，C_2 に沿って $\int_{C_k} z^2 dz$ $(k=1,\ 2)$ の各積分値を求めてみよう。

(i)

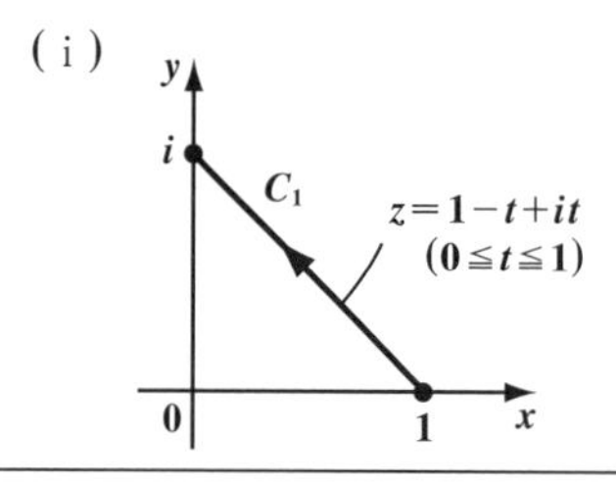

(ii)

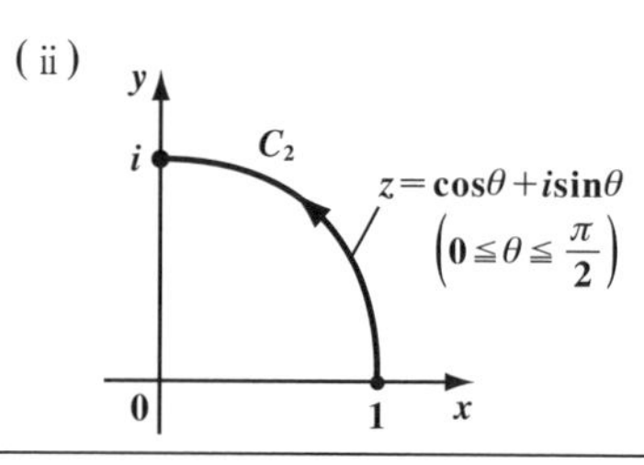

(i) 曲線 C_1：点 $1+0\cdot i$ から $0+1\cdot i$ まで，直線的に移動する点 z を媒介変数 t を用いて表すと，

$z(t)=\underbrace{(1-t)}_{x(t)}+i\cdot\underbrace{t}_{y(t)}$ $(0\leqq t\leqq 1)$ となる。 ←
$\begin{cases} t:0\to 1 \text{ のとき，} \\ z:1\to i \text{ となる。} \end{cases}$

ここで，$\dot{z}(t)=\dot{x}(t)+i\cdot\dot{y}(t)=-1+i\cdot 1=-1+i$

以上より，求める積分は，

$$\int_{C_1} z^2\,dz=\int_0^1 \{z(t)\}^2\cdot\frac{dz}{dt}\,dt=\int_0^1\{(1-2t)+(2t-2t^2)i\}\cdot(-1+i)dt$$

$\frac{dz}{dt}$：$(-1+i)$（定数）　　$(-1+i)$：定数

$$\{(1-t)+it\}^2=(1-t)^2+2t\cdot(1-t)\cdot i+i^2\cdot t^2$$
$$=1-2t+t^2-t^2+(2t-2t^2)\cdot i$$
$$=1-2t+(2t-2t^2)\cdot i$$

$$=(-1+i)\int_0^1\{(1-2t)+(2t-2t^2)\cdot i\}dt$$

$$=(-1+i)\cdot\left[(t-t^2)+\left(t^2-\frac{2}{3}t^3\right)\cdot i\right]_0^1$$

$$(1-1)+\left(1-\frac{2}{3}\right)\cdot i-0-0\cdot i=\frac{1}{3}i$$

$$=\frac{1}{3}\cdot i(-1+i)=\frac{1}{3}(i^2-i)=-\frac{1}{3}(1+i)$$ となる。

(ii) 曲線 C_2：点 $1+0\cdot i$ から点 $0+1\cdot i$ まで，4 分の 1 円の経路で移動する点 z を媒介変数 θ を用いて表すと，

$z(\theta)=\cos\theta+i\cdot\sin\theta \quad \left(0\leqq\theta\leqq\frac{\pi}{2}\right)$ となる。 ← $\begin{cases}\theta:0\to\frac{\pi}{2} & \text{のとき,}\\ z:1\to i & \text{となる。}\end{cases}$

ここで，$\dot{z}(\theta)=\dfrac{dz(\theta)}{d\theta}=\underbrace{-\sin\theta}_{\cos\left(\theta+\frac{\pi}{2}\right)}+i\cdot\underbrace{\cos\theta}_{\sin\left(\theta+\frac{\pi}{2}\right)}=\cos\left(\theta+\dfrac{\pi}{2}\right)+i\sin\left(\theta+\dfrac{\pi}{2}\right)$

となる。以上より，求める積分は，

$$\int_{C_2}z^2dz=\int_0^{\frac{\pi}{2}}\underbrace{\{z(\theta)\}^2}_{(\cos\theta+i\sin\theta)^2=\cos2\theta+i\cdot\sin2\theta}\cdot\underbrace{\frac{dz}{d\theta}}_{\cos\left(\theta+\frac{\pi}{2}\right)+i\cdot\sin\left(\theta+\frac{\pi}{2}\right)}d\theta$$

$$=\int_0^{\frac{\pi}{2}}\underbrace{(\cos2\theta+i\sin2\theta)}_{e^{i\cdot2\theta}}\underbrace{\left\{\cos\left(\theta+\frac{\pi}{2}\right)+i\sin\left(\theta+\frac{\pi}{2}\right)\right\}}_{e^{i\cdot\left(\theta+\frac{\pi}{2}\right)}}d\theta$$

$$=\int_0^{\frac{\pi}{2}}e^{i\cdot2\theta}\cdot e^{i\cdot\left(\theta+\frac{\pi}{2}\right)}d\theta=\int_0^{\frac{\pi}{2}}e^{i\left(3\theta+\frac{\pi}{2}\right)}d\theta$$

$$=\underbrace{e^{\frac{\pi}{2}i}}_{\cos\frac{\pi}{2}+i\sin\frac{\pi}{2}=i}\int_0^{\frac{\pi}{2}}e^{i\cdot3\theta}d\theta=i\int_0^{\frac{\pi}{2}}(\cos3\theta+i\cdot\sin3\theta)\,d\theta$$

$$=i\underbrace{\left[\frac{1}{3}\sin3\theta-i\cdot\frac{1}{3}\cos3\theta\right]_0^{\frac{\pi}{2}}}=i\left(-\frac{1}{3}+\frac{i}{3}\right)=-\frac{1}{3}(1+i)$$

$$\frac{1}{3}\sin\frac{3}{2}\pi-\cancel{\frac{i}{3}\cos\frac{3}{2}\pi}-\cancel{\frac{1}{3}\sin0}+\frac{i}{3}\cos0=-\frac{1}{3}+\frac{i}{3}$$

となる。

これも，被積分関数 $f(z)=z^2$ が正則な関数なので，積分経路によらず同じ積分値をとることが分かったんだね。

演習問題 10　● 複素関数の積分 ●

積分路 C :$|z|=r$ （r：正の定数）であり，n を整数とするとき，

$$\int_C z^n dz = \begin{cases} 0 & (n \neq -1) \\ 2\pi i & (n=-1) \end{cases} \quad \cdots\cdots(*)$$ が成り立つことを示せ。

ヒント！ 積分路 C は原点 0 を中心とする半径 r の円より，点 z はこの円を 1 周すればよい。よって，$z(\theta)=r\cdot e^{i\theta}$ $(0 \leqq \theta \leqq 2\pi)$ となる。媒介変数は t でなくても，今回のように θ でもかまわない。

解答＆解説

積分路 C: 原点 0 を中心とする半径 r の円より，媒介変数 θ を用いて

$z(\theta)=r\cdot e^{i\theta}$ $(0 \leqq \theta \leqq 2\pi)$ と表せる。

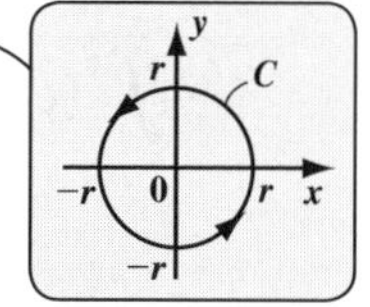

また，$\dot{z}(\theta)=\dfrac{dz(\theta)}{d\theta}=(r\cdot e^{i\theta})'=ire^{i\theta}$ となる。

(ⅰ) $n \neq -1$ のとき

$$\int_C z^n dz = \int_0^{2\pi} \underbrace{\{z(\theta)\}^n}_{(re^{i\theta})^n} \cdot \underbrace{\frac{dz(\theta)}{d\theta}}_{ire^{i\theta}} \cdot d\theta = \int_0^{2\pi} \underbrace{r^n \cdot e^{in\theta} \cdot ir}_{\text{定数}} e^{i\theta} d\theta$$

$$= ir^{n+1}\int_0^{2\pi} e^{i(n+1)\theta}d\theta = ir^{n+1}\int_0^{2\pi}\{\cos(n+1)\theta + i\sin(n+1)\theta\}d\theta$$

$$= ir^{n+1}\left[\frac{1}{n+1}\sin(n+1)\theta - \frac{i}{n+1}\cos(n+1)\theta\right]_0^{2\pi}$$

$$= \frac{r^{n+1}}{n+1}\{\underbrace{\cos 2(n+1)\pi}_{1} - \underbrace{\cos 0}_{1}\} = 0 \quad \text{となる。}$$

(ⅱ) $n=-1$ のとき，同様に

$$\int_C \frac{1}{z}dz = \int_0^{2\pi}\{z(\theta)\}^{-1}\cdot\frac{dz(\theta)}{d\theta}d\theta = \int_0^{2\pi} r^{-1}\cdot \underbrace{e^{-i\theta}\cdot ir e^{i\theta}}_{e^{i\cdot 0}=1} d\theta$$

$$= i\int_0^{2\pi} 1\cdot d\theta = i[\theta]_0^{2\pi} = i\cdot 2\pi = 2\pi i$$

以上 (ⅰ)，(ⅱ) より，$(*)$ の式は成り立つ。

実践問題 10 ● 複素関数の積分 ●

積分路 C ：$|z-\alpha|=r$ （r：正の定数，α：複素定数）であり，n を整数とするとき，

$$\int_C (z-\alpha)^n dz = \begin{cases} 0 & (n \neq -1) \\ 2\pi i & (n=-1) \end{cases} \cdots\cdots(**)$$ が成り立つことを示せ。

ヒント！ 今回の積分路 C は，$z=re^{i\theta}+\alpha\ (0 \leqq \theta \leqq 2\pi)$ とすればいいよ。

解答＆解説

積分路 C：点 α を中心とする半径 r の円より，媒介変数 θ を用いて

$z(\theta)=r\cdot e^{i\theta}+\alpha\ (0 \leqq \theta \leqq 2\pi)$ と表せる。

また，$\dot{z}(\theta)=\dfrac{dz(\theta)}{d\theta}=(re^{i\theta}+\alpha)'=$ (ア) となる。

(ⅰ) $n \neq -1$ のとき

$$\int_C (z-\alpha)^n dz = \int_0^{2\pi} \{z(\theta)-\alpha\}^n \frac{dz(\theta)}{d\theta} d\theta = \int_0^{2\pi} \boxed{(イ)}\ ire^{i\theta} d\theta$$

（$\{z(\theta)-\alpha\}^n = (re^{i\theta}+\alpha-\alpha)^n$，$\dfrac{dz(\theta)}{d\theta}=ire^{i\theta}$）

$$= ir^{n+1}\int_0^{2\pi} e^{i(n+1)\theta}d\theta = ir^{n+1}\int_0^{2\pi}\{\cos(n+1)\theta + i\sin(n+1)\theta\}d\theta$$

$$= ir^{n+1}\left[\frac{1}{n+1}\sin(n+1)\theta - \frac{i}{n+1}\cos(n+1)\theta\right]_0^{2\pi} = \boxed{(ウ)}$$

(ⅱ) $n=-1$ のとき，同様に

$$\int_C \frac{1}{z-\alpha}dz = \int_0^{2\pi}\{z(\theta)-\alpha\}^{-1}\cdot\frac{dz(\theta)}{d\theta}d\theta = \int_0^{2\pi} r^{-1}\cdot e^{-i\theta}\cdot ire^{i\theta}d\theta$$

$$= \boxed{(エ)}\int_0^{2\pi} 1\,d\theta = \boxed{(エ)}\,[\theta]_0^{2\pi} = \boxed{(オ)}$$

以上(ⅰ)，(ⅱ)より，$(**)$ の式は成り立つ。

解答 (ア) $ire^{i\theta}$　(イ) $r^n e^{in\theta}$　(ウ) 0　(エ) i　(オ) $2\pi i$

§2. コーシーの積分定理

複素関数の積分の中でも最も重要な“**コーシーの積分定理**”の解説に入ろう。この定理そのものは，非常にシンプルな形で表せる。しかし，その証明には“**グリーンの定理**”を使わなければならないため，かなり難しく感じるかも知れないね。でも，また出来るだけ分かりやすく解説するから，すべてマスター出来るはずだ。

また，“**コーシーの積分定理**”は実際の積分計算に非常に役に立つ定理なので，具体例を挙げながら，その利用法も教えるつもりだ。

● 単純閉曲線から解説しよう！

“**コーシーの積分定理**”の積分路として，“**単純閉曲線**”(*simple closed curve*) が使われるので，まずこれについて解説しておこう。

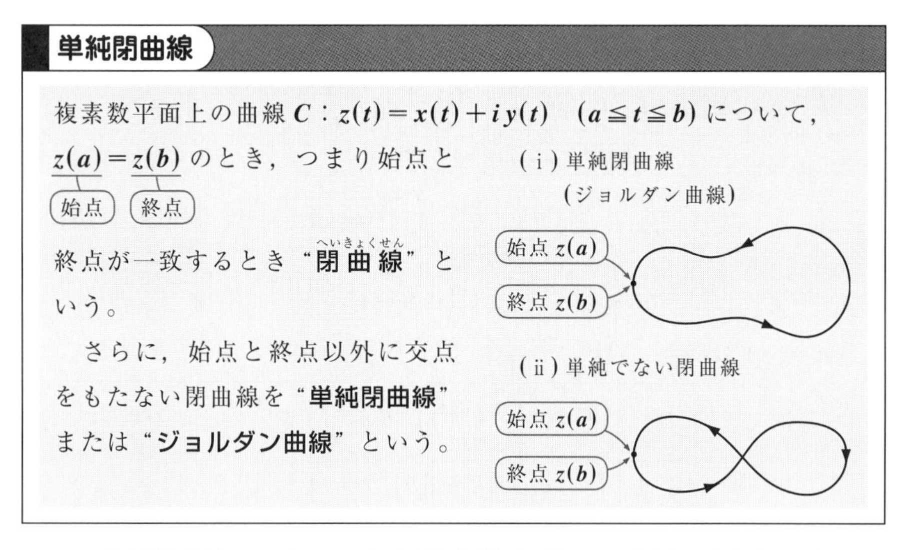

単純閉曲線

複素数平面上の曲線 $C : z(t) = x(t) + iy(t) \quad (a \leqq t \leqq b)$ について，

$\underline{z(a)} = \underline{z(b)}$ のとき，つまり始点と終点が一致するとき“**閉曲線**”という。

さらに，始点と終点以外に交点をもたない閉曲線を“**単純閉曲線**”または“**ジョルダン曲線**”という。

この単純閉曲線により，z 平面 (複素数平面) は，有界な内部と，有界でない外部に分けられるのはいいね。

さらに，単純閉曲線には，“**正・負の向き**”があることも覚えておこう。ある点 (または領域) を左手に見ながら進む方向を，その点 (または領域) に関する“**正の向き**”というんだよ。

たとえば，原点を中心とする半径 r の円 $|z| = r$ を単純閉曲線 C とおい

たとき，図**1**（i）に，原点**O**（または内部の領域）に関して正の向きを，また図**1**（ii）に無限遠点（∞）（または外部の領域）に関して正の向きを示しておいた。

図**1** 単純閉曲線の向き

（i）点**O**に関して正の向き

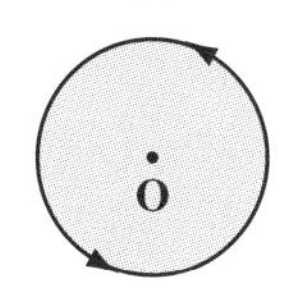

（ii）無限遠点∞に関して正の向き

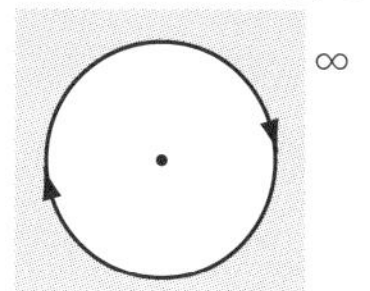

● コーシーの積分定理はとてもシンプルだ！

それでは"**コーシーの積分定理**"を次に示そう。

コーシーの積分定理

単純閉曲線Cで囲まれた内部の領域をDとおく。複素関数$f(z)$が，Cおよびその内部Dで正則で，かつその導関数が連続のとき，

$\oint_C f(z)dz = 0$ が成り立つ。

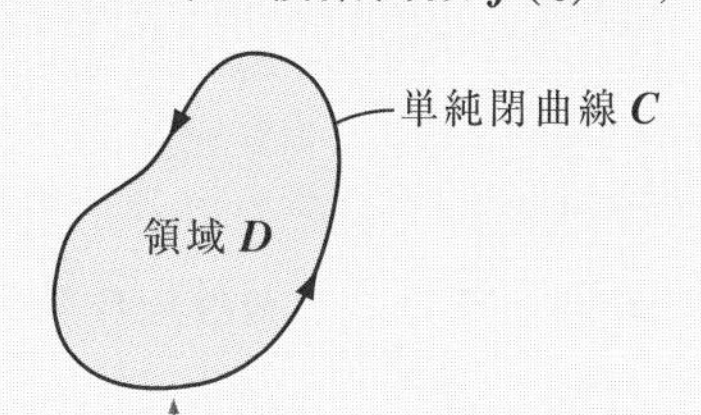

単純閉曲線Cを，その内部の領域Dに関して正の向きに（反時計まわりに）1周線積分したことを示すために，$\int_C$ではなく，$\oint_C$と表す。

$f(z)$が境界線C上で正則であるということは，少なくとも少しはCより外部に微分可能な点の集合が存在するということだ。

たとえば，演習問題**10**（**P160**）で，単純閉曲線の円$C : |z| = r \quad (r > 0)$，整数$n$に対して，$\oint_C z^n dz = \begin{cases} 0 & (n \neq -1) \\ 2\pi i & (n = -1) \end{cases}$ を導いた。これは，$n = -1$のとき$\oint_C \frac{1}{z} dz = 2\pi i$となり，それ以外の整数$n$に対しては，$\oint_C z^n dz = 0$となるということなんだね。

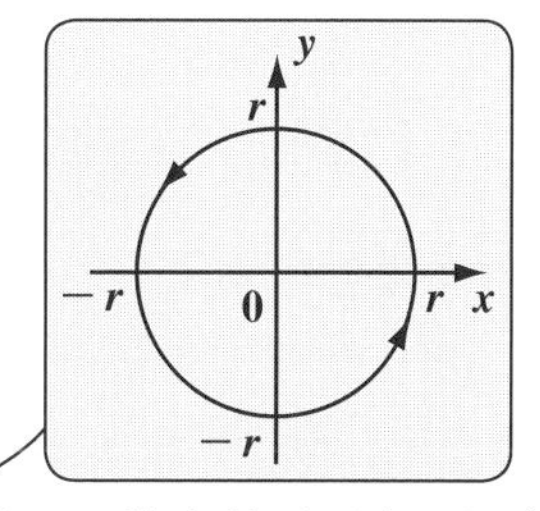

この内，$n = 0, 1, 2, \cdots$のとき複素関数$f(z) = z^n$は，複素数平面（z平面）上のすべての点で正則なので，当然Cおよびその内部でも正則だ。よって，Cにそって**1**周線積分したものは，コーシーの積分定理より$\oint_C z^n dz = 0$ $(n = 0, 1, 2, \cdots)$が導かれるんだ。

$\oint_C z^n dz = 0 \ \ (n = -2,\ -3,\ -4,\ \cdots)$ については，$z = 0$ で正則ではないので，コーシーの積分定理ではなく，演習問題 **10** の解答のように導けばいい。

実践問題 **10(P161)** についても同様に，単純閉曲線の円 $C : |z - \alpha| = r$ に対して，$f(z) = (z - \alpha)^n \ \ (n = 0,\ 1,\ 2,\ \cdots)$ は全平面で正則なので，当然，C とその内部においても正則になる。よって，コーシーの積分定理より，

$\oint_C (z - \alpha)^n dz = 0 \ \ (n = 0,\ 1,\ 2,\ \cdots)$ が導ける。

どう？ コーシーの積分定理って便利だろう。エッ，この "**コーシーの積分定理**" がどのように導けるのか知りたいって？ 当然だ！ これから証明しよう。

● まず，グリーンの定理から始めよう！

コーシーの積分定理の証明には，"**グリーン (*Green*) の定理**" を利用するんだけど，まずそのポイントとなる部分の式変形について解説しよう。

一般論として，**2** 実数変数関数 $f(x,\ y)$ の偏微分の積分をやってみる。

(i) $\displaystyle\int_{g_1(x)}^{g_2(x)} \frac{\partial f(x,\ y)}{\partial y} dy = \Big[f(x,\ y) \Big]_{g_1(x)}^{g_2(x)} = f\big(x,\ g_2(x)\big) - f\big(x,\ g_1(x)\big) \cdots$ ㋐

y で偏微分した f_y を y で積分するので，元の f に戻る。

その y に，$g_2(x)$ と $g_1(x)$ をそれぞれ代入して，引く。

(ii) $\displaystyle\int_{h_1(y)}^{h_2(y)} \frac{\partial f(x,\ y)}{\partial x} dx = \Big[f(x,\ y) \Big]_{h_1(y)}^{h_2(y)} = f\big(h_2(y),\ y\big) - f\big(h_1(y),\ y\big) \cdots$ ㋑

x で偏微分した f_x を x で積分するので，元の f に戻る。

その x に，$h_2(y)$ と $h_1(y)$ をそれぞれ代入して，引く。

ここまでは大丈夫だね。

それでは，グリーンの定理について解説しよう。グリーンの定理とは，xy 平面上の単純閉曲線 C に沿って $f(x,\ y)$ を x や y で **1** 周線積分したものを，C によって囲まれる内部の領域 D での面積分 (**2** 重積分) に変換する重要公式なんだ。まず，この定理を示しておこう。

グリーンの定理

xy 平面上の単純閉曲線 C で囲まれた内部の領域を D とおく。
2 実数変数関数 $f(x,\ y)$ が，C およびその内部 D で連続な偏導関数をもつとき，次式が成り立つ。

(1) $\displaystyle\oint_C f(x,\ y)\,dx = -\iint_D \frac{\partial f(x,\ y)}{\partial y}\,dxdy$ ……(＊1)

(2) $\displaystyle\oint_C f(x,\ y)\,dy = \iint_D \frac{\partial f(x,\ y)}{\partial x}\,dxdy$ ………(＊2)

(＊1) の公式から証明しよう。図 2 に示すような $a \leqq x \leqq b$ の範囲に存在する単純閉曲線 C と，その内部の領域 D を考える。また，$x=a$，b の端点を境に，C の上側の曲線を $y=g_2(x)$，下側の曲線を $y=g_1(x)$ とおく。すると，

図 2　グリーンの定理 (Ⅰ)

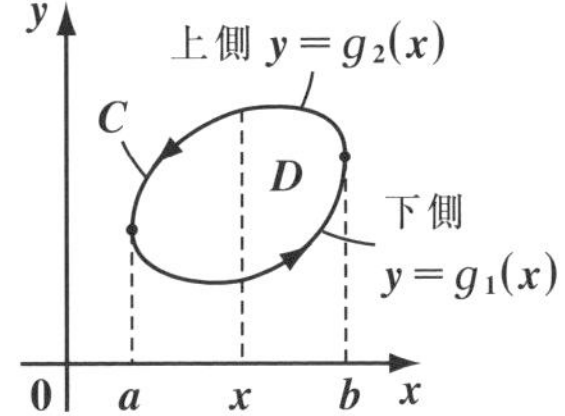

$$(＊1)\text{ の左辺} = \oint_C f(x,\ y)\,dx$$

$$= \int_a^b f\big(x,\ g_1(x)\big)\,dx + \int_b^a f\big(x,\ g_2(x)\big)\,dx$$

（$\displaystyle\int_b^a f\big(x,\ g_2(x)\big)\,dx = -\int_a^b f\big(x,\ g_2(x)\big)\,dx$）

[(下側に沿った線積分)]　[(上側に沿った線積分)]

$$= -\int_a^b \Big\{ f\big(x,\ g_2(x)\big) - f\big(x,\ g_1(x)\big) \Big\}\,dx$$

（$\displaystyle f\big(x,\ g_2(x)\big) - f\big(x,\ g_1(x)\big) = \int_{g_1(x)}^{g_2(x)} \frac{\partial f(x,\ y)}{\partial y}\,dy$　(㋐ より)）← これが，変形のキーポイント！

$$= -\int_a^b \int_{g_1(x)}^{g_2(x)} \frac{\partial f(x,\ y)}{\partial y}\,dydx$$ ← これは累次積分！ 結局，D での面積分になる！

$$= -\iint_D \frac{\partial f(x,\ y)}{\partial y}\,dxdy = (＊1)\text{ の右辺}$$

（この積分ができるためには，偏導関数 f_y は連続でないといけない。）

となって，証明終了だ！

累次積分や面積分を知らない方には，「微分積分キャンパス・ゼミ」(マセマ) を勧める。

$(*2)$ の公式も同様に証明しよう。図 3 に示すように，$c \leqq y \leqq d$ の範囲に存在する単純閉曲線 C と，その内部の領域 D を考える。また，$y=c$，d の端点を境に，C の右側の曲線を $x=h_2(y)$，左側の曲線を $x=h_1(y)$ とおく。すると，

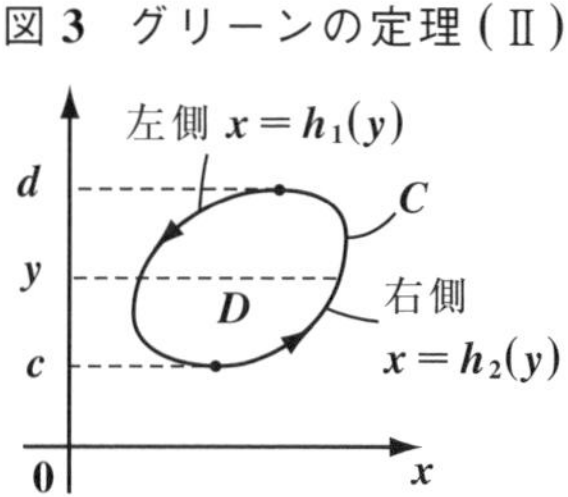

図 3　グリーンの定理 (II)

$$(*2) \text{ の左辺} = \oint_C f(x,\ y)\,dy$$

$$= \int_c^d f\big(h_2(y),\ y\big)\,dy + \underbrace{\int_d^c f\big(h_1(y),\ y\big)\,dy}_{-\int_c^d f(h_1(y),\ y)\,dy}$$

(右側に沿った線積分)　(左側に沿った線積分)

$$= \int_c^d \underbrace{\Big\{ f\big(h_2(y),\ y\big) - f\big(h_1(y),\ y\big) \Big\}}_{\int_{h_1(y)}^{h_2(y)} \frac{\partial f(x,\ y)}{\partial x}\,dx \quad (\text{㋑ より})}\,dy \quad \leftarrow \text{これが，キーポイント！}$$

$$= \int_c^d \int_{h_1(y)}^{h_2(y)} \frac{\partial f(x,\ y)}{\partial x}\,dx\,dy \quad \leftarrow \text{結局，} D \text{ での面積分のこと}$$

$$= \iint_D \frac{\partial f(x,\ y)}{\partial x}\,dx\,dy = (*2) \text{ の右辺}$$

となって，$(*2)$ も証明終了！

大丈夫だった？ イマイチって人は，納得がいくまで読み直すことだ。

ここで，$f(x,\ y)=f$，$\dfrac{\partial f(x,\ y)}{\partial x}=f_x$，$\dfrac{\partial f(x,\ y)}{\partial y}=f_y$ などと略記すると，

グリーンの定理は，
$$\oint_C f\,dx = -\iint_D f_y\,dx\,dy \quad \cdots\cdots(*1)$$
$$\oint_C f\,dy = \iint_D f_x\,dx\,dy \quad \cdots\cdots(*2)$$
のように，簡単になる。ここで，$f(x,\ y)$ の代わりに，2 実数変数関数 $u(x,\ y)$ や $v(x,\ y)$ がきてもいいんだね。さァ，それでは，いよいよ，“**コーシーの積分定理**” の証明に入ろう！

● コーシーの積分定理を証明しよう！

単純閉曲線 C と，その内部 D で正則な関数 $f(z)$ を

$f(z)=u(x,\ y)+iv(x,\ y)$ とおくと，u，v は共に 2 実数変数関数より，グリーンの定理を用いて，

$$\oint_C u\,dx=-\iint_D u_y\,dxdy \quad \cdots ① \qquad \oint_C u\,dy=\iint_D u_x\,dxdy \quad \cdots ②$$

$$\oint_C v\,dx=-\iint_D v_y\,dxdy \quad \cdots ③ \qquad \oint_C v\,dy=\iint_D v_x\,dxdy \quad \cdots ④$$

となるのはいいね。(略記だとスッキリ書ける！)

よって，$f(z)$ の C に沿った 1 周線積分は，次のように変形できる。

$$\oint_C \underbrace{f(z)}_{(u+iv)}\underbrace{dz}_{(dx+idy)}=\oint_C \underbrace{(u+iv)(dx+idy)}_{(u\,dx+iu\,dy+iv\,dx-v\,dy)}$$

$$=\oint_C u\,dx-\oint_C v\,dy+i\left(\oint_C u\,dy+\oint_C v\,dx\right)$$

$\oint_C u\,dx = -\iint_D u_y\,dxdy$ (①より)，$\oint_C u\,dy = \iint_D u_x\,dxdy$ (②より)，$\oint_C v\,dy = \iint_D v_x\,dxdy$ (④より)，$\oint_C v\,dx = -\iint_D v_y\,dxdy$ (③より)

$$=-\iint_D \underbrace{(u_y+v_x)}_{0}\,dxdy+i\iint_D \underbrace{(u_x-v_y)}_{0}\,dxdy$$

0 ← C-R の方程式　　0 ← C-R の方程式

ここで，コーシー・リーマンの方程式 (C-R の方程式)

$u_x=v_y$ かつ $v_x=-u_y$ は覚えてるね。これを使うと，

$u_x-v_y=0$ かつ $u_y+v_x=0$ となるので，

$$\therefore \oint_C f(z)\,dz=-0+0\cdot i=0$$ となる。

これで，コーシーの積分定理が成り立つことが示せたんだね。この証明は試験では頻出だから，よく練習しておこう。

最後に，この証明では，$f(z)$ の導関数 $f'(z)$ の連続性を前提としていたけれど，グルサ (フランスの数学者) は，この連続性を使わずに証明した。これは初学者には分かりづらいので本書では触れないけれど，このため，

$f'(z)$ の連続性を前提としなくても，**"コーシーの積分定理"** は使えることを言っておこう。すなわち，コーシーの積分定理は，

「単純閉曲線 C とその内部 D で $f(z)$ が正則ならば，$\oint_C f(z)\,dz = 0$ となる。」と覚えておいていいんだよ。

● コーシーの積分定理を利用しよう！

領域には，"**単連結** (*simply connected*)" と "**多重連結** (*multiply connected*)" の 2 種類がある。まず，これらの定義と，例を下に示そう。

単連結と多重連結

複素数平面上の領域 D について，D 内にどのような単純閉曲線 C をとっても，C の内部が常に D の点のみを囲むとき，D を "**単連結**" という。そして，単連結でない領域を "**多重連結**" という。以下にその例を示す。

（2 重連結，3 重連結，…の総称）

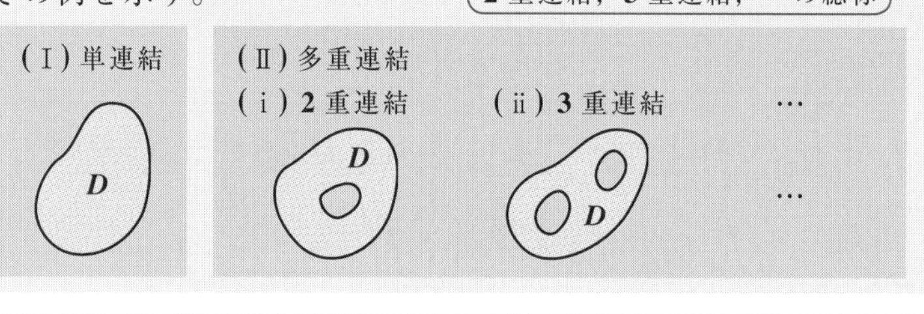

単連結領域 D と，コーシーの積分定理を組み合わせると，次のような積分路についての重要な **"積分路変形の原理"** が導かれる。

積分路変形の原理

複素関数 $f(z)$ が，単連結領域 D で正則ならば，D 内の任意の 2 点 α と β を結ぶ曲線 C に沿った積分 $\int_C f(z)\,dz$ は，積分路 C の取り方によらず，常に一定の値をもつ。

D 内の 2 点 α と β をそれぞれ始点と終点にもつ，異なる 2 つの曲線 C_1 と C_2 を D 内にとる。また，C_2 の逆向きの経路を C_{-2} $(= -C_2)$ とおき，閉曲線 C を，$C = C_1 + C_{-2} = C_1 - C_2$ とおく。

(Ⅰ) C_1 と C_2 が図 **4** に示すように，α，β 以外の点で交わらないとき，$C=C_1-C_2$ は単純閉曲線となるので，コーシーの積分定理より，$\oint_C f(z)\,dz=0$ ……① となる。

図 **4**　積分路変形の原理(Ⅰ)

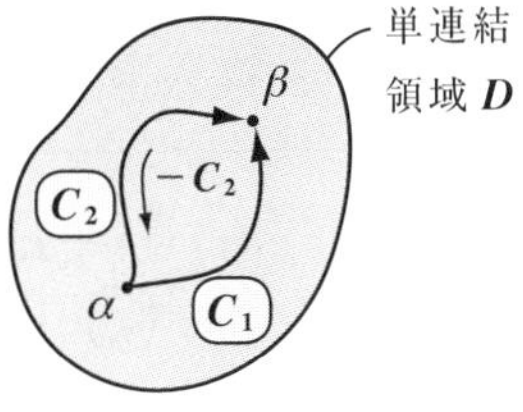

ここで，$\oint_C=\int_{C_1}+\int_{C_{-2}}=\int_{C_1}-\int_{C_2}$ より，

$$\oint_C f(z)\,dz=\boxed{\int_{C_1} f(z)\,dz-\int_{C_2} f(z)\,dz=0}$$

$$\therefore \int_{C_1} f(z)\,dz=\int_{C_2} f(z)\,dz$$ となって，

積分路 C_1，C_2 の取り方によらず，この積分値は一定となる。

(Ⅱ) C_1 と C_2 が図 **5** に示すように，α，β 以外の点 γ で交わるとき，C_1，C_2 をそれぞれ点 γ で分割して，

図 **5**　積分路変形の原理(Ⅱ)

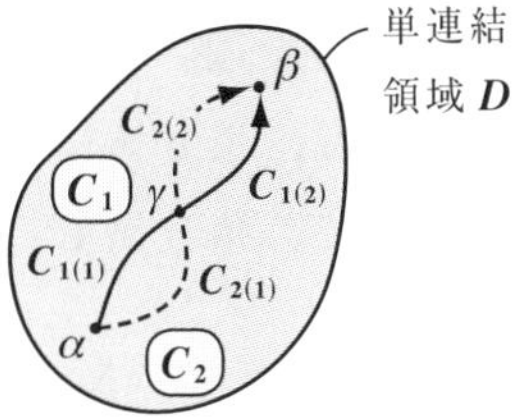

$$C_1=C_{1(1)}+C_{1(2)},\quad C_2=C_{2(1)}+C_{2(2)}$$

とおく。すると，

$$\begin{aligned}C&=C_1-C_2\\&=C_{1(1)}+C_{1(2)}-(C_{2(1)}+C_{2(2)})\\&=(C_{1(1)}-C_{2(1)})+(C_{1(2)}-C_{2(2)})\end{aligned}$$ となって，

（単純閉曲線）（単純閉曲線）

$C_{1(1)}-C_{2(1)}$ と $C_{1(2)}-C_{2(2)}$ は，それぞれ共に単純閉曲線となるので，コーシーの積分定理により，この積分 $\int_{C_1}-\int_{C_2}$ は **0** となる。すなわち，

$$\oint_C f(z)\,dz=\boxed{\int_{C_1} f(z)\,dz-\int_{C_2} f(z)\,dz=0}$$ より，

(Ⅰ) と同様に，$\int_{C_1} f(z)\,dz=\int_{C_2} f(z)\,dz$ が導かれる。

2 曲線 C_1，C_2 が，**2** 点以上の交点を持つ場合でも，この“**積分路変形の原理**”が成り立つことが分かるはずだ。

それでは，次の例題で，この原理を使って実際に問題を解いてみよう。

例題1　点 0 から点 $1+i$ まで，曲線 $C_1: y=x^2\ (0 \leqq x \leqq 1)$ に沿った積分 $\int_{C_1} z^3 dz$ の値を求めよう。

曲線 $C_1: z_1(t)=t+it^2\quad(0 \leqq t \leqq 1)$ とおくと，
（t は x，t^2 は y：$y=x^2\ (0 \leqq x \leqq 1)$ を表す。）

$\dot{z}_1(t)=1+2it$ より，求める積分は，

$$\int_{C_1} z^3 dz = \int_0^1 \{z_1(t)\}^3 \cdot \frac{dz_1(t)}{dt}\, dt$$
$$= \int_0^1 (t+it^2)^3 \cdot (1+2it)\, dt \quad \text{となる。}$$

y
1
1+i
C_2
C_1
0
1
x

しかし，これ以降の計算がメンドウだね。

ここで，$f(z)=z^3$ は z 平面全体 (単連結領域) で正則な関数なので，“**積分路変形の原理**”を使って，0 から $1+i$ まで直線的な積分路 C_2 に沿って積分しても，積分値に変化はない。

よって，積分路 $C_2: z_2(t)=t+it=t(1+i)\quad(0 \leqq t \leqq 1)$ とおくと，

$\dot{z}_2(t)=1+i$ より，求める積分値は，

$$\int_{C_1} z^3 dz = \int_{C_2} z^3 dz = \int_0^1 \{\underbrace{z_2(t)}_{t(1+i)}\}^3 \cdot \underbrace{\frac{dz_2(t)}{dt}}_{(1+i)}\, dt$$

$$= \int_0^1 t^3 \underbrace{(1+i)^4}_{\text{定数}} dt = \underbrace{(1+i)^4}_{\{(1+i)^2\}^2=(1+2i+i^2)^2=-4} \int_0^1 t^3 dt$$

$$= -4\left[\frac{1}{4}t^4\right]_0^1 = -4 \times \frac{1}{4} = -1 \quad \text{と，簡単に求まる。}$$

また，P154 の例題1においても，$f(z)=z$ が z 平面全体で正則だから，積分路 C_1, C_2, C_3 のいずれにおいても同じ積分値をとったんだね。そして，P156 の例題2では，$f(z)=\overline{z}$ が正則でないから，異なる値になったんだ。納得いった？

さァ，それでは，コーシーの積分定理を多重連結領域まで拡張してみよう。

多重連結領域への応用

(1) コーシーの積分定理の **2** 重連結領域への応用

$f(z)$ が **2** 重連結領域 D と，その境界の **2** つの閉曲線 C と C_1 で正則であるとき，

（積分路の向きは，共に反時計まわりにとった。）

次式が成り立つ。

$$\oint_C f(z)\,dz = \oint_{C_1} f(z)\,dz \quad \cdots\cdots(*1)$$

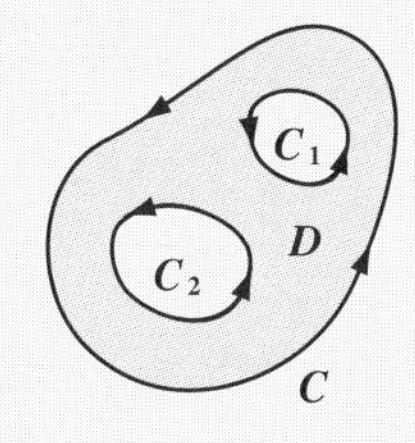

(2) コーシーの積分定理の **3** 重連結領域への応用

$f(z)$ が **3** 重連結領域 D と，その境界の **3** つの閉曲線 C と C_1 と C_2 で正則であるとき，

（積分路の向きは，すべて反時計まわりにとった。）

次式が成り立つ。

$$\oint_C f(z)\,dz = \oint_{C_1} f(z)\,dz + \oint_{C_2} f(z)\,dz \quad \cdots\cdots(*2)$$

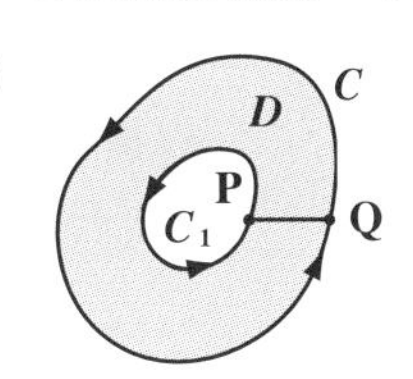

（これらの公式は，積分路 C_1，C_2，…の向きの取り方によって，符号が変わるので注意しよう！）

(1) **2** 重連結領域について，図 **6**（i）に示すように，積分路 C_1，C 上にそれぞれ **2** 点 **P**，**Q** をとり，**Q** から **P** に向かう経路を C_2 とおき，切れ目を入れる。すると，図 **6**（ii）に示すように，$C+C_2-C_1-C_2$ が **1** つの単純閉曲線になり，これとその内部（網目部）で $f(z)$ は正則となる。よって，コーシーの積分定理を用いると，

$$\oint_{C+C_2-C_1-C_2} = \oint_C + \int_{C_2} - \oint_{C_1} - \int_{C_2} = 0$$

となる。よって，

$$\oint_C f(z)\,dz + \int_{C_2} f(z)\,dz - \oint_{C_1} f(z)\,dz - \int_{C_2} f(z)\,dz = 0$$

$$\therefore \oint_C f(z)\,dz = \oint_{C_1} f(z)\,dz \quad \cdots\cdots(*1)$$ が成り立つ。

図 **6**　**2** 重連結領域への応用

（i）

（ii）

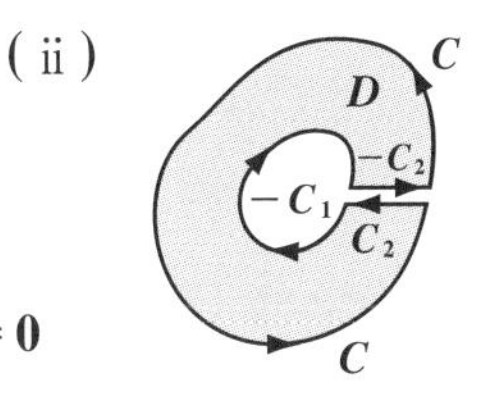

(2) **3** 重連結領域について，図 **7** に示すように，C と C_1，C と C_2 の間に切れ目を入れ，新たに積分路 C_3 と C_4 を設けると，
$C+C_3-C_1-C_3+C_4-C_2-C_4$ が新たな **1** つの単純閉曲線になり，これとその内部(網目部)で $f(z)$ は正則である。よって，コーシーの積分定理を用いると，

図 7　3 重連結領域への応用

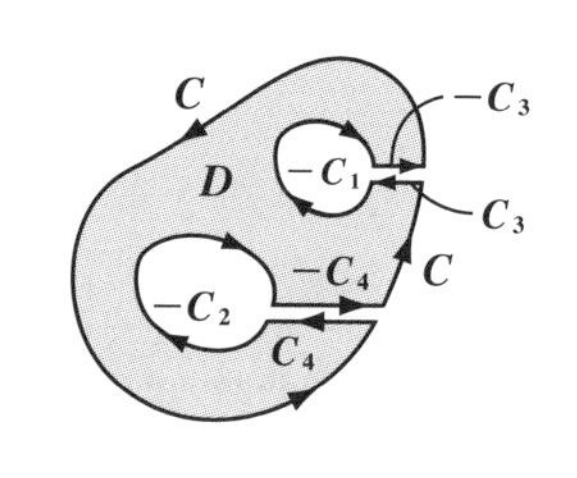

$$\oint_C + \int_{C_3} - \oint_{C_1} - \int_{C_3} + \int_{C_4} - \oint_{C_2} - \int_{C_4} = 0 \quad \text{より,}$$

$$\oint_C f(z)\,dz - \oint_{C_1} f(z)\,dz - \oint_{C_2} f(z)\,dz = 0$$

$$\therefore \oint_C f(z)\,dz = \oint_{C_1} f(z)\,dz + \oint_{C_2} f(z)\,dz \quad \cdots\cdots(*2) \quad \text{も導ける。}$$

これ以外の多重連結についても，同様に考えていけばいいんだね。
それでは，例題で練習しておこう。

例題 2　積分路 $C：|z|=r\ \ (r>0)$ のとき
$\oint_C \frac{1}{z}dz = 2\pi i$ が分かっている。
演習問題 **10** (**P160** 参照)
このとき，右図の積分路 C_1 に沿った **1** 周線積分 $\oint_{C_1} \frac{1}{z}dz$ の値を求めてみよう。

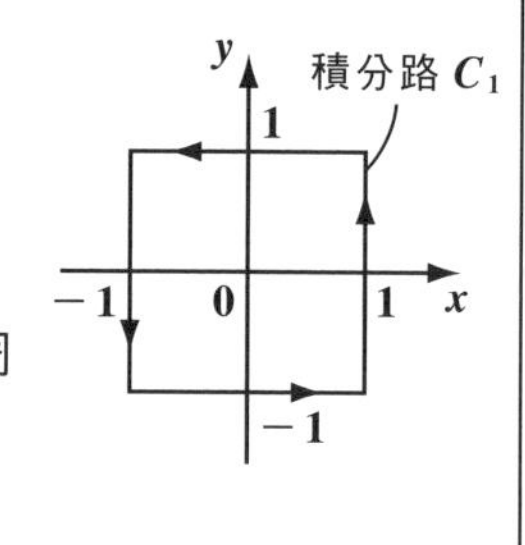

$f(z)=\frac{1}{z}$ は，$z=0$ 以外で正則な関数である。
また，積分路 C は，原点 **0** を中心とする半径 r の円で，r の値は任意なので，積分路 C_1 をすっぽりその内側に含むように，$r=2$ とすることにしよう。そして，**2** つの積分路 C と C_1 を境に持つ領域を D とおくと，D は **2** 重連結領域である。

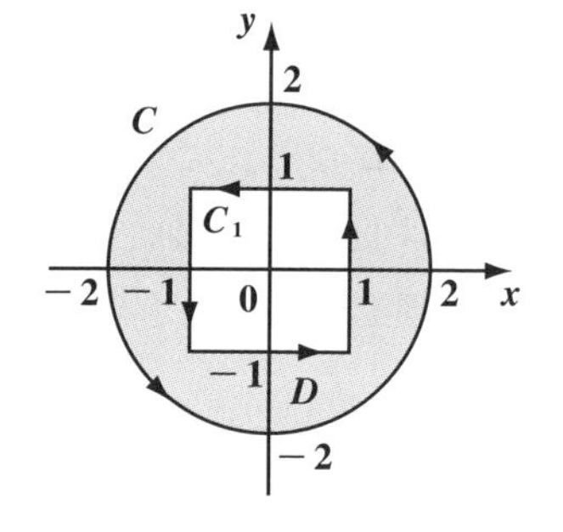

$f(z)=\frac{1}{z}$ は，D とその境界 C と C_1 において正則なので，

$\oint_C \frac{1}{z}dz=\oint_{C_1}\frac{1}{z}dz$ が成り立つ。ここで，$\oint_C \frac{1}{z}dz=2\pi i$ が与えられているので，

$\therefore \oint_{C_1}\frac{1}{z}dz=2\pi i$ である。

C が，C_1 にすっぽり含まれるように $r=\frac{1}{2}$ としても，同じ結果が導ける。自分で試してごらん。

次，実践問題 **10**(**P161**) から，積分路 $C_0:|z-\alpha|=r$ （反時計回り）に対して，$\oint_{C_0}\frac{1}{z-\alpha}dz=2\pi i$ となることが分かっている。関数 $f(z)=\frac{1}{z-\alpha}$ とおくと，$f(z)$ は $z=\alpha$ 以外で正則な関数となる。よって，点 α のまわりを 1 周する任意の単純閉曲線を C とおき，これを積分路として 1 周線積分した $\oint_C \frac{1}{z-\alpha}dz$ について，考えてみよう。この閉曲線 C を内部にすっぽり含むように，中心を α とする円の積分路 C_0 の半径 r を十分に大きくとることが出来る。すると，$f(z)$ は C と C_0 と，この 2 つを境界とする 2 重連結領域 D（網目部）において正則なので，

図 8　周回積分の基本公式

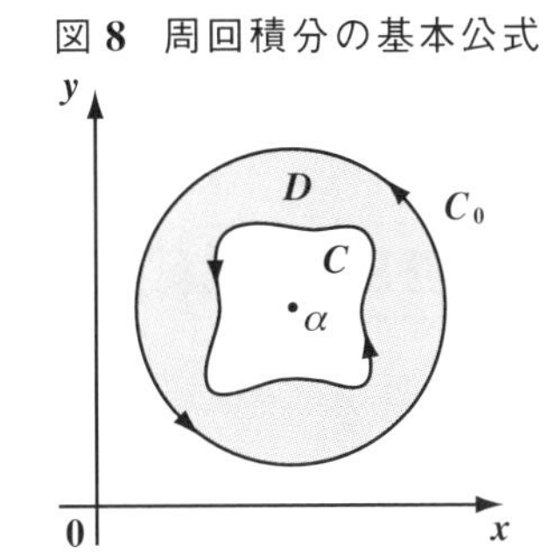

$$\oint_{C_0}\frac{1}{z-\alpha}dz=\oint_C \frac{1}{z-\alpha}dz=2\pi i$$ が成り立つ。

これは，これから重要な役割を演じる公式なので，新たに"**周回積分公式**"と呼ぶことにしよう。シッカリ頭に入れておいてくれ。

周回積分公式

点 α を囲む任意の単純閉曲線 C を積分路とする $\frac{1}{z-\alpha}$ の 1 周線積分は，

$$\oint_C \frac{1}{z-\alpha}dz=2\pi i$$ となる。

（ただし，積分路は反時計回りとする）

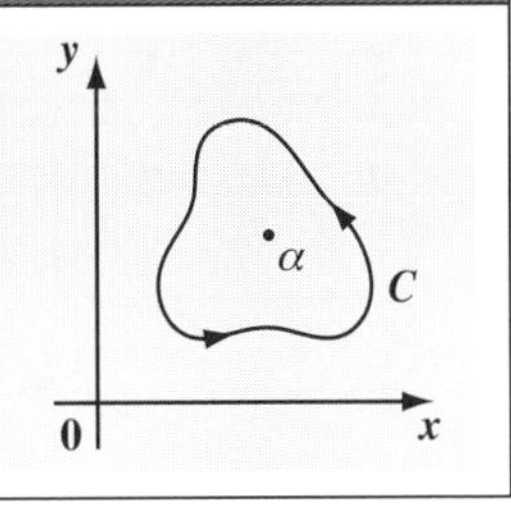

演習問題 11 ●コーシーの積分定理●

次の 3 つの積分路（i）$C_1 : |z| = \dfrac{1}{2}$，（ii）$C_2 : |z-2| = \dfrac{1}{2}$，（iii）$C_3 : |z-1| = 2$ に沿った 1 周線積分 $\displaystyle\oint_{C_k} \frac{2z-2}{z(z-2)}dz$ $(k=1,\ 2,\ 3)$ の各値を求めよ。ただし，積分路はすべて反時計まわりとする。

$\left(\text{また，周回積分公式}\ \displaystyle\oint_C \frac{1}{z-\alpha}dz = 2\pi i\ \ (C：\text{点}\ \alpha\ \text{を囲む任意の単純閉曲線})\ \text{を利用してもよいものとする。}\right)$

ヒント！ $f(z) = \dfrac{2z-2}{z(z-2)} = \dfrac{1}{z} + \dfrac{1}{z-2}$ とまず，部分分数に分解して考える。（i）閉領域 $|z| \leqq \dfrac{1}{2}$ において $\dfrac{1}{z-2}$ は正則であること，また，（ii）閉領域 $|z-2| \leqq \dfrac{1}{2}$ において $\dfrac{1}{z}$ は正則であることに注意しよう。

解答＆解説

被積分関数を $f(z)$ とおくと，

$$f(z) = \frac{2z-2}{z(z-2)} = \frac{1}{z} + \frac{1}{z-2}$$

となる。

$$\frac{2z-2}{z(z-2)} = \frac{\alpha}{z} + \frac{\beta}{z-2} = \frac{\alpha(z-2)+\beta z}{z(z-2)} = \frac{(\alpha+\beta)z - 2\alpha}{z(z-2)}$$

として，$\alpha+\beta = 2$，$-2\alpha = -2$ から $\alpha = 1$，$\beta = 1$ が分かる。

（i）積分路 $C_1 : |z| = \dfrac{1}{2}$ に沿った

1 周線積分は，

$$\oint_{C_1} f(z)\,dz = \oint_{C_1}\left(\frac{1}{z} + \frac{1}{z-2}\right)dz = \underbrace{\oint_{C_1}\frac{1}{z}dz}_{2\pi i} + \underbrace{\oint_{C_1}\frac{1}{z-2}dz}_{0}$$

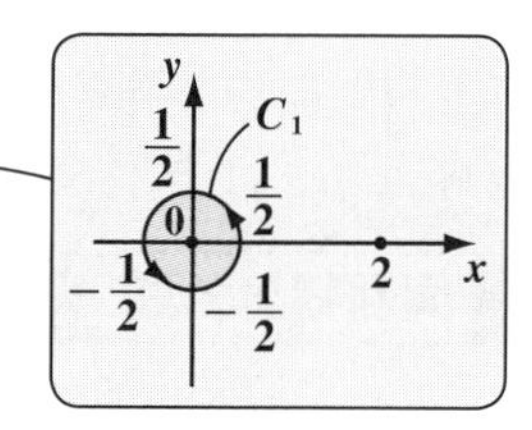

周回積分公式 → $2\pi i$

関数 $\dfrac{1}{z-2}$ は，$z=2$ 以外で正則。よって，C_1 とその内部の領域では正則なので，コーシーの積分定理より，この積分は 0 だ。

$$= 2\pi i + 0 = 2\pi i \quad \text{となる。}$$

(ⅱ) 積分路 C_2：$|z-2|=\frac{1}{2}$ に沿った1周線積分は，

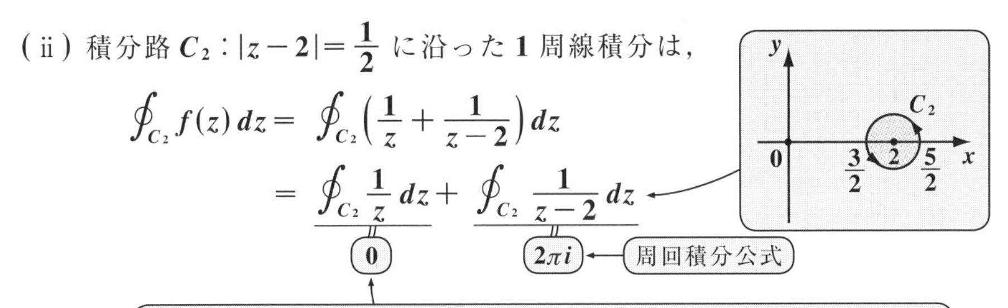

$$\oint_{C_2} f(z)\,dz = \oint_{C_2}\left(\frac{1}{z}+\frac{1}{z-2}\right)dz$$

$$= \underbrace{\oint_{C_2}\frac{1}{z}\,dz}_{0} + \underbrace{\oint_{C_2}\frac{1}{z-2}\,dz}_{2\pi i}$$

関数 $\frac{1}{z}$ は，$z=0$ 以外で正則。よって，C_2 とその内部の領域では正則なので，コーシーの積分定理より，この積分は当然 0 になる。

$= 0 + 2\pi i = 2\pi i$　となる。

(ⅲ) $f(z)=\frac{1}{z}+\frac{1}{z-2}$ は，2 点 $z=0$，2 以外で正則な関数である。また，積分路 C_3：$|z-1|=2$ は，1 を中心とする半径 2 の円で，これは他の 2 つの積分路 C_1，C_2 を含む。右図に示すように，C_1，C_2，C_3 を境界に持つ網目部の領域を D とおくと，D は 3 重連結領域である。

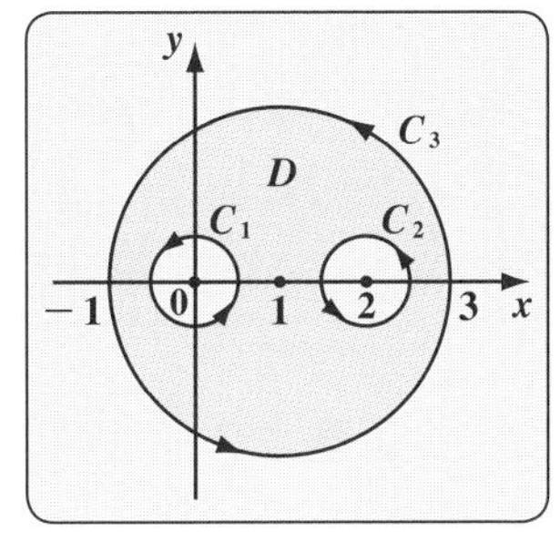

$f(z)$ は，この 3 重連結領域 D と 3 つの閉曲線 C_1, C_2, C_3 で正則である。よって，求める積分 $\oint_{C_3} f(z)\,dz$ は，コーシーの積分定理と (ⅰ)，(ⅱ) の結果より，

$$\oint_{C_3} f(z)\,dz = \underbrace{\oint_{C_1} f(z)\,dz}_{2\pi i\ ((\text{ⅰ})より)} + \underbrace{\oint_{C_2} f(z)\,dz}_{2\pi i\ ((\text{ⅱ})より)}$$

$= 2\pi i + 2\pi i$　((ⅰ)，(ⅱ) の結果より)

$= 4\pi i$　となる。

§3. 原始関数を使った積分

単連結領域 D で正則な関数 $f(z)$ については，$F'(z)=f(z)$ をみたす原始関数 $F(z)$ が存在し，これを使うと，実数関数のときと同様の積分が出来る。このことを，これから詳しく解説しよう。

● 正則関数 $f(z)$ の積分を考えよう！

単連結領域 D で正則な複素関数 $f(z)$ を積分する場合，始点 α と終点 β が与えられれば，α から β に至る積分路 C に関わりなく一定の値をとるんだった。であれば，実数関数の積分のときと同様に，

$$\int_C f(z)dz=\int_\alpha^\beta f(z)dz=\left[F(z)\right]_\alpha^\beta=F(\beta)-F(\alpha) \quad \cdots\cdots(*)$$

と計算できないものか？　考えてみよう！　ここで，$F(z)$ は，

$F'(z)=f(z)$ ……(＊＊)　をみたす関数で，$f(z)$ の“**原始関数**”と呼ぶ。

これが，$f(z)$ の原始関数 $F(z)$ の定義だ。

単連結領域 D で正則な関数 $f(z)$ の点 α から点 β への積分は，積分路によらないので，

$$\int_C f(z)dz=\int_\alpha^\beta f(z)dz$$ と表せる。

図1　$F(z)=\int_{z_0}^{z} f(\zeta)d\zeta$

ここで，図1に示すように α を定複素数 z_0 とおいて固定し，β の代わりに変数 z とおく。さらに，z_0 から z に至るある積分路 C 上を動く変数として，z と区別するために ζ（ゼータ）を使うと，

$\int_{z_0}^{z} f(\zeta)d\zeta$　となる。これは，z の値が D 内で変われば変化する z の関数なので，

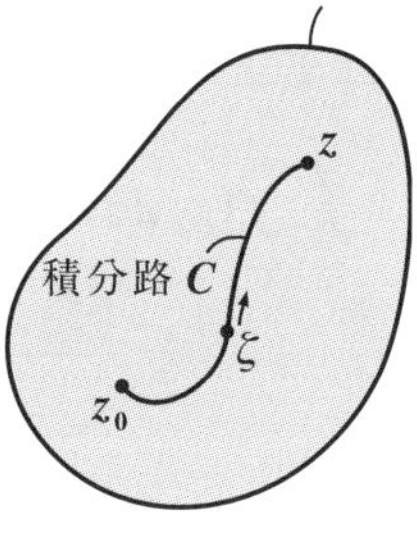

$$F(z)=\int_{z_0}^{z} f(\zeta)d\zeta \quad \cdots\cdots①$$ と表すことができる。

ここで，この $F(z)$ が，$F'(z)=f(z)$ ……(＊＊) をみたせば，$F(z)$ は $f(z)$ の原始関数と言える。(＊＊) が成り立つか？　調べてみよう。

領域 D 内に点 z の δ 近傍をとることができ，その近傍内に点 $z+\Delta z$ をとる。そして，z から $z+\Delta z$ に至る直線的な積分路をとって，それを L とおくと，L は媒介変数 t により，

$L：\zeta(t)=z+t\cdot\Delta z \quad (0\leqq t\leqq 1)$

と表せる。ここで，z と Δz は定数扱いなので，$\dot{\zeta}(t)=\Delta z$　となる。

図 2　$F'(z)=f(z)$ の証明

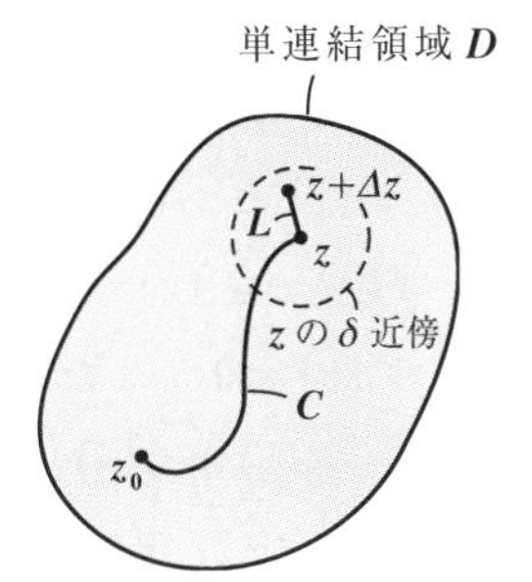

$$\frac{F(z+\Delta z)-F(z)}{\Delta z}=\frac{1}{\Delta z}\left\{\int_{C+L} f(\zeta)d\zeta-\int_C f(\zeta)d\zeta\right\}$$

$$=\frac{1}{\Delta z}\left\{\int_{z_0}^{z+\Delta z} f(\zeta)d\zeta-\int_{z_0}^{z} f(\zeta)d\zeta\right\}=\frac{1}{\Delta z}\int_{z}^{z+\Delta z} f(\zeta)d\zeta$$

$\left(\int_{z_0}^{z} f(\zeta)d\zeta+\int_{z}^{z+\Delta z} f(\zeta)d\zeta\right)$　　$\left(\int_L f(\zeta)d\zeta \text{ のこと}\right)$

$$=\frac{1}{\Delta z}\int_0^1 f(\zeta(t))\dot{\zeta}(t)dt=\int_0^1 f(\zeta(t))dt \quad \cdots\cdots ㋐ \quad \text{となる。}$$

（$\dot{\zeta}(t)=\Delta z$）

（t での積分に切り換えた！）

また，z は定数より，$f(z)$ も定数。よって，

$$\int_0^1 f(z)dt=f(z)\int_0^1 1\cdot dt=f(z) \quad \cdots\cdots ㋑ \quad \text{となる。}$$

（定数）　（$[t]_0^1=1$）

以上，㋐，㋑ より，

$$\left|\frac{F(z+\Delta z)-F(z)}{\Delta z}-f(z)\right|=\left|\int_0^1 f(\zeta(t))dt-\int_0^1 f(z)dt\right|$$

$$=\left|\int_0^1\{f(\zeta(t))-f(z)\}dt\right|\leqq\int_0^1 |f(\zeta(t))-f(z)|dt$$

（$\zeta(t)=z+t\cdot\Delta z$）　（$\varepsilon$ 以下）

ここで，$f(z)$ は D で正則なので連続。よって，$|f(\zeta(t))-f(z)|\leqq\varepsilon$ となり，この ε は，$\Delta z\to 0$ のとき，いくらでも 0 に近づけることができる。

$$\therefore \lim_{\Delta z\to 0}\left|\frac{F(z+\Delta z)-F(z)}{\Delta z}-f(z)\right|\leqq\lim_{\Delta z\to 0}\varepsilon=0$$

（$\varepsilon\int_0^1 dt=\varepsilon\cdot[t]_0^1=\varepsilon$）

よって，$\displaystyle\lim_{\Delta z\to 0}\frac{F(z+\Delta z)-F(z)}{\Delta z}=\boxed{F'(z)=f(z)}$ …… $(**)$　が導けるので，$F(z)$ は，$f(z)$ の原始関数である。

ここで，$F(z)$ と $G(z)$ が，共に $f(z)$ の原始関数とすると，

$F'(z)=f(z)$，$G'(z)=f(z)$ となり，

$F'(z)-G'(z)=0$　となる。よって，$F(z)-G(z)=\gamma$（複素定数）

すなわち，$F(z)=G(z)+\gamma$　となって，定数が異なるだけなんだね。

このように，定数分だけ異なる無数の原始関数を総称して"**不定積分**"という。

従って，不定積分の1つ $F(z)$ を使って，実数関数の定積分と同様に，単連結領域 D 内で正則な複素関数 $f(z)$ について，α から β までの定積分を次の $(*)$ のように定義できることが分かったんだね。

$$\int_\alpha^\beta f(z)dz=\int_{z_0}^\beta f(z)dz-\int_{z_0}^\alpha f(z)dz=F(\beta)-F(\alpha)\quad\cdots\cdots(*)$$

それでは，以上のことをまとめておこう。

原始関数を使った積分

単連結領域 D で正則な複素関数 $f(z)$ について，関数 $F(z)$ を

$$F(z)=\int_{z_0}^z f(\zeta)d\zeta$$

とおくと，$F'(z)=f(z)$ をみたす。

よって，$F(z)$ は $f(z)$ の"**原始関数**"である。

D 内に2点 α，β をとり，これを結ぶ D 内の任意の積分経路 C について，

$$\int_C f(z)dz=\int_\alpha^\beta f(z)dz=[F(z)]_\alpha^\beta=\underline{F(\beta)-F(\alpha)}\quad\cdots\cdots(*)$$

が成り立つ。　（積分路 C とは無関係に決まる。）

これから，単連結領域 D で正則な複素関数 $f(z)$ については，実数関数と同様の定積分の計算が行えるようになったんだね。$f(z)$ の不定積分（原始関数）$F(z)$ は，$F'(z)=f(z)$ から，微分公式を逆手にとって求めていけばいい。

それでは，いくつか例題で練習しておこう。

例題 1　原始関数を用いて，次の積分の値を求めよう。

(1) $\int_0^{1+i} z dz$　(2) $\int_0^{1+i} z^3 dz$　(3) $\int_0^{\pi i} e^z dz$

(4) $\int_0^{\frac{\pi}{2}i} \cos z dz$　(5) $\int_0^{\pi i} \sin z dz$

(1) $\int_0^{1+i} z dz = \left[\frac{1}{2}z^2\right]_0^{1+i} = \frac{1}{2}(1+i)^2 = \frac{1}{2}(1+2i+i^2) = i$ ← これは，P154 の結果と同じだ。

(2) $\int_0^{1+i} z^3 dz = \left[\frac{1}{4}z^4\right]_0^{1+i} = \frac{1}{4}(1+i)^4$

$= \frac{1}{4}\{\underbrace{(1+i)^2}_{2i}\}^2 = \frac{1}{4}\cdot 4\cdot i^2 = -1$ ← これは，P170 の結果と同じだ。

(3) $(e^z)' = e^z$ より， ← 微分の知識から，$f(z) = e^z$，$F(z) = e^z$ が分かる。

$\int_0^{\pi i} e^z dz = [e^z]_0^{\pi i} = \underbrace{e^{\pi i}}_{\cos\pi + i\sin\pi = -1} - e^0 = -1-1 = -2$ ← $e^{i\theta} = \cos\theta + i\sin\theta$

(4) $(\sin z)' = \cos z$ より， ← $f(z) = \cos z$，$F(z) = \sin z$

$\int_0^{\frac{\pi}{2}i} \cos z dz = [\sin z]_0^{\frac{\pi}{2}i} = \sin\frac{\pi}{2}i - \underbrace{\sin 0}_{0}$

$= \frac{e^{i^2\frac{\pi}{2}} - e^{-i^2\frac{\pi}{2}}}{2i} = \frac{-1}{i}\cdot\frac{e^{\frac{\pi}{2}} - e^{-\frac{\pi}{2}}}{2} = i\sinh\frac{\pi}{2}$ ← $\sin z = \frac{e^{iz} - e^{-iz}}{2i}$

(5) $(\cos z)' = -\sin z$ ← $f(z) = \sin z$，$F(z) = -\cos z$

$\int_0^{\pi i} \sin z dz = -[\cos z]_0^{\pi i} = -\cos\pi i + \underbrace{\cos 0}_{1}$

$= -\frac{e^{i^2\pi} + e^{-i^2\pi}}{2} + 1 = 1 - \frac{e^{\pi} + e^{-\pi}}{2} = 1 - \cosh\pi$ ← $\cos z = \frac{e^{iz} + e^{-iz}}{2}$

$\sin(iz) = i\sinh z$，$\cos(iz) = \cosh z$　は，公式として覚えておいてもいいよ。それじゃ，さらに練習しておこう。

演習問題 12 ●原始関数による積分●

原始関数を用いて，次の積分の値を求めよ。

(1) $\displaystyle\int_1^{1+i}(z-1)^2dz$　　(2) $\displaystyle\int_0^{i}ze^{z^2}dz$

(3) $\displaystyle\int_0^{\frac{\pi}{6}i}\cos 3z\,dz$　　(4) $\displaystyle\int_0^{\frac{\pi}{2}i}z\sin z^2dz$

ヒント！ すべて，全平面に渡って正則な関数なので，原始関数を求めて積分できる。

解答＆解説

(1) $\{(z-1)^3\}'=3(z-1)^2$ より， ← $f(z)=(z-1)^2,\ F(z)=\frac{1}{3}(z-1)^3$

$$\int_1^{1+i}(z-1)^2dz=\frac{1}{3}\left[(z-1)^3\right]_1^{1+i}=\frac{1}{3}(i^3-0)=-\frac{i}{3}$$

(2) $(e^{z^2})'=2ze^{z^2}$ より， ← $f(z)=ze^{z^2},\ F(z)=\frac{1}{2}e^{z^2}$

$$\int_0^{i}ze^{z^2}dz=\frac{1}{2}\left[e^{z^2}\right]_0^{i}=\frac{1}{2}(e^{i^2}-1)=\frac{1-e}{2e}$$

（$i^2=-1$）

(3) $(\sin 3z)'=3\cos 3z$ より， ← $f(z)=\cos 3z,\ F(z)=\frac{1}{3}\sin 3z$

$$\int_0^{\frac{\pi}{6}i}\cos 3z\,dz=\frac{1}{3}\left[\sin 3z\right]_0^{\frac{\pi}{6}i}$$
$$=\frac{1}{3}\left\{\sin\left(\frac{\pi}{2}i\right)-0\right\}$$
$$=\frac{i}{3}\sinh\frac{\pi}{2}$$

$$\sin(i\theta)=\frac{e^{i^2\theta}-e^{-i^2\theta}}{2i}=\frac{-1}{i}\cdot\frac{e^{\theta}-e^{-\theta}}{2}=i\sinh\theta$$

(4) $(\cos z^2)'=-2z\sin z^2$ より， ← $f(z)=z\sin z^2,\ F(z)=-\frac{1}{2}\cos z^2$

$$\int_0^{\frac{\pi}{2}i}z\sin z^2dz=-\frac{1}{2}\left[\cos z^2\right]_0^{\frac{\pi}{2}i}=-\frac{1}{2}\left\{\cos\left(\frac{\pi^2}{4}i^2\right)-\cos 0\right\}$$

$$\cos\left(-\frac{\pi^2}{4}\right)=\cos\frac{\pi^2}{4}$$

$$=-\frac{1}{2}\left(\cos\frac{\pi^2}{4}-1\right)=\frac{1}{2}\left(1-\cos\frac{\pi^2}{4}\right)$$

実践問題 12 ● 原始関数による積分 ●

原始関数を用いて，次の積分の値を求めよ。

(1) $\displaystyle\int_0^i (z+i)^3 dz$　　(2) $\displaystyle\int_0^i ze^{-z^2} dz$

(3) $\displaystyle\int_0^{\frac{\pi}{2}i} \sin 2z dz$　　(4) $\displaystyle\int_0^{\pi i} z\cos z^2 dz$

ヒント！ これらも，原始関数を求めて，積分値を計算すればいい。

解答＆解説

(1) $\{(z+i)^4\}' = 4(z+i)^3$ より，

$$\int_0^i (z+i)^3 dz = \frac{1}{4}\left[(z+i)^4\right]_0^i = \frac{1}{4}\{(2i)^4 - i^4\} = \boxed{(ア)\quad}$$

(2) $(e^{-z^2})' = -2ze^{-z^2}$ より，

$$\int_0^i ze^{-z^2} dz = -\frac{1}{2}\left[e^{-z^2}\right]_0^i = -\frac{1}{2}(e^{-i^2} - 1) = \boxed{(イ)\quad}$$

(3) $(\cos 2z)' = -2\sin 2z$ より，

$$\int_0^{\frac{\pi}{2}i} \sin 2z dz = -\frac{1}{2}\left[\cos 2z\right]_0^{\frac{\pi}{2}i} = -\frac{1}{2}(\underline{\cos \pi i} - \cos 0)$$

$$= \boxed{(ウ)\quad}$$

$\cos \pi i = \dfrac{e^{i^2\pi} + e^{-i^2\pi}}{2}$

(4) $(\sin z^2)' = 2z\cos z^2$ より，

$$\int_0^{\pi i} z\cos z^2 dz = \frac{1}{2}\left[\sin z^2\right]_0^{\pi i} = \frac{1}{2}\{\sin(\pi^2 i^2) - \sin 0\}$$

$$= \boxed{(エ)\quad}$$

解答 (ア) $\dfrac{15}{4}$　(イ) $\dfrac{1-e}{2}$　(ウ) $\dfrac{1}{2}(1-\cosh\pi)$　(エ) $-\dfrac{1}{2}\sin\pi^2$

演習問題 13	● 原始関数による積分 ●

原始関数を用いて，次の積分の値を求めよ。

(1) $\displaystyle\int_i^1 z^2(z^3+1)^4dz$　　　(2) $\displaystyle\int_1^{1-i}(2z+1)e^{z^2+z}dz$

(3) $\displaystyle\int_{-\frac{\pi}{2}i}^{\frac{\pi}{2}i}\sin^4z\cdot\cos z\,dz$

ヒント！ 正則関数の原始関数を求めて，積分値を求めよう。

解答＆解説

(1) $\{(z^3+1)^5\}'=5\cdot(z^3+1)^4\cdot(z^3+1)'=15z^2(z^3+1)^4$ より，

$$\int_i^1 z^2(z^3+1)^4dz=\frac{1}{15}\left[(z^3+1)^5\right]_i^1=\frac{1}{15}\{2^5-(i^3+1)^5\}$$

$2^5 = 32$，$(i^3+1)^5$：$\{(1-i)^2\}^2\cdot(1-i)=(1-2i+i^2)^2(1-i)$ $=-4(1-i)=-4+4i$

$$=\frac{1}{15}(32+4-4i)=\frac{4}{15}(9-i)$$

(2) $(e^{z^2+z})'=e^{z^2+z}\cdot(z^2+z)'=(2z+1)e^{z^2+z}$ より，

$$\int_1^{1-i}(2z+1)e^{z^2+z}dz=\left[e^{z^2+z}\right]_1^{1-i}=e^{(1-i)^2+1-i}-e^2$$

$(1-i)^2+1-i$：$1-2i+i^2+1-i=1-3i$

オイラーの公式

$$=e^{1-3i}-e^2=e\cdot e^{i\cdot(-3)}-e^2=e\{\cos(-3)+i\sin(-3)\}-e^2$$

$$=e(\cos3-i\sin3-e)$$

(3) $(\sin^5z)'=5\cdot\sin^4z\cdot(\sin z)'=5\sin^4z\cdot\cos z$ より，

$$\int_{-\frac{\pi}{2}i}^{\frac{\pi}{2}i}\sin^4z\cdot\cos z\,dz=\frac{1}{5}\left[\sin^5z\right]_{-\frac{\pi}{2}i}^{\frac{\pi}{2}i}=\frac{1}{5}\left\{\left(\sin\frac{\pi}{2}i\right)^5-\left(\sin\left(-\frac{\pi}{2}i\right)\right)^5\right\}$$

$\left(\sin\left(-\frac{\pi}{2}i\right)\right)^5$：$\left(-\sin\frac{\pi}{2}i\right)^5=-\left(\sin\frac{\pi}{2}i\right)^5$

$$=\frac{2}{5}\left(\sin\frac{\pi}{2}i\right)^5$$

$\left(\sin\frac{\pi}{2}i\right)^5$：$\left(\dfrac{e^{\frac{\pi}{2}i^2}-e^{-\frac{\pi}{2}i^2}}{2i}\right)^5=\left(\dfrac{-1}{i}\cdot\dfrac{e^{\frac{\pi}{2}}-e^{-\frac{\pi}{2}}}{2}\right)^5=\left(i\cdot\sinh\dfrac{\pi}{2}\right)^5=i\cdot\sinh^5\dfrac{\pi}{2}$　（$-1=i^2$，i^5：$i^4\cdot i=1\cdot i$）

$$=\frac{2}{5}i\sinh^5\frac{\pi}{2}$$

実践問題 13　● 原始関数による積分 ●

原始関数を用いて，次の積分の値を求めよ。

(1) $\int_0^{1+i} z^3(z^4+4)^3 dz$　　(2) $\int_{-i}^{1+i} (3z^2+1)e^{z^3+z} dz$

(3) $\int_0^{\frac{\pi}{4}i} \sin^2 z \cos z\, dz$

ヒント！　前問と同様に，原始関数を使って積分計算しよう。

解答＆解説

(1) $\{(z^4+4)^4\}' = 4(z^4+4)^3\cdot(z^4+4)' = 16z^3(z^4+4)^3$ より，

$$\int_0^{1+i} z^3(z^4+4)^3 dz = \frac{1}{16}\left[(z^4+4)^4\right]_0^{1+i} = \frac{1}{16}\{((1+i)^4+4)^4 - 4^4\}$$

$(2^4)^2 = 16^2$

$(1+2i+i^2)^2+4 = 4\cdot i^2+4 = 0$

$$= -\frac{16^2}{16} = \boxed{(ア)\quad}$$

(2) $(e^{z^3+z})' = e^{z^3+z}\cdot(z^3+z)' = (3z^2+1)\cdot e^{z^3+z}$

$$\int_{-i}^{1+i} (3z^2+1)\cdot e^{z^3+z} dz = \left[e^{z^3+z}\right]_{-i}^{1+i}$$

$1+3i+3i^2+i^3+1+i = -1+3i$

$-i^3-i = i-i = 0$

$$= e^{(1+i)^3+1+i} - e^{(-i)^3-i}$$

$$= e^{-1}\cdot e^{3i} - 1 = \boxed{(イ)\quad}$$

(3) $(\sin^3 z)' = 3\sin^2 z\cdot(\sin z)' = 3\sin^2 z\cdot\cos z$ より，

$$\int_0^{\frac{\pi}{4}i} \sin^2 z\cdot\cos z\, dz = \frac{1}{3}\left[\sin^3 z\right]_0^{\frac{\pi}{4}i} = \frac{1}{3}\left\{\left(\sin\frac{\pi}{4}i\right)^3 - (\sin 0)^3\right\}$$

($(\sin 0)^3 = 0$)

$$\left(\frac{e^{\frac{\pi}{4}i^2} - e^{-\frac{\pi}{4}i^2}}{2i}\right)^3 = \left(\frac{-1}{i}\cdot\frac{e^{\frac{\pi}{4}} - e^{-\frac{\pi}{4}}}{2}\right)^3 = \left(i\cdot\frac{e^{\frac{\pi}{4}} - e^{-\frac{\pi}{4}}}{2}\right)^3 = -i\sinh^3\frac{\pi}{4}$$

($-1 = i^2$, $-i = i^2\cdot i$)

$$= \boxed{(ウ)\quad}$$

解答　(ア) -16　　(イ) $e^{-1}(\cos 3 + i\sin 3) - 1$　　(ウ) $-\frac{i}{3}\sinh^3\frac{\pi}{4}$

§4. コーシーの積分公式・グルサの定理

これまで，正則関数 $f(z)$ について，コーシーの積分定理 $\oint_C f(z)dz = 0$ が使えることを解説した。でも，あまりにシンプルな公式なので少しもの足りなさを感じたかも知れないね。だから，今回はさらに実践的な積分公式として，“**コーシーの積分公式**” と “**グルサ (*Goursat*) の定理**” について解説しよう。証明は結構大変だけど，実際の積分計算に非常に有効な公式なので積極的に利用するといいよ。

（名称が似ているけど，“**コーシーの積分定理**” とは区別して覚えよう！）

● コーシーの積分公式を証明しよう！

まず，コーシーの積分公式を下に示す。

コーシーの積分公式

複素関数 $f(z)$ が，単純閉曲線 C とその内部 D で正則であるとき，D 内の任意の点 α について，次の公式が成り立つ。

$$\oint_C \frac{f(z)}{z-\alpha}dz = 2\pi i f(\alpha) \quad \cdots\cdots(*)$$

（ただし，積分路は反時計まわりとする。）

$(*)$ の公式を $f(\alpha) = \dfrac{1}{2\pi i}\oint_C \dfrac{f(z)}{z-\alpha}dz$ と書き変えると，$f(\alpha)$ の値が，その周りの閉曲線 C による 1 周線積分の値で決まるという，とても不思議な式になっている。

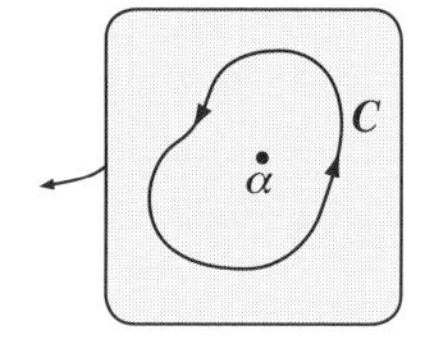

それでは早速，この $(*)$ の式が成り立つことを証明してみよう。

$$(*)\text{の左辺} = \oint_C \frac{f(z)}{z-\alpha}dz = \oint_C \frac{\{f(z)-f(\alpha)\}+f(\alpha)}{z-\alpha}dz$$

（同じ $f(\alpha)$ を引いて，たした！）

$$= \oint_C \frac{f(z)-f(\alpha)}{z-\alpha}dz + \oint_C \frac{f(\alpha)}{z-\alpha}dz$$

（$f(\alpha)$：定数）

$$= \oint_C \frac{f(z)-f(\alpha)}{z-\alpha}dz + f(\alpha)\oint_C \frac{1}{z-\alpha}dz$$

（$\oint_C \frac{1}{z-\alpha}dz = 2\pi i$ ← 周回積分公式）

ここで，周回積分公式 $\oint_C \frac{1}{z-\alpha}dz = 2\pi i$ を用いると，

$(\ast)$ の左辺 $= \oint_C \frac{f(z)-f(\alpha)}{z-\alpha}dz + 2\pi i f(\alpha)$ ……① となる。

（これが $\mathbf{0}$ になることが示せればいいんだね。）

ここで，$f(z)$ は D で正則より，D で連続だ。よって，$f(z)$ は点 $z=\alpha$ で連続である。そして，この α での連続は次の $\varepsilon-\delta$ 論法により導けるんだった。

"$\forall\varepsilon>0$，$\exists\delta'>0$　s.t.　$0<|z-\alpha|<\delta' \Rightarrow |f(z)-f(\alpha)|<\varepsilon$"

（正の数 ε をどんなに小さくとっても，$0<|z-\alpha|<\delta'$ ならば $|f(z)-f(\alpha)|<\varepsilon$ をみたす，そんな δ' が必ず存在する。このとき $\lim_{z\to\alpha} f(z) = f(\alpha)$ (α で連続) となる。）

ここで，ε は限りなく小さくとれるのだけど，まず ε を小さなある値に固定して $|f(z)-f(\alpha)|<\varepsilon$ となるようにしよう。このとき，$|z-\alpha|=\delta$ をみたす z が α の δ' 近傍 $|z-\alpha|<\delta'$ の中に存在する。

図1　コーシーの積分公式

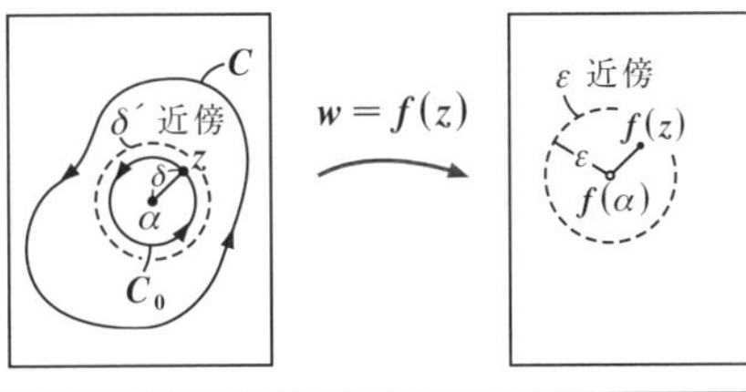

（$\left|\frac{f(z)-f(\alpha)}{z-\alpha}\right|$ の最大値を求めるために，ここは不等号"＜"ではなく，等号"＝"とする必要がある！）

ここで，図1に示すように，円 C_0：$|z-\alpha|=\delta$ を単純閉曲線 C の内部にとることができる。C と C_0，およびこの間の2重連結領域で，

$\frac{f(z)-f(\alpha)}{z-\alpha}$ は正則より，コーシーの積分定理より，

$\oint_C \frac{f(z)-f(\alpha)}{z-\alpha}dz = \oint_{C_0} \frac{f(z)-f(\alpha)}{z-\alpha}dz$ となり，この絶対値も等しい。

（これを $g(z)$ と見て，最大値 M を求める）

$$\therefore \left|\oint_C \frac{f(z)-f(\alpha)}{z-\alpha}dz\right| = \left|\oint_{C_0} \frac{f(z)-f(\alpha)}{z-\alpha}dz\right| \quad \cdots\cdots②$$

（C_0 の長さ $L=2\pi\delta$ だ）

ここで，公式 $\left|\oint_C g(z)dz\right| \leqq M\cdot L$　(M：$|g(z)|$ の最大値，L：C の長さ) (P151) を使うときがきた。

$$\left|\frac{f(z)-f(\alpha)}{z-\alpha}\right| = \frac{|f(z)-f(\alpha)|}{|z-\alpha|} \leqq \frac{\varepsilon}{\delta}$$

（ε より小）（δ）（これを最大値 M と見る。）（等号は付けてもいい！）

よって，②は

$$\left|\oint_C \frac{f(z)-f(\alpha)}{z-\alpha}dz\right| = \left|\oint_{C_0} \frac{f(z)-f(\alpha)}{z-\alpha}dz\right| \leqq \overset{M}{\frac{\varepsilon}{\delta}} \times \overset{L}{2\pi\delta} = 2\pi\varepsilon \to 0$$

ここで，$f(z)$ の $z=\alpha$ での連続の条件から，ε は限りなく $\mathbf{0}$ に近づけることができる。よって，

$$\left|\oint_C \frac{f(z)-f(\alpha)}{z-\alpha}dz\right| = 0, \quad \text{すなわち} \quad \oint_C \frac{f(z)-f(\alpha)}{z-\alpha}dz = 0 \quad \cdots\cdots③$$

となる。この③を①に代入して，

$$(\ *\ )\text{の左辺} = \underbrace{\oint_C \frac{f(z)-f(\alpha)}{z-\alpha}dz}_{0} + 2\pi i f(\alpha) = 2\pi i f(\alpha) = (\ *\ )\text{の右辺}$$

となる。よって“**コーシーの積分公式 (*)**”は成り立つことが分かった。

ここで，周回積分公式 $\oint_C \frac{\overset{f(z)}{1}}{z-\alpha}dz = 2\pi i$ も，$f(z)=1$ とおくと，

定数関数，z 平面で正則

$f(z)$ は全 z 平面で正則であり $f(\alpha)=1$ だから，コーシーの積分公式より，

$\oint_C \frac{\overset{1}{f(z)}}{z-\alpha}dz = 2\pi i \overset{1}{f(\alpha)}$ と導ける。つまり，コーシーの積分公式の $\mathbf{1}$ 例が“**周回積分公式**”だったんだね。

それでは，実際に以下の例題で“**コーシーの積分公式**”を利用してみよう。

例題 1　コーシーの積分公式を用いて，次の各積分路について，積分値を求めよう。ただし，積分路は反時計まわりとする。

(1) $\oint_{C_1} \frac{\cosh z}{z-i}dz \qquad C_1 : |z-i| = 1$

(2) $\oint_{C_2} \frac{e^{-z}}{z+2i}dz \qquad C_2 : |z+2i| = 1$

(1) $f(z) = \cosh z = \frac{e^z + e^{-z}}{2}$ とおくと $f(z)$ は C_1 とその内部で正則。

よってコーシーの積分公式を用いると，

$$\oint_{C_1} \frac{\cosh z}{z-i} dz = \oint_{C_1} \frac{f(z)}{z-\boxed{i}} dz = 2\pi i\, f(\boxed{i})$$

$$= 2\pi i \cosh i = 2\pi i \cos 1$$

となる。 $\left(\frac{e^i + e^{-i}}{2} = \cos 1\right)$

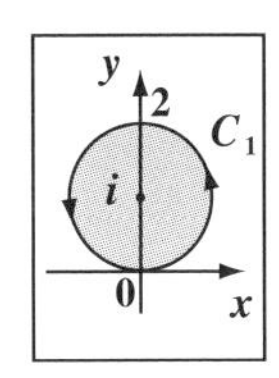

コーシーの積分公式
$$\oint_C \frac{f(z)}{z-\alpha} dz = 2\pi i f(\alpha)$$
$(f(z)$: D で正則$)$

(2) $g(z) = e^{-z}$ とおくと，$g(z)$ は，C_2 とその内部で正則。よって，コーシーの積分公式を用いると，

$$\oint_{C_2} \frac{e^{-z}}{z+2i} dz = \oint_{C_2} \frac{g(z)}{z-(\boxed{-2i})} dz = 2\pi i\, g(\boxed{-2i})$$

$$= 2\pi i \cdot e^{2i} = 2\pi i(\cos 2 + i\sin 2)$$

$$= 2\pi(-\sin 2 + i\cos 2)$$ となって，答えだ。

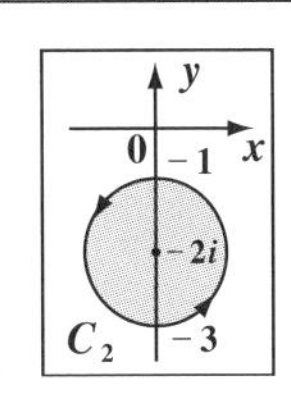

コーシーの積分公式を用いると，1 周線積分の値がアッという間に求まるんだね！

例題 2　3 つの積分路　(ⅰ) $C_1 : |z| = \frac{1}{2}$　　(ⅱ) $C_2 : |z-2| = \frac{1}{2}$

(ⅲ) $C_3 : |z-1| = 2$ について，コーシーの積分公式を用いて，次の各積分値を求めよう。

$$\oint_{C_k} \frac{2z-2}{z(z-2)} dz \quad (k = 1,\ 2,\ 3)$$

ただし，積分路はすべて反時計まわりとする。

(ⅰ) 積分路 $C_1 : |z| = \frac{1}{2}$ のとき，$\oint_{C_1} \frac{2z-2}{z(z-2)} dz$ について

$f(z) = \frac{2z-2}{z-2}$ とおくと，$f(z)$ は C_1 とその内部で正則。

よって，コーシーの積分公式を用いると，

$$\oint_{C_1} \frac{2z-2}{z(z-2)} dz = \oint_{C_1} \frac{f(z)}{z-\boxed{0}} dz = 2\pi i\, f(\boxed{0})$$

$$= 2\pi i \frac{2\cdot 0-2}{0-2} = 2\pi i$$ となる。

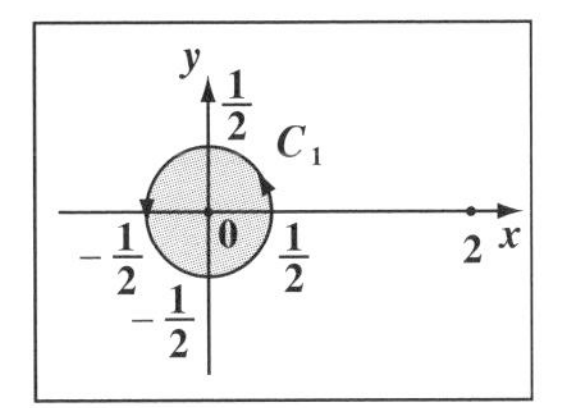

(ⅱ) 積分路 C_2 : $|z-2|=\frac{1}{2}$ のとき，$\oint_{C_2}\frac{2z-2}{z(z-2)}dz$ について

$g(z)=\frac{2z-2}{z}$ とおくと，$g(z)$ は

円 C_2 とその内部で正則である。よって，コーシーの積分公式を用いると，

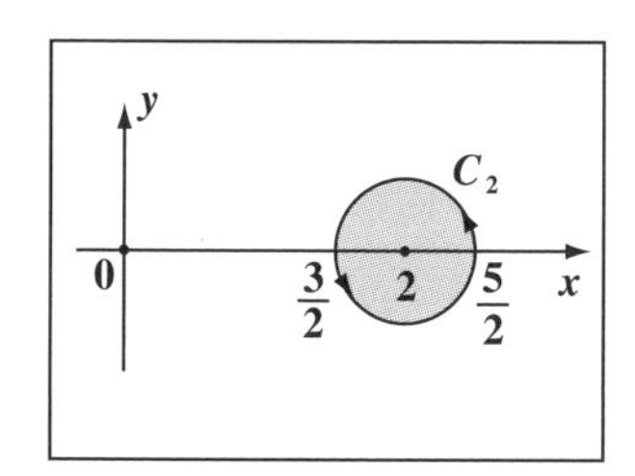

$$\oint_{C_2}\frac{2z-2}{z(z-2)}dz=\oint_{C_2}\frac{g(z)}{z-2}dz$$
$$=2\pi i\,g(2)$$
$$=2\pi i\frac{4-2}{2}=2\pi i \text{ となる。}$$

(ⅲ) 積分路 C_3 : $|z-1|=2$ のとき，

$h(z)=\frac{2z-2}{z(z-2)}$ とおくと，$h(z)$ は

C_3 とその内部で $z=0$ と 2 を除いて正則である。よって，0 と 2 を囲む単純閉曲線として，

C_1 : $|z|=\frac{1}{2}$，C_2 : $|z-2|=\frac{1}{2}$ を

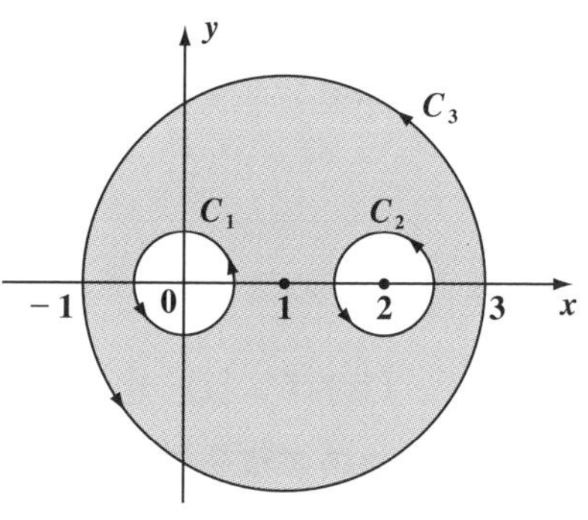

用いると，C_3 と C_1，C_2 およびこれらで囲まれる 3 重連結領域は正則なので，"**コーシーの積分定理**" より

$$\oint_{C_3}=\oint_{C_1}+\oint_{C_2} \quad \text{すなわち，}$$

$$\oint_{C_3}h(z)dz=\underbrace{\oint_{C_1}h(z)dz}_{\oint_{C_1}\frac{f(z)}{z-0}dz=2\pi i}+\underbrace{\oint_{C_2}h(z)dz}_{\oint_{C_2}\frac{g(z)}{z-2}dz=2\pi i}$$

←(ⅰ)(ⅱ) の結果

$$=2\pi i+2\pi i=4\pi i \quad \text{となって答えが求まる。}$$

この例題 **2** は，実は演習問題 **11** (**P174**) と同一問題を "**コーシーの積分公式**" を使って解いてみたんだよ。前よりさらに簡単に解けるようになっただろう。

コーシーの積分公式は次のように文字を置換した形でも覚えておくと，これから以降の式変形にも柔軟に対応できるようになる。

$\oint_C \frac{f(z)}{z-\alpha}dz = 2\pi i\, f(\alpha)$ ……(＊) ⟷ $\oint_C \frac{f(\zeta)}{\zeta - z}d\zeta = 2\pi i\, f(z)$ ……(＊)′

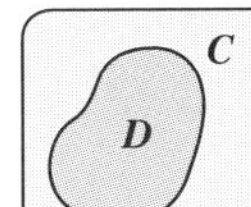

(＊)の点 α は D 内の任意の定点のイメージで，(＊)′の点 z は D 内の動点のイメージだ。ただし，(＊)′の左辺では z は定数扱いだから，積分の変数として新たに ζ を用いた。

● グルサの定理は，さらに強力な公式だ！

コーシーの積分公式により $\oint_C \frac{f(z)}{z-\alpha}dz$ の値が簡単に求まるようになったので，同様の条件で，$\oint_C \frac{f(z)}{(z-\alpha)^2}dz$，$\oint_C \frac{f(z)}{(z-\alpha)^3}dz$，……なども求めてみたいと思っている人も多いと思う。この要求に応えてくれるのが，これから解説する"**グルサの定理**"だ。まず，この"**グルサの定理**"を下に示しておこう。

グルサの定理

複素関数 $f(z)$ が単純閉曲線 C とその内部 D で正則であるならば，$f(z)$ は D 内で n 階微分可能であり，$f^{(n)}(z)$ も正則である。また，D 内の任意の点 α について，次の式が成り立つ。

$$f^{(n)}(\alpha) = \frac{n!}{2\pi i}\oint_C \frac{f(z)}{(z-\alpha)^{n+1}}dz \quad \cdots\cdots(＊1) \quad (n=1,\ 2,\ 3,\ \cdots)$$

$$\left[\oint_C \frac{f(z)}{(z-\alpha)^{n+1}}dz = \frac{2\pi i}{n!}f^{(n)}(\alpha) \quad \cdots\cdots(＊2) \quad (n=1,\ 2,\ 3,\ \cdots)\right]$$

(＊1)と(＊2)は同じことだけど，(＊1)は，$f(z)$ の $z=\alpha$ における n 階微分係数 $f^{(n)}(\alpha)$ を求める形式であり，(＊2)は $\oint_C \frac{f(z)}{(z-\alpha)^2}dz$ などの1周線積分を求める形式になっている。また(＊2)の n に0を代入すると，

$\oint_C \frac{f(z)}{z-\alpha}dz = \frac{2\pi i}{0!}f(\alpha)$（$0!=1$）となって"**コーシーの積分公式**"になるんだね。

よって，(＊1)(＊2)共に $n=\underline{0}$，1，2，…と0スタートにしてもかまわない。

さらに，(＊1)の変数を置換して，

$$f^{(n)}(z)=\frac{n!}{2\pi i}\oint_C\frac{f(\zeta)}{(\zeta-z)^{n+1}}d\zeta \quad \cdots\cdots(*1)' \quad (n=1,\ 2,\ 3,\ \cdots)$$

とおいてもいい。一般に $f(z)$ が D で正則ならば，$f'(z)=f^{(1)}(z)$（1 階微分）が存在すると言ってるわけだけど，$(*1)'$ の式からはそれだけではなく

$f^{(2)}(z)$（2 階微分），$f^{(3)}(z)$（3 階微分），…，$f^{(n)}(z)$（n 階微分），… が存在すると言ってるんだね。つまり，

$f(z)$ が D で正則（1 階微分可能）ならば，何回でも微分可能ということになる。これも複素関数の不思議の 1 つだ。

それでは，近似の考え方も使うけど，$(*1)'$ を数学的帰納法により証明してみよう。

（数学的帰納法：(i) $n=1$ のとき成り立つことを示す。(ii) $n=k$ のとき成り立つと仮定して，$n=k+1$ のときも成り立つことを示す。）

(i) $n=1$ のとき，$f^{(1)}(z)=\frac{1}{2\pi i}\oint_C\frac{f(\zeta)}{(\zeta-z)^2}d\zeta$ ……①が成り立つことを示す。（$1=1!$）

$$\frac{f(z+\triangle z)-f(z)}{\triangle z}=\frac{1}{\triangle z}\{f(z+\triangle z)-f(z)\}$$

（コーシーの積分公式：$f(z+\triangle z)=\frac{1}{2\pi i}\oint_C\frac{f(\zeta)}{\zeta-(z+\triangle z)}d\zeta$，$f(z)=\frac{1}{2\pi i}\oint_C\frac{f(\zeta)}{\zeta-z}d\zeta$）

$$=\frac{1}{2\pi i\cancel{\triangle z}}\left\{\oint_C\frac{f(\zeta)}{\zeta-z-\triangle z}d\zeta-\oint_C\frac{f(\zeta)}{\zeta-z}d\zeta\right\}$$

（$\oint_C\left\{\frac{f(\zeta)}{\zeta-z-\triangle z}-\frac{f(\zeta)}{\zeta-z}\right\}d\zeta=\oint_C\frac{\cancel{\triangle z}f(\zeta)}{(\zeta-z-\triangle z)(\zeta-z)}d\zeta$）

$$=\frac{1}{2\pi i}\oint_C\frac{f(\zeta)}{(\zeta-z-\triangle z)(\zeta-z)}d\zeta \quad \cdots\cdots②$$

ここで，右図に示すように，点 z と閉曲線 C との間の距離の最小値を d とおき，また，点 z の $\frac{d}{2}$ 近傍内に点 $z+\triangle z$ をとることにすると

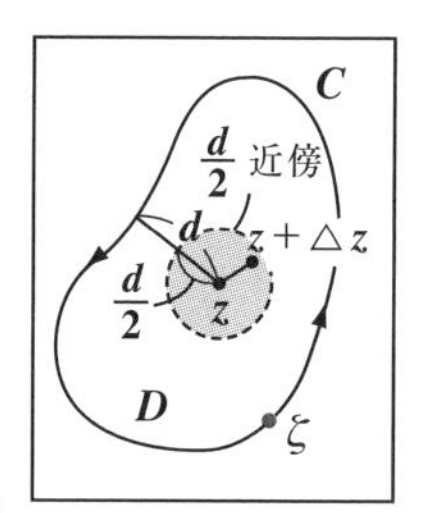

$$|\zeta-z|\geqq d \qquad |\triangle z|\leqq\frac{d}{2}$$

（点 ζ は C 上を動く点より，$|\zeta-z|$ が C と z との間の距離だ。）

となる。また，$|\zeta-z-\triangle z| \geqq |\zeta-z|-|\triangle z| \geqq d-\dfrac{d}{2}=\dfrac{d}{2}$ となる。

$|\alpha-\beta| \geqq |\alpha|-|\beta|$ (P31)　d 以上　$\dfrac{d}{2}$ 以下

以上より，

$$\left|\frac{f(z+\triangle z)-f(z)}{\triangle z}-\frac{1}{2\pi i}\oint_C \frac{f(\zeta)}{(\zeta-z)^2}d\zeta\right|$$

$\dfrac{f(z+\triangle z)-f(z)}{\triangle z} = \dfrac{1}{2\pi i}\displaystyle\oint_C \dfrac{f(\zeta)}{(\zeta-z-\triangle z)(\zeta-z)}d\zeta$　（②より）

$$=\left|\frac{1}{2\pi i}\oint_C\left\{\frac{f(\zeta)}{(\zeta-z-\triangle z)(\zeta-z)}-\frac{f(\zeta)}{(\zeta-z)^2}\right\}d\zeta\right| \quad （②より）$$

$\left|\dfrac{1}{2\pi i}\right|=\dfrac{1}{2\pi}$　　$\dfrac{\triangle z f(\zeta)}{(\zeta-z-\triangle z)(\zeta-z)^2}$

$$=\frac{1}{2\pi}\left|\oint_C \frac{\triangle z f(\zeta)}{(\zeta-z-\triangle z)(\zeta-z)^2}d\zeta\right| \quad \cdots③$$

ここで，

公式 (P151)
$\left|\oint_C g(\zeta)d\zeta\right| \leqq M\cdot L$
$\left(\begin{array}{l} M：|g(\zeta)| の最大値 \\ L：C の長さ \end{array}\right)$

$$\left|\frac{\triangle z\cdot f(\zeta)}{(\zeta-z-\triangle z)(\zeta-z)^2}\right|=\frac{|\triangle z|\cdot|f(\zeta)|}{|\zeta-z-\triangle z|\cdot|\zeta-z|^2}$$

N 以下　$\dfrac{d}{2}$ 以上　d 以上

$$\leqq \frac{|\triangle z|N}{\frac{d}{2}\cdot d^2} \qquad \therefore ③ \leqq \frac{1}{2\pi}\frac{|\triangle z|N}{\frac{d}{2}\cdot d^2}\cdot L$$

最大値 M

$\left(\begin{array}{ll} ただし， & N：C での |f(\zeta)| の最大値 \\ & L：C の長さ \end{array}\right)$ ← $f(\zeta)$ は C 上で正則より，連続。よって，$|f(\zeta)|$ は最大値 N をもつ。

$$\therefore \left|\frac{f(z+\triangle z)-f(z)}{\triangle z}-\frac{1}{2\pi i}\oint_C \frac{f(\zeta)}{(\zeta-z)^2}d\zeta\right| \leqq \frac{NL}{\pi d^3}|\triangle z| \quad となる。$$

$f'(z)=f^{(1)}(z)$　定数　$\to 0$

ここで，$\triangle z\to 0$ のとき $|\triangle z|\to 0$，$\dfrac{f(z+\triangle z)-f(z)}{\triangle z}\to f^{(1)}(z)$ より，

$$\lim_{\triangle z\to 0}\frac{f(z+\triangle z)-f(z)}{\triangle z}=f^{(1)}(z)=\frac{1}{2\pi i}\oint_C \frac{f(\zeta)}{(\zeta-z)^2}d\zeta \quad \cdots\cdots ①は成り立つ。$$

何故 $|\triangle z| \leqq \dfrac{d}{2}$ としたのか？ それは $|\zeta-z-\triangle z|$ の最小値を導くためだったんだ。
よって，$|\triangle z| \leqq kd$ $(0<k<1)$ であれば，k は何でもよかったんだよ。

(ⅱ) $n=k$ $(k=1, 2, 3, \cdots)$ のとき，

$$f^{(k)}(z)=\frac{k!}{2\pi i}\oint_C \frac{f(\zeta)}{(\zeta-z)^{k+1}}d\zeta \quad \cdots\cdots ④$$ が成り立つと仮定して

$n=k+1$ のときについて調べてみよう。ここでも同様に

$|\zeta-z|\geqq d,\ |\triangle z|\leqq \frac{d}{2},\ |\zeta-z-\triangle z|\geqq \frac{d}{2}$ とおくが，$\triangle z$ は十分に

0 に近い値，すなわち $\triangle z \fallingdotseq 0+0i,\ |\triangle z|\fallingdotseq 0$ であるものとする。

$$\frac{f^{(k)}(z+\triangle z)-f^{(k)}(z)}{\triangle z}=\frac{1}{\triangle z}\left\{f^{(k)}(z+\triangle z)-f^{(k)}(z)\right\}$$

$$f^{(k)}(z+\triangle z)=\frac{k!}{2\pi i}\oint_C \frac{f(\zeta)}{(\zeta-z-\triangle z)^{k+1}}d\zeta \qquad f^{(k)}(z)=\frac{k!}{2\pi i}\oint_C \frac{f(\zeta)}{(\zeta-z)^{k+1}}d\zeta$$

$$=\frac{k!}{2\pi i\,\triangle z}\oint_C \left\{\frac{f(\zeta)}{(\zeta-z-\triangle z)^{k+1}}-\frac{f(\zeta)}{(\zeta-z)^{k+1}}\right\}d\zeta$$

$$\frac{\left\{(\zeta-z)^{k+1}-(\zeta-z-\triangle z)^{k+1}\right\}f(\zeta)}{(\zeta-z-\triangle z)^{k+1}(\zeta-z)^{k+1}} \fallingdotseq \frac{(k+1)(\zeta-z)^k\,\triangle z\, f(\zeta)}{(\zeta-z-\triangle z)^{k+1}(\zeta-z)^{k+1}}$$

ここで，$\zeta-z=\mathrm{P}$，$\triangle z\fallingdotseq 0+0i$ とすると，分子の { } 内は，

$$\mathrm{P}^{k+1}-(\mathrm{P}-\triangle z)^{k+1}$$
$$=\mathrm{P}^{k+1}-(\mathrm{P}^{k+1}-{}_{k+1}\mathrm{C}_1\mathrm{P}^k\triangle z+{}_{k+1}\mathrm{C}_2\mathrm{P}^{k-1}\triangle z^2-{}_{k+1}\mathrm{C}_3\mathrm{P}^{k-2}\triangle z^3+\cdots)$$

$\triangle z$ の 2 次以上の項は，0 と近似できる

$$=(k+1)\mathrm{P}^k\triangle z=(k+1)(\zeta-z)^k\triangle z$$

$$=\frac{(k+1)!}{2\pi i}\oint_C \frac{f(\zeta)}{(\zeta-z-\triangle z)^{k+1}(\zeta-z)}d\zeta \quad \cdots\cdots ④'$$

よって，　　　　　　　　　　　　$(\because (k+1)\cdot k!=(k+1)!)$

$$\left|\frac{f^{(k)}(z+\triangle z)-f^{(k)}(z)}{\triangle z}-\frac{(k+1)!}{2\pi i}\oint_C \frac{f(\zeta)}{(\zeta-z)^{k+2}}d\zeta\right|$$

$$=\left|\frac{(k+1)!}{2\pi i}\oint_C \frac{f(\zeta)}{(\zeta-z-\triangle z)^{k+1}(\zeta-z)}d\zeta-\frac{(k+1)!}{2\pi i}\oint_C \frac{f(\zeta)}{(\zeta-z)^{k+2}}d\zeta\right|$$

(④' より)

$$=\frac{(k+1)!}{2\pi}\left|\oint_C \left\{\frac{f(\zeta)}{(\zeta-z-\triangle z)^{k+1}(\zeta-z)}-\frac{f(\zeta)}{(\zeta-z)^{k+2}}\right\}d\zeta\right|$$

$$\frac{\left\{(\zeta-z)^{k+1}-(\zeta-z-\triangle z)^{k+1}\right\}f(\zeta)}{(\zeta-z-\triangle z)^{k+1}(\zeta-z)^{k+2}} \fallingdotseq \frac{(k+1)(\zeta-z)^k\triangle z\, f(\zeta)}{(\zeta-z-\triangle z)^{k+1}(\zeta-z)^{k+2}}$$

$\because\ \triangle z\fallingdotseq 0$

$$= \frac{(k+1)(k+1)!}{2\pi}\left|\oint_C \frac{\triangle z f(\zeta)}{(\zeta - z - \triangle z)^{k+1}(\zeta - z)^2}d\zeta\right| \cdots\cdots ⑤$$ ここで，

$$\left|\frac{\triangle z \cdot f(\zeta)}{(\zeta - z - \triangle z)^{k+1}(\zeta - z)^2}\right| = \frac{|\triangle z|\,|f(\zeta)|}{|\zeta - z - \triangle z|^{k+1}\cdot|\zeta - z|^2}$$

($|f(\zeta)|$：N 以下，$|\zeta - z - \triangle z|$：$\frac{d}{2}$ 以上，$|\zeta - z|$：d 以上)

$$\leqq \frac{|\triangle z|\cdot N}{\left(\frac{d}{2}\right)^{k+1}\cdot d^2}$$ （最大値 M）

公式 (P151)
$\left|\oint_C g(\zeta)d\zeta\right| \leqq M\cdot L$
(M：$|g(\zeta)|$の最大値
L：C の長さ)

(ただし，N：C での$|f(\zeta)|$の最大値
L：C の長さ)

$$\therefore ⑤ \leqq \frac{(k+1)(k+1)!}{2\pi}\cdot\frac{|\triangle z|\cdot N}{\left(\frac{d}{2}\right)^{k+1}\cdot d^2}\cdot L$$

$$\therefore \left|\frac{f^{(k)}(z+\triangle z) - f^{(k)}(z)}{\triangle z} - \frac{(k+1)!}{2\pi i}\oint_C \frac{f(\zeta)}{(\zeta - z)^{k+2}}d\zeta\right| \leqq \frac{2^k(k+1)(k+1)!NL}{\pi d^{k+3}}|\triangle z|$$

(第1項 → $f^{(k+1)}(z)$，$\frac{2^k(k+1)(k+1)!NL}{\pi d^{k+3}}$：定数，$|\triangle z|$ → 0)

ここで，$\triangle z \to 0$ のとき，$|\triangle z| \to 0$ より，

$$\lim_{\triangle z \to 0}\frac{f^{(k)}(z+\triangle z) - f^{(k)}(z)}{\triangle z} = \frac{(k+1)!}{2\pi i}\oint_C \frac{f(\zeta)}{(\zeta - z)^{k+2}}d\zeta$$

よって，$f^{(k+1)}(z) = \frac{(k+1)!}{2\pi i}\oint_C \frac{f(\zeta)}{(\zeta - z)^{k+2}}d\zeta$ となって，

$n = k+1$ のときも成り立つ。

以上 (i)(ii) より “**グルサの定理**”

$f^{(n)}(z) = \frac{n!}{2\pi i}\oint_C \frac{f(\zeta)}{(\zeta - z)^{n+1}}d\zeta \cdots(*1)'$ $(n = 1, 2, 3, \cdots)$ は成り立つ。

以上より $n = 1, 2, 3, \cdots$ に対して，

$$f^{(n)}(\alpha) = \frac{n!}{2\pi i}\oint_C \frac{f(z)}{(z-\alpha)^{n+1}}dz \cdots(*1) \qquad f^{(n)}(z) = \frac{n!}{2\pi i}\oint_C \frac{f(\zeta)}{(\zeta - z)^{n+1}}d\zeta \cdots(*1)'$$

$$\oint_C \frac{f(z)}{(z-\alpha)^{n+1}}dz = \frac{2\pi i}{n!}f^{(n)}(\alpha) \cdots(*2) \qquad \oint_C \frac{f(\zeta)}{(\zeta - z)^{n+1}}d\zeta = \frac{2\pi i}{n!}f^{(n)}(z) \cdots(*2)'$$

のいずれの公式も利用できるようになったんだね。それでは，$(*2)$ の形の “**グルサの定理**” を使って $\oint_C \frac{f(z)}{(z-\alpha)^2}dz$ や $\oint_C \frac{f(z)}{(z-\alpha)^3}dz$，…などの問題を実際に解いてみよう。

例題 3　グルサの定理を用いて，積分路 $C: |z|=1$（反時計まわり）について次の各積分値を求めよう。

(1) $\displaystyle\oint_C \frac{\sin z}{z^2}dz$　　(2) $\displaystyle\oint_C \frac{z^3}{(2z-1)^3}dz$

グルサの定理 $\displaystyle\oint_C \frac{f(z)}{(z-\alpha)^{n+1}}dz = \frac{2\pi i}{n!}f^{(n)}(\alpha)$ を使うために，まず $f(z)$ が C とその内部で正則であることを確認し，α と n の値を決めよう。

(1) $f(z)=\sin z$ とおくと，$f(z)$ は C とその内部で正則である。また，

$n=1$，$\alpha=0$ より，　$f^{(1)}(z)=(\sin z)'=\cos z$

から，グルサの定理を用いて

$$\oint_C \frac{\overset{f(z)}{\boxed{\sin z}}}{(z-0)^2}dz = \frac{2\pi i}{1!}\underset{1}{\overset{f^{(1)}(0)}{\boxed{\cos 0}}} = 2\pi i$$ となる。

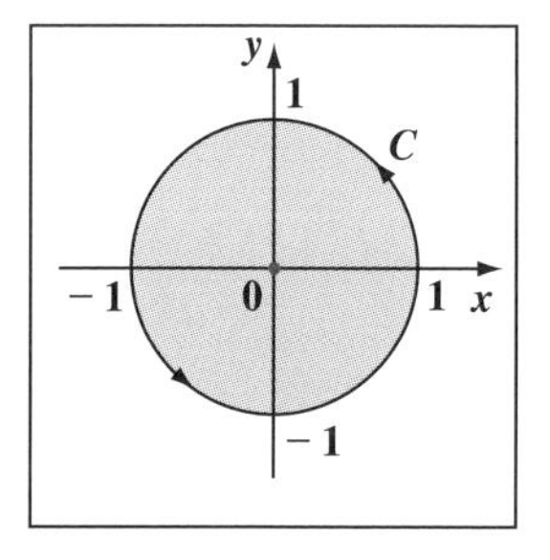

(2) $g(z)=z^3$ とおいた人，間違いだ！ 公式の被積分関数の分母の形は $(z-\alpha)^{n+1}$ であることに気を付けよう。

$$\oint_C \frac{z^3}{(2z-1)^3}dz = \oint_C \frac{\overset{g(z)}{\boxed{z^3}}}{\boxed{8}\left(z-\frac{1}{2}\right)^3}dz$$ より，

$g(z)=\dfrac{z^3}{8}$ とおく。$g(z)$ は C とその内部で正則である。また，$n=2$，$\alpha=\dfrac{1}{2}$ より，

$g^{(1)}(z)=\dfrac{3}{8}z^2$，$g^{(2)}(z)=\left(\dfrac{3}{8}z^2\right)'=\dfrac{3}{4}z$ となる。

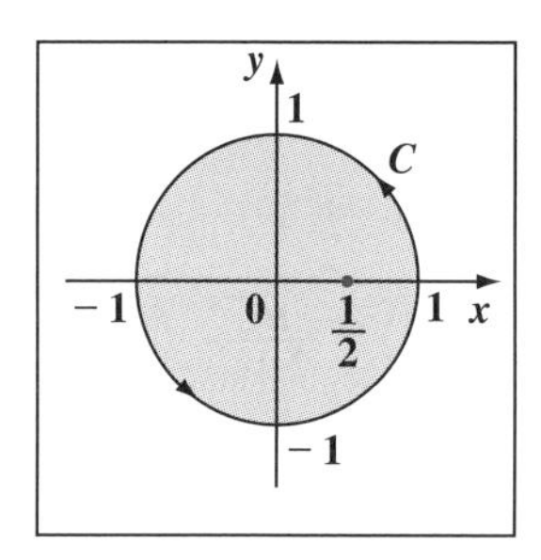

よって，グルサの定理を用いて

$$\oint_C \overset{g(z)}{\boxed{\frac{z^3}{8}}}\cdot\frac{1}{\left(z-\frac{1}{2}\right)^3}dz = \frac{2\pi i}{2!}\overset{g^{(2)}\left(\frac{1}{2}\right)}{\boxed{\frac{3}{4}\cdot\frac{1}{2}}} = \frac{3}{8}\pi i$$ となる。

例題 4　グルサの定理を用いて，積分路 $C: \lvert z-i \rvert = 1$（反時計まわり）について，$\oint_C \frac{z+2i}{(z^2+1)^3}dz$ の積分値を求めよう。

被積分関数 $\frac{z+2i}{(z^2+1)^3} = \frac{z+2i}{(z+i)^3(z-i)^3}$ の正則でない点は，$z=i$ と $z=-i$ である。

$(z^2+1) = (z+i)(z-i)$

これらの内，C の内部にあるのは $z=i$ だけなので，$f(z) = \frac{z+2i}{(z+i)^3}$ とおくと $f(z)$ は C およびその内部で正則である。

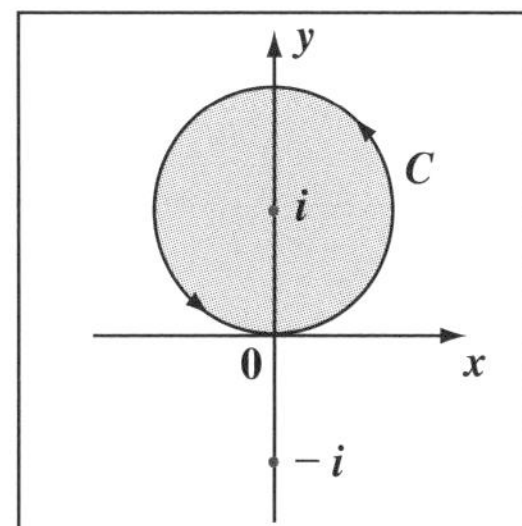

また，$n=2$，$\alpha=i$ より，

$$f^{(1)}(z) = \frac{1\cdot(z+i)^3-(z+2i)\cdot3(z+i)^2}{(z+i)^6}$$

$$= \frac{z+i-3(z+2i)}{(z+i)^4}$$

$$= \frac{-2z-5i}{(z+i)^4}$$

$$\left(\frac{分子}{分母}\right)' = \frac{(分子)'(分母)-(分子)(分母)'}{(分母)^2}$$

$$f^{(2)}(z) = \frac{-2(z+i)^4-(-2z-5i)\cdot4(z+i)^3}{(z+i)^8}$$

$$= \frac{-2(z+i)+4(2z+5i)}{(z+i)^5} = \frac{6z+18i}{(z+i)^5} = \frac{6(z+3i)}{(z+i)^5}$$

以上より，グルサの定理を用いて

$$\oint_C \underbrace{\frac{z+2i}{(z+i)^3}}_{f(z)} \frac{1}{(z-\underbrace{i}_{\alpha})^3}dz = \frac{2\pi i}{2!}f^{(2)}(\underbrace{i}_{\alpha})$$

$$n=2,\ \alpha=i,\quad f^{(2)}(z) = \frac{6(z+3i)}{(z+i)^5}$$

$$= \pi i\cdot\frac{6(i+3i)}{(i+i)^5} = \pi i\frac{6\cdot4i}{(2i)^5}$$

$$= \pi\cdot\frac{6\cdot4}{2^5}\frac{i^2}{i^5} = \pi\cdot\frac{3}{4}\frac{1}{i^3}$$

$$\frac{1}{-i} = \frac{-1}{i} = \frac{i^2}{i} = i$$

$= \frac{3}{4}\pi i$ となって，答えだ。

● コーシーの不等式までマスターしておこう！

最後に，重要定理・不等式を **3** つ紹介しておこう。まず，**"モレラ(*Morera*)の定理"** を下に示そう。これは，**"コーシーの積分定理"** **(P163)** の逆の定理だ。

モレラの定理

$f(z)$ が単連結領域 D で連続とする。D 内の任意の閉曲線 C について，

つねに　$\oint_C f(z)dz=0$

が成り立つならば，$f(z)$ は D で正則である。

D 内の定点 z_0 から任意の点 z に至る **2** つの積分路を C_1，C_2 とおくと，C_1-C_2 が **1** つの閉曲線となるので，条件より，

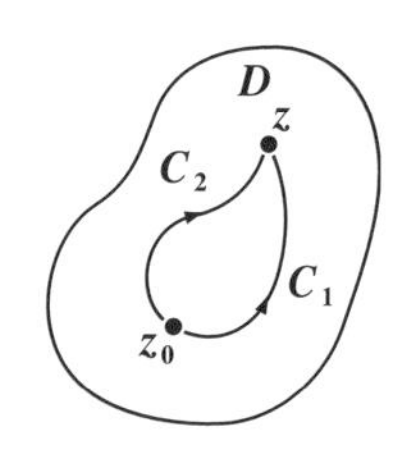

$$\oint_{C_1-C_2}=\int_{C_1}-\int_{C_2}=0 \quad \text{すなわち}$$

$$\int_{C_1}f(z)dz=\int_{C_2}f(z)dz \quad \text{となる。}$$

よって，z_0 から z へ至る積分路に関わらず，不定積分：

$F(z)=\int_{z_0}^{z}f(\zeta)d\zeta$ が定義できる。これから，**P176 ～ P178** で示したように，$F'(z)=f(z)$ が導けるので，原始関数 $F(z)$ は D で正則である。

（**1** 回微分可能なら何回でも微分可能だからね。）

すると，グルサの定理より，$F'(z)$，すなわち $f(z)$ も D で正則となる。

この **"モレラの定理"** は **"コーシーの積分定理"** の逆の定理だったんだ。

（$f(z)$ が単純閉曲線 C とその内部 D で正則ならば，$\oint_C f(z)dz=0$ となる。）

次，**"コーシーの不等式"** についても教えておこう。

コーシーの不等式

$f(z)$ が，円 C：$|z-\alpha|=r$ とその内部で正則であり，かつ M を C 上における $|f(z)|$ の最大値とするとき，

$$|f^{(n)}(\alpha)|\leqq\frac{n!M}{r^n} \quad \cdots\cdots(*) \text{が成り立つ。}$$

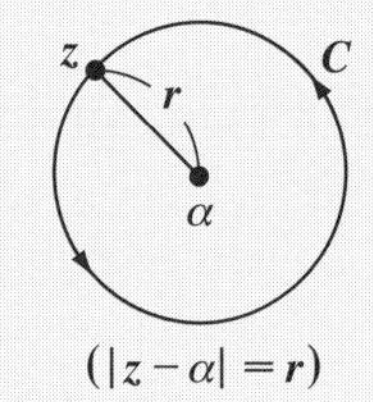

$(|z-\alpha|=r)$

$(*)$の証明にはグルサの公式 $f^{(n)}(\alpha) = \dfrac{n!}{2\pi i}\oint_C \dfrac{f(z)}{(z-\alpha)^{n+1}}dz$ を利用すればいいことが分かると思う。

$$(*)\text{の左辺} = |f^{(n)}(\alpha)| = \left|\frac{n!}{2\pi i}\oint_C \frac{f(z)}{(z-\alpha)^{n+1}}dz\right| \quad (\text{グルサの公式より})$$

$$\leqq \frac{n!}{2\pi}\oint_C \frac{|f(z)|}{|z-\alpha|^{n+1}}|dz|$$

この最大値は $\dfrac{M}{r^{n+1}}$

C の周長は $2\pi r$

$$\leqq \frac{n!}{2\pi}\cdot\frac{M}{r^{n+1}}\cdot 2\pi r = \frac{n!M}{r^n} = (*)\text{の右辺}$$

となって，証明終了だ。この不等式の変形も簡単に見えるようになったと思う。最後に“**リュウビル(*Liouville*)の定理**”についても解説しよう。

リュウビルの定理

$f(z)$ が無限遠点 ∞ を除く全複素数平面で正則でかつ $|f(z)|$ が有界，すなわち，すべての z について $|f(z)| < M$ （M：ある正の数）であるならば，$f(z)$ は定数になる。

これは“**コーシーの不等式**”を使えば簡単に証明できる。
∞ を除く，z 平面上の任意の点 α を中心とする円 $C : |z-\alpha| = r$ について $f(z)$ は円 C とその内部で正則なので，$n=1$ のときのコーシーの不等式より，

$|f'(\alpha)| \leqq \dfrac{1!M}{r^1}$，すなわち $|f'(\alpha)| \leqq \dfrac{M}{r}$ が成り立つ。

ここで，α は任意より，これを変数 z に置換してもいい。よって，

$|f'(z)| \leqq \dfrac{M}{r}$ ……①が成り立つ。

ここで，$r\to\infty$ にしても，①は成り立つので，$\dfrac{M}{r}\to 0$ でも①は成り立つ。

よって，①より，$|f'(z)| \leqq 0$，よって，$f'(z) = 0$ となる。
$\therefore f(z)$ は定数（関数）である。

以上で，複素関数の積分についての解説はすべて終了です。後は演習問題と実践問題でさらに練習しておこう。

演習問題 14　●コーシーの積分公式・グルサの定理●

コーシーの積分公式・グルサの定理を用いて，積分路 C：$|z|=3$（反時計まわり）について，$\displaystyle\oint_C \frac{z-i}{(z+i)^2(z-2i)}dz$ の積分値を求めよ。

ヒント！ 被積分関数の正則でない **2** 点 $z=2i$ と $-i$ を C は囲むので，C 内でこれらを囲むさらに小さな単純閉曲線 C_1，C_2 を設けると，コーシーの積分定理 (**P171**) より，$\displaystyle\oint_C = \oint_{C_1} + \oint_{C_2}$ となる。

解答＆解説

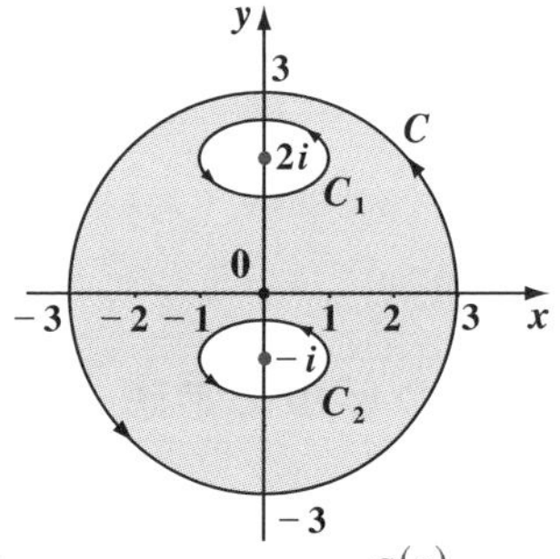

被積分関数の正則でない点 $z=2i$ と $-i$ は共に積分路 C の内側にある。よって，右図に示すように，C 内にあってこれら **2** 点をそれぞれ囲む互いに重ならない単純閉曲線 C_1 と C_2 を考えると，求める **1** 周線積分は次式で求まる。

$$\oint_C \frac{z-i}{(z+i)^2(z-2i)}dz = \underbrace{\oint_{C_1} \overbrace{\frac{z-i}{(z+i)^2}}^{f(z)} \frac{1}{z-2i}dz}_{2\pi i\cdot f(2i)} + \underbrace{\oint_{C_2} \overbrace{\frac{z-i}{z-2i}}^{g(z)} \frac{1}{(z+i)^2}dz}_{\frac{2\pi i}{1!}g'(-i)}$$

（コーシーの積分公式）→ $2\pi i\cdot f(2i)$　　$\dfrac{2\pi i}{1!}g'(-i)$ ←（グルサの定理）

（ⅰ）$\displaystyle\oint_{C_1}$ について，$f(z)=\dfrac{z-i}{(z+i)^2}$ とおくと，$f(z)$ は C_1 とその内部で正則である。よって，コーシーの積分公式より，

$$\oint_{C_1} \frac{f(z)}{z-2i}dz = 2\pi i\cdot f(2i) = 2\pi i\frac{2i-i}{(2i+i)^2} = 2\pi\cdot\frac{i^2}{9i^2} = \frac{2}{9}\pi$$

（ⅱ）$\displaystyle\oint_{C_2}$ について，$g(z)=\dfrac{z-i}{z-2i}$ とおくと，$g(z)$ は C_2 とその内部で正則である。よって，

$g'(z)=\dfrac{z-2i-(z-i)}{(z-2i)^2}=\dfrac{-i}{(z-2i)^2}$ より，グルサの定理を用いて，

$$\oint_{C_2} \frac{g(z)}{(z+i)^2}dz = \frac{2\pi i}{1!}g'(-i) = 2\pi i\frac{-i}{(-i-2i)^2} = -2\pi\cdot\frac{i^2}{9i^2} = -\frac{2}{9}\pi$$

以上（ⅰ）（ⅱ）より，

$$\oint_C \frac{z-i}{(z+i)^2(z-2i)}dz = \underbrace{\frac{2}{9}\pi}_{\oint_{C_1}} + \Bigl(\underbrace{-\frac{2}{9}\pi}_{\oint_{C_2}}\Bigr) = 0 \text{ となる。}$$

実践問題 14 ● コーシーの積分公式・グルサの定理 ●

コーシーの積分公式・グルサの定理を用いて，積分路 $C:|z|=3$（反時計まわり）について，$\oint_C \frac{z+2}{(z-1)^2(z+1)}dz$ の積分値を求めよ。

ヒント！ これも，$\oint_C = \oint_{C_1} + \oint_{C_2}$ の形にして計算すればいいんだよ。頑張ろう！

解答&解説

被積分関数の正則でない点 $z=-1$ と 1 は共に積分路 C の内側にある。よって，右図に示すように，C 内にあってこれら 2 点をそれぞれ囲む互いに重ならない単純閉曲線 C_1 と C_2 を考えると，求める 1 周線積分は次式で求まる。

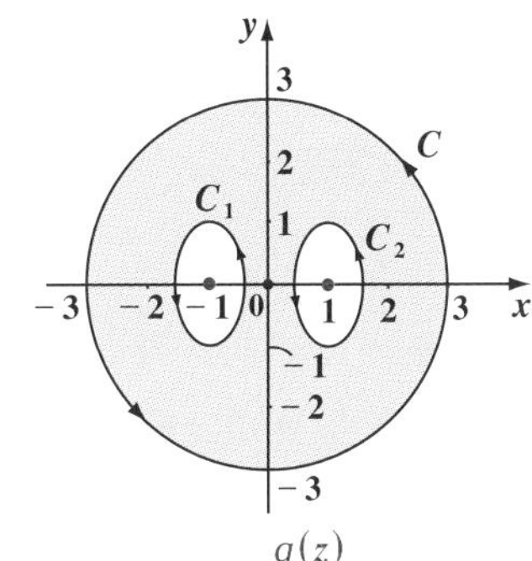

$$\oint_C \frac{z+2}{(z-1)^2(z+1)}dz = \oint_{C_1} \underbrace{\frac{z+2}{(z-1)^2}}_{f(z)} \frac{1}{z+1}dz + \oint_{C_2} \underbrace{\frac{z+2}{z+1}}_{g(z)} \boxed{(ア)\quad} dz$$

(i) $\oint_{C_1}$ について，$f(z)=\frac{z+2}{(z-1)^2}$ とおくと，$f(z)$ は C_1 とその内部で正則である。

よって，コーシーの積分公式より，

$$\oint_{C_1} \frac{f(z)}{z+1}dz = \boxed{(イ)\quad} = 2\pi i \cdot \frac{-1+2}{(-1-1)^2} = 2\pi i \cdot \frac{1}{4} = \boxed{(ウ)\quad}$$

(ii) $\oint_{C_2}$ について，$g(z)=\frac{z+2}{z+1}$ とおくと，$g(z)$ は C_2 とその内部で正則である。よって，

$g'(z) = \frac{z+1-(z+2)}{(z+1)^2} = \frac{-1}{(z+1)^2}$ より，グルサの定理を用いて，

$$\oint_{C_2} \frac{g(z)}{(z-1)^2}dz = \boxed{(エ)\quad} = 2\pi i \cdot \frac{-1}{(1+1)^2} = \boxed{(オ)\quad}$$

以上 (i)(ii) より，

$$\oint_C \frac{z+2}{(z-1)^2(z+1)}dz = \frac{\pi}{2}i + \left(-\frac{\pi}{2}i\right) = 0 \quad となる。$$

解答 (ア) $\frac{1}{(z-1)^2}$ (イ) $2\pi i \cdot f(-1)$ (ウ) $\frac{\pi}{2}i$ (エ) $\frac{2\pi i}{1!} \cdot g'(1)$ (オ) $-\frac{\pi}{2}i$

演習問題 15　● コーシーの積分定理・グルサの定理 ●

コーシーの積分定理・グルサの定理を用いて，積分路 C：$|z|=3$（反時計まわり）について，$\oint_C \frac{z+i}{z^2\cdot(z-2i)^3}dz$ の積分値を求めよ。

ヒント！ 被積分関数の正則でない2点 $z=0$ と $2i$ を C は囲むので，C 内でこれらを囲むさらに小さな単純閉曲線 C_1 と C_2 を設けて，コーシーの積分定理により，$\oint=\oint_{C_1}+\oint_{C_2}$ として計算する。この際，$\oint_{C_1}$，$\oint_{C_2}$ 共にグルサの定理を利用しよう。

解答＆解説

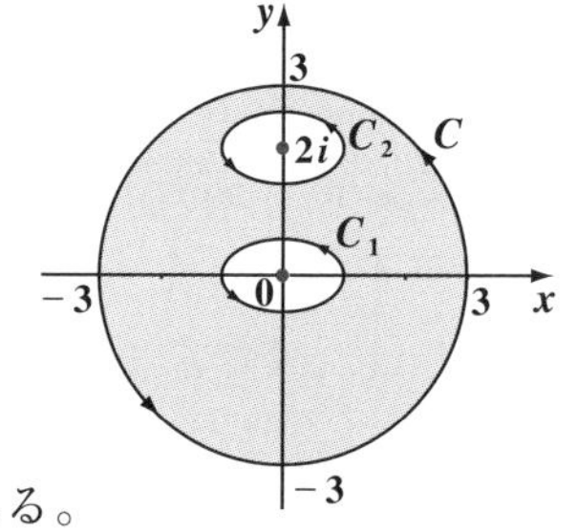

被積分関数の正則でない2点 $z=0$ と $2i$ は共に積分路 C の内側にある。よって，右図に示すように，C 内にあってこれら2点をそれぞれ囲む互いに重ならない単純閉曲線 C_1 と C_2 を考えると，求める1周線積分は，コーシーの積分定理により，次のように求められる。

$$\oint_C \frac{z+i}{z^2\cdot(z-2i)^3}dz=\underbrace{\oint_{C_1}\overbrace{\frac{z+i}{(z-2i)^3}}^{f(z)}\frac{1}{z^2}dz}_{\frac{2\pi i}{1!}\cdot f'(0)}+\underbrace{\oint_{C_2}\overbrace{\frac{z+i}{z^2}}^{g(z)}\frac{1}{(z-2i)^3}dz}_{\frac{2\pi i}{2!}\cdot g''(2i)} \quad\cdots\cdots①$$

← グルサの定理

(i) $\oint_{C_1}$ について，$f(z)=\frac{z+i}{(z-2i)^3}$ とおくと，$f(z)$ は C_1 とその内部で正則である。よって，

$$f'(z)=\frac{1\cdot(z-2i)^3-(z+i)\cdot3(z-2i)^2}{(z-2i)^6}=\frac{z-2i-3(z+i)}{(z-2i)^4}$$

$$=\frac{-2z-5i}{(z-2i)^4}=-\frac{2z+5i}{(z-2i)^4}$$ より，グルサの定理を用いて，

$$\oint_{C_1}\frac{f(z)}{z^2}dz=\frac{2\pi i}{1!}\cdot f'(0)=2\pi i\cdot(-1)\cdot\frac{5i}{(-2i)^4}=-2\pi i\cdot\frac{5i}{16i^4}$$

$$=-\frac{10\pi i^2}{16}=\frac{5}{8}\pi\ \cdots\cdots②\ \text{となる。}$$

(ii) $\oint_{C_2}$ について，$g(z)=\dfrac{z+i}{z^2}$ とおくと，$g(z)$ は C_2 とその内部で正則である。

よって，

$$g'(z)=\frac{1\cdot z^2-(z+i)\cdot 2z}{z^4}=\frac{z-2(z+i)}{z^3}=\frac{-z-2i}{z^3}=-\frac{z+2i}{z^3}$$

$$g''(z)=\left(-\frac{z+2i}{z^3}\right)'=-\frac{1\cdot z^3-(z+2i)\cdot 3z^2}{z^6}$$

$$=-\frac{z-3(z+2i)}{z^4}=-\frac{-2z-6i}{z^4}=\frac{2(z+3i)}{z^4}\ \text{より，}$$

グルサの定理を用いると，

$$\oint_{C_2}\frac{g(z)}{(z-2i)^3}dz=\frac{2\pi i}{2!}\cdot g''(2i)$$

$$=\pi i\cdot\frac{2\cdot(2i+3i)}{(2i)^4}=\frac{\pi i\cdot 10i}{16\cdot i^4}$$

$$=-\frac{5}{8}\pi\ \cdots\cdots③\ \text{となる。}$$

以上(i)(ii)より，②，③を①に代入すると，求める1周積分の値は，

$$\oint_C\frac{z+i}{z^2\cdot(z-2i)^3}dz=\underbrace{\frac{5}{8}\pi}_{②より}-\underbrace{\frac{5}{8}\pi}_{③より}=0\ \text{となる。}$$ ……………………………(答)

講義4 ● 複素関数の積分　公式エッセンス

1.　複素関数の積分公式

(1) $\displaystyle\int_C \{f(z)\pm g(z)\}dz = \int_C f(z)dz \pm \int_C g(z)dz$

(2) $\displaystyle\int_C \alpha f(z)dz = \alpha\int_C f(z)dz$　(α：定数) など。

2.　コーシーの積分定理

単純閉曲線 C とその内部 D で $f(z)$ が正則ならば,

$\displaystyle\oint_C f(z)dz = 0$ となる。

3.　積分路変形の原理

単連結領域 D で $f(z)$ が正則ならば, D 内の任意の 2 点 α と β を結ぶ曲線 C に沿った積分 $\displaystyle\int_C f(z)dz$ は, 積分路 C の取り方によらず, 一定である。

4.　原始関数を使った積分

単連結領域 D 内に 2 点 α, β をとり, これを結ぶ D 内の任意の積分経路 C について, $F(z)$ を $f(z)$ の原始関数として,

$$\int_C f(z)dz = \int_\alpha^\beta f(z)dz = [F(z)]_\alpha^\beta = F(\beta) - F(\alpha)$$

が成り立つ。

5.　コーシーの積分公式

$f(z)$ が単純閉曲線 C とその内部 D で正則であるとき, D 内の任意の点 α について,

$\displaystyle\oint_C \frac{f(z)}{z-\alpha}dz = 2\pi i f(\alpha)$　が成り立つ。

(ただし, 積分路は反時計まわりとする。)

6.　グルサの定理

$f(z)$ が単純閉曲線 C とその内部 D で正則ならば, $f(z)$ は D 内で n 階微分可能であり, $f^{(n)}(z)$ も正則である。また, D 内の任意の点 α について,

$$f^{(n)}(\alpha) = \frac{n!}{2\pi i}\oint_C \frac{f(z)}{(z-\alpha)^{n+1}}dz$$

$\displaystyle\left[\oint_C \frac{f(z)}{(z-\alpha)^{n+1}}dz = \frac{2\pi i}{n!}f^{(n)}(\alpha)\right]$　が成り立つ。

複素関数の級数展開

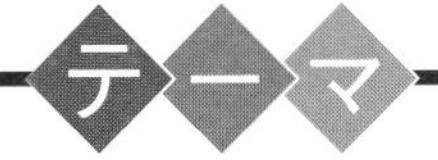

▶ べキ級数

▶ テーラー展開
(マクローリン展開)

▶ ローラン展開

▶ 留数と留数定理

▶ 実数関数の積分への応用

§1. ベキ級数とテーラー展開

これから，最終テーマである“**複素関数の級数展開**”の解説に入ろう。何故，“**級数**”が最後になるのか？ 疑問に思っている人も多いと思う。でも，この複素関数の級数展開をマスターすることにより，複素関数の **1** 周線積分がより簡単に求まり，さらに，解くのが困難だった実数関数の積分までできるようになるからなんだ。面白そうだろう？ 今回は，その基本として“**ベキ級数**”と“**テーラー展開**”について教えよう。

● 複素数の数列の極限も，$\varepsilon-N$ 論法で求まる！

複素数からなる数列 $\{\alpha_n\}$，具体的には，

$\alpha_1, \alpha_2, \alpha_3, \cdots, \alpha_n, \cdots$

について，その極限 $\lim_{n\to\infty}\alpha_n$ がある値 α に“**収束する**”ための条件は，実数の数列のときと同様に，$\varepsilon-N$ 論法により示される。

$$\forall\varepsilon>0,\quad \exists N>0 \quad \text{s.t.} \quad n\geqq N \Rightarrow |\alpha_n-\alpha|<\varepsilon \qquad \text{このとき，}\lim_{n\to\infty}\alpha_n=\alpha$$

この意味は，「正の数 ε をどんなに小さくしても，$n\geqq N$ ならば，$|\alpha_n-\alpha|<\varepsilon$ となる，そんな自然数 N が存在するとき，$\lim_{n\to\infty}\alpha_n=\alpha$ となる。」という意味だ。

図 **1** に示すように，正の数 ε をどんなに小さくしても，α の ε 近傍の中に，必ず $\alpha_N, \alpha_{N+1}, \cdots$ が存在することになるので，数列 $\{\alpha_n\}$ は α に収束して，

$\lim_{n\to\infty}\alpha_n=\alpha$ となるんだね。

図 **1** $\lim_{n\to\infty}\alpha_n=\alpha$

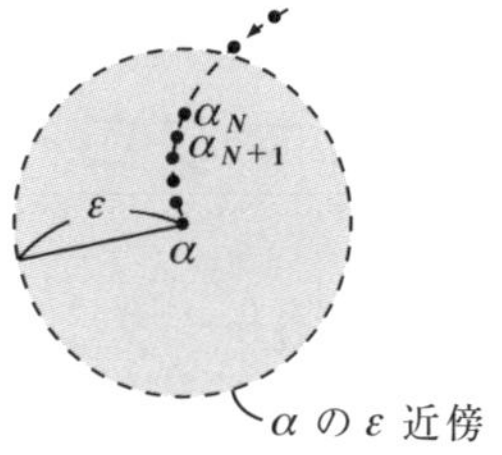

α_N α_{N+1} ε α α の ε 近傍

ここで，$\alpha_n=\underline{a_n}+i\underline{b_n}$ $(n=1, 2, 3, \cdots)$
（a_n：実部，b_n：虚部）

極限値 $\alpha=\underline{a}+i\underline{b}$ とおくと，

$$\lim_{n\to\infty}\alpha_n=\alpha \Leftrightarrow \lim_{n\to\infty}a_n=a \text{ かつ } \lim_{n\to\infty}b_n=b \text{ となる。}$$

数列 $\{\alpha_n\}$ が収束しないとき，数列 $\{\alpha_n\}$ は“**発散する**”という。

● 複素数列の無限級数の収束条件を押さえよう！

複素数列 $\alpha_1, \alpha_2, \alpha_3, \cdots$ について，その“**無限級数**”(または，“**級数**”)：

$\sum_{k=1}^{\infty}\alpha_k=\alpha_1+\alpha_2+\alpha_3+\cdots+\alpha_n+\cdots$ について考えよう。

無限級数

級数 $\sum_{k=1}^{\infty}\alpha_k$ の初めの n 項の和を“**部分和**(ぶぶんわ)”と呼び，これを S_n とおくと，

$S_n=\sum_{k=1}^{n}\alpha_k=\alpha_1+\alpha_2+\alpha_3+\cdots+\alpha_n \quad (n=1,\ 2,\ 3,\ \cdots)$ となる。

ここで，S_1，S_2，S_3，$\cdots$ も，数列となるので，この極限が収束して，

$\lim_{n\to\infty}S_n=\lim_{n\to\infty}\sum_{k=1}^{n}\alpha_k=S$ となるとき，

この級数は収束するといい，S を“(**無限**(むげん))**級数の和**(きゅうすうのわ)”と呼ぶ。

この級数について，重要な定理を以下にまとめて示そう。

級数の定理

(1) 級数 $\alpha_1+\alpha_2+\alpha_3+\cdots$ が収束するならば，$\lim_{n\to\infty}\alpha_n=0$ となる。

(2) $\sum_{k=1}^{\infty}|\alpha_k|=|\alpha_1|+|\alpha_2|+|\alpha_3|+\cdots$ が収束するとき，

各項が 0 以上の実数列の級数

$\sum_{k=1}^{\infty}\alpha_k$ は“**絶対収束**(ぜったいしゅうそく)”するという。

そして，$\sum_{k=1}^{\infty}|\alpha_k|$ が収束するならば，$\sum_{k=1}^{\infty}\alpha_k$ も収束する。

(3) 級数 $\sum_{k=1}^{\infty}\alpha_k=\alpha_1+\alpha_2+\alpha_3+\cdots$ に対して，$|\alpha_n|\leqq b_n\ (n=1,\ 2,\ 3,\ \cdots)$

をみたす実数列 $\{b_n\}$ が存在し，$\sum_{k=1}^{\infty}b_k$ が収束するならば，$\sum_{k=1}^{\infty}|\alpha_k|$ も

収束する。($\therefore \sum_{k=1}^{\infty}\alpha_k$ も収束する。)

(1) $\sum_{k=1}^{\infty}\alpha_k$ が収束 $\Longrightarrow \lim_{n\to\infty}\alpha_n=0$ は，成り立つ。だけど，逆は成り立つとは限らない。反例として，実数列 $\alpha_n=\frac{1}{\sqrt{n}}$ を考えると，$\lim_{n\to\infty}\alpha_n=0$ だけど，$S_n=\frac{1}{\sqrt{1}}+\frac{1}{\sqrt{2}}+\cdots+\frac{1}{\sqrt{n}}>\underbrace{\frac{1}{\sqrt{n}}+\frac{1}{\sqrt{n}}+\cdots+\frac{1}{\sqrt{n}}}_{n\text{ 項の和}}=n\cdot\frac{1}{\sqrt{n}}=\sqrt{n}$

となって，$n\to\infty$ のとき，$\sqrt{n}\to\infty$ より，$S_n\to\infty$ となり，$\{S_n\}$ は発散する。

(2) は，「絶対収束する級数は収束する」と覚えておいてもいい。ただし，$\sum_{k=1}^{\infty}|a_k|$が収束しない，すなわち絶対収束しない場合でも，$\sum_{k=1}^{\infty} a_k$ は収束する場合もあるので，気を付けよう。

(3) も，級数の収束を示すときに，よく利用される公式だ。

それでは次，$\sum_{k=1}^{\infty}|\alpha_k|$ (各項が **0** 以上の実数級数) の収束性の判定を下に示そう。

収束性の判定条件

各項が **0** でない級数 $\sum_{k=1}^{\infty}\alpha_k$ (または，$\sum_{k=0}^{\infty}\alpha_k$) について，

(Ⅰ) $\lim_{n\to\infty}\left|\dfrac{\alpha_{n+1}}{\alpha_n}\right| = r$ のとき，

$\begin{cases} (\text{i})\ 0 \leqq r < 1 \text{ ならば，} \sum_{k=1}^{\infty}|\alpha_k| \text{ は収束する。} (\therefore \sum_{k=1}^{\infty}\alpha_k \text{ も収束する}) \\ (\text{ii})\ 1 < r \text{ ならば，} \sum_{k=1}^{\infty}|\alpha_k| \text{ は発散する。} \end{cases}$

(Ⅱ) $\lim_{n\to\infty}\sqrt[n]{|\alpha_n|} = r$ のとき，

(ⅰ) $0 \leqq r < 1$ ならば，$\sum_{k=1}^{\infty}|\alpha_k|$は収束する。($\therefore \sum_{k=1}^{\infty}\alpha_k$ も収束する)

(ⅱ) $1 < r$ ならば，$\sum_{k=1}^{\infty}|\alpha_k|$ は発散する。

((Ⅰ)(Ⅱ)共に，$r=1$のときは，収束･発散のいずれかを判定できない。)

(Ⅰ)は，「微分積分キャンパスゼミ」(マセマ)で詳しく解説しているので，参考にしてほしい。また，(Ⅱ)でも同様の判定ができる。

(ex) 定複素数γ $(=r_0e^{i\theta_0})$ による無限級数

$$S = \sum_{k=0}^{\infty}\gamma^k = \underset{\alpha_0}{\underset{\shortparallel}{1}} + \underset{\alpha_1}{\underset{\shortparallel}{\gamma}} + \underset{\alpha_2}{\underset{\shortparallel}{\gamma^2}} + \cdots + \underset{\alpha_n}{\underset{\shortparallel}{\gamma^n}} + \underset{\alpha_{n+1}}{\underset{\shortparallel}{\gamma^{r+1}}} + \cdots \text{ について，}$$

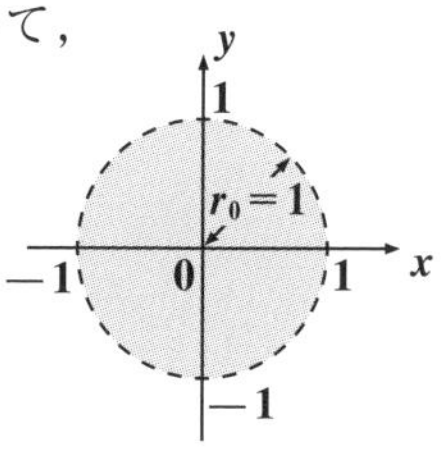

(Ⅰ) 判定条件：$\lim_{n\to\infty}\left|\dfrac{\alpha_{n+1}}{\alpha_n}\right| = \lim_{n\to\infty}\left|\dfrac{\gamma^{n+1}}{\gamma^n}\right| = |\gamma| = r_0$

より，$|\gamma| = r_0 < 1$ であれば，S は収束して，

$S = \dfrac{1}{1-\gamma}$ となる。← これは，実数列の無限等比級数の和と同じだ。

$|r_0e^{i\theta}|=|r_0|\cdot|e^{i\theta}|=r_0$

(Ⅱ) 判定条件：$\displaystyle\lim_{n\to\infty}\sqrt[n]{|\alpha_n|}=\lim_{n\to\infty}|\gamma^n|^{\frac{1}{n}}=\lim_{n\to\infty}|\gamma|=r_0$ $(\because |e^{i\theta}|=1)$

より，$|\gamma|=r_0<1$ のとき，S は収束して，同じ結果が導ける。

● ベキ級数とは，複素変数による級数だ！

これまではすべて，定複素数の級数だったけれど，これからは各項が複素変数 z の式で表される“**ベキ級数**”について解説しよう。

ベキ級数

z の関数を項にもつ級数で，次の形のものを，“**ベキ級数**(きゅうすう)”または“**整級数**(せいきゅうすう)”という。

$$\sum_{k=0}^{\infty}c_k(z-a)^k=c_0+c_1(z-a)+c_2(z-a)^2+\cdots+c_n(z-a)^n+\cdots$$

(ただし，a, c_k $(k=0, 1, 2, \cdots)$ は，複素定数である。
a をこのベキ級数の“**中心**”といい，
c_k $(k=0, 1, 2, \cdots)$ を“**係数**”という。)

特に，中心 $a=0$ のとき，このベキ級数は，

$$\sum_{k=0}^{\infty}c_kz^k=c_0+c_1z+c_2z^2+\cdots+c_nz^n+\cdots \text{となる。}$$

ここで，$z=z_0$ で，ベキ級数 $\displaystyle\sum_{k=0}^{\infty}c_k(z-a)^k\cdots①$ が収束するなら，右図に示すように，a の z_0 近傍内のすべての点 z で，このベキ級数は収束することが次のように示せる。

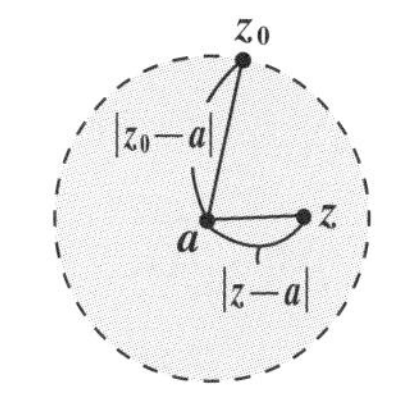

$z=z_0$ で①は収束するので，$\displaystyle\lim_{n\to\infty}c_n(z_0-a)^n=0$

よって，$n=0, 1, 2, \cdots$ に対して，①の各項は有界より，

$|c_n(z_0-a)^n|<M\cdots②$　(M はある正の定数)

ここで，a の z_0 近傍内の点 z に対して，$|z-a|<|z_0-a|$ なので，

$$|c_n(z-a)^n|=\left|c_n(z_0-a)^n\cdot\left(\frac{z-a}{z_0-a}\right)^n\right|<M\left|\frac{z-a}{z_0-a}\right|^n \quad (\text{②より})$$

$\left|\frac{z-a}{z_0-a}\right|^n = r^n$

ここで，z をある値に固定して，$r=\left|\dfrac{z-a}{z_0-a}\right|$ とおくと，$0<r<1$ より，

$\sum_{k=0}^{\infty}\left|c_k(z-a)^k\right| < \sum_{k=0}^{\infty} M\cdot r^k = \frac{M}{1-r}$　($\because 0<r<1$) となって，

$\sum_{k=0}^{\infty}\left|c_k(z-a)^k\right|$ は収束する。ゆえに，$\sum_{k=0}^{\infty} c_k(z-a)^k$ も収束する。

このように，ベキ級数には，a を中心とするある半径の円の内側で収束し，外側で発散するような円を考えることができる。

収束半径

ベキ級数 $\sum_{k=0}^{\infty} c_k(z-a)^k$ が，ある正の数 R に対して，

$\begin{cases} \cdot |z-a|<R \text{ をみたすすべての点 } z \text{ で収束し，} \\ \cdot |z-a|>R \text{ をみたすすべての点 } z \text{ で発散するとき，} \end{cases}$

円：$|z-a|=R$ を"**収束円**"(しゅうそくえん)という。

また，半径 R を"**収束半径**"(しゅうそくはんけい)といい，

次式で計算できる。

$$R=\lim_{n\to\infty}\left|\frac{c_n}{c_{n+1}}\right| \text{ または } R=\lim_{n\to\infty}\frac{1}{\sqrt[n]{|c_n|}}$$

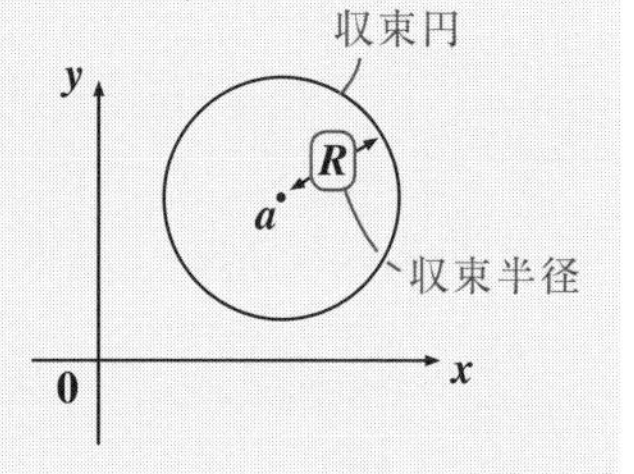

収束円 $|z-a|=R$ 上の点については，収束する場合もあれば，発散する場合もあることに注意しよう。また，

$\begin{cases} \cdot R=0 \text{ のときは，点 } z=a \text{ のみで，ベキ級数は収束する場合を表し，} \\ \cdot R=\infty \text{ のときは，全複素数平面でベキ級数が収束することを表す。} \end{cases}$

$\alpha_n=c_n(z-\alpha)^n$ とおくと，2つの収束判定条件 (Ⅰ) $\lim_{n\to\infty}\left|\frac{\alpha_{n+1}}{\alpha_n}\right|=1$

(Ⅱ) $\lim_{n\to\infty}\sqrt[n]{|\alpha_n|}=1$ のときの $|z-a|$ の値が，収束半径 R になる。よって，

(Ⅰ) $\lim_{n\to\infty}\left|\frac{\alpha_{n+1}}{\alpha_n}\right|=\lim_{n\to\infty}\left|\frac{c_{n+1}(z-a)^{n+1}}{c_n(z-a)^n}\right|=\lim_{n\to\infty}\left|\frac{c_{n+1}}{c_n}\right|\underbrace{|z-\alpha|}_{R}=1$ より，

収束半径 $R=\lim_{n\to\infty}\left|\frac{c_n}{c_{n+1}}\right|$ と計算できるし，また，

(Ⅱ) $\lim_{n\to\infty}\sqrt[n]{|\alpha_n|}=\lim_{n\to\infty}|c_n(z-a)^n|^{\frac{1}{n}}=\lim_{n\to\infty}|c_n|^{\frac{1}{n}}\underbrace{|z-a|}_{R}=1$ より，

収束半径 $R=\lim_{n\to\infty}\frac{1}{|c_n|^{\frac{1}{n}}}=\lim_{n\to\infty}\frac{1}{\sqrt[n]{|c_n|}}$ と計算してもいい。

● ベキ級数で表された関数は一様収束する！

0 でない収束半径 R をもつベキ級数 $\sum_{k=0}^{\infty} c_k(z-a)^k$ の和を，z の関数 $f(z)$ とおくと $f(z)$ は，"**ベキ級数で表された関数**" という。すなわち，

$$f(z)=\sum_{k=0}^{\infty} c_k(z-a)^k = c_0+c_1(z-a)+c_2(z-a)^2+\cdots \quad (|z-a|<R)$$

と書ける。ここで，ベキ級数の部分和を $\underbrace{\sum_{k=0}^{n} c_k(z-a)^k}_{\text{初めの } n+1 \text{ 項の和}} = f_n(z)$ とおくと，

この極限は，$\lim_{n\to\infty} f_n(z)=f(z)$ に収束するので，

"$\forall\varepsilon>0,\ \exists N>0 \quad \text{s.t.} \quad n\geqq N \Rightarrow |f_n(z)-f(z)|<\varepsilon$" が成り立つ。

これは，「任意の正の数 ε を与えたとき，$n\geqq N$ ならば，$|f_n(z)-f(z)|<\varepsilon$ をみたす N が存在する」という意味だね。でも，一般論として，ε が与えられたとき，N の値は本当は ε だけでなく，z の値にも依存するはずだ。つまり，同じ収束円内の z でも，場所によって早く収束する所（小さな N の値）と，ゆっくり収束する所（大きな N の値でないと，$|f_n(z)-f(z)|$ が ε より小さくならない）があるはずだからだ。でも，この N が z の値によらず，ε の値のみによって決まるとき，$f_n(z)$ は $f(z)$ に "**一様収束する**"(いちようしゅうそく) (***uniformly convergent***) という。そして，その証明は略すけど，ベキ級数で表された関数 $f(z)$ は，一様収束することが示せるので，次の重要な定理が成り立つ。

ベキ級数の項別微分と項別積分

0 でない収束半径 R をもつベキ級数で表された関数：

$f(z)=\sum_{k=0}^{\infty} c_k(z-a)^k \quad (|z-a|<R)$ について，以下のことが成り立つ。

(1) $f(z)$ は，収束円内の領域で正則である。

(2) $f(z)$ は，項別に微分できる。

$$f'(z)=\left\{\sum_{k=0}^{\infty} c_k(z-a)^k\right\}'=\sum_{k=0}^{\infty}\left\{c_k(z-a)^k\right\}'$$

(3) $f(z)$ は，項別に積分できる。

$$\int_C f(z)dz=\int_C\left\{\sum_{k=0}^{\infty} c_k(z-a)^k\right\}dz=\sum_{k=0}^{\infty}\left\{\int_C c_k(z-a)^k dz\right\}$$

$a=0$ のときについて，具体的に (2) 項別微分，(3) 項別積分を表すと，

$$(2)\ f'(z)=\left(\sum_{k=0}^{\infty}c_kz^k\right)'=(c_0+c_1z+c_2z^2+c_3z^3+\cdots+c_nz^n+\cdots)'$$

$$=c_1+2c_2z+3c_3z^2+\cdots+nc_nz^{n-1}+\cdots=\sum_{k=1}^{\infty}kc_kz^{k-1}\ \text{となり，}$$

$$(3)\ \int_C f(z)dz=\int_C\left(\sum_{k=0}^{\infty}c_kz^k\right)dz=\int_C(c_0+c_1z+c_2z^2+\cdots+c_nz^n+\cdots)dz$$

$$=c_0z+\frac{c_1}{2}z^2+\frac{c_2}{3}z^3+\cdots+\frac{c_n}{n+1}z^{n+1}+\cdots=\sum_{k=0}^{\infty}\frac{c_k}{k+1}z^{k+1}$$

となる。

ベキ級数関数 $f(z)$ の収束半径が R ならば，$f'(z)$ や $\int_C f(z)dz$ の収束半径も同じ R になる。これは，自分で確かめてごらん。

● テーラー展開を導いてみよう！

それでは，複素関数のテーラー展開について解説しよう。実数関数のテーラー展開公式と同様だから，覚えやすいはずだ。

テーラー展開

複素関数 $f(z)$ が，円 $C:|z-a|=R$ とその内部 D で正則であるとき，D 内の任意の点 z について，$f(z)$ は次のようにテーラー展開できる。

$$f(z)=f(a)+\frac{f^{(1)}(a)}{1!}(z-a)+\frac{f^{(2)}(a)}{2!}(z-a)^2+\cdots+\frac{f^{(n)}(a)}{n!}(z-a)^n+\cdots$$

これは，“**コーシーの積分公式**”と“**グルサの定理**”から導ける。まず，z を領域 D 内の点，ζ を円 C 上の点とすると，コーシーの積分公式より，

$$f(z)=\frac{1}{2\pi i}\oint_C\frac{f(\zeta)}{\zeta-z}d\zeta\ \cdots\cdots①\ \text{と表せる。}$$

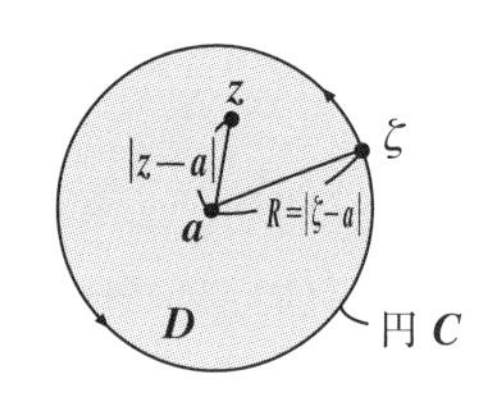

ここで，右図より明らかに，

$|z-a|<|\zeta-a|$ より，$\left|\dfrac{z-a}{\zeta-a}\right|<1$ となる。また，

$|\gamma|<1$ のとき，$1+\gamma+\gamma^2+\cdots+\gamma^n+\cdots=\sum_{k=0}^{\infty}\gamma^k=\dfrac{1}{1-\gamma}$ より，①を変形すると，

$$f(z)=\frac{1}{2\pi i}\oint_C\frac{f(\zeta)}{(\zeta-a)-(z-a)}d\zeta=\frac{1}{2\pi i}\oint_C\frac{f(\zeta)}{(\zeta-a)}\cdot\frac{1}{1-\frac{z-a}{\zeta-a}}d\zeta$$

$\frac{z-a}{\zeta-a}$ を γ とおくと，$|\gamma|<1$

$\frac{1}{1-\frac{z-a}{\zeta-a}}=\sum_{k=0}^{\infty}\left(\frac{z-a}{\zeta-a}\right)^k \quad \left(\because\left|\frac{z-a}{\zeta-a}\right|<1\right)$

$$=\frac{1}{2\pi i}\oint_C\frac{f(\zeta)}{\zeta-a}\left\{\sum_{k=0}^{\infty}\left(\frac{z-a}{\zeta-a}\right)^k\right\}d\zeta$$

$$=\frac{1}{2\pi i}\oint_C\frac{f(\zeta)}{\zeta-a}\left\{1+\frac{z-a}{\zeta-a}+\left(\frac{z-a}{\zeta-a}\right)^2+\cdots+\left(\frac{z-a}{\zeta-a}\right)^n+\cdots\right\}d\zeta$$

$$=\frac{1}{2\pi i}\oint_C\left\{\frac{f(\zeta)}{\zeta-a}+(z-a)\cdot\frac{f(\zeta)}{(\zeta-a)^2}+(z-a)^2\cdot\frac{f(\zeta)}{(\zeta-a)^3}+\cdots+(z-a)^n\cdot\frac{f(\zeta)}{(\zeta-a)^{n+1}}+\cdots\right\}d\zeta$$

これを項別にζで積分すると，

$$=\frac{1}{2\pi i}\oint_C\frac{f(\zeta)}{\zeta-a}d\zeta+(z-a)\cdot\frac{1}{2\pi i}\oint_C\frac{f(\zeta)}{(\zeta-a)^2}d\zeta+(z-a)^2\cdot\frac{1}{2\pi i}\oint_C\frac{f(\zeta)}{(\zeta-a)^3}d\zeta+$$

$$\cdots+(z-a)^n\cdot\frac{1}{2\pi i}\oint_C\frac{f(\zeta)}{(\zeta-a)^{n+1}}d\zeta+\cdots\cdots$$ となる。

この変形と同様のことを次のように表すんだよ。

$$=\frac{1}{2\pi i}\oint_C\left\{\sum_{k=0}^{\infty}(z-a)^k\cdot\frac{f(\zeta)}{(\zeta-a)^{k+1}}\right\}d\zeta$$

文字が変わっても，必要なときにすぐ利用できるように，公式は何度も練習しておこう！

$$=\frac{1}{2\pi i}\sum_{k=0}^{\infty}\left\{(z-a)^k\cdot\oint_C\frac{f(\zeta)}{(\zeta-a)^{k+1}}d\zeta\right\}$$

$$=\sum_{k=0}^{\infty}\left\{(z-a)^k\cdot\frac{1}{2\pi i}\oint_C\frac{f(\zeta)}{(\zeta-a)^{k+1}}d\zeta\right\}$$

$\frac{1}{2\pi i}\oint_C\frac{f(\zeta)}{(\zeta-a)^{k+1}}d\zeta=\frac{f^{(k)}(a)}{k!}$

ここで，グルサの定理：$f^{(k)}(a)=\frac{k!}{2\pi i}\oint_C\frac{f(\zeta)}{(\zeta-a)^{k+1}}d\zeta$ を使った！

$$=\sum_{k=0}^{\infty}\frac{f^{(k)}(a)}{k!}(z-a)^k \qquad \text{(グルサの定理より)}$$

$$=f(a)+\frac{f^{(1)}(a)}{1!}(z-a)+\frac{f^{(2)}(a)}{2!}(z-a)^2+\cdots+\frac{f^{(n)}(a)}{n!}(z-a)^n+\cdots$$

と，“**テーラー展開**”できることが分かる。特に，$a=0$ のとき，この展開を“**マクローリン展開**”というのも，実数関数のときと同じだ。

● 様々な関数をマクローリン展開しよう！

まず，マクローリン展開の公式を下に示そう。

マクローリン展開

複素関数 $f(z)$ が，円 $C:|z|=R$ とその内部 D で正則であるとき，D 内の任意の点 z について，$f(z)$ は次のようにマクローリン展開できる。

$$f(z)=f(0)+\frac{f^{(1)}(0)}{1!}z+\frac{f^{(2)}(0)}{2!}z^2+\cdots+\frac{f^{(n)}(0)}{n!}z^n+\cdots$$

それでは，主な関数のマクローリン展開についても示しておくよ。

様々な関数のマクローリン展開

(1) $\dfrac{1}{1-z}=1+z+z^2+\cdots+z^n+\cdots \qquad (R=1)$

(2) $e^z=1+z+\dfrac{z^2}{2!}+\cdots+\dfrac{z^n}{n!}+\cdots \qquad (R=\infty)$

(3) $\mathrm{Log}(1+z)=z-\dfrac{z^2}{2}+\dfrac{z^3}{3}-\cdots+\dfrac{(-1)^{n-1}}{n}z^n+\cdots \qquad (R=1)$

(4) $\begin{cases}\cos z=1-\dfrac{z^2}{2!}+\dfrac{z^4}{4!}-\cdots+\dfrac{(-1)^m}{(2m)!}z^{2m}+\cdots & (R=\infty)\\ \sin z=z-\dfrac{z^3}{3!}+\dfrac{z^5}{5!}-\cdots+\dfrac{(-1)^{m-1}}{(2m-1)!}z^{2m-1}+\cdots & (R=\infty)\end{cases}$

(5) $\begin{cases}\cosh z=1+\dfrac{z^2}{2!}+\dfrac{z^4}{4!}+\cdots+\dfrac{1}{(2m)!}z^{2m}+\cdots & (R=\infty)\\ \sinh z=z+\dfrac{z^3}{3!}+\dfrac{z^5}{5!}+\cdots+\dfrac{1}{(2m-1)!}z^{2m-1}+\cdots & (R=\infty)\end{cases}$

（ただし，R はそれぞれの関数の収束半径を表す。）

(1) $f(z)=(1-z)^{-1}$ とおくと，$f^{(1)}(z)=1!(1-z)^{-2}$，$f^{(2)}(z)=2!(1-z)^{-3}$，$f^{(3)}(z)=3!(1-z)^{-4}$，… より，$f^{(1)}(0)=1!$，$f^{(2)}(0)=2!$，$f^{(3)}(0)=3!$，… となる。よって，$f(z)=(1-z)^{-1}$ をマクローリン展開すると，

$$f(z)=\frac{1}{1-z}=\underbrace{f(0)}_{1}+\frac{\overbrace{f^{(1)}(0)}^{1!}}{1!}z+\frac{\overbrace{f^{(2)}(0)}^{2!}}{2!}z^2+\frac{\overbrace{f^{(3)}(0)}^{3!}}{3!}z^3+\cdots$$

$$=1+z+z^2+z^3+\cdots+\underbrace{1}_{c_n}\cdot z^n+\cdots$$ となる。

また，この収束半径 R は，$R=\lim_{n\to\infty}\left|\frac{c_n}{c_{n+1}}\right|=\lim_{n\to\infty}\left|\frac{1}{1}\right|=1$ となる。

(2) $f(z)=e^z$ のとき，$f^{(1)}(z)=f^{(2)}(z)=f^{(3)}(z)=\cdots=e^z$ より，
$f^{(1)}(0)=f^{(2)}(0)=f^{(3)}(0)=\cdots=e^0=1$ となる。
よって，$f(z)=e^z$ をマクローリン展開すると，

$$f(z)=e^z=\underbrace{f(0)}_{1}+\frac{\overbrace{f^{(1)}(0)}^{1}}{1!}z+\frac{\overbrace{f^{(2)}(0)}^{1}}{2!}z^2+\frac{\overbrace{f^{(3)}(0)}^{1}}{3!}z^3+\cdots$$

$$=1+z+\frac{z^2}{2!}+\frac{z^3}{3!}+\cdots+\underbrace{\frac{1}{n!}}_{c_n}z^n+\cdots \quad \text{となる。}$$

また，この収束半径 R は，

$$R=\lim_{n\to\infty}\left|\frac{c_n}{c_{n+1}}\right|=\lim_{n\to\infty}\left|\frac{\frac{1}{n!}}{\frac{1}{(n+1)!}}\right|=\lim_{n\to\infty}(n+1)=\infty \quad \text{となる。}$$

(3) $f(z)=\mathrm{Log}(1+z)$ （主値）とおくと，$f^{(1)}(z)=(1+z)^{-1}$，$f^{(2)}(z)=-1!(1+z)^{-2}$, $f^{(3)}(z)=2!(1+z)^{-3}$, $f^{(4)}(z)=-3!(1+z)^{-4}$, $\cdots$ より，
$f^{(1)}(0)=1$，$f^{(2)}(0)=-1!$，$f^{(3)}(0)=2!$，$f^{(4)}(0)=-3!$，$\cdots$ となる。
よって，$f(z)=\mathrm{Log}(1+z)$ をマクローリン展開すると，

$$f(z)=\mathrm{Log}(1+z)=\underbrace{f(0)}_{0}+\frac{\overbrace{f^{(1)}(0)}^{1}}{1!}z+\frac{\overbrace{f^{(2)}(0)}^{-1!}}{2!}z^2+\frac{\overbrace{f^{(3)}(0)}^{2!}}{3!}z^3+\frac{\overbrace{f^{(4)}(0)}^{-3!}}{4!}z^4+\cdots$$

$$=z-\frac{z^2}{2}+\frac{z^3}{3}-\frac{z^4}{4}+\cdots+\underbrace{\frac{(-1)^{n-1}}{n}}_{c_n}z^n+\cdots \quad \text{となる。}$$

また，この収束半径 R は，

$$R=\lim_{n\to\infty}\left|\frac{c_n}{c_{n+1}}\right|=\lim_{n\to\infty}\left|\frac{\frac{(-1)^{n-1}}{n}}{\frac{(-1)^n}{n+1}}\right|=\lim_{n\to\infty}\frac{n+1}{n}=\lim_{n\to\infty}\Bigl(1+\underbrace{\frac{1}{n}}_{\to 0}\Bigr)=1 \text{ となる。}$$

$\cos z$，$\sin z$，$\cosh z$，$\sinh z$ のマクローリン展開については，演習問題と実践問題で実際に調べてみよう。

演習問題 16　● マクローリン展開 ●

$e^z=1+z+\frac{z^2}{2!}+\cdots+\frac{z^n}{n!}+\cdots$ であることを用いて，

(i) $\cos z$ と (ii) $\sin z$ をマクローリン展開せよ。

ヒント！ $\cos z=\frac{e^{iz}+e^{-iz}}{2}$, $\sin z=\frac{e^{iz}-e^{-iz}}{2i}$ であることを利用すればいいね。

解答＆解説

e^z のマクローリン展開の式を利用して，

$$e^{iz}=1+(iz)+\frac{(iz)^2}{2!}+\frac{(iz)^3}{3!}+\frac{(iz)^4}{4!}+\frac{(iz)^5}{5!}+\frac{(iz)^6}{6!}+\frac{(iz)^7}{7!}+\cdots \text{ より，}$$

$$e^{iz}=1+i\cdot z-\frac{z^2}{2!}-i\cdot\frac{z^3}{3!}+\frac{z^4}{4!}+i\cdot\frac{z^5}{5!}-\frac{z^6}{6!}-i\cdot\frac{z^7}{7!}+\cdots \quad\cdots\cdots①$$

$$e^{-iz}=1+(-iz)+\frac{(-iz)^2}{2!}+\frac{(-iz)^3}{3!}+\frac{(-iz)^4}{4!}+\frac{(-iz)^5}{5!}+\frac{(-iz)^6}{6!}+\frac{(-iz)^7}{7!}+\cdots \text{ より，}$$

$$e^{-iz}=1-i\cdot z-\frac{z^2}{2!}+i\cdot\frac{z^3}{3!}+\frac{z^4}{4!}-i\cdot\frac{z^5}{5!}-\frac{z^6}{6!}+i\cdot\frac{z^7}{7!}+\cdots \quad\cdots\cdots②$$

(i) $\cos z=\frac{e^{iz}+e^{-iz}}{2}$ より，$\frac{①+②}{2}$ から，$\cos z$ をマクローリン展開できる。

$$\therefore \cos z=\frac{1}{2}\left(2-2\cdot\frac{z^2}{2!}+2\cdot\frac{z^4}{4!}-2\cdot\frac{z^6}{6!}+\cdots\right)$$

$$=1-\frac{z^2}{2!}+\frac{z^4}{4!}-\frac{z^4}{6!}+\cdots+\frac{(-1)^m}{(2m)!}z^{2m}+\cdots \text{ となる。}$$

(ii) $\sin z=\frac{e^{iz}-e^{-iz}}{2i}$ より，$\frac{①-②}{2i}$ から，$\sin z$ をマクローリン展開できる。

$$\therefore \sin z=\frac{1}{2i}\left(2iz-2i\cdot\frac{z^3}{3!}+2i\cdot\frac{z^5}{5!}-2i\cdot\frac{z^7}{7!}+\cdots\right)$$

$$=z-\frac{z^3}{3!}+\frac{z^5}{5!}-\frac{z^7}{7!}+\cdots+\frac{(-1)^{m-1}}{(2m-1)!}z^{2m-1}+\cdots \text{ となる。}$$

($\cos z$, $\sin z$ 共に，その収束半径 R は，$R=\infty$ である。)

実践問題 16 ● マクローリン展開 ●

$e^z = 1 + z + \frac{z^2}{2!} + \cdots + \frac{z^n}{n!} + \cdots$ であることを用いて，
(ⅰ) $\cosh z$ と (ⅱ) $\sinh z$ をマクローリン展開せよ。

ヒント！ $\cosh z = \frac{e^z + e^{-z}}{2}$, $\sinh z = \frac{e^z - e^{-z}}{2}$ であることを利用しよう。

解答＆解説

e^z のマクローリン展開の式より，

$$e^z = 1 + z + \frac{z^2}{2!} + \frac{z^3}{3!} + \frac{z^4}{4!} + \frac{z^5}{5!} + \frac{z^6}{6!} + \frac{z^7}{7!} + \cdots \quad \cdots\cdots①$$

$$e^{-z} = 1 + (-z) + \frac{(-z)^2}{2!} + \frac{(-z)^3}{3!} + \frac{(-z)^4}{4!} + \frac{(-z)^5}{5!} + \frac{(-z)^6}{6!} + \frac{(-z)^7}{7!} + \cdots$$ より，

$$\therefore\ e^{-z} = 1 - z + \frac{z^2}{2!} - \frac{z^3}{3!} + \frac{z^4}{4!} - \frac{z^5}{5!} + \frac{z^6}{6!} - \frac{z^7}{7!} + \cdots \quad \cdots\cdots②$$

(ⅰ) $\cosh z = \frac{e^z + e^{-z}}{2}$ より，$\frac{①+②}{2}$ から，$\cosh z$ をマクローリン展開できる。

$\therefore\ \cosh z = \frac{1}{2}\Big($ (ア) $\Big)$

$=$ (イ) となる。

(ⅱ) $\sinh z = \frac{e^z - e^{-z}}{2}$ より，$\frac{①-②}{2}$ から，$\sinh z$ をマクローリン展開できる。

$\therefore\ \sinh z = \frac{1}{2}\Big($ (ウ) $\Big)$

$=$ (エ) となる。

($\cosh z$, $\sinh z$ 共に，その収束半径は，$R = \infty$ である。)

解答

(ア) $2 + 2\cdot\frac{z^2}{2!} + 2\cdot\frac{z^4}{4!} + 2\cdot\frac{z^6}{6!} + \cdots$

(イ) $1 + \frac{z^2}{2!} + \frac{z^4}{4!} + \frac{z^6}{6!} + \cdots + \frac{z^{2m}}{(2m)!} + \cdots$

(ウ) $2z + 2\cdot\frac{z^3}{3!} + 2\cdot\frac{z^5}{5!} + 2\cdot\frac{z^7}{7!} + \cdots$

(エ) $z + \frac{z^3}{3!} + \frac{z^5}{5!} + \frac{z^7}{7!} + \cdots + \frac{z^{2m-1}}{(2m-1)!} + \cdots$

§2. ローラン展開

これまで，テーラー展開やマクローリン展開により，正則な点のまわりの関数の級数展開を勉強した。今回学習するローラン展開では，正則な点のまわりはもちろん，正則でない点(これを“**特異点**(とくいてん)”という)のまわりでも，関数を級数展開できるようになるんだよ。

● 特異点には2種類ある！

まず，“**特異点**”について，その基本を頭に入れておこう。

特異点

関数 $f(z)$ が $z=a$ で正則でないとき，点 a を $f(z)$ の“**特異点**(とくいてん)”(*singularity*) という。そして，特異点 a のある近傍に，a 以外の特異点を含まない場合，a を特に“**孤立特異点**(こりつとくいてん)”(*isolated singularity*) と呼ぶ。逆に，特異点 a の近傍をどんなに小さくしても，そこに a 以外の特異点が含まれる場合，a を“**孤立していない特異点**”という。

図1に示すように，$f(z)$ の特異点が a_1, a_2 のように有限個の場合，“**孤立特異点**”になる。例として，$f(z)=\frac{1}{z}$ は，$z=0$ の1つの孤立特異点をもつ。また，$g(z)=\frac{1}{z(z-i)}$ は，$z=0$ と i の2つの孤立特異点を持つ。

図1　孤立特異点

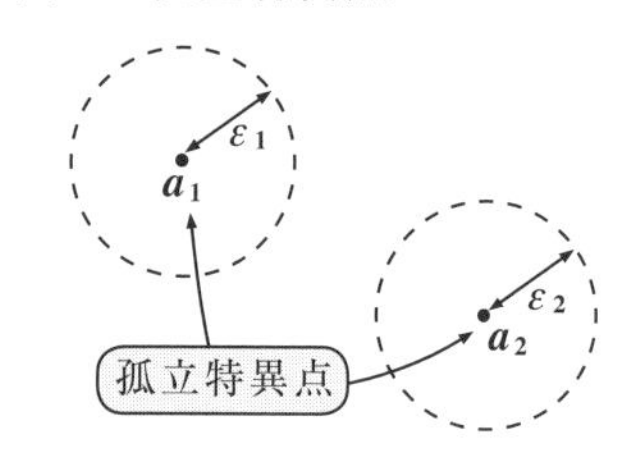

これに対して，図2に示すように，特異点 a の近傍をどんなに小さくしてもその近傍内に a 以外の特異点を含む場合もある。この“**孤立していない特異点**”の例として，$h(z)=\tan\frac{1}{z}$ の特異点 $z=0$ を挙げることができる。

図2　孤立していない特異点

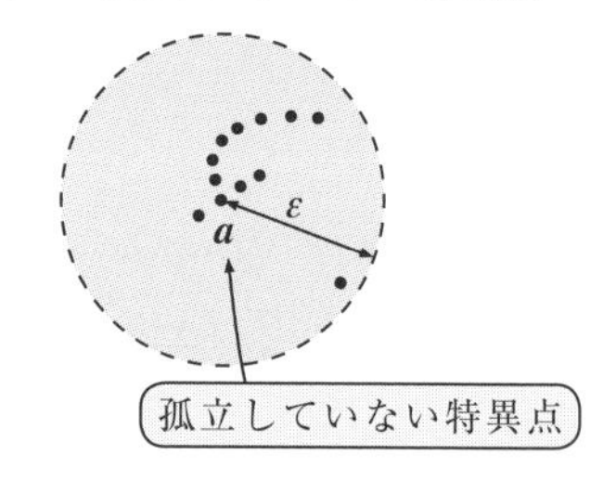

このとき，$\frac{1}{z}=\pm\frac{\pi}{2}$，$\pm\frac{3}{2}\pi$，$\pm\frac{5}{2}\pi$，…，すなわち $z=\pm\frac{2}{\pi}$，$\pm\frac{2}{3\pi}$，$\pm\frac{2}{5\pi}$，…，がすべて $\tan\frac{1}{z}$ の特異点となるので，$z=0$ の近傍をとり，ε をどんなに小さくしても，0 以外の特異点が存在することになるからだ。

● ローラン展開の公式を導いてみよう！

それでは，“**ローラン** (*Laurent*) **展開**”について解説しよう。

ローラン展開

関数 $f(z)$ は，2 つの円 $C_1:|z-a|=r_1$ と，$C_2:|z-a|=r_2$ $(r_1>r_2)$，および，その間の円環 (2 重連結) 領域 D で 1 価で正則とする。
(点 a は，$f(z)$ の正則点，孤立特異点のいずれでもかまわない。)
このとき，右図のように，領域 D 内にあって，点 a を囲む任意の単純閉曲線を C とおく。このとき，領域 D 内の点 z に対して，$f(z)$ は，次のようにローラン展開される。

C_1　r_1　C_2　r_2　a　z　C　領域 D

$$f(z)=\underbrace{\sum_{k=0}^{\infty}c_k(z-a)^k}_{\text{テーラー展開と同じ。}}+\underbrace{\sum_{k=1}^{\infty}\frac{b_k}{(z-a)^k}}_{\text{“特異部”または“主要部”という。}}\quad\cdots\cdots(*)$$

$\left(\text{ただし，}c_k=\frac{1}{2\pi i}\oint_C\frac{f(\zeta)}{(\zeta-a)^{k+1}}d\zeta,\ b_k=\frac{1}{2\pi i}\oint_C f(\zeta)(\zeta-a)^{k-1}d\zeta\right.$
であり，積分経路 C は，いずれも反時計まわりとする。$\Big)$

ローラン展開の式 $(*)$ の第 2 項は，関数 $f(z)$ の点 a における特異性に関連したもので，これを“**特異部**(とくいぶ)”(*singular part*) または“**主要部**”(*principal part*) と呼ぶ。だから，点 a が特異点でなく，$f(z)$ が大円 C_1 とその内部のすべての点 z で正則であるならば，この特異部の係数 $b_k=0$ $(k=1, 2, 3, \cdots)$ となって，$(*)$ の第 1 項のみが残る。これは，前回学習した“**テーラー展開**”(P210) と同じ式だね。

したがって，“**ローラン展開**”とは，点 a が $f(z)$ の特異点でも正則な点でもいずれでも成り立つ，$f(z)$ の級数展開の一般公式ということができるんだ。

さァ，それでは，ローラン展開の公式：

$$f(z)=\underbrace{\sum_{k=0}^{\infty}c_k(z-a)^k}_{\text{(i) テーラー展開と同じ。}}+\underbrace{\sum_{k=1}^{\infty}\frac{b_k}{(z-a)^k}}_{\text{(ii) 特異部}}\quad\cdots\cdots(*)$$

を導いてみよう。

図3 コーシーの積分公式

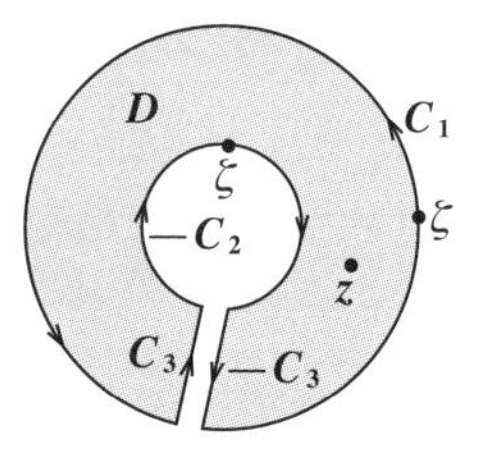

図3に示すように，大円 C_1 と小円 C_2 の間に切り込みを入れて，新たな積分路を C_3，$-C_3$ とする。すると，単純閉曲線 $C_0=C_1+C_3-C_2-C_3$ と，その内部(網目部)の領域 D で $f(z)$ は正則なので，コーシーの積分公式(P184)より，

$$f(z)=\frac{1}{2\pi i}\oint_{C}\frac{f(\zeta)}{\zeta-z}d\zeta$$

$$\oint_C=\oint_{C_1}+\oint_{C_3}-\oint_{C_2}-\oint_{C_3}$$

(z は D 内の定点，ζ は C_0 上の動点)

$$\therefore\ f(z)=\underbrace{\frac{1}{2\pi i}\oint_{C_1}\frac{f(\zeta)}{\zeta-z}d\zeta}_{\text{(i) の積分}}-\underbrace{\frac{1}{2\pi i}\oint_{C_2}\frac{f(\zeta)}{\zeta-z}d\zeta}_{\text{(ii) の積分}}\quad\cdots\cdots①$$

となる。

(i) ①の第1項の積分は，テーラー展開と同様に，

$|z-a|<|\zeta-a|$, $\left|\dfrac{z-a}{\zeta-a}\right|<1$ より，

$$\frac{1}{2\pi i}\oint_{C_1}\frac{f(\zeta)}{(\zeta-a)-(z-a)}d\zeta$$

$$=\frac{1}{2\pi i}\oint_{C_1}\frac{f(\zeta)}{\zeta-a}\cdot\frac{1}{1-\dfrac{z-a}{\zeta-a}}d\zeta$$

$$=\frac{1}{2\pi i}\oint_{C_1}\frac{f(\zeta)}{\zeta-a}\left\{\sum_{k=0}^{\infty}\left(\frac{z-a}{\zeta-a}\right)^k\right\}d\zeta$$

$$=\frac{1}{2\pi i}\oint_{C_1}\left\{\sum_{k=0}^{\infty}(z-a)^k\cdot\frac{f(\zeta)}{(\zeta-a)^{k+1}}\right\}d\zeta$$

$$=\sum_{k=0}^{\infty}\left\{(z-a)^k\underbrace{\frac{1}{2\pi i}\oint_{C_1}\frac{f(\zeta)}{(\zeta-a)^{k+1}}d\zeta}_{c_k=\frac{f^{(k)}(a)}{k!}}\right\}$$

となる。

$c_k=\dfrac{f^{(k)}(a)}{k!}$ ← グルサの定理

ここで，$c_k = \dfrac{1}{2\pi i}\oint_{C_1}\dfrac{f(\zeta)}{(\zeta - a)^{k+1}}d\zeta$ とおくと，右図のように，円 C_1 と閉曲線 C，およびその間の領域で $\dfrac{f(\zeta)}{(\zeta - a)^{k+1}}$ は正則なので，“**コーシーの積分定理**” を応用(P171)すると，

$$\oint_{C_1}\frac{f(\zeta)}{(\zeta - a)^{k+1}}d\zeta = \oint_{C}\frac{f(\zeta)}{(\zeta - a)^{k+1}}d\zeta \text{ となる。}$$

$$\therefore \underbrace{\frac{1}{2\pi i}\oint_{C_1}\frac{f(\zeta)}{\zeta - z}d\zeta}_{\text{(i)の積分}} = \underbrace{\sum_{k=0}^{\infty} c_k (z-a)^k}_{\text{(i)テーラー展開と同じ}} \quad \left(c_k = \frac{1}{2\pi i}\oint_{C}\frac{f(\zeta)}{(\zeta - a)^{k+1}}d\zeta\right)$$

(ii) ①の第2項の特異部の積分では，変数 ζ が小円 C_2 上を動くので，右図より，

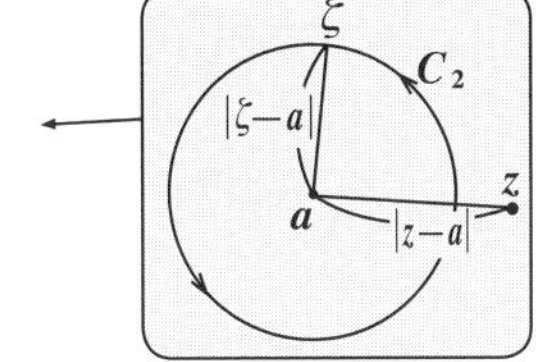

$|\zeta - a| < |z-a|$, $\left|\dfrac{\zeta - a}{z-a}\right| < 1$ となる。よって，

$$-\frac{1}{2\pi i}\oint_{C_2}\frac{f(\zeta)}{\zeta - z}d\zeta = \frac{1}{2\pi i}\oint_{C_2}\frac{f(\zeta)}{z - \zeta}d\zeta$$

$$= \frac{1}{2\pi i}\oint_{C_2}\frac{f(\zeta)}{(z-a)-(\zeta - a)}d\zeta = \frac{1}{2\pi i}\oint_{C_2}\frac{f(\zeta)}{z-a}\cdot\frac{1}{1-\dfrac{\zeta - a}{z-a}}d\zeta$$

$$= \frac{1}{2\pi i}\oint_{C_2}\frac{f(\zeta)}{z-a}\cdot\left\{\sum_{k=0}^{\infty}\left(\frac{\zeta - a}{z-a}\right)^k\right\}d\zeta$$

$$= \frac{1}{2\pi i}\oint_{C_2}\frac{f(\zeta)}{z-a}\left\{1 + \frac{\zeta - a}{z-a} + \left(\frac{\zeta - a}{z-a}\right)^2 + \cdots + \left(\frac{\zeta - a}{z-a}\right)^n + \cdots\right\}d\zeta$$

$$= \frac{1}{2\pi i}\oint_{C_2}\left\{\frac{f(\zeta)}{z-a} + \frac{f(\zeta)(\zeta - a)}{(z-a)^2} + \frac{f(\zeta)(\zeta - a)^2}{(z-a)^3} + \cdots + \frac{f(\zeta)(\zeta - a)^n}{(z-a)^{n+1}} + \cdots\right\}d\zeta$$

$$= \frac{1}{2\pi i}\oint_{C_2} f(\zeta)\,d\zeta\cdot\frac{1}{z-a} + \frac{1}{2\pi i}\oint_{C_2} f(\zeta)(\zeta - a)d\zeta\cdot\frac{1}{(z-a)^2}$$

$$+ \frac{1}{2\pi i}\oint_{C_2} f(\zeta)(\zeta - a)^2 d\zeta\cdot\frac{1}{(z-a)^3} + \cdots + \frac{1}{2\pi i}\oint_{C_2} f(\zeta)(\zeta - a)^n d\zeta\cdot\frac{1}{(z-a)^{n+1}} + \cdots$$

$$= \sum_{k=1}^{\infty}\left\{\frac{1}{(z-a)^k}\cdot\underbrace{\frac{1}{2\pi i}\oint_{C_2} f(\zeta)(\zeta - a)^{k-1}d\zeta}_{b_k}\right\} \text{ となる。}$$

ここで，$b_k=\dfrac{1}{2\pi i}\oint_{C_2} f(\zeta)(\zeta-a)^{k-1}d\zeta$ とおくと，右図のように，円 C_2 と閉曲線 C，およびその間の領域で $f(\zeta)(\zeta-a)^{k-1}$ は正則なので，"**コーシーの積分定理**" を応用 (P171) すると，

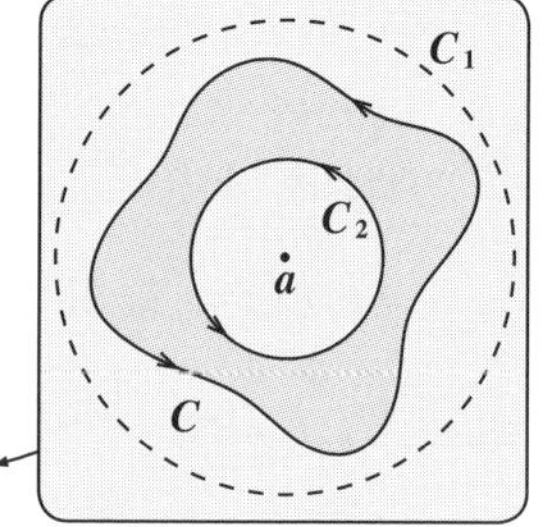

$$\oint_{C_2} f(\zeta)(\zeta-a)^{k-1}d\zeta = \oint_C f(\zeta)(\zeta-a)^{k-1}d\zeta$$ となる。

$$\therefore \underbrace{-\frac{1}{2\pi i}\oint_{C_2}\frac{f(\zeta)}{\zeta-z}d\zeta}_{\text{(ii)の積分}} = \underbrace{\sum_{k=1}^{\infty}\frac{b_k}{(z-a)^k}}_{\text{(ii)特異部}} \quad \left(b_k=\frac{1}{2\pi i}\oint_C f(\zeta)(\zeta-a)^{k-1}d\zeta\right)$$

以上 (ｉ)(ⅱ) より，ローラン展開の公式 (＊) が導かれたんだね。

最後に，特異部の係数 b_k ($k=1, 2, 3, \cdots$) の中でも特に b_1 は重要なんだよ。何故だか，分かる？ …，そう，$b_1=\dfrac{1}{2\pi i}\oint_C f(\zeta)\underbrace{(\zeta-a)^{1-1}}_{1}d\zeta = \dfrac{1}{2\pi i}\oint_C f(\zeta)d\zeta$ となって，$f(\zeta)$ の 1 周線積分の値と密接に関係しているからだ。これについては，次回の "**留数定理**(りゅうすうていり)" のところで詳しく解説しよう。

● 実際に関数をローラン展開してみよう！

実際に，関数 $f(z)$ をローラン展開する場合，前回学習した様々な関数のマクローリン展開公式が役に立つんだよ。それでは，次の例題で練習しよう。

> 例題 1　次の各関数を，$z=0$ を中心にローラン展開しよう。
>
> (1) $\dfrac{\cos z}{z^2}$　　(2) $\dfrac{\sin z}{z}$　　(3) $\dfrac{e^{iz}}{z^3}$　　(4) $e^{\frac{1}{z}}$

(1) $\cos z$ のマクローリン展開は，

$$\cos z = 1-\frac{z^2}{2!}+\frac{z^4}{4!}-\frac{z^6}{6!}+\cdots+\frac{(-1)^m}{(2m)!}z^{2m}+\cdots$$ より，

$f(z)=\dfrac{\cos z}{z^2}$ とおいて，これを特異点 $z=0$ を中心にローラン展開すると，

$$f(z)=\frac{1}{z^2}\left\{1-\frac{z^2}{2!}+\frac{z^4}{4!}-\frac{z^6}{6!}+\cdots+\frac{(-1)^m}{(2m)!}z^{2m}+\cdots\right\}$$

$$=\underbrace{\frac{1}{z^2}}_{\text{特異部}}-\frac{1}{2!}+\frac{z^2}{4!}-\frac{z^4}{6!}+\cdots+\frac{(-1)^m}{(2m)!}z^{2m-2}+\cdots$$ となる。

(2) $\sin z$ のマクローリン展開は，

$$\sin z=z-\frac{z^3}{3!}+\frac{z^5}{5!}-\cdots+\frac{(-1)^{m-1}}{(2m-1)!}z^{2m-1}+\cdots$$ より，

$f(z)=\dfrac{\sin z}{z}$ とおいて，これを $z=0$ を中心にローラン展開すると，

$$f(z)=\frac{1}{z}\left\{z-\frac{z^3}{3!}+\frac{z^5}{5!}-\cdots+\frac{(-1)^{m-1}}{(2m-1)!}z^{2m-1}+\cdots\right\}$$

$$=1-\frac{z^2}{3!}+\frac{z^4}{5!}-\cdots+\frac{(-1)^{m-1}}{(2m-1)!}z^{2m-2}+\cdots$$ となって，

特異部が存在しない。

$f(z)=\dfrac{\sin z}{z}$ は，一見 $z=0$ が特異点のように見えるが，ローラン展開することにより，$f(0)=1$ と定義すれば，$z=0$ は特異点ではなくなることが分かる。この場合，$z=0$ は“**除去可能な特異点**(じょきょかのう)”と呼ぶ。

(3) マクローリン展開 $e^z=1+z+\dfrac{z^2}{2!}+\dfrac{z^3}{3!}+\dfrac{z^4}{4!}+\dfrac{z^5}{5!}+\cdots$ より，

$f(z)=\dfrac{e^{iz}}{z^3}$ とおいて，特異点 $z=0$ を中心にローラン展開すると，

$$f(z)=\frac{1}{z^3}\left\{1+iz+\frac{(iz)^2}{2!}+\frac{(iz)^3}{3!}+\frac{(iz)^4}{4!}+\frac{(iz)^5}{5!}+\cdots\right\}$$

$$=\frac{1}{z^3}\left(1+iz-\frac{z^2}{2!}-i\frac{z^3}{3!}+\frac{z^4}{4!}+i\frac{z^5}{5!}-\cdots\right)$$

$$=\underbrace{\frac{1}{z^3}+\frac{i}{z^2}-\frac{1}{2!}\cdot\frac{1}{z}}_{\text{特異部}}-\frac{i}{3!}+\frac{z}{4!}+i\frac{z^2}{5!}-\cdots$$ となる。

(4) 同様に，$f(z)=e^{\frac{1}{z}}$ とおいて，$z=0$ を中心にローラン展開すると，

$$f(z)=e^{\frac{1}{z}}=1+\underbrace{\frac{1}{z}+\frac{1}{2!}\cdot\frac{1}{z^2}+\frac{1}{3!}\cdot\frac{1}{z^3}+\frac{1}{4!}\cdot\frac{1}{z^4}+\cdots\cdots}_{\text{特異部}}$$ となる。

ここで，$z=a$ を $f(z)$ の孤立特異点とする。ローラン展開：

$f(z)=\sum_{k=0}^{\infty} c_k(z-a)^k+\sum_{k=1}^{\infty}\frac{b_k}{(z-a)^k}$ について，

(i) b_k $(k=1, 2, 3, \cdots)$ のうち，$b_n \neq 0$ かつ $b_{n+1}=b_{n+2}=\cdots=0$，すなわち

$$f(z)=\sum_{k=0}^{\infty} c_k(z-a)^k+\frac{b_1}{z-a}+\frac{b_2}{(z-a)^2}+\cdots+\frac{b_n}{(z-a)^n}$$

となるとき，$z=a$ を $f(z)$ の "n **位の極**(きょく)" という。

(ii) b_k $(k=1, 2, 3, \cdots)$ のうち，0 でないものが無数に存在するとき，

$z=a$ を $f(z)$ の "**真性特異点**(しんせいとくいてん)" という。

例題 1 の結果から，$z=0$ は，次のように言える。

(1) $\frac{\cos z}{z^2}=\underbrace{\frac{1}{z^2}}-\frac{1}{2!}+\frac{z^2}{4!}-\cdots$ より，$z=0$ は 2 位の極。

(2) $\frac{\sin z}{z}=1-\frac{z^2}{3!}+\frac{z^4}{5!}-\cdots$ より，$z=0$ は除去可能な特異点。

(3) $\frac{e^{iz}}{z^3}=\underbrace{\frac{1}{z^3}+\frac{1}{z^2}-\frac{1}{2!}\cdot\frac{1}{z}}-\frac{i}{3!}+\cdots$ より，$z=0$ は 3 位の極。

(4) $e^{\frac{1}{z}}=1+\underbrace{\frac{1}{z}+\frac{1}{2!}\cdot\frac{1}{z^2}+\frac{1}{3!}\cdot\frac{1}{z^3}+\cdots}$ より，$z=0$ は真性特異点。

どう？ これで，用語の使い方にも慣れてきただろう。

● 場合分けの必要なローラン展開もある！

図 4 に示すように，$f(z)$ の孤立特異点が $a_1, a_2, a_3, \cdots$ など，有限個だけど，複数個存在するものとしよう。この場合，単純閉曲線の円 $C_1, C_2, C_3, \cdots$ が内側に含む孤立特異点の個数が変化すれば，ローラン展開は，その都度異なる。よって，場合分けして計算する必要があるんだよ。

それでは，次の例題で，実際に計算してみよう。

図 4 C_1, C_2, C_3 でローラン展開の結果が異なる

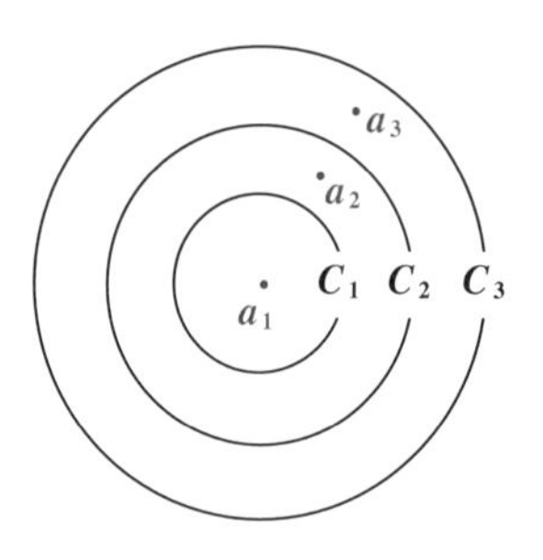

(a_1, a_2, a_3：孤立特異点)

> 例題 2　$f(z)=\dfrac{1}{z(z+1)}$ を，$z=0$ を中心にローラン展開してみよう。

$f(z)=\dfrac{1}{z(z+1)}$ の孤立特異点は，$z=0$ と -1 なので，(ⅰ) $0<|z|<1$ と (ⅱ) $1<|z|$ の 2 通りに場合分けして，ローラン展開する必要がある。

(ⅰ) $0<|z|<1$ のとき，$|-z|=|z|<1$ となるので，

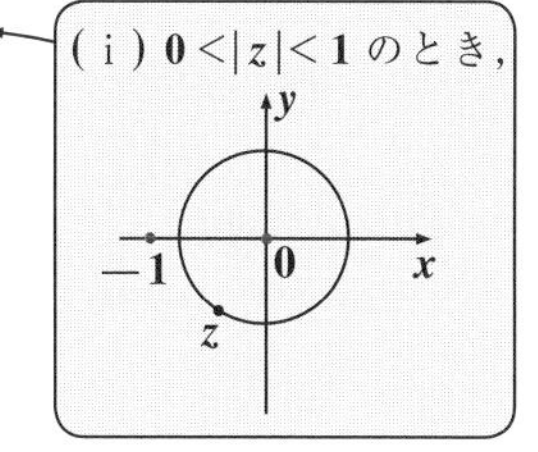

$$f(z)=\frac{1}{z}\cdot\frac{1}{1-(-z)}$$

$$=\frac{1}{z}\{1+(-z)+(-z)^2+(-z)^3+\cdots\}$$

$|\gamma|<1$ のとき，$\dfrac{1}{1-\gamma}=1+\gamma+\gamma^2+\gamma^3+\cdots$ だからね。

$$=\frac{1}{z}-1+z-z^2+\cdots$$ と，ローラン展開できる。

特異部: $\dfrac{1}{z}$

(ⅱ) $1<|z|$ のとき，$\left|-\dfrac{1}{z}\right|=\dfrac{1}{|z|}<1$ となるので，

(ⅱ) 1<|z|のとき，
y
x
−1
0
z

$$f(z)=\frac{1}{z}\cdot\frac{1}{z\left(1+\frac{1}{z}\right)}=\frac{1}{z^2}\cdot\frac{1}{1-\left(-\frac{1}{z}\right)}$$

$$=\frac{1}{z^2}\left\{1+\left(-\frac{1}{z}\right)+\left(-\frac{1}{z}\right)^2+\left(-\frac{1}{z}\right)^3+\cdots\right\}$$

$|\gamma|<1$ のとき，$\dfrac{1}{1-\gamma}=1+\gamma+\gamma^2+\gamma^3+\cdots$

$$=\frac{1}{z^2}-\frac{1}{z^3}+\frac{1}{z^4}-\frac{1}{z^5}+\cdots$$ と，ローラン展開できる。

特異部: $\dfrac{1}{z^2}-\dfrac{1}{z^3}+\dfrac{1}{z^4}-\dfrac{1}{z^5}+\cdots$

これまで，$z=0$ を中心のローラン展開について練習してきたけれど，一般の $z=a$ を中心とする展開も，次の演習問題 17 で練習しよう。

演習問題 17　●ローラン展開●

関数 $f(z)=\dfrac{1}{z(z+2i)}$ を，$z=-2i$ を中心にローラン展開せよ。

ヒント！ $z+2i=\zeta$ とおき，$f(z)=g(\zeta)$ とおいて，$g(\zeta)$ を $\zeta=0$ を中心にローラン展開すればいいんだね。そのときに，(ⅰ) $0<|\zeta|<2$ と (ⅱ) $2<|\zeta|$ の場合分けが必要になるので気を付けよう。

解答＆解説

$f(z)=\dfrac{1}{z(z+2i)}$ の特異点は，$z=0$ と $-2i$ である。

ここで，$z+2i=\zeta$ $(z=\zeta-2i)$ とおき，さらに $f(z)=g(\zeta)$ とおくと，

$g(\zeta)=\dfrac{1}{\zeta(\zeta-2i)}$ となって，この特異点は $\zeta=0$ と $2i$ である。

$g(\zeta)$ を $\zeta=0$ を中心にローラン展開することにより，$z=-2i$ を中心にローラン展開した $f(z)$ を求める。

(ⅰ) $0<|\zeta|<2$ のとき，$\left|\dfrac{\zeta}{2i}\right|=\dfrac{|\zeta|}{2}<1$ より，

y'　ζ平面　$2i$　ζ　0　x'

$$g(\zeta)=\frac{1}{\zeta}\cdot\frac{1}{(-2i)\left(1-\dfrac{\zeta}{2i}\right)}=\frac{i}{2\zeta}\cdot\frac{1}{1-\dfrac{\zeta}{2i}}$$

$$=\frac{i}{2\zeta}\left\{1+\frac{\zeta}{2i}+\left(\frac{\zeta}{2i}\right)^2+\left(\frac{\zeta}{2i}\right)^3+\left(\frac{\zeta}{2i}\right)^4+\left(\frac{\zeta}{2i}\right)^5+\cdots\right\}$$

$|\gamma|<1$ のとき，$\dfrac{1}{1-\gamma}=1+\gamma+\gamma^2+\gamma^3+\gamma^4+\gamma^5+\cdots$ となる。

$$=\frac{i}{2\zeta}+\frac{1}{4}+\frac{\zeta}{8i}+\frac{\zeta^2}{16i^2}+\frac{\zeta^3}{32i^3}+\frac{\zeta^4}{64i^4}+\cdots$$

$$=\frac{i}{2\zeta}+\frac{1}{4}-\frac{i\zeta}{8}-\frac{\zeta^2}{16}+\frac{i\zeta^3}{32}+\frac{\zeta^4}{64}-\cdots$$

よって，ζ に $z+2i$ を代入して，$-2i$ を中心とする $f(z)$ のローラン展開は，

$$f(z)=\frac{i}{2(z+2i)}+\frac{1}{4}-\frac{i(z+2i)}{8}-\frac{(z+2i)^2}{16}+\frac{i(z+2i)^3}{32}+\frac{(z+2i)^4}{64}-\cdots$$

となる。

(ii) $2<|\zeta|$ のとき，$\left|\dfrac{2i}{\zeta}\right|=\dfrac{2}{|\zeta|}<1$ より，

$$g(\zeta)=\frac{1}{\zeta}\cdot\frac{1}{\zeta\left(1-\frac{2i}{\zeta}\right)}=\frac{1}{\zeta^2}\cdot\frac{1}{1-\frac{2i}{\zeta}}$$

$$=\frac{1}{\zeta^2}\left\{1+\frac{2i}{\zeta}+\left(\frac{2i}{\zeta}\right)^2+\left(\frac{2i}{\zeta}\right)^3+\left(\frac{2i}{\zeta}\right)^4+\left(\frac{2i}{\zeta}\right)^5+\cdots\right\}$$

$|\gamma|<1$ のとき，$\dfrac{1}{1-\gamma}=1+\gamma+\gamma^2+\gamma^3+\gamma^4+\gamma^5+\cdots$ となる。

$$=\frac{1}{\zeta^2}+\frac{2i}{\zeta^3}-\frac{4}{\zeta^4}-\frac{8i}{\zeta^5}+\frac{16}{\zeta^6}+\frac{32i}{\zeta^7}-\cdots$$

よって，ζ に $z+2i$ を代入して，$-2i$ を中心とする $f(z)$ のローラン展開は，

$$f(z)=\frac{1}{(z+2i)^2}+\frac{2i}{(z+2i)^3}-\frac{4}{(z+2i)^4}-\frac{8i}{(z+2i)^5}+\frac{16}{(z+2i)^6}+\frac{32i}{(z+2i)^7}-\cdots$$

となる。

以上より，$f(z)$ を $z=-2i$ を中心にローラン展開すると，

(i) $0<|z+2i|<2$ のとき，

$$f(z)=\frac{i}{2(z+2i)}+\frac{1}{4}-\frac{i(z+2i)}{8}-\frac{(z+2i)^2}{16}+\frac{i(z+2i)^3}{32}+\frac{(z+2i)^4}{64}-\cdots$$

(ii) $2<|z+2i|$ のとき，

$$f(z)=\frac{1}{(z+2i)^2}+\frac{2i}{(z+2i)^3}-\frac{4}{(z+2i)^4}-\frac{8i}{(z+2i)^5}+\frac{16}{(z+2i)^6}+\frac{32i}{(z+2i)^7}-\cdots$$

§3. 留数と留数定理

前回，ローラン展開について勉強した。このローラン展開の中で $\frac{1}{z-a}$ の係数 b_1 が特に重要で，これを“留数(りゅうすう)”(*residue*) と呼ぶ。この留数を使うことによって，特異点のまわりの1周線積分の結果を簡単に算出できる。ここでは，複素関数論のシンプルな美しさを十分に味わってみよう。

● 留数は，1周線積分を求める鍵だ！

まず，“留数(りゅうすう)”について，その定義を下に示しておこう。

留数

$z=a$ を関数 $f(z)$ の孤立特異点とする。また，$0<|z-a|<R$ の領域 D で $f(z)$ は1価正則な関数とすると，$f(z)$ は，

$$f(z)=\sum_{k=1}^{\infty}\frac{b_k}{(z-a)^k}+\sum_{k=0}^{\infty}c_k(z-a)^k$$ と，ローラン展開できるが，

この $\frac{1}{z-a}$ の項の係数 b_1 を，$f(z)$ の $z=a$ における“留数(りゅうすう)”と呼び，

$\operatorname*{Res}_{z=a} f(z)$ と表す。

（“Res” は，*residue*（留数）の頭3文字のこと）

ローラン展開における係数 b_k は，

$$b_k=\frac{1}{2\pi i}\oint_C f(\zeta)(\zeta-a)^{k-1}d\zeta$$

$$(k=1,\ 2,\ 3,\ \cdots)$$

（C は，領域 D 内にあって，a を囲む任意の単純閉曲線を表す。積分路は，反時計まわりとする。）

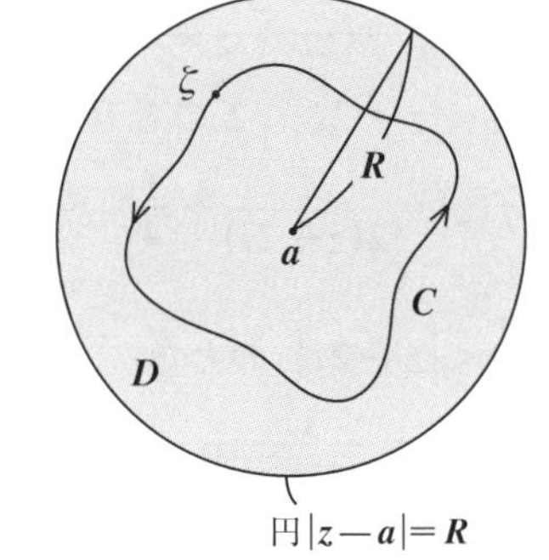

であったので，$k=1$ のとき，

$$b_1=\frac{1}{2\pi i}\oint_C f(\zeta)d\zeta=\frac{1}{2\pi i}\oint_C f(z)dz$$ となるから，

（b_1：留数 $\operatorname*{Res}_{z=a} f(z)$）

（積分変数は，ζ でも z でも何でもいい。）

特異点 a のまわりの1周線積分が，

$\oint_C f(z)dz = 2\pi i \cdot b_1 = 2\pi i \cdot \underset{z=a}{\mathrm{Res}} f(z)$ と，$2\pi i$ に留数 (b_1) をかけることにより，簡単に求まってしまうんだ。

たとえば，$f(z) = \frac{\cos z}{z}$ を積分路 $C: |z| = 1$ で反時計まわりに1周線積分した

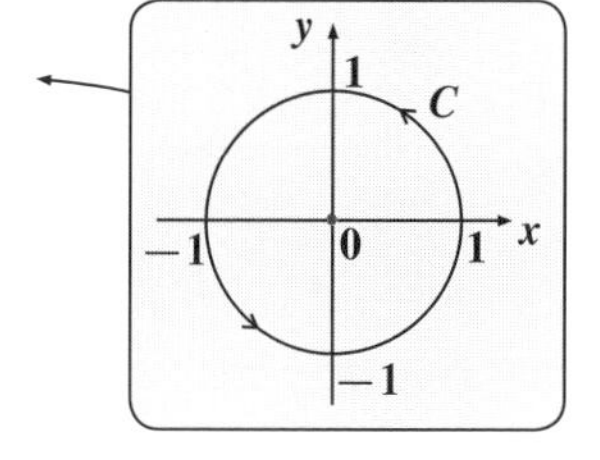

$\oint_C \frac{\cos z}{z} dz$ の値を求めてみよう。$\cos z$ は全平面で正則より，$f(z)$ は1つの特異点 $z = 0$ をもつことが分かる。ここで，

$$f(z) = \frac{\cos z}{z} = \frac{1}{z}\left(1 - \frac{z^2}{2!} + \frac{z^4}{4!} - \frac{z^6}{6!} + \cdots\right)$$

$\cos z$ のマクローリン展開も，すぐ出来るようになろう！

$$= \frac{1}{z} - \frac{z}{2!} + \frac{z^3}{4!} - \frac{z^5}{6!} + \cdots \quad \text{より，}$$

留数 b_1

1位の極

$f(z)$ の $z = 0$ における留数は，$b_1 = \underset{z=0}{\mathrm{Res}} f(z) = 1$ となるので，求める積分は，

$\oint_C \frac{\cos z}{z} dz = 2\pi i \cdot \underset{z=0}{\mathrm{Res}} f(z) = 2\pi i \cdot 1 = 2\pi i$ と，アッという間に求まるんだね。どう？　留数を使った積分計算のシンプルさが理解できただろう。それでは，次の例題で，さらに練習しておこう。

> 例題1　留数を求めて，次の積分値を求めよう。
>
> ただし，いずれも積分路 $C: |z| = \frac{1}{2}$ は，反時計まわりとする。
>
> (1) $\oint_C \frac{1}{z^2(1-z)} dz$　　　(2) $\oint_C \frac{e^z}{z^3} dz$

(1) $f(z) = \frac{1}{z^2(1-z)}$ とおくと，$f(z)$ の C の内部での特異点は，$z = 0$ のみだね。ここで，$|z| = \frac{1}{2} < 1$ より，$f(z)$ を $z = 0$ を中心にローラン展開すると，

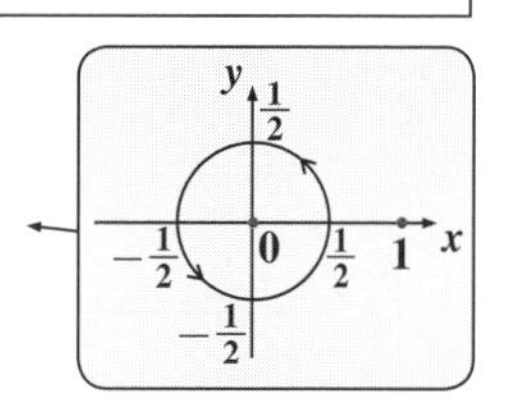

$$f(z) = \frac{1}{z^2}\cdot\frac{1}{1-z} = \frac{1}{z^2}(1+z+z^2+z^3+z^4+\cdots)$$

$$= \frac{1}{z^2} + \frac{1}{z} + 1 + z + z^2 + \cdots$$

（$\frac{1}{z^2}$：2 位の極，$\frac{1}{z}$ の係数 1：留数 b_1）

よって，$f(z)$ の $z=0$ における留数は，$b_1 = \underset{z=0}{\mathrm{Res}} f(z) = 1$ となるので，求める積分は，

$$\oint_C f(z)\,dz = 2\pi i \cdot \underset{z=0}{\mathrm{Res}} f(z) = 2\pi i \cdot 1 = 2\pi i$$ となって答えだ。

(2) $g(z) = \frac{e^z}{z^3}$ とおくと，e^z は全平面で正則より，$g(z)$ の C の内部での特異点は $z=0$ のみなので，$g(z)$ を $z=0$ を中心にローラン展開すると，

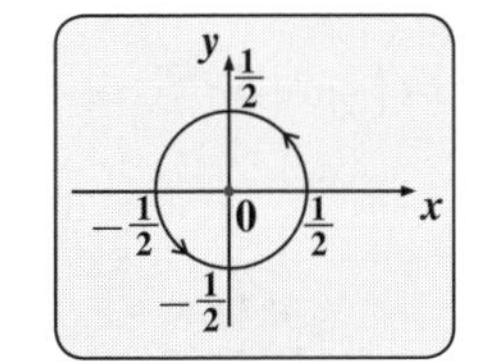

$$g(z) = \frac{1}{z^3}\left(1 + z + \frac{z^2}{2!} + \frac{z^3}{3!} + \frac{z^4}{4!} + \cdots\right)$$

（e^z のマクローリン展開も大丈夫だね。）

$$= \frac{1}{z^3} + \frac{1}{z^2} + \frac{1}{2!}\cdot\frac{1}{z} + \frac{1}{3!} + \frac{z}{4!} + \cdots$$

（$\frac{1}{z^3}$：3 位の極，$\frac{1}{2!}$：留数 b_1）

よって，$g(z)$ の $z=0$ における留数は，$b_1 = \underset{z=0}{\mathrm{Res}} g(z) = \frac{1}{2!} = \frac{1}{2}$ となるので，求める 1 周線積分の値は，

$$\oint_C g(z)\,dz = 2\pi i \cdot \underset{z=0}{\mathrm{Res}} g(z) = 2\pi i \cdot \frac{1}{2} = \pi i$$ となる。

どう？ 留数を使った 1 周線積分にも少しは慣れてきただろう。

● k 位の極の留数を求めてみよう！

$z=a$ が $f(z)$ の 1 位，2 位，3 位，4 位，… の極のときの留数の求め方を具体的に考えてみよう。

(ⅰ) $z=a$ が 1 位の極のとき，$f(z)$ は $z=a$ を中心に，

$$f(z)=\frac{b_1}{z-a}+\sum_{k=0}^{\infty}c_k(z-a)^k \quad (b_1 \neq 0)$$ とローラン展開される。

（留数：b_1，1 位の極：$\frac{1}{z-a}$）

この両辺に，$(z-a)$ をかけて，

$$(z-a)f(z)=b_1+\sum_{k=0}^{\infty}c_k(z-a)^{k+1}$$

ここで，$z \to a$ の極限をとると，

$$\lim_{z \to a}(z-a)f(z)=\lim_{z \to a}\left\{b_1+\sum_{k=0}^{\infty}c_k(z-a)^{k+1}\right\}=b_1$$

（$(z-a)^{k+1} \to 0$，$\sum_{k=0}^{\infty}c_k(z-a)^{k+1} \to 0$，$b_1$：留数 $\underset{z=a}{\mathrm{Res}}f(z)$）

$$\therefore \underset{z=a}{\mathrm{Res}}f(z)=\lim_{z \to a}(z-a)f(z) \quad \cdots\cdots ①$$ となる。

(ⅱ) $z=a$ が 2 位の極のとき，$f(z)$ は $z=a$ を中心に，

$$f(z)=\frac{b_2}{(z-a)^2}+\frac{b_1}{z-a}+\sum_{k=0}^{\infty}c_k(z-a)^k \quad (b_2 \neq 0)$$ と展開される。

（留数：b_1，2 位の極：$\frac{b_2}{(z-a)^2}$）

この両辺に $(z-a)^2$ をかけて，

$$(z-a)^2f(z)=b_2+b_1(z-a)+\sum_{k=0}^{\infty}c_k(z-a)^{k+2}$$

（ここで，$z \to a$ としても b_2 が求まるだけだ。）

この両辺を z で微分して，

$$\frac{d}{dz}(z-a)^2f(z)=b_1+\sum_{k=0}^{\infty}(k+2)c_k(z-a)^{k+1}$$

（項別微分）

ここで，$z \to a$ の極限をとると，b_1 が抽出される。

$$\lim_{z \to a}\left\{\frac{d}{dz}(z-a)^2f(z)\right\}=\lim_{z \to a}\left\{b_1+\sum_{k=0}^{\infty}(k+2)c_k(z-a)^{k+1}\right\}=b_1$$

（$\sum_{k=0}^{\infty}(k+2)c_k(z-a)^{k+1} \to 0$，$b_1$：留数）

$$\therefore \underset{z=a}{\mathrm{Res}}f(z)=\frac{1}{1!}\lim_{z \to a}\left\{\frac{d}{dz}(z-a)^2f(z)\right\} \quad \cdots\cdots ②$$ となる。

(iii) $z=a$ が 3 位の極のとき，$f(z)$ は $z=a$ を中心に，

留数

$$f(z)=\frac{b_3}{(z-a)^3}+\frac{b_2}{(z-a)^2}+\frac{b_1}{z-a}+\sum_{k=0}^{\infty}c_k(z-a)^k \quad (b_3 \neq 0)$$ と展開される。

3 位の極

この両辺に $(z-a)^3$ をかけて，

$$(z-a)^3f(z)=b_3+b_2(z-a)+b_1(z-a)^2+\sum_{k=0}^{\infty}c_k(z-a)^{k+3}$$

この両辺を z で 2 階微分すると，

$$\frac{d}{dz}(z-a)^3f(z)=b_2+2b_1(z-a)+\sum_{k=0}^{\infty}(k+3)c_k(z-a)^{k+2}$$

$$\frac{d^2}{dz^2}(z-a)^3f(z)=2b_1+\sum_{k=0}^{\infty}(k+3)(k+2)c_k(z-a)^{k+1}$$

ここで，$z\to a$ の極限をとると，$2!b_1$ が抽出される。

留数

$$\lim_{z\to a}\left\{\frac{d^2}{dz^2}(z-a)^3f(z)\right\}=\lim_{z\to a}\left\{2b_1+\underbrace{\sum_{k=0}^{\infty}(k+3)(k+2)c_k(z-a)^{k+1}}_{0}\right\}=\underbrace{2}_{2!}\cdot b_1$$

$$\therefore \underset{z=a}{\mathrm{Res}}f(z)=\frac{1}{2!}\lim_{z\to a}\left\{\frac{d^2}{dz^2}(z-a)^3f(z)\right\} \quad \cdots\cdots ③$$ となる。

(iv) $z=a$ が 4 位の極のとき，$f(z)$ は $z=a$ を中心に，

留数

$$f(z)=\frac{b_4}{(z-a)^4}+\frac{b_3}{(z-a)^3}+\frac{b_2}{(z-a)^2}+\frac{b_1}{z-a}+\sum_{k=0}^{\infty}c_k(z-a)^k \qquad (b_4 \neq 0)$$

4 位の極

と展開される。この両辺に $(z-a)^4$ をかけて，

$$(z-a)^4f(z)=b_4+b_3(z-a)+b_2(z-a)^2+b_1(z-a)^3+\sum_{k=0}^{\infty}c_k(z-a)^{k+4}$$

この両辺を z で 3 階微分すると，

$$\frac{d}{dz}(z-a)^4f(z)=b_3+2b_2(z-a)+3b_1(z-a)^2+\sum_{k=0}^{\infty}(k+4)c_k(z-a)^{k+3}$$

$$\frac{d^2}{dz^2}(z-a)^4f(z)=2b_2+3\cdot 2b_1(z-a)+\sum_{k=0}^{\infty}(k+4)(k+3)c_k(z-a)^{k+2}$$

$$\frac{d^3}{dz^3}(z-a)^4f(z)=3!b_1+\sum_{k=0}^{\infty}(k+4)(k+3)(k+2)c_k(z-a)^{k+1}$$

ここで，$z \to a$ の極限をとると，$3!b_1$ が抽出される。

$$\lim_{z \to a}\left\{\frac{d^3}{dz^3}(z-a)^4 f(z)\right\} = \lim_{z \to a}\left\{3!b_1 + \underbrace{\sum_{k=0}^{\infty}(k+4)(k+3)(k+2)c_k(z-a)^{k+1}}_{0}\right\} = 3! \cdot \underset{\text{留数}}{b_1}$$

$$\therefore \operatorname*{Res}_{z=a} f(z) = \frac{1}{3!}\lim_{z \to a}\left\{\frac{d^3}{dz^3}(z-a)^4 f(z)\right\} \cdots\cdots ④$$ となる。

以上 (ⅰ) ～ (ⅳ) より，$f(z)$ の孤立特異点である $z=a$ が，

(ⅰ) 1 位の極のとき，$\operatorname*{Res}_{z=a} f(z) = \lim_{z \to a}(z-a)f(z)$ ……………………………①

(ⅱ) 2 位の極のとき，$\operatorname*{Res}_{z=a} f(z) = \frac{1}{1!}\lim_{z \to a}\left\{\frac{d}{dz}(z-a)^2 f(z)\right\}$ ………………②

(ⅲ) 3 位の極のとき，$\operatorname*{Res}_{z=a} f(z) = \frac{1}{2!}\lim_{z \to a}\left\{\frac{d^2}{dz^2}(z-a)^3 f(z)\right\}$ ………………③

(ⅳ) 4 位の極のとき，$\operatorname*{Res}_{z=a} f(z) = \frac{1}{3!}\lim_{z \to a}\left\{\frac{d^3}{dz^3}(z-a)^4 f(z)\right\}$ ………………④

これから，同様に考えて，孤立特異点 $z=a$ が n 位の極のとき，

$$\therefore \operatorname*{Res}_{z=a} f(z) = \frac{1}{(n-1)!}\lim_{z \to a}\left\{\frac{d^{n-1}}{dz^{n-1}}(z-a)^n f(z)\right\} \cdots\cdots ⑤ \quad (n=2, 3, 4, \cdots)$$

⑤はもちろん，$n=1$ のときも成り立つが，$n=1$ 位の極のときは，①のシンプルな公式を覚えておけばいい。そして，$n \geqq 2$ のときは，⑤の公式から留数を求めればいい。以上を下にまとめて示そう。

n 位の極の留数の求め方

(ⅰ) $z=a$ が $f(z)$ の 1 位の極のとき，

留数 $\operatorname*{Res}_{z=a} f(z) = \lim_{z \to a}(z-a)f(z)$ となり，

(ⅱ) $z=a$ が $f(z)$ の n 位の極のとき，$(n=2, 3, 4, \cdots)$

留数 $\operatorname*{Res}_{z=a} f(z) = \frac{1}{(n-1)!}\lim_{z \to a}\left\{\frac{d^{n-1}}{dz^{n-1}}(z-a)^n f(z)\right\}$

$(n=2, 3, 4, \cdots)$ となる。

ここで，関数 $f(z)$ が，$f(z)=\dfrac{g(z)}{(z-a)^n}$ の形で表されるとき $z=a$ が $f(z)$ の n 位の極であることの調べ方についても解説しておこう。

$f(z)$ が n 位の極なら，

$$f(z)=\frac{b_n}{(z-a)^n}+\frac{b_{n-1}}{(z-a)^{n-1}}+\cdots+\frac{b_1}{z-a}+\sum_{k=0}^{\infty}c_k(z-a)^k \quad (b_n \neq 0)$$

の形になるはずだから，この両辺に $(z-a)^n$ をかけると，

$$\underbrace{(z-a)^n f(z)}_{g(z)\text{のこと}}=\underbrace{b_n+b_{n-1}(z-a)+\cdots+b_1(z-a)^{n-1}+\sum_{k=0}^{\infty}c_k(z-a)^{k+n}}_{\text{特異部がないテーラー展開より，これは}z=a\text{で正則}} \cdots ㋐$$

となるので，$g(z)$ は，$z=a$ で正則 である。そして，㋐の両辺の z に a を代入すると，$g(a)=b_n\ (\neq 0)$ となるので，$g(a)\neq 0$ の条件がつく。

以上より，「$f(z)=\dfrac{g(z)}{(z-a)^n}$ の形の関数に対して，$g(z)$ が $z=a$ で正則でかつ，$g(a)\neq 0$ のとき，$z=a$ は $f(z)$ の n 位の極である。」ことが分かる。そして，n 位の極であることが分かれば，公式より留数 $\underset{z=a}{\mathrm{Res}}f(z)$ の値を求め，そしてその留数に $2\pi i$ をかければ，1 周線積分の値が求まる。

これで，一連の流れがつかめただろう。それでは例題で練習しよう。

例題 2　留数を求めることにより，次の各 1 周線積分の値を求めよう。ただし，積分路はすべて反時計まわりとする。

(1) $\displaystyle\oint_{C_1}\frac{z^2}{z-i}dz$　　$C_1:|z-i|=1$

(2) $\displaystyle\oint_{C_2}\frac{e^z}{z+i}dz$　　$C_2:|z+i|=1$

(3) $\displaystyle\oint_{C_3}\frac{\cos z}{z^2}dz$　　$C_3:|z|=1$

(4) $\displaystyle\oint_{C_4}\frac{\sin z}{(z-1)^4}dz$　　$C_4:|z-1|=1$

(1) $f_1(z)=\dfrac{z^2}{z-i}$ とおき，$g_1(z)=z^2$ とおく。$g_1(z)=z^2$ は $z=i$ で正則で，

かつ $g_1(i)=i^2=-1\neq 0$ より，$f_1(z)$ の特異点 $z=i$ は，1位の極である。

よって，$f_1(z)$ の $z=i$ における留数は，

$$\underset{z=i}{\mathrm{Res}}\,f_1(z)=\lim_{z\to i}\underbrace{(z-i)f_1(z)}_{g_1(z)=z^2}$$

$$=\lim_{z\to i}z^2=i^2=-1$$

1位の極の留数
$\underset{z=a}{\mathrm{Res}}\,f(z)=\lim_{z\to a}(z-a)f(z)$

$g_1(z)$ は $z=i$ で正則関数より，$z\to i$ は，$g_1(z)$ の z に i を代入することと同じだよ。

ゆえに，求める1周線積分の値は，

$$\oint_{C_1}f_1(z)dz=2\pi i\cdot\underset{z=i}{\mathrm{Res}}\,f_1(z)=2\pi i\cdot(-1)=-2\pi i \quad \text{となる。}$$

(2) $f_2(z)=\dfrac{e^z}{z-(-i)}$ とおき，$g_2(z)=e^z$ とおく。$g_2(z)=e^z$ は $z=-i$ で

正則で，かつ $g_2(-i)=e^{-i}=\cos(-1)+i\sin(-1)=\cos 1-i\sin 1\neq 0$

より，$f_2(z)$ の特異点 $z=-i$ は，1位の極である。

よって，$f_2(z)$ の $z=-i$ における留数は，

$$\underset{z=-i}{\mathrm{Res}}\,f_2(z)=\lim_{z\to -i}\underbrace{(z+i)f_2(z)}_{g_2(z)=e^z}=\lim_{z\to -i}e^z=e^{-i}=\cos 1-i\sin 1$$

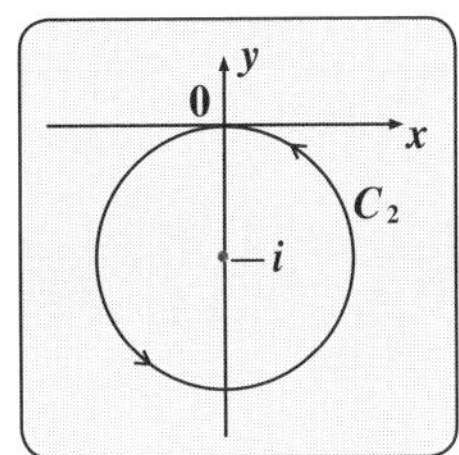

ゆえに，求める1周線積分の値は，

$$\oint_{C_2}f_2(z)dz=2\pi i\cdot\underset{z=-i}{\mathrm{Res}}\,f_2(z)$$

$$=2\pi i(\cos 1-i\sin 1)$$

$$=2\pi(\sin 1+i\cos 1) \quad \text{となる。}$$

(3) $f_3(z)=\dfrac{\cos z}{z^2}$ とおき，$g_3(z)=\cos z$ とおく。$g_3(z)=\cos z$ は $z=0$ で

正則で，かつ $g(0)=\cos 0=1\neq 0$ より，$f_3(z)$ の特異点 $z=0$ は，2位

の極である。

よって，$f_3(z)$ の $z=0$ における留数は，

$$\underset{z=0}{\mathrm{Res}}f_3(z)=\frac{1}{(2-1)!}\lim_{z\to0}\left\{\frac{d^{2-1}}{dz^{2-1}}\underbrace{z^2f_3(z)}_{g_3(z)=\cos z}\right\}$$

← k 位の極の留数 $(k=2)$
$\underset{z=a}{\mathrm{Res}}f(z)=\frac{1}{(k-1)!}\lim_{z\to a}\left\{\frac{d^{k-1}}{dz^{k-1}}(z-a)^kf(z)\right\}$

$$=\lim_{z\to0}(\cos z)'=\lim_{z\to0}(-\sin z)$$

$$=-\sin0=0$$

この結果は，

$\frac{\cos z}{z^2}=\frac{1}{z^2}\left(1-\frac{z^2}{2!}+\frac{z^4}{4!}-\cdots\right)=\frac{1}{z^2}+\frac{\overset{b_1}{0}}{z}-\frac{1}{2!}+\frac{z^2}{4!}-\cdots$ からも分かるだろう。

ゆえに，求める1周線積分の値は，

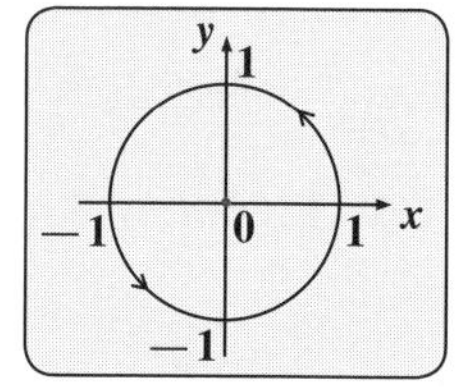

$$\oint_{C_3}f_3(z)dz=2\pi i\cdot\underset{z=0}{\mathrm{Res}}f_3(z)$$

$$=2\pi i\cdot0=0$$ となる。

(4) $f_4(z)=\frac{\sin z}{(z-1)^4}$ とおき，$g_4(z)=\sin z$ とおく。$g_4(z)$ は $z=1$ で正則で，かつ $g_4(1)=\sin1\neq0$ より，$f_4(z)$ の特異点 $z=1$ は，4位の極である。

よって，$f_4(z)$ の $z=1$ における留数は，

$$\underset{z=1}{\mathrm{Res}}f_4(z)=\frac{1}{(4-1)!}\lim_{z\to1}\left\{\frac{d^{4-1}}{dz^{4-1}}\underbrace{(z-1)^4f_4(z)}_{g_4(z)=\sin z}\right\}$$

← k 位の極の留数 $(k=4)$
$\underset{z=a}{\mathrm{Res}}f(z)=\frac{1}{(k-1)!}\lim_{z\to a}\left\{\frac{d^{k-1}}{dz^{k-1}}(z-a)^kf(z)\right\}$

$$=\frac{1}{6}\lim_{z\to1}\underbrace{(\sin z)'''}_{(\cos z)''=(-\sin z)'=-\cos z}=\frac{1}{6}\lim_{z\to1}(-\cos z)=-\frac{1}{6}\cos1$$

以上より，求める1周線積分の値は，

$$\oint_{C_4}f_4(z)dz=2\pi i\cdot\underset{z=1}{\mathrm{Res}}f_4(z)$$

$$=2\pi i\cdot\left(-\frac{1}{6}\cos1\right)=-\frac{1}{3}\pi i\cos1$$

となる。大丈夫だった？

● 留数定理もマスターしよう！

これまでは，単純閉曲線の積分路 C の内部に，ただ1つの特異点がある場合を考えてきた。さらに，この内部に複数個の孤立特異点が存在する場合でも，下に示す"**留数定理**(りゅうすうていり)"を使えば，これまでの手法を容易に拡張できる。

留数定理

$f(z)$ が単純閉曲線 C とその内部で，C 内の有限個の孤立特異点 $a_1, a_2, a_3, \cdots, a_n$ を除いて，1価正則な関数とする。
このとき，次の"**留数定理**"が成り立つ。

$$\oint_C f(z)dz = 2\pi i(R_1 + R_2 + \cdots + R_n)$$

(ただし，$R_k = \underset{z=a_k}{\mathrm{Res}}\, f(z) \quad (k = 1, 2, \cdots, n)$ とする。)

図1に示すように，C 内の孤立特異点 $a_1, a_2, a_3, \cdots, a_n$ のまわりに，それぞれ互いに重ならないように単純閉曲線 $C_1, C_2, C_3, \cdots, C_n$ を C の内部にとると，各特異点のまわりの1周線積分は，

$$\oint_{C_k} f(z)dz = 2\pi i \cdot R_k \cdots\cdots①$$

$(R_k = \underset{z=a_k}{\mathrm{Res}}\, f(z))$ となる。

図1 留数定理

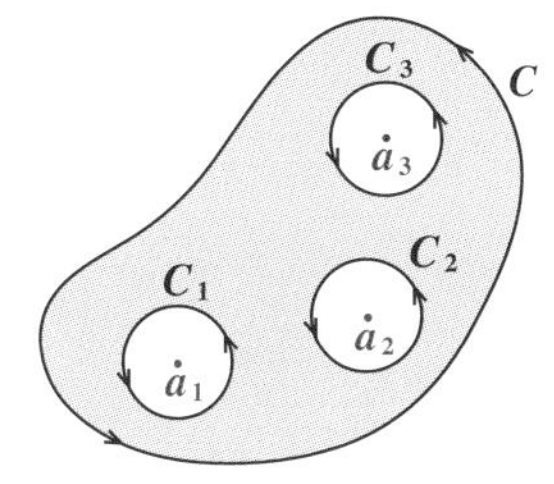

($n=3$ のときのイメージ)

また，$f(z)$ は，C と $C_1, C_2, C_3, \cdots, C_n$ で囲まれた多重連結領域において1価正則であるので，コーシーの積分定理を応用(P171)すると，

$$\oint_C = \oint_{C_1} + \oint_{C_2} + \cdots + \oint_{C_n}$$

すなわち，

$$\oint_C f(z)dz = \oint_{C_1} f(z)dz + \oint_{C_2} f(z)dz + \cdots + \oint_{C_n} f(z)dz \cdots\cdots②$$ となる。

②に，各①を代入すると，

$$\oint_C f(z)dz = 2\pi i R_1 + 2\pi i R_2 + \cdots + 2\pi i R_n$$
$$= 2\pi i(R_1 + R_2 + \cdots + R_n)$$ となって，"**留数定理**"が導ける。

例題 3　留数定理を用いて，次の各 1 周線積分の値を求めよう。
ただし，積分路はすべて反時計まわりとする。

(1) $\displaystyle\oint_{C_1}\frac{\sin z}{z^2+1}dz$　　$C_1 : |z|=2$

(2) $\displaystyle\oint_{C_2}\frac{z+1}{4z^3-z}dz$　　$C_2 : \left|z-\frac{1}{2}\right|=\frac{3}{4}$

(1) $f_1(z)=\dfrac{\sin z}{z^2+1}=\dfrac{\sin z}{(z+i)(z-i)}$　とおくと，

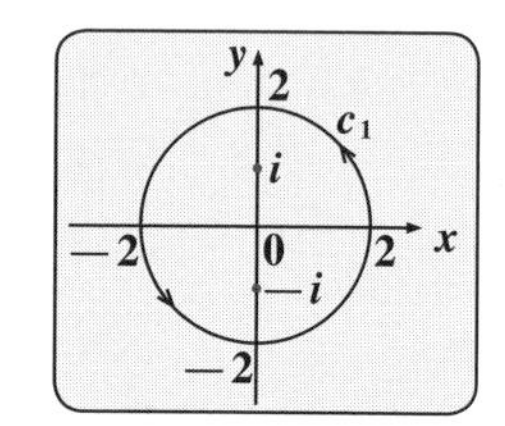

C_1 内にある特異点は，$z=i$ と $-i$ で，
共に 1 位の極であることが分かる。
それぞれの留数を求めると，

$$R_1=\underset{z=i}{\mathrm{Res}}\,f_1(z)=\lim_{z\to i}(z-i)f_1(z)$$

$$=\lim_{z\to i}\frac{\sin z}{z+i}=\frac{\sin i}{i+i}=\frac{\sin i}{2i}$$

$$R_2=\underset{z=-i}{\mathrm{Res}}\,f_1(z)=\lim_{z\to -i}(z+i)f_1(z)$$

$$=\lim_{z\to -i}\frac{\sin z}{z-i}=\frac{\underbrace{\sin(-i)}_{-\sin i}}{-i-i}=\frac{\sin i}{2i}$$

以上より，留数定理を用いて，求める 1 周線積分の値は，

$$\oint_{C_1}f_1(z)dz=2\pi i(R_1+R_2)=2\pi i\left(\frac{\sin i}{2i}+\frac{\sin i}{2i}\right)$$

$$=2\pi \cancel{i}\cdot\frac{\sin i}{\cancel{i}}=2\pi\sin i=2\pi i\cdot\sinh 1$$　となる。

$$\sin i=\frac{e^{i^2}-e^{-i^2}}{2i}=\underbrace{\frac{-1}{i}}_{i}\cdot\frac{e-e^{-1}}{2}=i\sinh 1$$

(2) $f_2(z)=\dfrac{z+1}{4z^3-z}=\dfrac{z+1}{4z\left(z^2-\frac{1}{4}\right)}=\dfrac{z+1}{4z\left(z+\frac{1}{2}\right)\left(z-\frac{1}{2}\right)}$ とおくと，

留数を求めるときの被積分関数の分母の形は $(z-a)$ などなので，$(2z-1)$ ではなく $\left(z-\frac{1}{2}\right)$ などとしておかなければいけない。

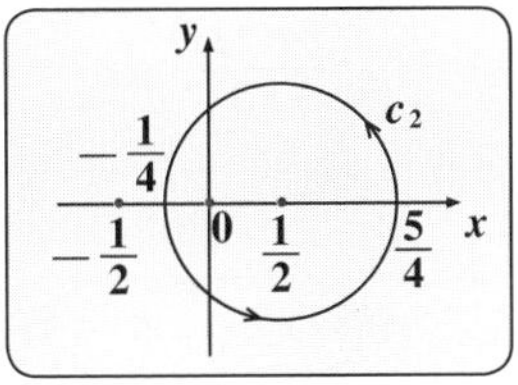

C_2 内にある特異点は $z=0$ と $\dfrac{1}{2}$ で，

共に 1 位の極であることが分かる。

それぞれの留数を求めると，

$$R_1=\underset{z=0}{\mathrm{Res}}\,f_2(z)=\lim_{z\to 0}z\cdot f_2(z)$$

$$=\lim_{z\to 0}\frac{z+1}{4\left(z^2-\frac{1}{4}\right)}=\frac{1}{4\times\left(-\frac{1}{4}\right)}=-1$$

$$R_2=\underset{z=\frac{1}{2}}{\mathrm{Res}}\,f_2(z)=\lim_{z\to\frac{1}{2}}\left(z-\frac{1}{2}\right)f_2(z)$$

$$=\lim_{z\to\frac{1}{2}}\frac{z+1}{4z\left(z+\frac{1}{2}\right)}=\frac{\frac{1}{2}+1}{4\cdot\frac{1}{2}\cdot\left(\frac{1}{2}+\frac{1}{2}\right)}=\frac{\frac{3}{2}}{2}=\frac{3}{4}$$

以上より，留数定理を用いて，求める 1 周線積分の値は，

$$\oint_{C_2}f_2(z)dz=2\pi i(R_1+R_2)=2\pi i\left(-1+\frac{3}{4}\right)$$

$$=2\pi i\cdot\left(-\frac{1}{4}\right)=-\frac{\pi}{2}i$$ となる。

これで，留数定理もマスターできたと思う。それではさらに，次の演習問題と実践問題で練習してみよう。

例題 4　留数定理を用いて，次の各 **1** 周線積分の値を求めよう。

(1) $\oint_{C_1} \frac{\sin z}{z^2}dz$　　$C_1 : |z| = 1$

(2) $\oint_{C_2} \frac{z^3}{(2z-1)^3}dz$　　$C_2 : |z| = 1$

(3) $\oint_{C_3} \frac{z+2i}{(z^2+1)^3}dz$　　$C_3 : |z-i| = 1$

(1), (2) は，P194 の例題 3(1), (2) と同じ問題

(3) は，P195 の例題 4 と同じ問題

P194, 195 の例題と同じ問題を，今回は留数定理を用いて解いてみて，同じ結果が導けることを確認しよう。

(1) $f_1(z) = \frac{\sin z}{z^2}$ とおくと，C_1 内にある特異点は $z = 0$ のみで，**2** 位の極であることが分かる。よって，その留数 R_1 を求めると，

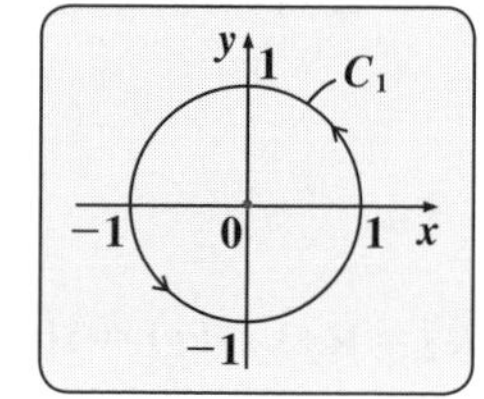

$$R_1 = \underset{z=0}{\mathrm{Res}} f_1(z) = \frac{1}{(2-1)!} \lim_{z\to 0} \frac{d^{2-1}}{dz^{2-1}}\{z^2 f_1(z)\}$$

$\frac{1}{1!} = 1$　　$\frac{d(\sin z)}{dz} = \cos z$

$$= \lim_{z\to 0} \cos z = \cos 0 = 1$$

よって，求める **1** 周線積分の値は，

$$\oint_{C_1} \frac{\sin z}{z^2}dz = 2\pi i \cdot R_1 = 2\pi i$$ となる。

例題 3(1) (P194) の結果と同じ

(2) $f_2(z) = \frac{z^3}{(2z-1)^3} = \frac{z^3}{8\left(z-\frac{1}{2}\right)^3}$ とおくと，

C_2 内にある特異点は，$z = \frac{1}{2}$ のみで，**3** 位の極であることが分かる。よって，その留数 R_2 を求めると，

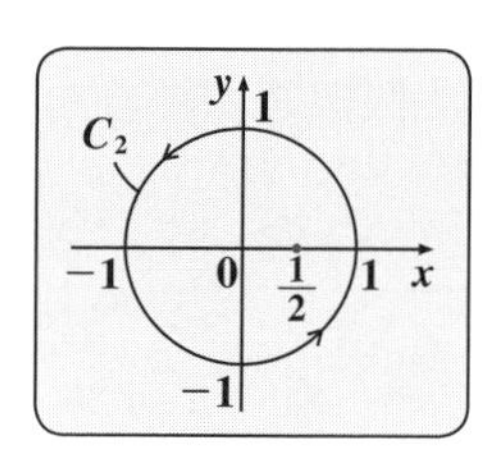

$$R_2 = \underset{z=\frac{1}{2}}{\mathrm{Res}}\, f_2(z) = \frac{1}{(3-1)!}\lim_{z\to\frac{1}{2}}\frac{d^{3-1}}{dz^{3-1}}\left\{\left(z-\frac{1}{2}\right)^3\cdot f_2(z)\right\}$$

$$\left(\frac{z^3}{8}\right)'' = \left(\frac{3}{8}z^2\right)' = \frac{3}{4}z$$

$$= \frac{1}{2!}\lim_{z\to\frac{1}{2}}\frac{3}{4}z = \frac{1}{2}\times\frac{3}{4}\times\frac{1}{2} = \frac{3}{16}$$ となる。

よって，求める **1** 周線積分の値は，

$$\oint_{C_2}\frac{z^3}{(2z-1)^3}dz = 2\pi i\cdot R_2 = 2\pi i\cdot\frac{3}{16} = \frac{3}{8}\pi i$$ となる。

これは，例題 **3(2)** **(P194)** の結果と同じ

(3) $f_3(z) = \dfrac{z+2i}{(z^2+1)^3} = \dfrac{z+2i}{(z+i)^3\cdot(z-i)^3}$ とおくと，

C_3 内にある特異点は，$z=i$ のみで，**3** 位の極であることが分かる。よって，その留数 R_3 を求めると，

y, $2i$, C_3, i, 0, x

$$R_3 = \underset{z=i}{\mathrm{Res}}\, f_3(z) = \frac{1}{2!}\lim_{z\to i}\frac{d^2}{dz^2}\{(z-i)^3\cdot f_3(z)\}$$

$$\left\{\frac{z+2i}{(z+i)^3}\right\}'' = \left\{\frac{1\cdot(z+i)^3-(z+2i)\cdot 3(z+i)^2}{(z+i)^6}\right\}' = \left\{\frac{z+i-3(z+2i)}{(z+i)^4}\right\}'$$

$$= \left\{\frac{-2z-5i}{(z+i)^4}\right\}' = \frac{-2\cdot(z+i)^4-(-2z-5i)\cdot 4(z+i)^3}{(z+i)^8} = \frac{-2(z+i)+4(2z+5i)}{(z+i)^5}$$

$$= \frac{6z+18i}{(z+i)^5} = \frac{6(z+3i)}{(z+i)^5}$$

$$= \frac{1}{2!}\lim_{z\to i}\frac{6\cdot(z+3i)}{(z+i)^5} = \frac{1}{2}\times\frac{6\times 4i}{(2i)^5} = \frac{24}{2\times 32}\times\frac{i}{i} = \frac{3}{8}$$ となる。

よって，求める **1** 周線積分の値は，

$$\oint_{C_3}\frac{z+2i}{(z^2+1)^3}dz = 2\pi i\cdot R_3 = 2\pi i\cdot\frac{3}{8} = \frac{3}{4}\pi i$$ となる。

これも，例題 **4(P195)** で計算した結果と一致することが確認できたんだね。

演習問題 18　●留数定理（Ⅰ）●

留数定理を用いて，次の **1** 周線積分の値を求めよ。ただし，積分路 C は反時計まわりとする。

$$\oint_C \frac{\sin z}{(2z-i)^3}dz \qquad C：|z|=1$$

ヒント！ $f(z)=\dfrac{g(z)}{(z-\alpha)^n}$ について，$g(z)$ が $z=\alpha$ で正則で，かつ $g(\alpha)\neq 0$ のとき，$z=\alpha$ は n 位の極である。よって，この留数は $\underset{z=\alpha}{\mathrm{Res}}f(z)=\dfrac{1}{(n-1)!}\displaystyle\lim_{z\to\alpha}\left\{\frac{d^{n-1}}{dz^{n-1}}(z-\alpha)^n f(z)\right\}$ で求められるので，$f(z)$ の **1** 周線積分は $2\pi i\cdot\underset{z=\alpha}{\mathrm{Res}}f(z)$ となるんだね。

解答＆解説

$$f(z)=\frac{\sin z}{(2z-i)^3}=\frac{\sin z}{8}\cdot\frac{1}{\left(z-\frac{i}{2}\right)^3},\quad g(z)=\frac{\sin z}{8}$$

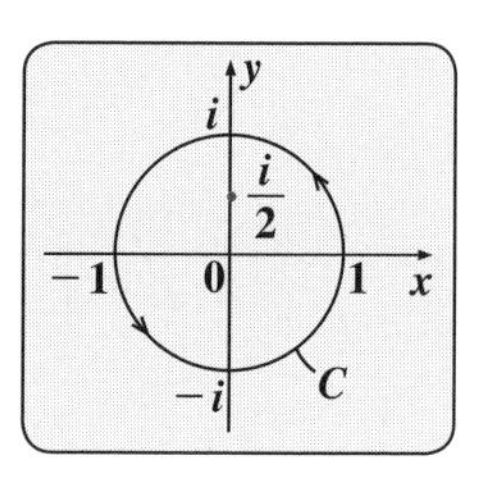

とおくと，$g(z)$ は $z=\dfrac{i}{2}$ で正則で，$g\left(\dfrac{i}{2}\right)=\dfrac{\sin\frac{i}{2}}{8}\neq 0$

より，C 内にある特異点 $z=\dfrac{i}{2}$ は **3** 位の極である。

この留数を求めると，

$$\underset{z=\frac{i}{2}}{\mathrm{Res}}f(z)=\frac{1}{(3-1)!}\lim_{z\to\frac{i}{2}}\left\{\frac{d^{3-1}}{dz^{3-1}}\left(z-\frac{i}{2}\right)^3 f(z)\right\}$$

$$=\frac{1}{2!}\lim_{z\to\frac{i}{2}}\frac{d^2}{dz^2}\frac{\sin z}{8}=\frac{1}{2}\lim_{z\to\frac{i}{2}}\left(-\frac{1}{8}\sin z\right)=-\frac{1}{16}\sin\frac{i}{2}$$

$$\frac{1}{8}(\sin z)''=\frac{1}{8}(\cos z)'=-\frac{1}{8}\sin z \qquad \frac{e^{\frac{i^2}{2}}-e^{-\frac{i^2}{2}}}{2i}=\frac{1}{2i}\left(e^{-\frac{1}{2}}-e^{\frac{1}{2}}\right)$$

$$=\frac{i^2}{16\times 2i}\left(\frac{1}{\sqrt{e}}-\sqrt{e}\right)=\frac{i}{32}\left(\frac{1}{\sqrt{e}}-\sqrt{e}\right)$$ となる。

以上より，留数定理を用いて求める **1** 周線積分の値は次のようになる。

$$\oint_C f(z)dz=2\pi i\cdot\underset{z=\frac{i}{2}}{\mathrm{Res}}f(z)=2\pi i\cdot\frac{i}{32}\left(\frac{1}{\sqrt{e}}-\sqrt{e}\right)=\frac{\pi}{16}\left(\sqrt{e}-\frac{1}{\sqrt{e}}\right)$$

実践問題 18　● 留数定理(Ⅰ) ●

留数定理を用いて，次の **1** 周線積分の値を求めよ。ただし，積分路 C は反時計まわりとする。

$$\oint_C \frac{\cos z}{(2z+i)^4}\,dz \qquad C : |z| = 1$$

ヒント！ 4 位の極 $z = -\frac{i}{2}$ の留数を求めて，留数定理から **1** 周線積分の値を求めよう。

解答＆解説

$f(z) = \dfrac{\cos z}{(2z+i)^4} = \dfrac{\cos z}{16} \cdot \dfrac{1}{\left(z+\frac{i}{2}\right)^4}$，$g(z) = \dfrac{\cos z}{16}$ と

おくと，$g(z)$ は $z =$ (ア) で正則で，$g\left(-\frac{i}{2}\right) = \dfrac{\cos\frac{i}{2}}{16}$

$\neq$ (イ) より，C 内にある特異点 $z = -\frac{i}{2}$ は 4 位の極である。

この留数を求めると，

$$\underset{z=-\frac{i}{2}}{\mathrm{Res}}\, f(z) = \frac{1}{(4-1)!} \lim_{z\to-\frac{i}{2}} \left\{ \frac{d^{4-1}}{dz^{4-1}} \left(z+\frac{i}{2}\right)^4 f(z) \right\}$$

$$= \frac{1}{3!} \lim_{z\to-\frac{i}{2}} \frac{d^3}{dz^3} \frac{\cos z}{16} = \frac{1}{6} \lim_{z\to-\frac{i}{2}} \frac{1}{16} \sin z = \frac{1}{96} \sin\left(-\frac{i}{2}\right)$$

$\frac{1}{16}(\cos z)''' = \frac{1}{16}(-\sin z)'' = \frac{1}{16}(-\cos z)' = \frac{1}{16}\sin z$

$\dfrac{e^{-\frac{i^2}{2}} - e^{\frac{i^2}{2}}}{2i} = \dfrac{1}{2i}\left(e^{\frac{1}{2}} - e^{-\frac{1}{2}}\right)$

$$= \frac{1}{192i}\left(\text{(ウ)}\right)$$

以上より，留数定理を用いて求める **1** 周線積分の値は次のようになる。

$$\oint_C f(z)\,dz = 2\pi i \cdot \underset{z=-\frac{i}{2}}{\mathrm{Res}}\, f(z) = 2\pi i \cdot \frac{1}{192 i}\left(\text{(ウ)}\right) = \text{(エ)}$$

解答　(ア) $-\frac{i}{2}$　(イ) 0　(ウ) $\sqrt{e} - \frac{1}{\sqrt{e}}$ $\left(\text{または}\, e^{\frac{1}{2}} - e^{-\frac{1}{2}}\right)$　(エ) $\frac{\pi}{96}\left(\sqrt{e} - \frac{1}{\sqrt{e}}\right)$

演習問題 19　● 留数定理(Ⅱ) ●

留数定理を用いて，次の1周線積分の値を求めよ。ただし，積分路 C は反時計まわりとする。

$$\oint_C \frac{1}{z^3(z^2+1)}dz \qquad C:|z-i|=\frac{3}{2}$$

ヒント！ C の内部の特異点と，それが何位の極かを調べて，留数定理にもち込めばいいんだね。頑張ろう。

解答＆解説

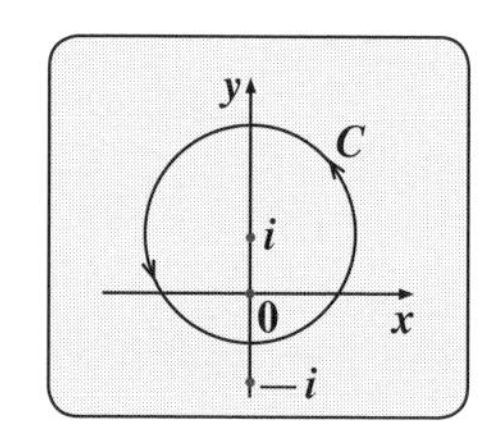

$f(z)=\dfrac{1}{z^3(z-i)(z+i)}$ とおくと，C 内にある特異点は，$z=0$ と i で，それぞれ3位と1位の極である。それぞれの留数を求めると，

$$R_1=\underset{z=0}{\mathrm{Res}}\,f(z)=\frac{1}{(3-1)!}\lim_{z\to 0}\left\{\frac{d^{3-1}}{dz^{3-1}}z^3f(z)\right\}$$

k 位の極の留数 $(k=3)$
$\dfrac{1}{(k-1)!}\displaystyle\lim_{z\to a}\frac{d^{k-1}}{dz^{k-1}}(z-a)^kf(z)$

$$=\frac{1}{2!}\lim_{z\to 0}\left(\frac{d^2}{dz^2}\frac{1}{z^2+1}\right)$$

$$\{(z^2+1)^{-1}\}''=\{-2z\cdot(z^2+1)^{-2}\}'=-2\left\{\frac{z}{(z^2+1)^2}\right\}'$$
$$=-2\cdot\frac{(z^2+1)^2-z\cdot 4z(z^2+1)}{(z^2+1)^4}=\frac{6z^2-2}{(z^2+1)^3}$$

$$=\frac{1}{2}\lim_{z\to 0}\frac{6z^2-2}{(z^2+1)^3}=\frac{1}{2}\cdot\frac{-2}{1}=-1$$

$$R_2=\underset{z=i}{\mathrm{Res}}\,f(z)=\lim_{z\to i}(z-i)f(z)=\lim_{z\to i}\frac{1}{z^3(z+i)}=\frac{1}{i^3\cdot 2i}=\frac{1}{2}$$

以上より，留数定理を用いて，求める1周線積分の値は，

$$\oint_C f(z)dz=2\pi i(R_1+R_2)=2\pi i\left(-1+\frac{1}{2}\right)=-\pi i \quad \text{である。}$$

実践問題 19　● 留数定理(Ⅱ) ●

留数定理を用いて，次の1周線積分の値を求めよ。ただし，積分路 C は反時計まわりとする。

$$\oint_C \frac{z+2}{z^2(z^2-1)}dz \qquad C: |z+1| = \frac{3}{2}$$

ヒント！ C 内の特異点は，$z=-1$ と 0 の 2 つだけだ。まず留数を求めよう。

解答＆解説

$f(z) = \dfrac{z+2}{z^2(z+1)(z-1)}$ とおくと，C 内にある特異点は，$z=$ (ア) と (イ) で，それぞれ2位と1位の極である。それぞれの留数を求めると，

$$R_1 = \underset{z=0}{\mathrm{Res}}\, f(z) = \frac{1}{(2-1)!}\lim_{z\to 0}\left\{\frac{d^{2-1}}{dz^{2-1}}z^2 f(z)\right\}$$

$$= \lim_{z\to 0}\left(\frac{d}{dz}\frac{z+2}{z^2-1}\right) = \lim_{z\to 0}\frac{-z^2-4z-1}{(z^2-1)^2} = \text{(ウ)}$$

$$\frac{z^2-1-(z+2)\cdot 2z}{(z^2-1)^2} = \frac{-z^2-4z-1}{(z^2-1)^2}$$

$$R_2 = \underset{z=-1}{\mathrm{Res}}\, f(z) = \lim_{z\to -1}(z+1)f(z) = \lim_{z\to -1}\frac{z+2}{z^2(z-1)} = \text{(エ)}$$

以上より，留数定理を用いて，求める1周線積分の値は，

$$\oint_C f(z)dz = 2\pi i(R_1+R_2) = 2\pi i\left(-1-\frac{1}{2}\right) = \text{(オ)}$$ である。

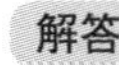

(ア) 0　(イ) -1　(ウ) -1　(エ) $-\dfrac{1}{2}$　(オ) $-3\pi i$

§4. 実数関数の積分への応用

これまで，複素関数の積分について，勉強してきたけれど，これを利用することにより，さまざまな実数関数の積分を求めることができる。今回は，この利用法について詳しく解説しようと思う。

● 実三角関数の積分から始めよう！

実三角関数 $\cos\theta$ や $\sin\theta$ のある関数として，$g(\cos\theta,\ \sin\theta)$ とおく。

そして，この実定積分 $\int_0^{2\pi} g(\cos\theta,\ \sin\theta)d\theta$ ……① を，複素関数の1周線積分に置き換えることを考えてみよう。積分路として，$C:|z|=1$ を考えると，図1のように，$z=e^{i\theta}$ ……② $(0\leqq\theta\leqq 2\pi)$ とおける。

②より，$\cos\theta=\dfrac{e^{i\theta}+e^{-i\theta}}{2}=\dfrac{1}{2}\left(z+\dfrac{1}{z}\right)$ ……③

$\sin\theta=\dfrac{e^{i\theta}-e^{-i\theta}}{2i}=\dfrac{1}{2i}\left(z-\dfrac{1}{z}\right)$ ……④

図1 実三角関数の積分

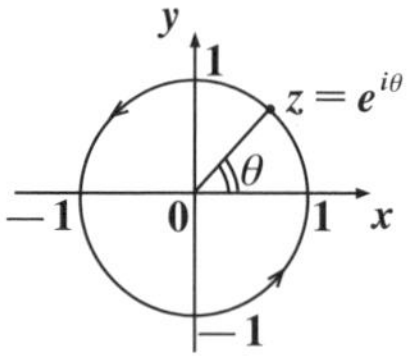

また，$\dfrac{dz}{d\theta}=i\underbrace{e^{i\theta}}_{z}$ から，$d\theta=\dfrac{1}{iz}dz$ …⑤ となる。

③，④，⑤を①に代入すると，次のように z による積分路 C の1周線積分に変換できる。

実三角関数の積分

$$\int_0^{2\pi} g(\cos\theta,\ \sin\theta)d\theta=\oint_C \underbrace{g\left(\frac{1}{2}\left(z+\frac{1}{z}\right),\ \frac{1}{2i}\left(z-\frac{1}{z}\right)\right)\frac{1}{iz}}_{\text{これを1つの複素関数}f(z)\text{と考えればいいよ。}}dz$$

（ただし，$C:|z|=1$，積分路は反時計まわりとする。）

これで，考え方は分かったと思う。後は，次の例題で実際に計算してみよう。

例題1　次の実三角関数の積分を，複素関数の1周線積分に変換して求めてみよう。

(1) $\displaystyle\int_0^{2\pi}\frac{1}{5-3\cos\theta}\,d\theta$　　　(2) $\displaystyle\int_0^{2\pi}\frac{1}{\sin\theta+2}\,d\theta$

(1) 積分路 $C:|z|=1$ 上の変数 $z=e^{i\theta}$ $(0\leqq\theta\leqq 2\pi)$ での1周線積分に変換する。

$\cos\theta=\dfrac{1}{2}\left(z+\dfrac{1}{z}\right)$，$d\theta=\dfrac{1}{iz}dz$ より，

$$\int_0^{2\pi}\frac{1}{5-3\cos\theta}\,d\theta=\oint_C\underbrace{\frac{1}{5-3\cdot\frac{1}{2}\left(z+\frac{1}{z}\right)}\cdot\frac{1}{iz}}dz\quad(C:|z|=1)$$

$$\text{被積分関数}=\underbrace{\frac{1}{i}}_{-i}\cdot\frac{1}{z\left(5-\frac{3}{2}z-\frac{3}{2z}\right)}=-\frac{2i}{10z-3z^2-3}$$

$$=\frac{2i}{3z^2-10z+3}=\frac{2i}{(3z-1)(z-3)}$$

$$=\oint_C\frac{2i}{(3z-1)(z-3)}dz$$

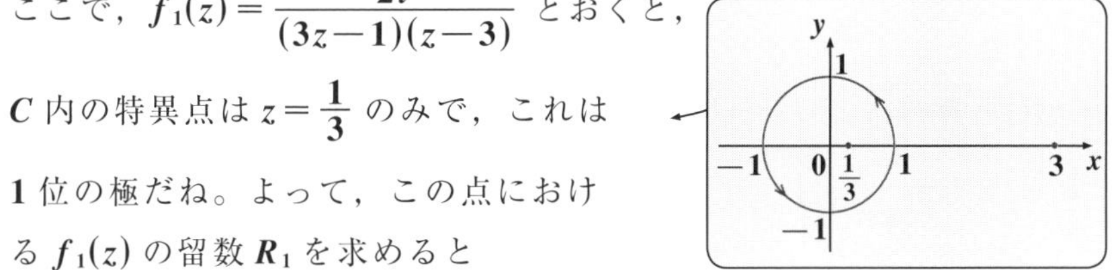

ここで，$f_1(z)=\dfrac{2i}{(3z-1)(z-3)}$ とおくと，

C 内の特異点は $z=\dfrac{1}{3}$ のみで，これは1位の極だね。よって，この点における $f_1(z)$ の留数 R_1 を求めると

$$R_1=\underset{z=\frac{1}{3}}{\mathrm{Res}}\,f_1(z)=\lim_{z\to\frac{1}{3}}\left(z-\frac{1}{3}\right)f_1(z)=\lim_{z\to\frac{1}{3}}\frac{2i}{3(z-3)}=-\frac{i}{4}$$ となる。

以上より，求める積分は，

$$\int_0^{2\pi}\frac{1}{5-3\cos\theta}\,d\theta=\oint_C f_1(z)dz=2\pi i\cdot R_1=2\pi i\cdot\left(-\frac{i}{4}\right)=\frac{\pi}{2}$$ である。

(2) 同様に，積分路 $C:|z|=1$ 上の変数 $z=e^{i\theta}$ $(0\leqq\theta\leqq 2\pi)$ での 1 周線積分に変換してみよう。

$\sin\theta=\dfrac{1}{2i}\left(z-\dfrac{1}{z}\right)$，$d\theta=\dfrac{1}{iz}dz$ より，

$$\int_0^{2\pi}\frac{1}{\sin\theta+2}d\theta=\oint_C\frac{1}{\frac{1}{2i}\left(z-\frac{1}{z}\right)+2}\cdot\frac{1}{iz}dz$$

$$\text{被積分関数}=\frac{1}{iz\left\{\frac{1}{2i}\left(z-\frac{1}{z}\right)+2\right\}}=\frac{2}{z\left(z-\frac{1}{z}\right)+4iz}$$

$$=\frac{2}{z^2+4iz-1}=\frac{2}{\{z-(-2+\sqrt{3})i\}\{z-(-2-\sqrt{3})i\}}$$

ここで，$z^2+4iz-1=0$ の解は，

$z=-2i\pm\sqrt{(2i)^2+1}=-2i\pm\sqrt{3}i=(-2\pm\sqrt{3})i$ より

ここで，$f_2(z)=\dfrac{2}{\{z-(-2+\sqrt{3})i\}\{z-(-2-\sqrt{3})i\}}$ とおくと，

C 内の特異点は，$z=(-2+\sqrt{3})i$ のみで，これは 1 位の極である。よって，この点における $f(z)$ の留数 R_2 を求めてみると，

$$R_2=\mathrm{Res}_{z=(-2+\sqrt{3})i}f_2(z)$$

$$=\lim_{z\to(-2+\sqrt{3})i}\{z-(-2+\sqrt{3})i\}f_2(z)$$

$$=\lim_{z\to(-2+\sqrt{3})i}\frac{2}{z+(2+\sqrt{3})i}=\frac{2}{2\sqrt{3}i}=\frac{1}{\sqrt{3}i}$$ となる。

以上より，求める積分は，

$$\int_0^{2\pi}\frac{1}{\sin\theta+2}d\theta=\oint_C f_2(z)dz=2\pi i\cdot R_2=2\pi i\cdot\frac{1}{\sqrt{3}i}=\frac{2}{\sqrt{3}}\pi$$

となって，答えだ。

> 例題2　次の実三角関数の積分を，複素関数の1周線積分に変換して求めてみよう。
>
> $$\int_0^{2\pi}\frac{6}{13-4\sqrt{3}\cos\theta}\,d\theta\quad\cdots\cdots①$$

計算は，少し複雑になるけれど，前問と同様に，①を，
積分路 $C:|z|=1$ 上の変数 $z=e^{i\theta}\ (0\leqq\theta\leqq 2\pi)$ での1周線積分に変換して解けばいいんだね。頑張ろう！
まず，$z=e^{i\theta}\ (0\leqq\theta\leqq 2\pi)$ とおくと，

$$\cos\theta=\frac{1}{2}(e^{i\theta}+e^{-i\theta})=\frac{1}{2}\left(z+\frac{1}{z}\right)\quad\cdots\cdots②\ \text{であり，}$$

$$dz=i\cdot \underbrace{e^{i\theta}}_{z}d\theta\ \text{より，}\ d\theta=\frac{1}{iz}dz\quad\cdots\cdots③\ \text{である。}$$

②，③を①に代入して，これを z での1周線積分で求めると，

$$\int_0^{2\pi}\frac{6}{13-4\sqrt{3}\cos\theta}\,d\theta=\oint_C\frac{6}{13-4\sqrt{3}\cdot\frac{1}{2}\left(z+\frac{1}{z}\right)}\cdot\frac{1}{iz}dz$$

$$=\frac{6}{i}\oint_C\frac{1}{13z-2\sqrt{3}(z^2+1)}dz$$

$$=\underbrace{-\frac{6}{i}}_{\frac{6i^2}{i}=6i}\oint_C\frac{1}{2\sqrt{3}z^2-13z+2\sqrt{3}}dz$$

分母の因数分解
$2\sqrt{3}\,z^2-13z+2\sqrt{3}$
$2\sqrt{3}$ ╲╱ -1
1 ╱╲ $-2\sqrt{3}$

$$=6i\oint_C\frac{1}{(2\sqrt{3}z-1)(z-2\sqrt{3})}dz$$

$$=\underbrace{\sqrt{3}\,i}_{\frac{6i}{2\sqrt{3}}}\cdot\oint_C\underbrace{\frac{1}{\left(z-\frac{1}{2\sqrt{3}}\right)(z-2\sqrt{3})}}_{f(z)}dz$$

ここで，$f(z)=\dfrac{1}{\left(z-\dfrac{1}{2\sqrt{3}}\right)(z-2\sqrt{3})}$ とおくと，

C 内の特異点は $z=\dfrac{1}{2\sqrt{3}}$ のみであり，

これは，1 位の極である。

よって，この点における $f(z)$ の留数 R を求めると，

y
1
C
-1
0
1
$2\sqrt{3}$
x
-1
$\dfrac{1}{2\sqrt{3}}$

$$R=\underset{z=\frac{1}{2\sqrt{3}}}{\mathrm{Res}}\,f(z)$$

$$=\lim_{z\to\frac{1}{2\sqrt{3}}}\left(z-\frac{1}{2\sqrt{3}}\right)\cdot f(z)=\lim_{z\to\frac{1}{2\sqrt{3}}}\frac{1}{z-2\sqrt{3}}$$

$$=\frac{1}{\dfrac{1}{2\sqrt{3}}-2\sqrt{3}}=\frac{2\sqrt{3}}{1-(2\sqrt{3})^2}=\frac{2\sqrt{3}}{1-12}=-\frac{2\sqrt{3}}{11}$$

以上より，留数定理を用いて，求める積分の値は，

$$\int_0^{2\pi}\frac{6}{13-4\sqrt{3}\cos\theta}\,d\theta=\sqrt{3}\,i\underbrace{\oint_C f(z)\,dz}$$

$$2\pi i\cdot R=2\pi i\cdot\left(-\frac{2\sqrt{3}}{11}\right)=-\frac{i\cdot 4\sqrt{3}\,\pi}{11}$$

$$=-\frac{\overset{(-1)}{i^2}\cdot 4(\sqrt{3})^2\cdot\pi}{11}=\frac{12\pi}{11}$$ となって，答えだ。

これで，実三角関数が分母にある場合の積分計算を，複素関数 $z=e^{i\theta}$ の 1 周線積分で置き換えて解く手法についても，自信が持てるようになったと思う。

● 有理関数の積分では，次数に着目しよう！

$f(x)$ と $g(x)$ を x の多項式とするとき，実有理関数

$\dfrac{f(x)}{g(x)}=\dfrac{a_0x^n+a_1x^{n-1}+\cdots+a_{n-1}x+a_n}{b_0x^m+b_1x^{m-1}+\cdots+b_{m-1}x+b_m}$ の積分 $\displaystyle\int_{-\infty}^{\infty}\frac{f(x)}{g(x)}dx$ にも，次の条件をみたせば複素関数の積分が有効だ。

有理関数の積分

実有理関数 $\dfrac{f(x)}{g(x)}$ について，すべての x に対して $g(x)\neq 0$ で，かつ $g(x)$ の次数が $f(x)$ の次数より，2 以上大きいとき，実積分

$$\int_{-\infty}^{\infty}\frac{f(x)}{g(x)}dx$$

を求めるのに，右のような積分路 C に沿った複素積分 $\displaystyle\oint_C\frac{f(z)}{g(z)}dz$ を利用できる。

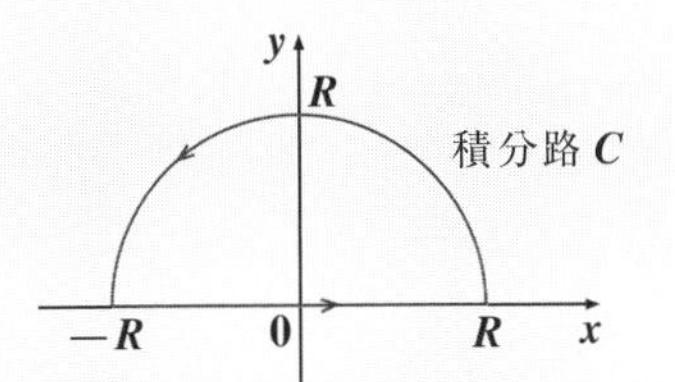

実際に，例題で練習してみよう。

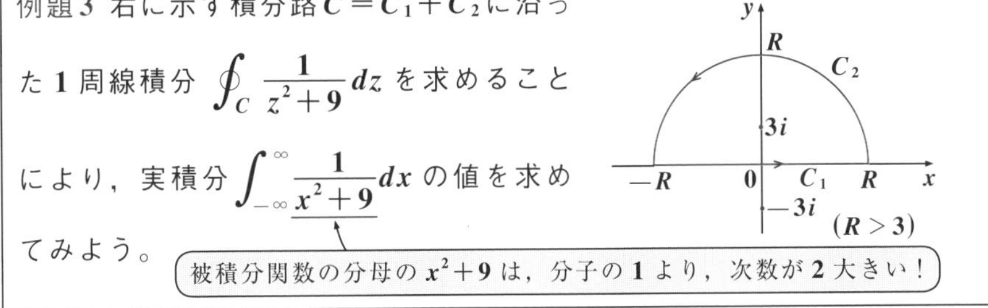

例題 3　右に示す積分路 $C=C_1+C_2$ に沿った 1 周線積分 $\displaystyle\oint_C\frac{1}{z^2+9}dz$ を求めることにより，実積分 $\displaystyle\int_{-\infty}^{\infty}\frac{1}{x^2+9}dx$ の値を求めてみよう。

$f(z)=\dfrac{1}{z^2+9}$ とおくと，この特異点は，$z=3i$ と $-3i$ だね。この内，積分路 $C=C_1+C_2$ に含まれるものは $3i$ だけで，これは 1 位の極である。

この留数 R_1 を求めると，

$R_1=\underset{z=3i}{\mathrm{Res}}\,f(z)=\lim\limits_{z\to 3i}(z-3i)f(z)=\lim\limits_{z\to 3i}\dfrac{1}{z+3i}=\dfrac{1}{6i}$　より，

この 1 周線積分の値は，

$$\oint_C f(z)dz = 2\pi i \cdot R_1 = 2\pi i \cdot \frac{1}{6i} = \frac{\pi}{3} \cdots\cdots①$$ となる。

また，$C = C_1 + C_2$，すなわち $\oint_C = \int_{C_1} + \int_{C_2}$ より，

$$\oint_C f(z)dz = \int_{C_1} \frac{1}{z^2+9}dz + \int_{C_2} \frac{1}{z^2+9}dz \cdots\cdots②$$

$\frac{\pi}{3}$（①より）

$\int_{-R}^{R} \frac{1}{x^2+9}dx$ ← 実軸上の積分より，

$R \to \infty$ のとき，これが 0 に近づくことを示す。

②の右辺，第 2 項の積分について，$z = Re^{i\theta}$ $(0 \leqq \theta \leqq \pi)$ とおくと，
$dz = iRe^{i\theta}d\theta$ より，

$$\left| \int_{C_2} \frac{1}{z^2+9}dz \right| \leqq \int_0^{\pi} \left| \frac{1}{R^2e^{2i\theta}+9} \right| \left| iRe^{i\theta} \right| d\theta$$

$|i| \cdot |R| \cdot |e^{i\theta}| = R$

$|i| = |e^{i\theta}| = |e^{2i\theta}| = 1$
$|\alpha + \beta| \geqq |\alpha| - |\beta|$

$$\frac{1}{|R^2e^{2i\theta}+9|} \leqq \frac{1}{|R^2e^{2i\theta}|-9} = \frac{1}{|R^2||e^{2i\theta}|-9} = \frac{1}{R^2-9}$$

分母を小さくすると，分数が大きくなる。

$$\leqq \frac{R}{R^2-9}\int_0^{\pi} d\theta = \frac{R}{R^2-9}[\theta]_0^{\pi} = \frac{\pi R}{R^2-9}$$

$\therefore \left| \int_{C_2} \frac{1}{z^2+9}dz \right| \leqq \frac{\pi R}{R^2-9}$　　ここで，$R \to \infty$ の極限をとると，

$$\lim_{R\to\infty} \left| \int_{C_2} \frac{1}{z^2+9}dz \right| \leqq \lim_{R\to\infty} \frac{\pi R}{R^2-9} = 0$$ より，

$\frac{1\text{次の}\infty}{2\text{次の}\infty} \to 0$

$$\lim_{R\to\infty} \int_{C_2} \frac{1}{z^2+9}dz = 0 \cdots\cdots③$$ となる。

①を②に代入して，$R \to \infty$ とすると，③の結果より，

$$\frac{\pi}{3} = \lim_{R\to\infty}\left(\int_{-R}^{R} \frac{1}{x^2+9}dx + \int_{C_2} \frac{1}{z^2+9}dz \right) = \int_{-\infty}^{\infty} \frac{1}{x^2+9}dx$$

これは定数なので，$R \to \infty$ としても変化しない。

0（③より）

$\therefore \int_{-\infty}^{\infty} \frac{1}{x^2+9}dx = \frac{\pi}{3}$　となって，答えが導けた。大丈夫だった？

それでは，もう 1 題練習しておこう。

例題 4　右に示す積分路 $C=C_1+C_2$ に沿った 1 周線積分 $\oint_C \frac{z^2}{z^4+4}dz$ を求めることにより，実積分 $\int_{-\infty}^{\infty}\frac{x^2}{x^4+4}dx$ の値を求めてみよう。

被積分関数の分母の x^4+4 は，分子の x^2 より，次数が 2 大きい。

y, R, C_2, $-1+i$, $1+i$, $-R$, -1, 0, C_1, 1, R, x

$(R>\sqrt{2})$

$f(z)=\frac{z^2}{z^4+4}$ とおくと，この特異点は，

$z=\underbrace{1+i}_{\sqrt{2}e^{\frac{\pi}{4}i}},\ \underbrace{-1+i}_{\sqrt{2}e^{\frac{3}{4}\pi i}},\ \underbrace{-1-i}_{\sqrt{2}e^{\frac{5}{4}\pi i}},\ \underbrace{1-i}_{\sqrt{2}e^{\frac{7}{4}\pi i}}$ で，

$z^4+4=0$ より，
$z^4=-4$
$z=re^{i\theta}$ とおくと，
$r^4\cdot e^{4i\theta}=4\cdot \underbrace{e^{\pi i+2n\pi i}}_{-1}$
$r^4=4\quad \therefore r=\sqrt{2}$
$4\theta=\pi+2n\pi$
$\therefore \theta=\frac{\pi}{4}+\frac{n}{2}\pi$
$(n=0,\ 1,\ 2,\ 3)$

この内，積分路 $C=C_1+C_2$ の内部にあるものは，$1+i$ と $-1+i$ で，共に 1 位の極だ。

この 2 つの留数を求めてみよう。

$$R_1=\underset{z=1+i}{\mathrm{Res}}\ f(z)=\lim_{z\to 1+i}\{z-(1+i)\}f(z)$$
$$=\lim_{z\to 1+i}\frac{z^2}{\{z-(-1+i)\}\{z-(-1-i)\}\{z-(1-i)\}}$$
$$=\frac{(1+i)^2}{2\cdot(2+2i)\cdot 2i}=\frac{1+i}{8i}$$

$$R_2=\underset{z=-1+i}{\mathrm{Res}}\ f(z)=\lim_{z\to -1+i}\{z-(-1+i)\}f(z)$$
$$=\lim_{z\to -1+i}\frac{z^2}{\{z-(1+i)\}\{z-(-1-i)\}\{z-(1-i)\}}$$
$$=\frac{(-1+i)^2}{-2\cdot 2i\cdot(-2+2i)}=-\frac{-1+i}{8i}=\frac{1-i}{8i}$$

以上より，この 1 周線積分の値は，

$$\oint_C f(z)dz=2\pi i\cdot(R_1+R_2)=2\pi i\left(\frac{1+i}{8i}+\frac{1-i}{8i}\right)$$
$$=2\pi i\cdot\frac{1}{4i}=\frac{\pi}{2}\quad\cdots\cdots\cdots①$$ となる。

また，$C=C_1+C_2$，すなわち $\oint_C = \int_{C_1} + \int_{C_2}$ より，

$$\oint_C f(z)dz = \int_{C_1} \frac{z^2}{z^4+4}dz + \int_{C_2} \frac{z^2}{z^4+4}dz \quad \cdots\cdots ②$$

$\oint_C f(z)dz = \frac{\pi}{2}$（①より）

$\int_{C_1} \frac{z^2}{z^4+4}dz = \int_{-R}^{R} \frac{x^2}{x^4+4}dx$（実軸上の積分より）

$\int_{C_2} \frac{z^2}{z^4+4}dz$：$R\to\infty$ のとき，これが 0 に近づくことを示す。

C_2　$-R$　C_1　R　$(R>\sqrt{2})$

②の右辺，第 2 項の積分について，$z=Re^{i\theta}$ $(0\leqq\theta\leqq\pi)$ とおくと，

$dz=iRe^{i\theta}d\theta$ より，

$$\left|\int_{C_2} \frac{z^2}{z^4+4}dz\right| \leqq \int_0^{\pi} \left|\frac{R^2e^{2i\theta}}{R^4e^{4i\theta}+4}\right| \left|iRe^{i\theta}\right| d\theta$$

$|i|\cdot|R|\cdot|e^{i\theta}|=R$

$|i|=|e^{i\theta}|=|e^{4i\theta}|=1$

$|\alpha+\beta|\geqq|\alpha|-|\beta|$

$$\frac{|R^2||e^{2i\theta}|}{|R^4e^{4i\theta}+4|} \leqq \frac{R^2}{|R^4e^{4i\theta}|-4} = \frac{R^2}{|R^4||e^{4i\theta}|-4} = \frac{R^2}{R^4-4}$$

$$\leqq \frac{R^3}{R^4-4}\int_0^{\pi} d\theta = \frac{R^3}{R^4-4}[\theta]_0^{\pi} = \frac{\pi R^3}{R^4-4}$$

$\therefore \left|\int_{C_2} \frac{z^2}{z^4+4}dz\right| \leqq \frac{\pi R^3}{R^4-4}$　　ここで，$R\to\infty$ の極限をとると，

$$\lim_{R\to\infty}\left|\int_{C_2} \frac{z^2}{z^4+4}dz\right| \leqq \lim_{R\to\infty} \frac{\pi R^3}{R^4-4} = 0 \text{ より，}$$

$\frac{3\text{次の}\infty}{4\text{次の}\infty}\to 0$

$$\lim_{R\to\infty} \int_{C_2} \frac{z^2}{z^4+4}dz = 0 \quad \cdots\cdots ③ \text{ となる。}$$

①を②に代入して，$R\to\infty$ とすると，③の結果より，

$$\frac{\pi}{2} = \lim_{R\to\infty}\left(\int_{-R}^{R} \frac{x^2}{x^4+4}dx + \int_{C_2} \frac{z^2}{z^4+4}dz\right) = \int_{-\infty}^{\infty} \frac{x^2}{x^4+4}dx$$

0（③より）

$\therefore \int_{-\infty}^{\infty} \frac{x^2}{x^4+4}dx = \frac{\pi}{2}$　となって，答えだ！

● 有理関数と三角関数の積の積分もやってみよう！

$f(x)$ と $g(x)$ を x の多項式とするとき，$\dfrac{f(x)}{g(x)}e^{ix}=\dfrac{f(x)}{g(x)}(\cos x+i\sin x)$，すなわち有理関数と三角関数の積の積分 $\displaystyle\int_{-\infty}^{\infty}\frac{f(x)}{g(x)}e^{ix}dx$ などについても，次の条件をみたせば複素関数の1周線積分が役に立つんだよ。

有理関数と三角関数の積の積分

有理関数と三角関数の積 $\dfrac{f(x)}{g(x)}e^{ix}$ について，$g(x)$ の次数が $f(x)$ の次数より，1以上大きいとき，実積分 $\displaystyle\int_{-\infty}^{\infty}\frac{f(x)}{g(x)}e^{ix}dx$ などは，右図のような積分路 C などに沿った1周線積分 $\displaystyle\oint_C\frac{f(z)}{g(z)}e^{iz}dz$ を利用して，求めることができる。

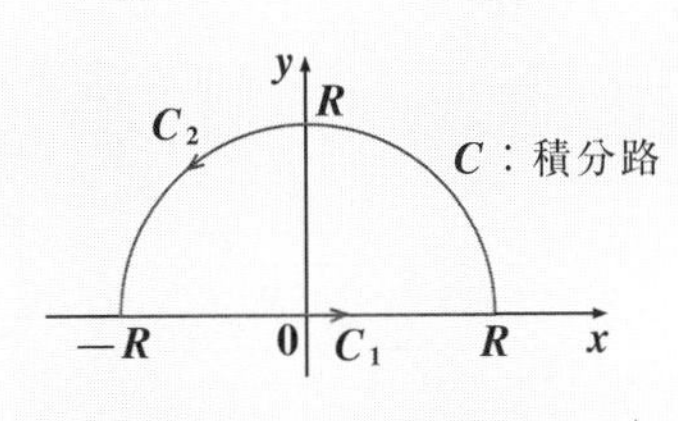

（積分路 C は，これ以外の場合もあるので，注意しよう。）

それでは，この手の問題についても，例題でシッカリ練習しておこう。

例題5　右に示す積分路 $C=C_1+C_2$ に沿った1周線積分 $\displaystyle\oint_C\frac{ze^{iz}}{z^2+1}dz$ を求めることにより，実積分 $\displaystyle\int_{-\infty}^{\infty}\frac{x\cos x}{x^2+1}dx$ と $\displaystyle\int_{-\infty}^{\infty}\frac{x\sin x}{x^2+1}dx$ の値を求めてみよう。

$(R>1)$

被積分関数の有理関数の部分の分母 x^2+1 は，分子の x より，次数が1大きい！

$f(z)=\dfrac{ze^{iz}}{z^2+1}$ とおくと，この特異点は，$z=i$ と $-i$ で，この内，積分路 $C=C_1+C_2$ の内部にあるものは $z=i$ のみで，これは1位の極だ。

よって，$f(z)$ の $z=i$ における留数 R_1 を求めると，

$$R_1 = \underset{z=i}{\mathrm{Res}}\, f(z) = \lim_{z \to i}(z-i)f(z)$$

$$= \lim_{z \to i} \frac{ze^{iz}}{z+i} = \frac{i \cdot e^{i^2}}{2i}$$

$$= \frac{e^{-1}}{2} = \frac{1}{2e} \quad \text{より,}$$

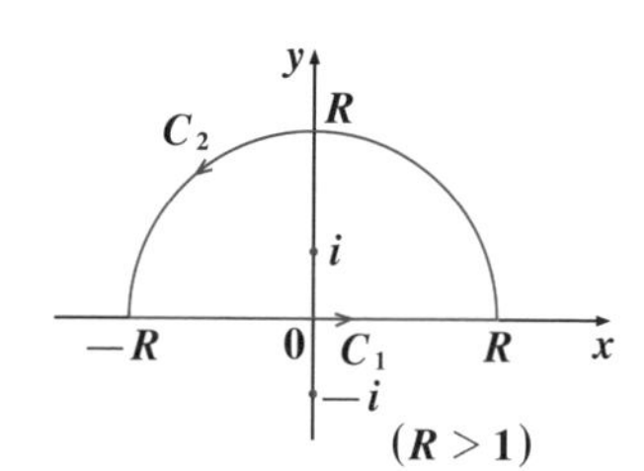

この積分路 C に沿った 1 周線積分の値は,

$$\oint_C f(z)dz = 2\pi i \cdot R_1 = 2\pi i \cdot \frac{1}{2e} = \frac{\pi}{e} i \quad \cdots\cdots ① \quad となる。$$

また, $C = C_1 + C_2$, すなわち $\oint_C = \int_{C_1} + \int_{C_2}$ より,

$$\oint_C f(z)dz = \int_{C_1} \frac{ze^{iz}}{z^2+1}dz + \int_{C_2} \frac{ze^{iz}}{z^2+1}dz \quad \cdots\cdots ② \quad となる。$$

$\frac{\pi}{e}i$ (①より)

$\int_{-R}^{R} \frac{xe^{ix}}{x^2+1}dx$

実軸上の積分より

$R \to \infty$ のとき, これが 0 に近づくことを示す。

②の右辺, 第 2 項の積分について, $z = Re^{i\theta}$ $(0 \leqq \theta \leqq \pi)$ とおくと,

$dz = iRe^{i\theta}d\theta$ より,

$$\left| \int_{C_2} \frac{ze^{iz}}{z^2+1}dz \right| \leqq \int_0^{\pi} \left| \frac{Re^{i\theta}e^{iRe^{i\theta}}}{R^2e^{2i\theta}+1} \right| \left| iRe^{i\theta} \right| d\theta$$

$$|i| \cdot |R| \cdot |e^{i\theta}| = R$$

$$\left| \frac{Re^{i\theta} \cdot e^{iR(\cos\theta + i\sin\theta)}}{R^2e^{2i\theta}+1} \right| \leqq \frac{|R| \cdot |e^{i\theta}| |e^{iR\cos\theta}| |e^{-R\sin\theta}|}{|R^2||e^{2i\theta}|-1} = \frac{R \cdot e^{-R\sin\theta}}{R^2-1}$$

$$\leqq \frac{R^2}{R^2-1} \int_0^{\pi} e^{-R\sin\theta} d\theta \quad となる。$$

参考

ここで, $0 \leqq \theta \leqq \pi$, $0 \leqq \sin\theta \leqq 1$ より,

$$e^{-R\sin\theta} = \frac{1}{e^{R\sin\theta}} \leqq \frac{1}{e^{R \cdot 0}} = 1 \quad とすると, この積分は,$$

分母を小さくした方が, 分数は大きくなる。

$$\frac{R^2}{R^2-1} \int_0^{\pi} 1 d\theta = \frac{\pi R^2}{R^2-1}$$ となって, $R \to \infty$ としても, これは 0 に収束するとは言えない。

$\frac{2\text{次の}\infty}{2\text{次の}\infty}$

したがって, ここは慎重に変形しよう。まず,

$$\int_0^{\pi} e^{-R\sin\theta}d\theta = 2\int_0^{\frac{\pi}{2}} e^{-R\sin\theta}d\theta$$ ← $y=\sin\theta$ は $\theta=\frac{\pi}{2}$ に関して対称だから

とする。ここで，$0 \leqq \theta \leqq \frac{\pi}{2}$ のとき，右図より，

$y=\sin\theta$
1
$y=\frac{2}{\pi}\theta$
0
$\frac{\pi}{2}$
θ

$\frac{2}{\pi}\theta \leqq \sin\theta$ となる。よって，

$$\int_0^{\pi} e^{-R\sin\theta}d\theta = 2\int_0^{\frac{\pi}{2}} \frac{1}{e^{R\sin\theta}}d\theta \leqq 2\int_0^{\frac{\pi}{2}} \frac{1}{e^{R\cdot\frac{2}{\pi}\theta}}d\theta = 2\int_0^{\frac{\pi}{2}} e^{-\frac{2R}{\pi}\theta}d\theta$$

分母を小さくした方が，分数は大きくなる。

となる。

よって，

$$\left|\int_{C_2}\frac{ze^{iz}}{z^2+1}dz\right| \leqq \frac{R^2}{R^2-1}\cdot 2\int_0^{\frac{\pi}{2}} e^{-R\sin\theta}d\theta \quad \left(\because \sin\theta \text{ は } \theta=\frac{\pi}{2} \text{ に関して対称}\right)$$

$$\leqq \frac{2R^2}{R^2-1}\cdot\int_0^{\frac{\pi}{2}} e^{-\frac{2R}{\pi}\theta}d\theta \quad \left(\because 0\leqq\theta\leqq\frac{\pi}{2} \text{ のとき，} \frac{2}{\pi}\theta\leqq\sin\theta\right)$$

$$= \frac{2R^2}{R^2-1}\left[-\frac{\pi}{2R}e^{-\frac{2R}{\pi}\theta}\right]_0^{\frac{\pi}{2}}$$

$$= \frac{2R^2}{R^2-1}\cdot\frac{\pi}{2R}\cdot(-e^{-R}+1) = \frac{\pi R}{R^2-1}\left(1-\frac{1}{e^R}\right)$$

よって，$R\to\infty$ のとき，

$$\lim_{R\to\infty}\left|\int_{C_2}\frac{ze^{iz}}{z^2+1}dz\right| \leqq \lim_{R\to\infty}\underbrace{\frac{\pi R}{R^2-1}}_{\to 0}\Bigl(1-\underbrace{\frac{1}{e^R}}_{\to 0}\Bigr) = 0 \text{ より，}$$

$$\lim_{R\to\infty}\int_{C_2}\frac{ze^{iz}}{z^2+1}dz = 0 \quad \cdots\cdots③ \quad \text{となる。}$$

①を②に代入して，$R\to\infty$ とすると③の結果より，

$$\frac{\pi}{e}i = \lim_{R\to\infty}\left(\int_{-R}^{R}\frac{xe^{ix}}{x^2+1}dx + \int_{C_2}\frac{ze^{iz}}{z^2+1}dz\right)$$

0（③より）

$$\therefore \int_{-\infty}^{\infty}\frac{x(\cos x+i\sin x)}{x^2+1}dx = \int_{-\infty}^{\infty}\frac{x\cos x}{x^2+1}dx + i\int_{-\infty}^{\infty}\frac{x\sin x}{x^2+1}dx = 0 + \frac{\pi}{e}i$$

よって，$\displaystyle\int_{-\infty}^{\infty}\frac{x\cos x}{x^2+1}dx=0$，$\displaystyle\int_{-\infty}^{\infty}\frac{x\sin x}{x^2+1}dx=\frac{\pi}{e}$ となる。

みんな大丈夫だった？ それでは，最後にもう **1** 題解いておこう。

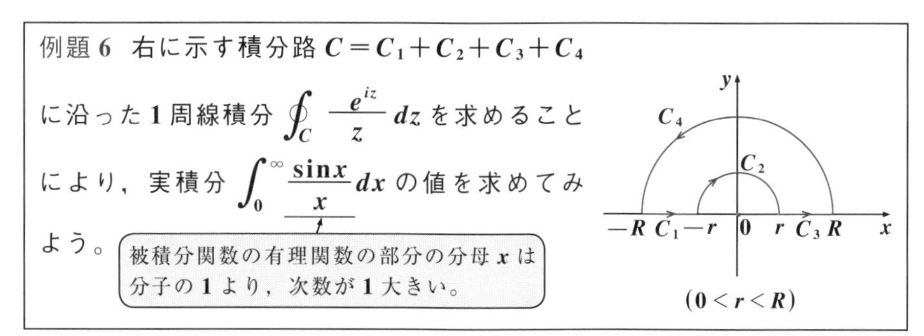

例題 6 右に示す積分路 $C=C_1+C_2+C_3+C_4$ に沿った 1 周線積分 $\displaystyle\oint_C\frac{e^{iz}}{z}dz$ を求めることにより，実積分 $\displaystyle\int_0^{\infty}\frac{\sin x}{x}dx$ の値を求めてみよう。

被積分関数の有理関数の部分の分母 x は分子の 1 より，次数が 1 大きい。

$f(z)=\dfrac{e^{iz}}{z}$ とおくと，この特異点は $z=0$ のみで，単純閉曲線 $C=C_1+C_2+C_3+C_4$ の周およびその内部では正則である。よって，コーシーの積分定理より，

$$\oint_C=\int_{C_1}+\int_{C_2}+\int_{C_3}+\int_{C_4}=0 \quad \text{となるので，}$$

$$\int_{C_1}f(z)dz+\int_{C_2}f(z)dz+\int_{C_3}f(z)dz+\int_{C_4}f(z)dz=0 \quad\cdots\cdots①$$

- $\displaystyle\int_{C_1}f(z)dz=\int_{-R}^{-r}\frac{e^{ix}}{x}dx$ ← 実軸上の積分より
- $\displaystyle\int_{C_2}f(z)dz$：$r\to+0$ のとき，これは，$-\pi i$ に近づく ← これは，これまでにないパターンだ！
- $\displaystyle\int_{C_3}f(z)dz=\int_{r}^{R}\frac{e^{ix}}{x}dx$ ← 実軸上の積分より
- $\displaystyle\int_{C_4}f(z)dz$：$R\to\infty$ のときこれが 0 に近づくことを示す。

(i) $\displaystyle\int_{C_1}+\int_{C_3}$ について，考えよう。 ← ($-R$ C_1 $-r$　r C_3 R)

$\displaystyle\int_{C_1}f(z)dz=\int_{-R}^{-r}\frac{e^{ix}}{x}dx$ について，$t=-x\ (x=-t)$ と置換すると，

$x:-R\to-r$ のとき，$t:R\to r$　　また，$dx=-dt$ より，

$$\int_{C_1}f(z)dz=\int_R^r\frac{e^{-it}}{-t}(-1)dt=-\int_r^R\frac{e^{-it}}{t}dt=-\int_r^R\frac{e^{-ix}}{x}dx \quad\cdots②$$

最後にまた，変数 t を変数 x に戻しておく。文字は何でもいいからだ。

よって，

$$\underline{\int_{C_1} f(z)dz} + \int_{C_3} f(z)dz = \underline{-\int_r^R \frac{e^{-ix}}{x}dx} + \int_r^R \frac{e^{ix}}{x}dx \quad (\text{②より})$$

$$= \int_r^R \frac{\overbrace{e^{ix} - e^{-ix}}^{2i\sin x}}{x}dx = 2i\int_r^R \frac{\sin x}{x}dx \quad \text{となる。}$$

(ii) 次，$\int_{C_4}$ について考えよう。

C_4

$-R$ R

ここで，$z = Re^{i\theta}$ $(0 \leqq \theta \leqq \pi)$ とおくと，

$dz = iRe^{i\theta}d\theta$ より，

$$\left|\int_{C_4} f(z)dz\right| \leqq \int_0^\pi \left|\frac{e^{iRe^{i\theta}}}{Re^{i\theta}}\right| \cdot \left|iRe^{i\theta}\right| d\theta$$

$$|i|\cdot|R|\cdot|e^{i\theta}| = R$$

$$\left|\frac{e^{iR(\cos\theta + i\sin\theta)}}{Re^{i\theta}}\right| \leqq \frac{|e^{iR\cos\theta}||e^{-R\sin\theta}|}{|R||e^{i\theta}|} = \frac{e^{-R\sin\theta}}{R}$$

$$\leqq \int_0^\pi e^{-R\sin\theta}d\theta$$

$$= 2\int_0^{\frac{\pi}{2}} e^{-R\sin\theta}d\theta \qquad \left(\because \sin\theta \text{ は } \theta = \frac{\pi}{2} \text{ に関して対称}\right)$$

$$\leqq 2\int_0^{\frac{\pi}{2}} e^{-\frac{2R}{\pi}\theta}d\theta \qquad \left(\because 0 \leqq \theta \leqq \frac{\pi}{2} \text{ のとき，} \frac{2}{\pi}\theta \leqq \sin\theta\right)$$

$$= 2\left[-\frac{\pi}{2R}e^{-\frac{2R}{\pi}\theta}\right]_0^{\frac{\pi}{2}} = \frac{\pi}{R}(-e^{-R} + 1) = \frac{\pi}{R}\left(1 - \frac{1}{e^R}\right)$$

よって，$R \to \infty$ のとき，

$$\lim_{R\to\infty}\left|\int_{C_4} f(z)dz\right| \leqq \lim_{R\to\infty}\underbrace{\frac{\pi}{R}}_{0}\left(1 - \underbrace{\frac{1}{e^R}}_{0}\right) = 0 \text{ より，}$$

$$\lim_{R\to\infty}\int_{C_4} f(z)dz = 0 \quad \text{となる。}$$

(iii) $\int_{C_2}$ について，

$$f(z)=\frac{e^{iz}}{z}=\frac{1}{z}\left\{1+iz+\frac{(iz)^2}{2!}+\frac{(iz)^3}{3!}+\cdots\right\}$$

$$=\underbrace{\frac{1}{z}}_{\text{特異部}}+\underbrace{i-\frac{z}{2!}-i\cdot\frac{z^2}{3!}+\cdots\cdots}_{\text{正則}} \quad \text{より，}$$

C_2

$-r$　0　r

$f(z)=\frac{1}{z}+\frac{e^{iz}-1}{z}$ と変形して，積分すると，

$$\int_{C_2} f(z)dz=\int_{C_2}\frac{1}{z}dz+\int_{C_2}\frac{e^{iz}-1}{z}dz \quad \text{となる。}$$

ここで，$z=re^{i\theta}$ $(\theta：\pi\to 0)$ とおくと，$dz=ire^{i\theta}d\theta$ より，

$$\cdot\int_{C_2}\frac{1}{z}dz=\int_{\pi}^{0}\frac{1}{re^{i\theta}}\cdot ire^{i\theta}d\theta=i[\theta]_{\pi}^{0}=-\pi i$$

$\cdot\int_{C_2}\frac{e^{iz}-1}{z}dz$ について，$\frac{e^{iz}-1}{z}$ は C_2 で正則より，連続といえる。

よって，$\left|\frac{e^{iz}-1}{z}\right|\leqq M$ (最大値) となる。よって，

$$\left|\int_{C_2}\frac{e^{iz}-1}{z}dz\right|\leqq \underbrace{M}_{\text{最大値}}\cdot\underbrace{\pi r}_{C_2\text{の長さ}} \quad \text{となる。}$$

($r\to 0$)

よって，$r\to 0$ のとき，$\left|\int_{C_2}\frac{e^{iz}-1}{z}dz\right|\leqq 0$ より，$\int_{C_2}\frac{e^{iz}-1}{z}dz$ は 0 に近づく。

以上 (i)(ii)(iii) の結果より，①について $R\to\infty$，$r\to 0$ の極限をとると，

$$\lim_{\substack{R\to\infty\\ r\to 0}}\left\{\underbrace{2i\int_r^R\frac{\sin x}{x}dx}_{2i\int_0^{\infty}\frac{\sin x}{x}dx}+\underbrace{\int_{C_4}f(z)dz}_{0}+\underbrace{\int_{C_2}f(z)dz}_{-\pi i+0}\right\}=0$$

よって，$2i\int_0^{\infty}\frac{\sin x}{x}dx-\pi i=0$ より，$\int_0^{\infty}\frac{\sin x}{x}dx=\frac{\pi}{2}$ となって，答えだ！

以上で，「複素関数キャンパスゼミ」の講義はすべて終了です！ よく頑張ったね。後は，反復練習あるのみだ。複素関数も是非マスターしてくれ!!

講義5 ● 複素関数の級数展開　公式エッセンス

1. テーラー展開

$f(z)$ が，円 $C:|z-a|=R$ とその内部 D で正則のとき，D 内の任意の点 z について，$f(z)$ は次のようにテーラー展開できる。

$$f(z)=f(a)+\frac{f^{(1)}(a)}{1!}(z-a)+\frac{f^{(2)}(a)}{2!}(z-a)^2+\cdots+\frac{f^{(n)}(a)}{n!}(z-a)^n+\cdots$$

（特に $a=0$ のときの展開が，マクローリン展開）

2. ローラン展開

右図網目部の領域 D と境界で $f(z)$ は1価正則とする。C を D 内にあって点 a を囲む任意の単純閉曲線とすると，D 内の点 z に対して，$f(z)$ は，次のようにローラン展開される。

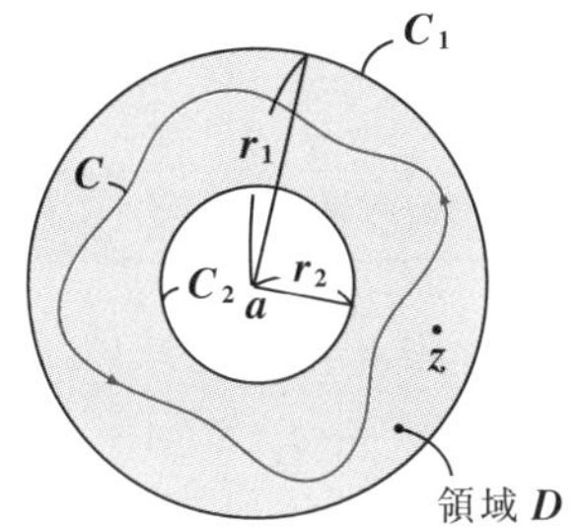

$$f(z)=\sum_{k=0}^{\infty}c_k(z-a)^k+\sum_{k=1}^{\infty}\frac{b_k}{(z-a)^k}$$

$$\left(\text{ただし，}c_k=\frac{1}{2\pi i}\oint_C\frac{f(\zeta)}{(\zeta-a)^{k+1}}d\zeta,\ b_k=\frac{1}{2\pi i}\oint_C f(\zeta)(\zeta-a)^{k-1}d\zeta\right)$$

3. k 位の極の留数の求め方

(i) $z=a$ が $f(z)$ の1位の極のとき，

$$\text{留数}\ \underset{z=a}{\text{Res}}f(z)=\lim_{z\to a}(z-a)f(z)$$

(ii) $z=a$ が $f(z)$ の n 位の極のとき，

$$\text{留数}\ \underset{z=a}{\text{Res}}f(z)=\frac{1}{(n-1)!}\lim_{z\to a}\left\{\frac{d^{n-1}}{dz^{n-1}}(z-a)^n f(z)\right\}\quad(n\geqq 2)$$

4. 留数定理

$f(z)$ が単純閉曲線 C とその内部で，C 内の有限個の孤立特異点 $a_1, a_2, a_3, \cdots, a_n$ を除いて，1価正則な関数とするとき，

$$\oint_C f(z)dz=2\pi i(R_1+R_2+\cdots+R_n)$$ が成り立つ。

（ただし，$R_k=\underset{z=a_k}{\text{Res}}f(z)$ とする。）

◆◆ Appendix(付録)・代数学の基本定理 ◆◆

それでは，これから有名な **"代数学の基本定理"** について解説しよう。この定理そのものは，z の n 次方程式の複素数解についてのシンプルな定理なんだけれど，その証明には多くの数学者達を悩ませてきた難問でもあったんだね。でも，これまで学んだ複素関数の知識をうまく活用して，この問題にもチャレンジしてみよう。

● まず，代数学の基本定理を紹介しよう！

それでは，これから **"代数学の基本定理"** (***fundamental theorem of algebra***) について，解説しよう。まず，この定理を紹介しよう。

代数学の基本定理

次の z の n 次方程式は，少なくとも 1 つの複素数の解をもつ。

$z^n + a_1 z^{n-1} + a_2 z^{n-2} + \cdots\cdots + a_{n-1} z + a_n = 0$ ……①

(a_1，a_2……，a_n: 複素数の係数，ただし，$a_n \neq 0$ とする)

z の n 次方程式は，一般的に，

$a_0 z^n + a_1 z^{n-1} + a_2 z^{n-2} + \cdots\cdots + a_{n-1} z + a_n = 0$ ……①′ $(a_0 \neq 0)$

と与えられるけれど，①′ の両辺を $a_0 (\neq 0)$ で割って，

各係数 $\dfrac{a_1}{a_0}$，$\dfrac{a_2}{a_0}$，……，$\dfrac{a_{n-1}}{a_0}$，$\dfrac{a_n}{a_0}$ を新たに a_1，a_2，……，a_{n-1}，a_n とおけば，①の形の z の n 次方程式が得られるんだね。つまり，z^n の係数は 1 とおいても，一般性は失わない。

ここで，①の左辺の z の n 次多項式 (n 次式) を

$f_n(z) = z^n + a_1 z^{n-1} + a_2 z^{n-2} + \cdots\cdots + a_{n-1} z + a_n$ ……② $(a_n \neq 0)$

とおくと，代数学の基本定理は，

「$f_n(z) = 0$ ……①　をみたす複素数 (解) が少なくとも 1 つ存在する。」

と言っているんだね。ここで，この解を $z = z_1$ とおくと，当然

$f_n(z_1) = 0$ ……③　となるね。

すると，③より **"因数定理"** を用いると，$f_n(z)$ は必ず $z - z_1$ で割り切れる。

つまり，$f_n(z)$ は

$f_n(z)=(z-z_1)\underline{f_{n-1}(z)}$……④　と変形できるんだね。

（z の $n-1$ 次多項式）

この因数定理についても，キチンと解説しておくと，次のようになる。

まず，$f_n(z)$ と $f_n(z_1)$ を列記すると，

$$\begin{cases} f_n(z)=z^n+a_1z^{n-1}+a_2z^{n-2}+\cdots\cdots+a_{n-1}z+a_n \cdots\cdots\cdots\cdots ② \\ f_n(z_1)={z_1}^n+a_1{z_1}^{n-1}+a_2{z_1}^{n-2}+\cdots\cdots+a_{n-1}z_1+a_n \cdots\cdots ③' \end{cases}$$ だね。

ここで，②－③′ より，

$$\underline{f_n(z)-f_n(z_1)}=(z^n-{z_1}^n)+a_1(z^{n-1}-{z_1}^{n-1})+a_2(z^{n-2}-{z_1}^{n-2})+\cdots$$
$$\cdots+a_{n-1}(z-z_1)\ \cdots\cdots ⑤$$

（これは，$f_n(z)$ のこと
$(\because f_n(z_1)=0)$）

となる。よって，各 $z^k-{z_1}^k(k=1,2,\cdots\cdots,n)$ が，$(z-z_1)$ を因数にもつことを示せばいい。

ここで，$\underline{1-r^k=(1-r)(1+r+r^2+\cdots\cdots+r^{k-1})}$……⑥　となるのは

（$r\fallingdotseq 1$ のとき，等比数列の和の公式：
$1+r+r^2+\cdots\cdots+r^{k-1}=\dfrac{1-r^k}{1-r}$ の両辺に，$1-r$ をかけたものだね）

大丈夫だね。次に，この⑥の r に $r=\dfrac{z_1}{z}$ を代入すると，

$$1-\left(\frac{z_1}{z}\right)^k=\left(1-\frac{z_1}{z}\right)\left\{1+\frac{z_1}{z}+\left(\frac{z_1}{z}\right)^2+\cdots\cdots+\left(\frac{z_1}{z}\right)^{k-1}\right\}\cdots\cdots ⑥'$$

となる。よって，この⑥′ の両辺に z^k をかけると，

$$z^k-{z_1}^k=z\left(1-\frac{z_1}{z}\right)\cdot z^{k-1}\left(1+\frac{z_1}{z}+\frac{{z_1}^2}{z^2}+\cdots\cdots+\frac{{z_1}^{k-1}}{z^{k-1}}\right)$$

$$z^k-{z_1}^k=(z-z_1)(z^{k-1}+z_1z^{k-2}+{z_1}^2z^{k-3}+\cdots\cdots+{z_1}^{k-1})$$ となるので，

$z^k-{z_1}^k(k=1,2,\cdots\cdots,n)$ は必ず $(z-z_1)$ を因数にもつことがわかった。

よって，⑤は，

$$f_n(z) = (z^n - {z_1}^n) + a_1(z^{n-1} - {z_1}^{n-1}) + a_2(z^{n-2} - {z_1}^{n-2}) + \cdots\cdots + a_{n-1}(z - z_1)$$

($(z-z_1)$ を因数にもつ)　($(z-z_1)$ を因数にもつ)　($(z-z_1)$ を因数にもつ)

となるので，$f_n(z)$ の右辺から，$(z-z_1)$ をくくりだすことができて，

$f_n(z) = (z-z_1)\cdot f_{n-1}(z)$ ……④　の形で表すことができる。

(これは，z の $n-1$ 次式 ← $f_n(z)$ を $(z-z_1)$ で割った商)

よって，代数学の基本定理を用いれば，z の n 次方程式：

$f_n(z) = 0$ ……①　は

$f_n(z) = (z-z_1)\cdot f_{n-1}(z) = 0$ ……⑦　と，変形できる。

すると，同様に，この定理より，z の $n-1$ 次方程式 $f_{n-1}(z) = 0$　も少なくとも 1 つの解 z_2 をもつはずだから

$f_{n-1}(z) = (z-z_2)f_{n-2}(z)$ と表せる。さらに，同様に，この定理より，

(z のある $n-2$ 次式)

$f_{n-2}(z) = 0$ も，少なくとも 1 つの解 z_3 をもつはずだから

$f_{n-2}(z) = (z-z_3)f_{n-3}(z)$　となる。

………………………………………………………………

以下，同様の操作を繰り返すと，結局①の方程式は，

$f_n(z) = (z-z_1)(z-z_2)(z-z_3)\cdots\cdots(z-z_n) = 0$ ……⑦′

となることが，ご理解頂けるはずだ。

つまり，代数学の基本定理：

「z の n 次方程式，$f_n(z) = 0$ は少なくとも 1 つの複素数解をもつ」

は，

「z の n 次方程式，$f_n(z) = 0$ は，n 個の複素数の解をもつ」

(この場合，重解は 2 個，3 重解は 3 個，……のように，解の個数を数えているんだね。)

と言い換えてもいい。つまり，この 2 つが同値であることが分かったんだね。

● 代数学の基本定理を証明しよう！

それでは，代数学の基本定理：すなわち，z の n 次多項式を

$f_n(z)=z^n+a_1z^{n-1}+a_2z^{n-2}+\cdots\cdots+a_{n-1}z+a_n$ ……②

（$a_1, a_2, \cdots\cdots, a_n$：複素定数係数 $(a_n \neq 0)$，z：複素変数）

とおいたとき，z の n 次方程式：

$f_n(z)=0$ ……①　が，

少なくとも 1 つの複素数の解 z_1 をもつこと，すなわち

$f_n(z)=0$　をみたす複素定数 z_1 が必ず 1 つは存在することをこれから証明してみよう。

まず，②の右辺から，z^n をくくり出すと

$f_n(z)=\underbrace{z^n}_{\omega}\underbrace{\left(1+\frac{a_1}{z}+\frac{a_2}{z^2}+\cdots\cdots+\frac{a_{n-1}}{z^{n-1}}+\frac{a_n}{z^n}\right)}_{\zeta}$ ……②′ となる。

ここで，$\begin{cases} \omega=z^n & \cdots\cdots ⑧ \\ \zeta=1+\frac{a_1}{z}+\frac{a_2}{z^2}+\cdots\cdots+\frac{a_{n-1}}{z^{n-1}}+\frac{a_n}{z^n} & \cdots\cdots ⑨ \end{cases}$

とおくと，②′ は

$f_n(z)=\omega\cdot\zeta$ ……②″ となる。

ここで，$z=re^{i\theta}$，また $\omega=Re^{i\Theta}$ と，極形式で表すことにしよう。

さらに，z の絶対値 $|z|=r$ は，$r>>1$ のように，十分に大きな値の実数定数とし，また，z の偏角 $\arg z=\theta$ は，$0 \leqq \theta < 2\pi$ の範囲を変化する変数と考えよう。

すると，⑧より

$\omega=R\cdot e^{i\Theta}=z^n=(re^{i\theta})^n=r^n\cdot e^{in\theta}$ ……⑧′ となる。

（r：十分な大きな実数定数，θ：$0 \leqq \theta < 2\pi$ の範囲の変数）

これから，$R=r^n$，$\Theta=n\theta$　となるのはいいね。

したがって，図 **1(i)** に示すように，点 z は z 平面上で，原点を中心とし，十分に大きな半径 r の円を **1** 周分描くことになる。

このとき，$\omega = Re^{i\Theta}$ は

$R = r^n$，$\underline{\Theta = n\theta}$ より，

$0 \leqq \theta < 2\pi$
$0 \leqq \Theta < 2n\pi$

図 **1(ii)** に示すように，点 ω は平面上で，原点を中心とし，z よりもさらにずっと大きな半径 $R(=r^n)$ の円を n 周分描くことになるんだね。

ここで，図 **1(ii)** では描きづらいんだけれど，点 ω の描く n 周分の円の出発点と終点は，当然一致することに気を付けよう。

これで，ω の解説は終わったので，次に，関数 ζ (ゼータ) についても考えてみよう。このキー・ポイントも，z の絶対値 $|z| = r$ が十分に大きな数であることなんだね。したがって，

$f_n(z) = \omega \cdot \zeta$ ……………… ②″

$\begin{cases} \omega = z^n & \cdots\cdots ⑧ \\ \zeta = 1 + \dfrac{a_1}{z} + \cdots + \dfrac{a_n}{z^n} \quad (a_n \neq 0) & \cdots ⑨ \end{cases}$

図 **1**　$z = r \cdot e^{i\theta}$　$\omega = Re^{i\Theta}$
(r:十分大きな実定数, $0 \leqq \theta < 2\pi$)

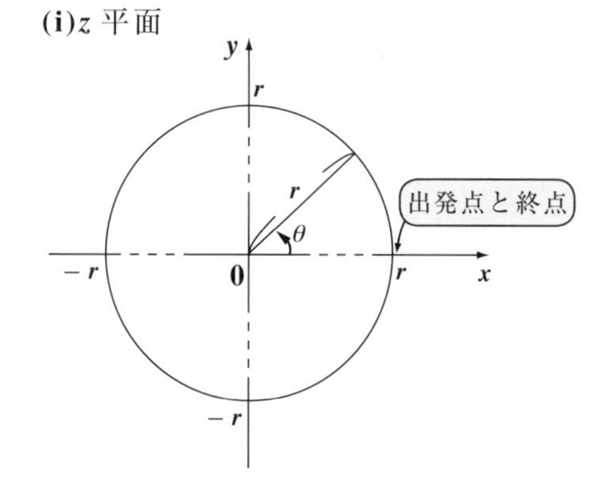

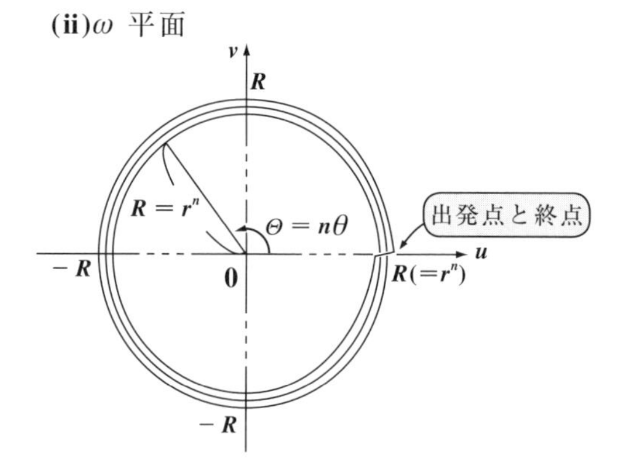

図 **1(ii)** は，$n = 3$ のイメージ。
つまり，ω は半径 r^n の円を **3** 周分描く。

$$\zeta = 1 + \underbrace{\frac{a_1}{z} + \frac{a_2}{z^2} + \cdots\cdots + \frac{a_{n-1}}{z^{n-1}} + \frac{a_n}{z^n}}_{\text{これは，ほとんど無視できる}} \cdots\cdots ⑨$$

の右辺の **1** 以外の項は，

$$\frac{a_1}{z} = \underbrace{\frac{1}{r}}_{\text{十分に小さな数}} \cdot a_1 e^{-i\theta},\ \frac{a_2}{z^2} = \underbrace{\frac{1}{r^2}}_{\text{十分に小さな数}} \cdot a_2 e^{-2i\theta},\ \cdots\cdots,\ \frac{a_n}{z^n} = \underbrace{\frac{1}{r^n}}_{\text{十分に小さな数}} \cdot a_n e^{-in\theta}$$

となって，変数ではあるけれど，その変動は十分に小さいと考えることができる。

つまり，⑨の ζ は，もちろんわずかな変化はするけれど，

$\zeta \fallingdotseq 1$……⑨′　と考えることができるんだね。

以上より，

$$f_n(z) = \underbrace{\omega}_{\text{半径}R\text{の円を}n\text{周分描く}} \cdot \underbrace{\zeta}_{1} \cdots\cdots ②''$$

図 2　$r >> 1$ のときの $f_n(z) = \omega \cdot \zeta$ の グラフのイメージ

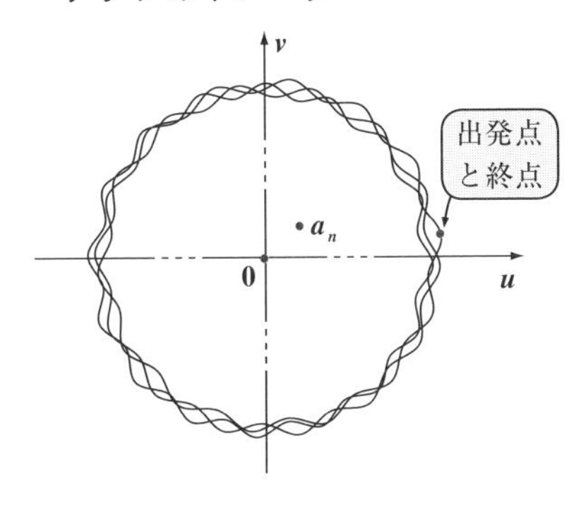

から，$f_n(z)$ が複素数平面上に描く図形は，ω とほぼ同様だけれど，ζ のわずかな変動により，多少凹凸のある半径の十分大きな円に近い曲線を n 周分描くことになるんだね。ここで $\theta = 0$ のときの出発点と，$\theta = 2\pi$ のときの終点の位置は一致する。(ζ の影響で，この出発点（終点）は，実軸上の点ではなくなってはいるが……)

したがって，$r >> 1$ のとき，$f_n(z)$ のグラフは，原点 **0** と定点 a_n をその内部に含む，円に近い n 周する閉曲線になっていることに，気を付けよう。

$$f_n(z) = z^n + a_1 z^{n-1} + \cdots\cdots + a_{n-1}z + a_n \cdots\cdots ② \quad (a_n \neq 0)$$

ここで，$f_n(z)$ の定数項 a_n が突然出てきたと思うかも知れないね。実は，これが重要なんだ。では，仕上げに入ろう。

これまで，$r >> 1$ として，$r(=|z|)$ を十分大きな定数と考えてきたけれど，今度は逆に，この r の値を 0 に限りなく近づけたときの $f_n(z)$ を調べてみよう。すると，$\lim_{r\to 0} z^k = \lim_{r\to 0} r^k e^{ik\theta} = 0 \quad (k = 1, 2, \cdots\cdots, n)$ より

$$\lim_{r\to 0} f_n(z) = \lim_{r\to 0}(z^n + a_1 z^{n-1} + a_2 z^{n-2} + \cdots\cdots + a_{n-1} z + a_n) = a_n$$

となる。

したがって，r が十分大きいときから，r を 0 に近づけていくと，n 周していた閉曲線は図 3(i)，(ii) に示すように縮んで点 $a_n(\neq 0)$ を囲む閉曲線になるため，必ず，その過程で，原点 0 を通過するときが存在する。

図 3　r を 0 に近づけるときの $f_n(z)$ のグラフ

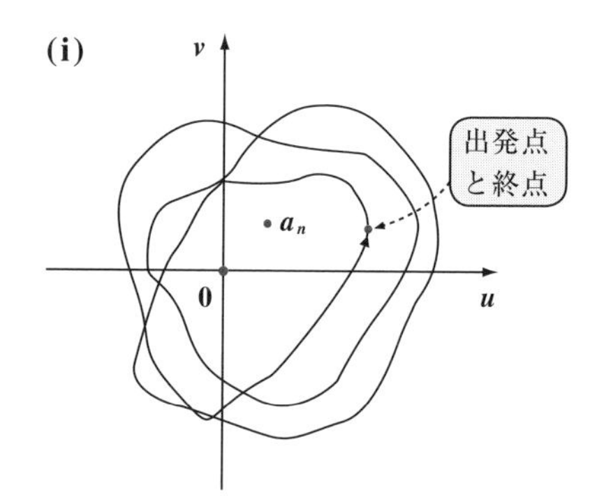

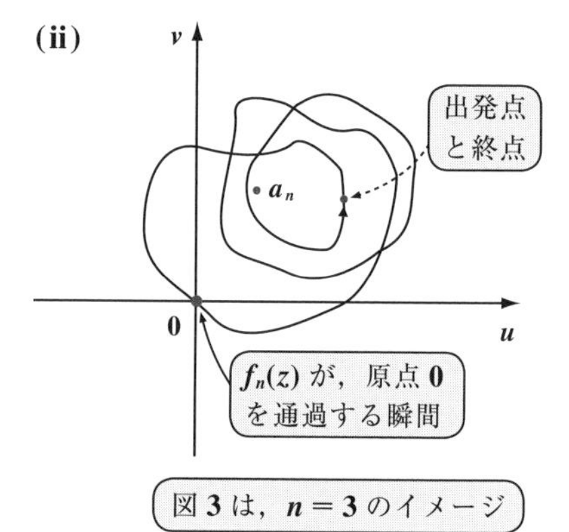

ここで，n 周する閉曲線が，$r \to 0$ の過程で，原点 0 を n 回通過するとは限らない。たとえば，

$f_3(z) = (z - i)^3 = 0$ のとき $z = i$ (3 重解) をもつので，3 重曲線 $f_3(z)$ が，$r \to 0$ の過程で，原点を通過するのは，1 回だけになる。

(これについては，後でそのグラフを具体的に示そう)

しかし，いずれにせよ，少なくとも 1 回は，$f_n(z)$ の曲線は原点 0 を通過するので，そのときの z を $z = z_1$ とおくと，

$f_n(z_1) = 0$ をみたす z_1 が，少なくとも 1 つは存在することになる。

つまり，代数学の基本定理：

「z の n 次方程式 $f_n(z)=0$ は，少なくとも 1 つの複素数解 z_1 をもつ。」

が成り立つことが，示せたんだね。そして，これと同値な命題：

「z の n 次方程式 $f_n(z)=0$ は，n 個の複素数解をもつ」

が真であることも，同時に示せたんだね。納得いった？

理論的な解説はこれで終わったので，これから次に示す 4 つの具体例について，解説しよう。

(Ⅰ) 2 つの異なる解をもつ方程式の例

$g_2(z)=(z-i)(z-2)=0$　　解 $z=i$ と 2 をもつ

(Ⅱ) 2 重解をもつ方程式の例

$f_2(z)=(z-i)^2=0$　　2 重解 $z=i$ をもつ

(Ⅲ) 3 つの異なる解をもつ方程式の例

$g_3(z)=(z-1)(z+2)(z-3i)=0$　　解 $z=1,\ -2,\ 3i$ をもつ

(Ⅳ) 3 重解をもつ方程式の例

$f_3(z)=(z-i)^3=0$　　3 重解 $z=i$ をもつ

$z=re^{i\theta}\ (0\leqq\theta<2\pi)$ としたとき，様々な r の値に対して，曲線 $g_2(z),\ f_2(z),\ g_3(z),\ f_3(z)$ がどのような曲線を描くか，コンピューターで計算して，そのグラフを描くことにより，代数学の基本定理が成り立っていることを示そう。特に，(Ⅱ) の $f_2(z)$ の 2 重線や，(Ⅳ) の $f_3(z)$ の 3 重線が，原点 O を 1 度しか通らないで，縮小していくプロセスがヴィジュアル (視覚的) に分かるので，興味を持って頂けると思う。

尚，曲線全体を描くために，各グラフの縮尺率は，それぞれ適宜変更している。

(Ⅰ)**2** つの異なる解 $z=i$ と **2** をもつ方程式：

$g_2(z)=(z-i)(z-2)=0$ の場合

変数 $z=re^{i\theta}(0\leqq\theta<2\pi)$ の絶対値 r を $r=4,3,2,1,0.5,0.1$ と変化させたとき，コンピューターで求めた曲線 $g_2(z)=z^2-(2+i)z+\underset{a_2}{2i}$ のグラフを下に示そう。

図 **4**　曲線 $g_2(z)$ のグラフ

(i) $r=4$ のとき

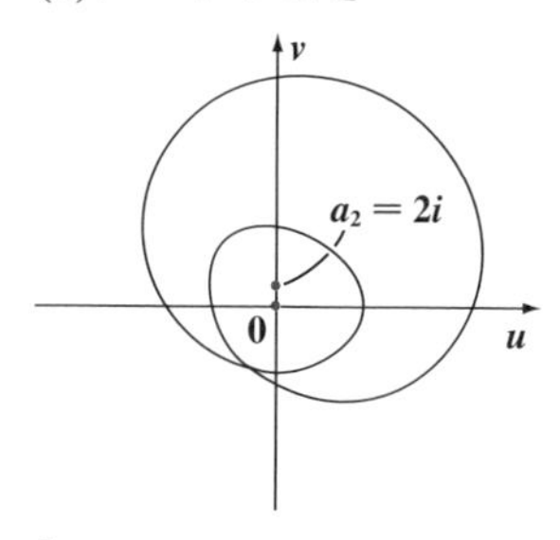

［$r=4$ と，かなり小さな値だけれど，曲線 $g_2(z)$ は，まだ **0** と $a_2(=2i)$ の **2** 点を **2** 重に囲む閉曲線になっている。］

(ii) $r=3$ のとき

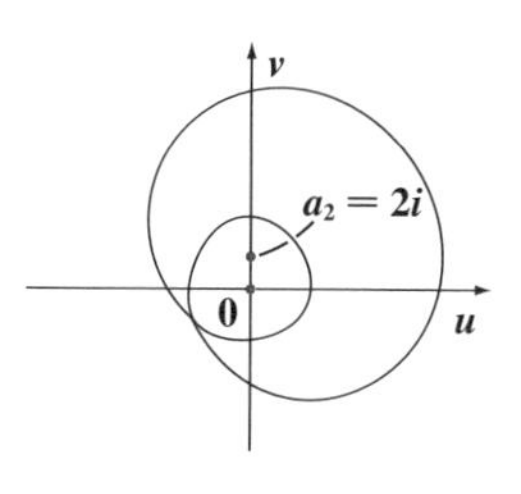

［$r=4$ のときより，さらに r が小さくなっているが，まだ曲線 $g_2(z)$ は，**0** と $a_2(=2i)$ の **2** 点を **2** 重に囲んでいる。］

(iii) $r=2$ のとき

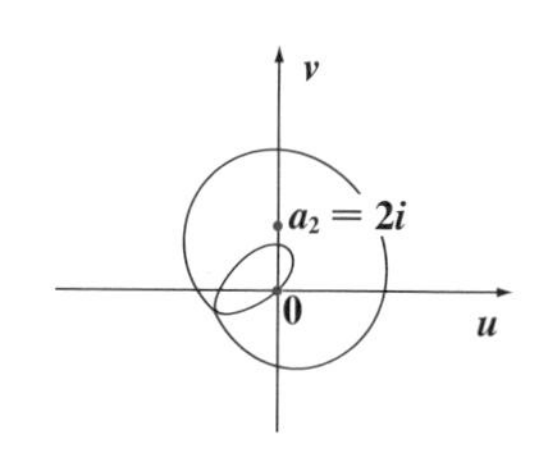

［$r=2$ のとき，曲線 $g_2(z)$ が初めて，原点 **0** を通過する。$g_2(z_1)=0$ をみたす解 z_1 は，$z_1=2=2e^{i0}$ に対応する。］

(iv) $r=1$ のとき

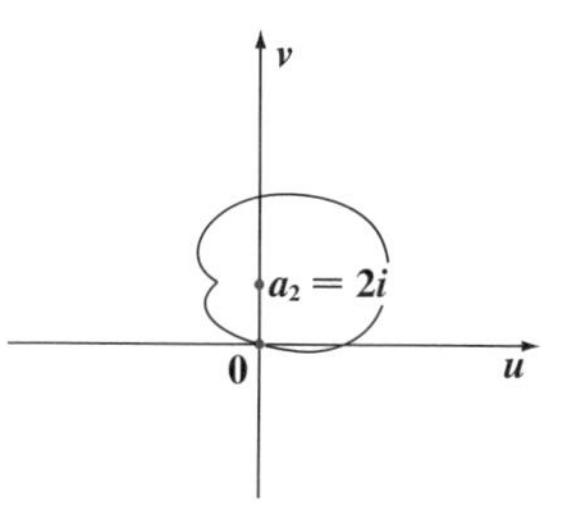

［$r=1$ のとき，曲線 $g_2(z)$ は **2** 回目に原点 **0** を通過する。$g_2(z_2)=0$ をみたす解 z_2 は，$z_2=i=1e^{i\frac{\pi}{2}}$ に対応する。］

(v) $r=0.5$ のとき

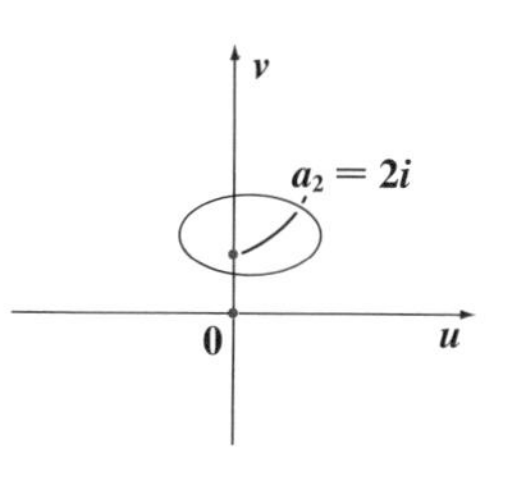

［$r=0.5$ のとき，曲線 $g_2(z)$ は，かなり縮小して，**1** 重の閉曲線となって点 $a_2(=2i)$ を囲むことが分かる。］

(vi) $r=0.1$ のとき

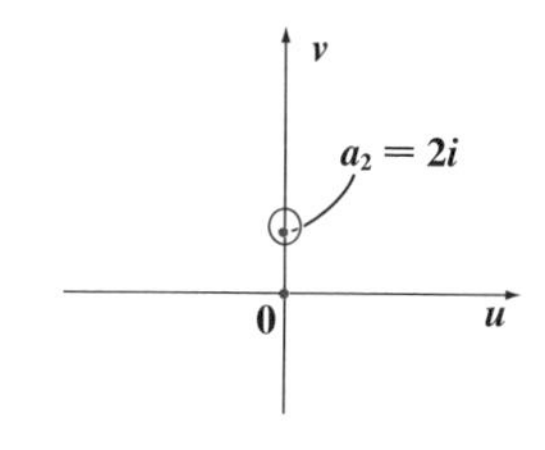

［$r=0.1$ になると，曲線 $g_2(z)$ はさらに縮小して，点 $a_2(=2i)$ を囲むさらに小さな閉曲線となることが分かる。］

どう？ **2** つの解 $z_1=2\cdot e^{i0}$ と $z_2=1\cdot e^{i\frac{\pi}{2}}$ に対応して，$r=2$ と $r=1$ のときに，曲線 $g_2(z)$ が原点 **0** を通ること，そして，$r\to0$ のとき曲線 $g_2(z)$ が点 $a_2=2i$ に収束していくことが分かって，面白かったでしょう？

(Ⅱ) 重解 $z = i$ をもつ方程式：

$f_2(z) = (z - i)^2 = 0$ の場合

変数 $z = re^{i\theta}(0 \leqq \theta < 2\pi)$ の絶対値 r を $r = 4, 3, 2, 1, 0.5, 0.1$ と変化させたとき，コンピューターで求めた曲線 $f(z) = z^2 - 2iz \underbrace{-1}_{a_2}$ のグラフを下に示そう。

図 5　曲線 $f_2(z)$ のグラフ

(i) $r = 4$ のとき

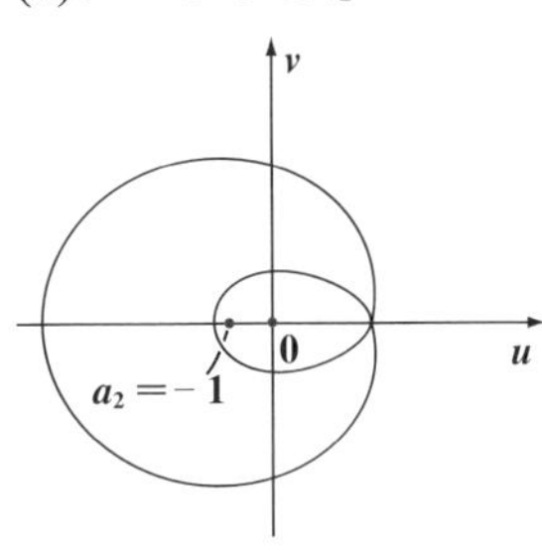

[$r = 4$ と，かなり小さな値だけれど，曲線 $f_2(z)$ は，まだ 0 と $a_2(=-1)$ の 2 点を 2 重に囲む閉曲線になっている。]

(ii) $r = 3$ のとき

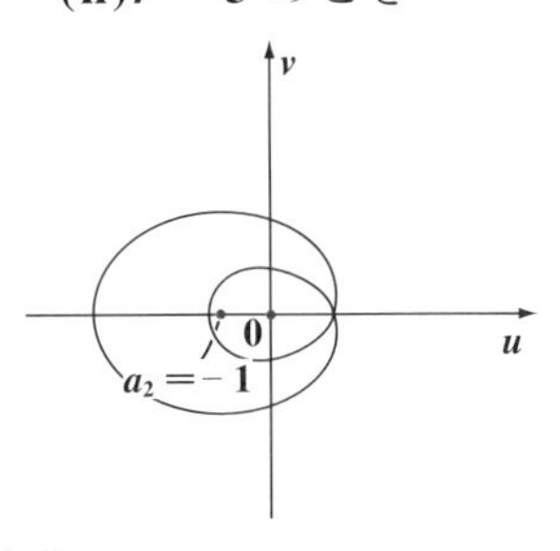

[$r = 3$ のとき，さらに r が小さくなっているが，まだ曲線 $f_2(z)$ は 0 と $a_2(=-1)$ の 2 点を 2 重に囲んでいる。]

(iii) $r = 2$ のとき

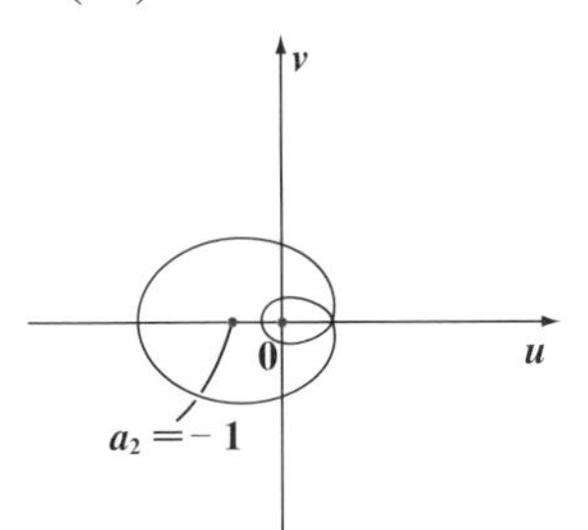

[$r = 2$ となると，2 重の閉曲線の内の内側のものが小さくなって，原点 0 の付近を囲むようになっているのが分かる。]

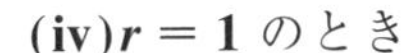

(iv) $r = 1$ のとき

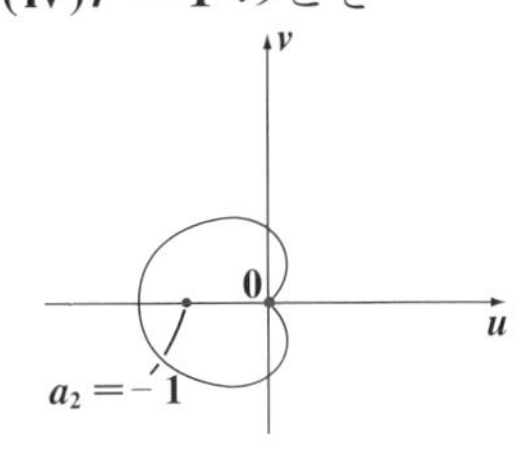

[$r = 1$ のとき，曲線 $f_2(z)$ は，この 1 回だけ，原点 0 を通過する。$f_2(z_1) = 0$ をみたす解 z_1 は，$z_1 = i = 1 \cdot e^{i\frac{\pi}{2}}$ に対応する。]

(v) $r = 0.5$ のとき

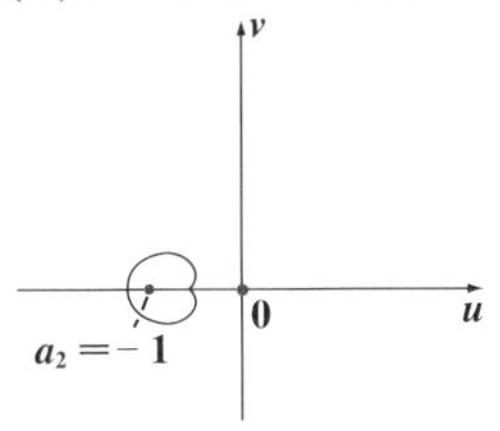

[$r = 0.5$ のとき，曲線 $f_2(z)$ は，かなり縮小して，1 重の閉曲線となって，点 $a_2(=-1)$ を囲むことが分かる。]

(vi) $r = 0.1$ のとき

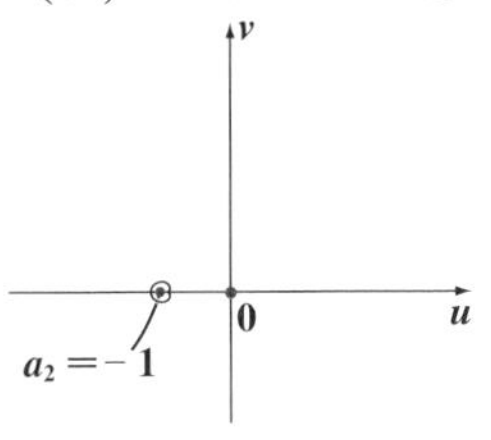

[さらに，r が小さくなって，$r = 0.1$ となると，閉曲線 $f_2(z)$ は，点 $a_2(=-1)$ を囲むさらに小さな閉曲線になる。]

今回は，z の 2 次方程式が重解 i をもつ場合なので，初めに 2 重に 0 と a_2 を囲んでいた閉曲線が，$r \to 0$ で縮小していく際に，原点 0 を通過するのはただ 1 回のみなんだね。そのプロセスを図から理解して頂けたと思う。

(Ⅲ)**3** つの異なる解 $z = 1,\ -2,\ 3i$ をもつ方程式：

$g_3(z) = (z-1)(z+2)(z-3i) = 0$ の場合

変数 $z = re^{i\theta}(0 \leqq \theta < 2\pi)$ の絶対値 r を $r = 4, 3, 2, 1, 0.5, 0.1$ と変化させたとき，コンピューターで求めた曲線 $g_3(z) = z^3 + (1-3i)z^2 - (2+3i)z + \underset{a_3}{\boxed{6i}}$ のグラフを下に示そう。

図 **6**　曲線 $g_3(z)$ のグラフ

(i) $r = 4$ のとき

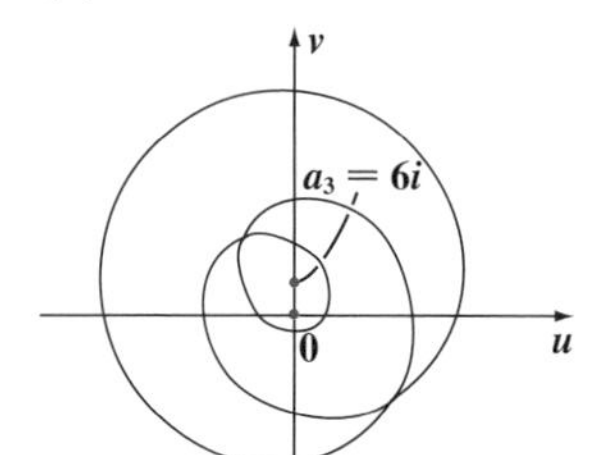

[$r = 4$ と，かなり小さな値だけれど，曲線 $g_3(z)$ は，まだ **0** と $a_3(=6i)$ の **2** 点を **3** 重に囲む閉曲線になっている。]

(ii) $r = 3$ のとき

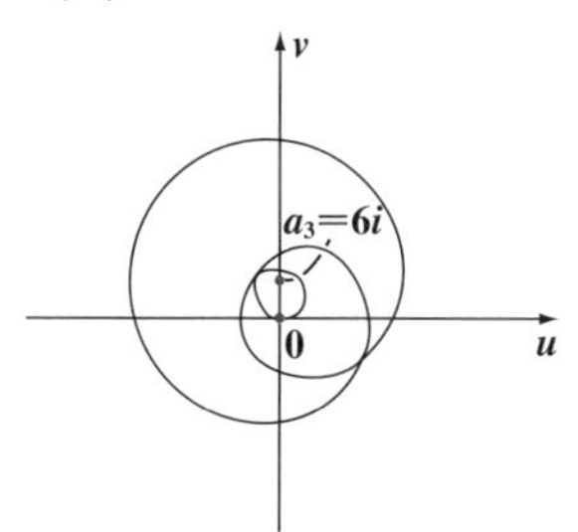

[$r = 3$ のとき，曲線 $g_3(z)$ は，初めて原点 **0** を通過する。$g_3(z_1) = 0$ をみたす解は，$z_1 = 3i = 3e^{i\frac{\pi}{2}}$ に対応する。]

(iii) $r = 2$ のとき

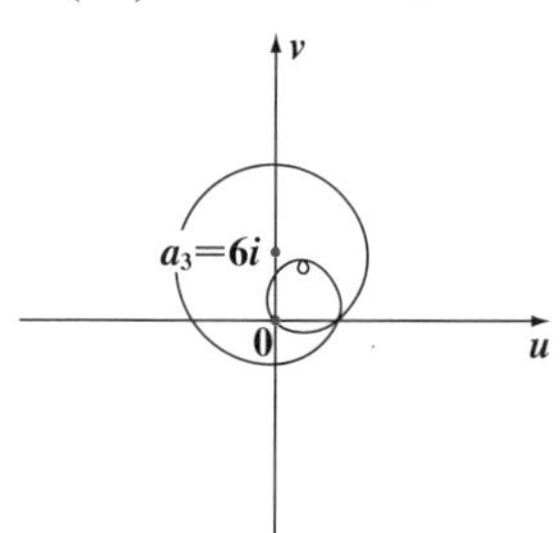

[$r = 2$ のとき，曲線 $g_3(z)$ は **2** 回目に原点 **0** を通過する。$g_3(z_2) = 0$ をみたす解は，$z_2 = -2 = 2 \cdot e^{i\pi}$ に対応する。]

(iv) $r = 1$ のとき

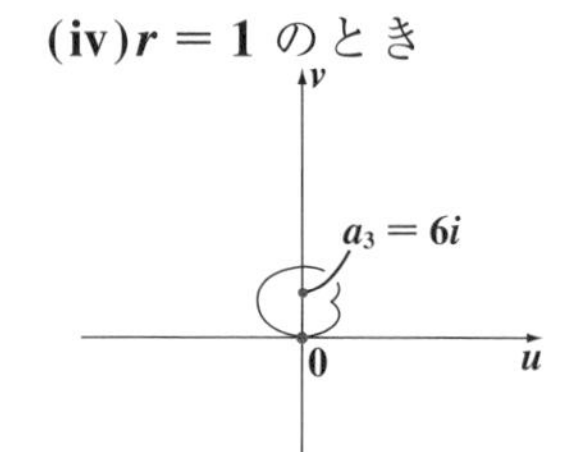

[$r = 1$ のとき，曲線 $g_3(z)$ は **3** 回目に原点 **0** を通過する。$g_3(z_3) = 0$ をみたす解は，$z_3 = 1 = 1 \cdot e^{i0}$ に対応する。]

(v) $r = 0.5$ のとき

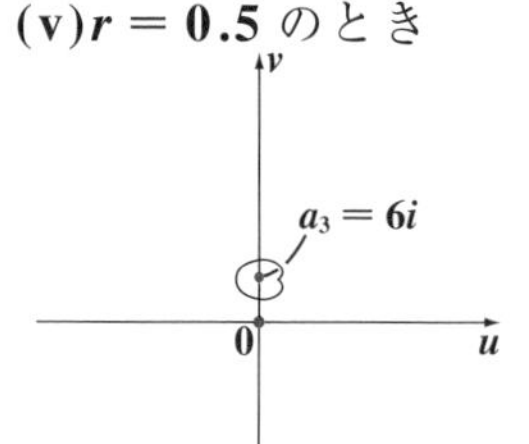

[$r = 0.5$ のとき，曲線 $g_3(z)$ は，かなり縮小して，**1** 重の閉曲線となって，点 $a_3(=6i)$ を囲むことが分かる。]

(vi) $r = 0.1$ のとき

v　$a_3 = 6i$　0　u

[さらに r が小さくなって，$r = 0.1$ になると，閉曲線 $g_3(z)$ は，点 $a_3(=6i)$ を囲むさらに小さな閉曲線になる。]

3 つの解 $z_1 = 3 \cdot e^{i\frac{\pi}{2}}$，$z_2 = 2 \cdot e^{i\pi}$，$z_3 = 1 \cdot e^{i0}$ に対応して，$r = 3,\ 2,\ 1$ のときに，曲線 $g_3(z)$ が原点 **0** を通ること，そして，$r \to 0$ のとき，閉曲線 $g_3(z)$ が点 $a_3 = 6i$ に向けて縮小されていくことが分かったんだね。

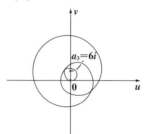

(Ⅳ) **3** 重解 $z = i$ をもつ方程式：

$f_3(z) = (z - i)^3 = 0$ の場合

まず，変数 $z = re^{i\theta}(0 \leqq \theta < 2\pi)$ の絶対値 r を $r = 3, 1, 0.5$ と変化させたとき，コンピューターで求めた曲線 $f_3(z) = z^3 - 3iz^2 - 3z + \underbrace{i}_{a_3}$ のグラフを下に示そう。

図 **7**　曲線 $f_3(z)$ のグラフ

(i) $r = 3$ のとき　(ii) $r = 1$ のとき　(iii) $r = 0.5$ のとき

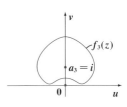

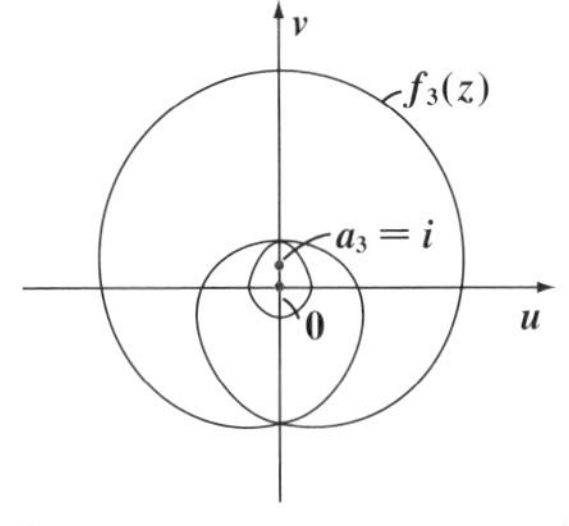

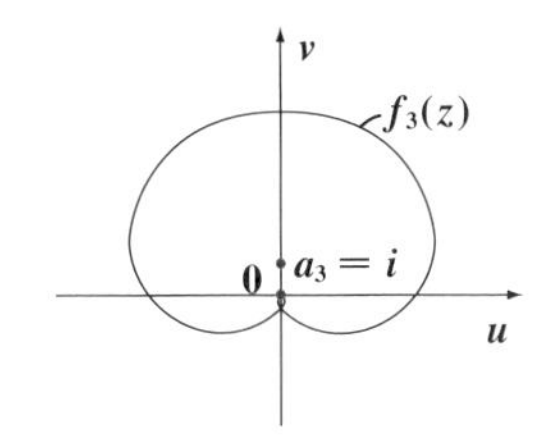

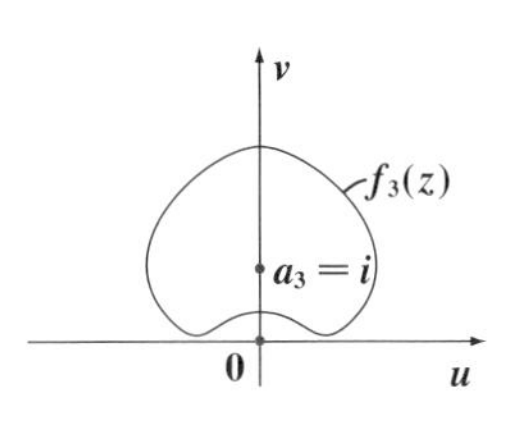

［$r = 3$ と，かなり小さな値だけれど，まだ，**3** 重の閉曲線が **0** と $a_3(=i)$ を囲んでいる。］

［$r = 1$ のとき，曲線 $f_3(z)$ は，この **1** 回だけ，原点 **0** を通過する。$f_3(z_1) = 0$ をみたす解 z_1 は，$z_1 = i = 1 \cdot e^{i\frac{\pi}{2}}$ に対応する。］

［r がさらに小さくなって，曲線 $f_3(z)$ は $a_3(=i)$ のみを **1** 重に囲む閉曲線になっているのがわかる。］

ここでさらに，$r = 1.2, 1, 0.9, 0.8$ のときの原点 **0** の付近の曲線 $f_3(z)$ を描くと，次の図 **8** のようになる。

図 **8**　曲線 $f_3(z)$ のグラフ

(i) $r = 1.2$ のとき (ii) $r = 1$ のとき (iii) $r = 0.9$ のとき (iv) $r = 0.8$ のとき

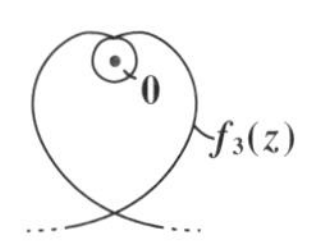

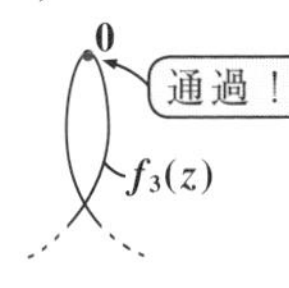

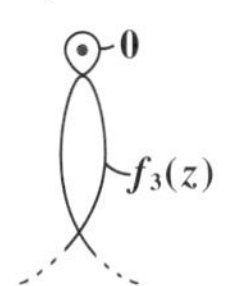

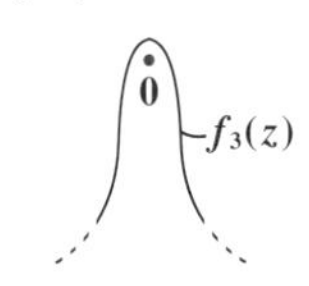

このように，r が **3** から **0** に近づくとき，**3** 重の閉曲線 $f_3(z)$ は，原点 **0** を **1** 回だけ通過することが分かるんだね。当然 $f_3(z_1) = 0$ をみたす解 z_1 は，**3** 重解 $i = 1 \cdot e^{i\frac{\pi}{2}}\left(r = 1,\ \theta = \frac{\pi}{2}\right)$ なんだね。**3** 重の閉曲線が点 $a_3 = i$ に向かって縮んでいくときに，ただ **1** 回のみ原点 **0** を通過するプロセスがヴィジュアルに分かって面白かったでしょう？

◆Term・Index◆

あ行

か行

さ行

た行

な行

は行

ま行

や行

ら行

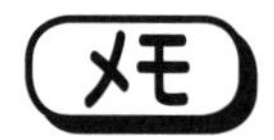

メモ

スバラシク実力がつくと評判の
複素関数 キャンパス・ゼミ
改訂 9

マセマ

著　者　馬場 敬之
発行者　馬場 敬之
発行所　マセマ出版社
〒 332-0023 埼玉県川口市飯塚 3-7-21-502
TEL 048-253-1734　FAX 048-253-1729
Email：info@mathema.jp
https://www.mathema.jp

編　集　山崎 晃平
校閲・校正　高杉 豊　秋野 麻里子
制作協力　久池井 努　印藤 治　滝本 隆
野村 烈　野村 直美　滝本 修二
町田 朱美
カバーデザイン　馬場 冬之
ロゴデザイン　馬場 利貞
印刷所　株式会社 シナノ

平成 18 年 7 月 13 日　初版発行
平成 25 年 6 月 15 日　改訂 1　4 刷
平成 26 年 9 月 26 日　改訂 2　4 刷
平成 29 年 5 月 21 日　改訂 3　4 刷
平成 30 年 2 月 15 日　改訂 4　4 刷
平成 31 年 3 月 22 日　改訂 5　4 刷
令和 2 年 3 月 16 日　改訂 6　4 刷
令和 3 年 2 月 22 日　改訂 7　4 刷
令和 3 年 12 月 16 日　改訂 8　4 刷
令和 4 年 8 月 8 日　改訂 9 初版発行

ISBN978-4-86615-253-0　C3041
落丁・乱丁本はお取りかえいたします。